Physik 9/10

Sekundarschule
Sachsen-Anhalt

Cornelsen

Physik

Autorinnen und Autoren: Stefan Burzin, Elke Göbel, Ralf Greiner-Well, Tom Höpfner, Dr. Jochim Lichtenberger, Matthias Roßner, Heike Rothe, Maik Viehrig

Berater: Volker Torgau, Halle

Redaktion: Henry Dölitzsch

Designberatung: Ellen Meister

Illustration und Grafik: Rainer Götze

Umschlaggestaltung: Studio Syberg, Berlin

Layoutkonzept: EYES-OPEN, Berlin

Layout und technische Umsetzung: Reemers Publishing Services GmbH

www.cornelsen.de

Soweit in diesem Lehrwerk Personen fotografisch abgebildet sind und ihnen von der Redaktion fiktive Namen, Berufe, Dialoge und Ähnliches zugeordnet oder diese Personen in bestimmte Kontexte gesetzt werden, dienen diese Zuordnungen und Darstellungen ausschließlich der Veranschaulichung und dem besseren Verständnis des Inhalts.

Dieses Werk enthält Vorschläge und Anleitungen für Untersuchungen und Experimente. Vor jedem Experiment sind mögliche Gefahrenquellen zu besprechen. Beim Experimentieren sind die Richtlinien zur Sicherheit im Unterricht einzuhalten.

1. Auflage, 1. Druck 2024

Alle Drucke dieser Auflage sind inhaltlich unverändert und können im Unterricht nebeneinander verwendet werden.

Druck und Bindung: Mohn Media Mohndruck, Gütersloh

ISBN 978-3-06-016059-4 (Schülerbuch)
ISBN 978-3-06-016062-4 (E-Book)

Inhalt

WIRKUNGEN VON STRAHLUNG UNTERSUCHEN UND BEWERTEN 88

SCHALL – ENTSTEHUNG UND AUSBREITUNG 120

OPTISCHE PHÄNOMENE 156

PRAKTIKUM 190

ANHANG 212

Liebe Schülerin, lieber Schüler,

hier einige Hinweise zum Umgang mit deinem neuen Physikbuch. Es soll dich neugierig machen und dich zur Auseinandersetzung mit Naturphänomenen anregen.

EINSTIEG

Jedes Kapitel beginnt mit einem Bild und einem kurzen Text. Hierbei geht es um eine einfache physikalische Frage, die du dir vielleicht schon einmal gestellt hast.

WEISST DU'S?

Hier erhältst du einen Überblick über die spannenden Themen, mit denen sich das Unterkapitel beschäftigt. Du kannst dein Wissen über physikalische Sachverhalte schon einmal testen.

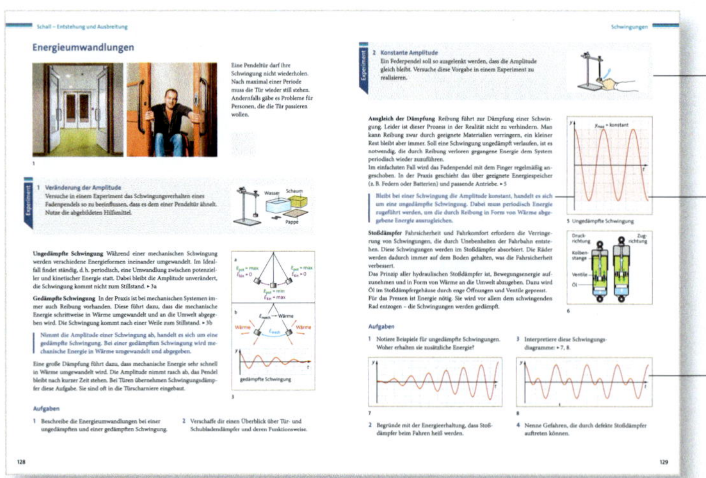

GRUNDWISSEN

Experiment – Die meisten Experimente kannst du selbst in der Schule durchführen.

Merkstoff – Die wichtigsten Ergebnisse und Gesetze werden hier dargestellt.

Aufgaben – Sie dienen zur Wiederholung und Übung.

Physik

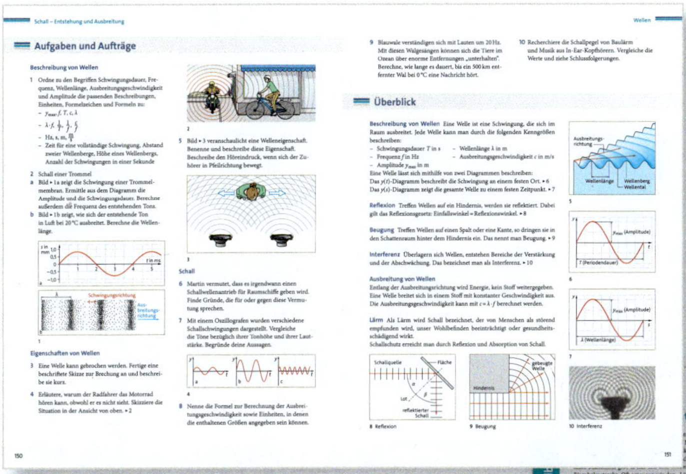

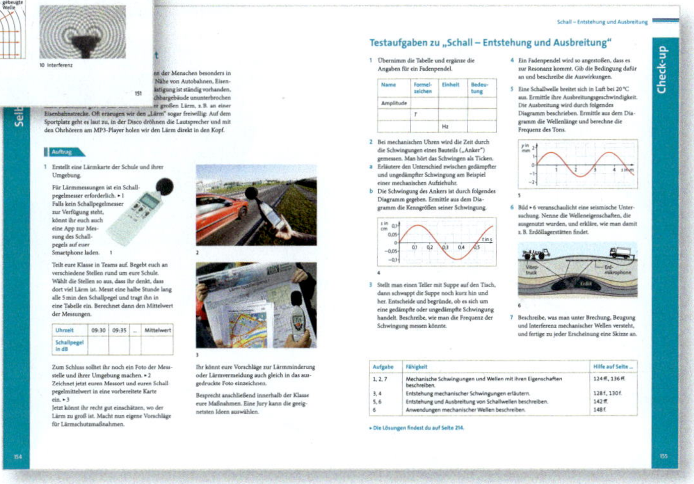

AUFGABEN UND AUFTRÄGE

ÜBERBLICK

Am Ende eines Unterkapitels findest du viele Aufgaben und Übungen sowie eine Zusammenfassung. Hier wird das Wichtigste noch einmal auf den Punkt gebracht.

SELBST ERFORSCHT

Auf dieser Seite findest du Tipps und Anregungen, um selbst etwas zu machen, das sich am Ende sehen lassen kann.

CHECK UP

Hier kannst du selbstständig deine fachlichen Kenntnisse, Fähigkeiten und Kompetenzen überprüfen.

·IYSIK ERLEBT

ıf einer Doppelseite wird ein besonderes Thema aus ıterschiedlichen Blickwinkeln betrachtet.

Bewegung von Körpern

Bewegung ist für uns etwas Alltägliches. Wir laufen, rennen, springen selbst oder lassen uns durch verschiedene Fahrzeuge bewegen. In unserer Umgebung sind unterschiedlichste Bewegungen bei Körpern feststellbar. All diese Bewegungsabläufe lassen sich physikalisch und mathematisch darstellen.

Geht es um den Bau und die Entwicklung verschiedener Fortbewegungsmittel, so muss man die Ursachen von Bewegungen kennen. Dabei helfen uns die Gesetze der Mechanik.

Beim Start an der Ampel muss man als Radfahrer immer aufpassen. Alle beschleunigen und wollen schnell weiter. Dazu ändern manche Fahrzeuge plötzlich ihre Richtung oder möchten abbiegen.

Bewegungen untersuchen und beschreiben

Fährt man mit dem Fahrrad durch die Stadt, bewegt man sich selten mit gleichbleibender Geschwindigkeit. Man fährt mal schneller, mal langsamer. mal beschleunigt man stark, mal bremst man. Auch die Richtung ändert man dabei sehr oft. Das Erreichen einer hohen Geschwindigkeit in kürzester Zeit entscheidet in vielen Sportarten über Sieg oder Niederlage. Auch bei einer Achterbahn ändert sich die Bewegungsrichtung oft. Teile der Strecke verlaufen geradlinig, meist geht es aber durch Kurven oder Loopings. ▸ 4

Schnelle Änderungen der Geschwindigkeit empfinden viele Menschen als unangenehm, z. B. beim Start eines Flugzeugs oder auf dem Rücksitz eines Autos. Andere genießen den Nervenkitzel in der Achterbahn oder dem Freefall-Tower. ▸ 2, 3

Bei realen Bewegungen ist die Geschwindigkeit selten dauerhaft konstant. Immer wieder wird beschleunigt oder abgebremst. Mit Messwerten für Geschwindigkeitsänderungen oder zurückgelegte Wege und dafür benötigte Zeitspannen lässt sich die Beschleunigung ermitteln. Diese Zusammenhänge können auch – und oft übersichtlicher – in Diagrammen veranschaulicht werden. ▸ 5

2

3

4

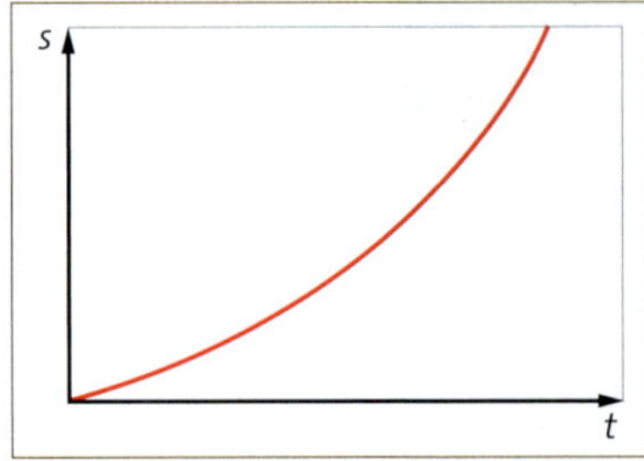

5

Weißt du's?

Beantworte die folgenden Fragen. Und so kannst du deine Antworten kontrollieren: Übernimm das Lösungsschema in dein Heft. Hinter jeder möglichen Lösung steht ein Begriff. Trage den Begriff hinter der gewählten Lösung in das Schema ein. In der markierten Zeile entsteht dann das Lösungswort.

1 Eine heute noch gebräuchliche Einheit der Geschwindigkeit heißt:

- A Schleife Auto
- B Knoten Zeit
- C Schlinge Bahn

2 Das Messgerät für die Geschwindigkeit ist:

- A das Thermometer Ort
- B das Manometer Tag
- C der Tachometer Weg

Lösungsschema

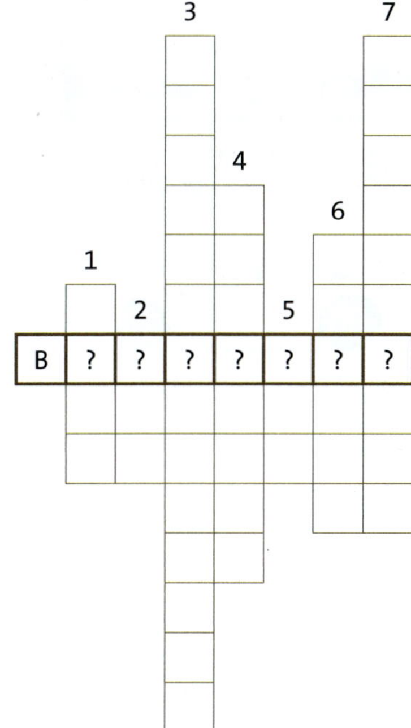

3 Die Geschwindigkeit kann man mit folgender Gleichung berechnen:

- A $v = s \cdot t$ Abbremsen
- B $v = \frac{t}{s}$ Schnelligkeit
- C $v = \frac{s}{t}$ Beschleunigung

4 Auf einem Förderband bewegt sich ein Paket mit einer Geschwindigkeit von 3,6 km/h und legt dabei …

- A in einer Sekunde 3,6 Meter zurück. Messung
- B in 3,6 Sekunden einen Meter zurück. Stoppuhr
- C in einer Sekunde einen Meter zurück. Diagramm

5 Bei einer gleichförmigen Bewegung bewegt sich ein Körper:

- A immer hin und her Lot
- B mit konstanter Geschwindigkeit Uhr
- C immer auf einer geraden Bahn Ort

6 Der Fahrtenschreiber eines Lkw zeigt eine Durchschnittsgeschwindigkeit von 70 km/h an. Welche Aussage ist wahrscheinlich falsch?

- A Der Lkw fuhr auch mal schneller als 70 km/h. Zirkel
- B Der Lkw fuhr immer genau 70 km/h. Lineal
- C Der Lkw fuhr auch mal langsamer als 70 km/h. Gerade

7 Springt man vom 10-m-Turm,

- A fällt man mit konstanter Geschwindigkeit. Rolltreppe
- B wird man beim Fallen immer langsamer. Fallschirm
- C wird man beim Fallen immer schneller. Schwingung

Bewegung

1

Jeder kennt das Phänomen. Man sitzt im Zug, der noch im Bahnhof steht, und schaut aus dem Fenster zum Zug auf dem gegenüberliegenden Gleis. Plötzlich hat man den Eindruck der Zug fährt los. Aber welcher Zug fährt los?

Experiment

1 Bewegungen im Supermarkt

Diskutiert in der Klasse folgendes Gedankenexperiment: Beim Einkaufen schiebt man den Einkaufswagen mit gleichbleibendem Tempo vor sich her. Man überlegt, wie die Bewegungen zwischen Person und Wagen, zwischen Wagen und Supermarkt usw. beschrieben werden können.

Bewegung Beim Schieben des Einkaufswagens durch den Supermarkt ändert man den Ort, wo sich der Wagen befindet. Dies stellt eine Bewegung dar. Solange die Hände fest am Wagen sind, bewegt man sich allerdings gegenüber dem Wagen nicht. Gegenüber den Regalen des Marktes bewegt man sich aber doch.
Man benötigt einen Bezugspunkt, ein Bezugssystem. Meist wird der Erdboden als Bezugssystem gewählt.

> **Ein Körper bewegt sich, wenn er in einem Bezugssystem seinen Ort verändert.**

Spricht man von Ruhe, so meint man meist, dass man gegenüber dem Erdboden als Bezugssystem seinen Ort nicht verändert.

Modell Massepunkt Zur vereinfachten Beschreibung der Bewegung eines Körpers denkt man sich seine gesamte Masse in einem Punkt vereinigt. Dazu wählt man meist seinen Massenmittelpunkt (Schwerpunkt). Form und Volumen des Körpers werden dabei nicht berücksichtigt. ▸ 4

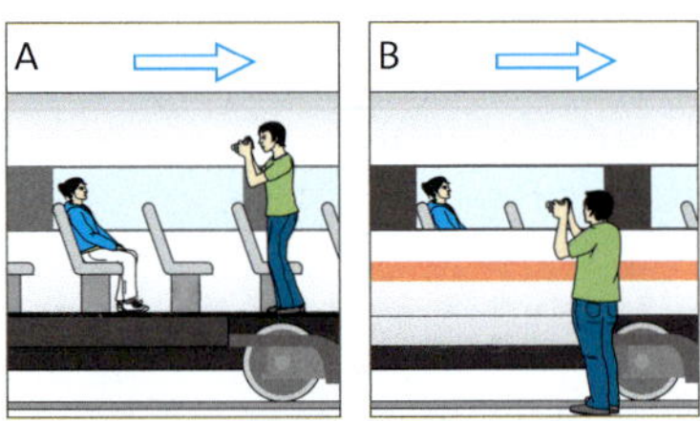

3 A Ben: „Lisa ruht!“
B Ben: „Lisa bewegt sich!“

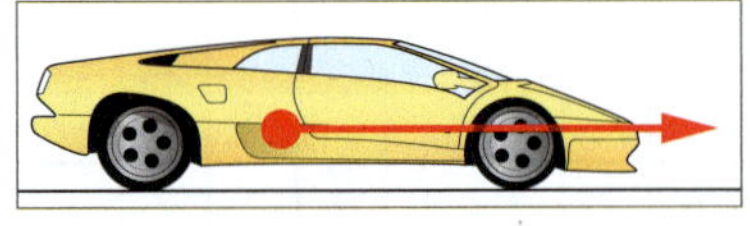

4 Pkw als Massepunkt

Aufgaben

1 Beschreibe Bewegungsvorgänge aus dem Alltag, bei denen das Modell Massepunkt ungeeignet ist.

2 Beantworte die Frage im Einstiegstext.

Experiment

2 Bewegungen auf einer Achterbahn

Beschreibe die Bewegung eines Wagens auf einer Achterbahn. Teile dabei die Bahn in verschiedene Abschnitte ein. Beobachte die Veränderung der Geschwindigkeit und der Bahnform. Notiere deine Beobachtungen. Übernimm dazu die Tabelle in dein Heft und vervollständige sie.

Bahnabschnitt	Geschwindigkeit	Bahnform
1	bleibt gleich	?
?	?	?

5

Bei der Fahrt mit einer Achterbahn erleben die Fahrgäste und auch die Zuschauer verschiedenste Eindrücke einer Bewegung.

Bewegungsarten Die Wagen der Achterbahn bewegen sich auf verschiedenen Abschnitten der Bahn unterschiedlich schnell.

Bewegungen kann man nach ihrer Geschwindigkeit und ihrer Geschwindigkeitsänderung einteilen.

Eine Bewegung mit gleichbleibender Geschwindigkeit nennt man *gleichförmig*. Ändert sich dagegen die Geschwindigkeit, egal ob sie kleiner oder größer wird, spricht man von *beschleunigt*.

Bewegungen kann man auch nach ihrer Bahnform einteilen.

Die Form der Bahn kann geradlinig oder krummlinig sein. Ebenso gibt es Kreisbahnen und Bahnen bei Schwingungen, die aber auch den krummlinigen Bahnen gehören. ▸ 6–8

6 geradlinig

7 Kreisbewegung

8 Schwingung

Aufgabe

1 Ordne die folgenden Bewegungen in gleichförmige und ungleichförmige sowie in geradlinige und krummlinige Bewegungen: Ausdauerlauf, Rolltreppe, 100-m-Sprint, Förderband auf der Baustelle, Fahrradweg zur Schule, Serpentinenfahrt bergauf, Skateboardfahrer in der Halfpipe.
Begründe deine Entscheidungen.

Gleichförmige Bewegungen

1

Nicht immer lassen sich alle Möbelstücke bei einem Umzug durchs Treppenhaus transportieren. Dafür gibt es einen Möbelaufzug. Er schafft die Umzugsteile mit gleichbleibender Geschwindigkeit nach oben.

Experiment

1 Gleichförmige Bewegung eines Spielzeugautos

Lege auf dem Experimentiertisch oder auf dem Fußboden im Physikraum eine „Teststrecke“ und ihren Startpunkt fest. Stelle eine Metronom-App auf 60 Schläge pro Minute ein. Starte das Spielzeugauto.

a Stelle bei jedem Signal des Metronoms ein Holzklötzchen an die Stelle, an der sich das Auto gerade befindet.

b Miss die Abstände der Holzklötzchen und vergleiche die Werte.

2

Die Abstände der Holzklötzchen sind alle ungefähr gleich groß. Das Fahrzeug hat also in gleichen Zeitabschnitten gleich große Wege zurückgelegt. Seine Geschwindigkeit war während des Bewegungsvorgangs konstant.

Bei einer geradlinig gleichförmigen Bewegung bewegt sich ein Körper mit konstanter Geschwindigkeit entlang einer geraden Bahn.

Aus dem zurückgelegten Weg und der dafür benötigten Zeit lässt sich die Geschwindigkeit berechnen. ▸ 3

Geschwindigkeit $= \frac{\text{Weg}}{\text{Zeit}}$ bzw. $v = \frac{s}{t}$

Einheiten: $\frac{\text{km}}{\text{h}}$; $\frac{\text{m}}{\text{s}}$

Es gilt: $3{,}6\,\frac{\text{km}}{\text{h}} = 1\,\frac{\text{m}}{\text{s}}$.

3 Berechnen der Geschwindigkeit

Aufgaben

1 Auf Autobahnen stehen in Abständen von jeweils 500 m Schilder mit Kilometerangaben. Aus dem fahrenden Auto beobachtet Anne, dass dieser Abstand jeweils in genau 15 s passiert wird. Mit welcher Geschwindigkeit (in km/h) fährt das Auto?

2 Rechne in km/h um: 5 m/s; 22 m/s; 300 000 km/s.

3 Rechne in m/s um: 7,2 km/h; 30 km/h; 100 km/h.

Experiment

2 Gleichförmige Bewegung einer Luftblase

Ihr benötigt ein mit Wasser gefülltes Röhrchen, einen Marker, verschieden hohe Unterlagen und eine Metronom-App.

a Im Video sind auf dem Röhrchen im Abstand von 5 cm Markierungen angebracht.
b Startet kurz darauf die Metronom-App.
c Markiert bei jedem Takt die Position der Luftblase im Röhrchen.
d Messt die zurückgelegten Wege der Blase immer vom Anfangspunkt.
e Tragt Taktzeiten und zurückgelegte Wege in eine Wertetabelle ein.
f Zeichnet ein $s(t)$-Diagramm.
g Wiederholt das Experiment mit einer anderen Unterlage.

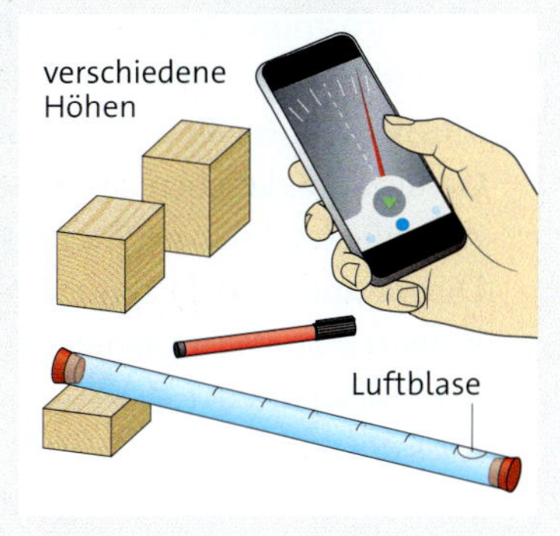

4

Für beide Messreihen entsteht im $s(t)$-Diagramm jeweils eine im Nullpunkt beginnende, ansteigende Gerade. Das bedeutet, dass der zurückgelegte Weg direkt proportional zur benötigten Zeit ist. ▸ 5

Es gilt: $s \sim t$, wenn v = konstant.

Für einen 4-mal so langen Weg wird die 4-fache Zeit und für einen halb so langen Weg die Hälfte der Zeit benötigt.

Bei der geradlinig gleichförmigen Bewegung sind Weg und Zeit direkt proportional zueinander:
$s \sim t$.

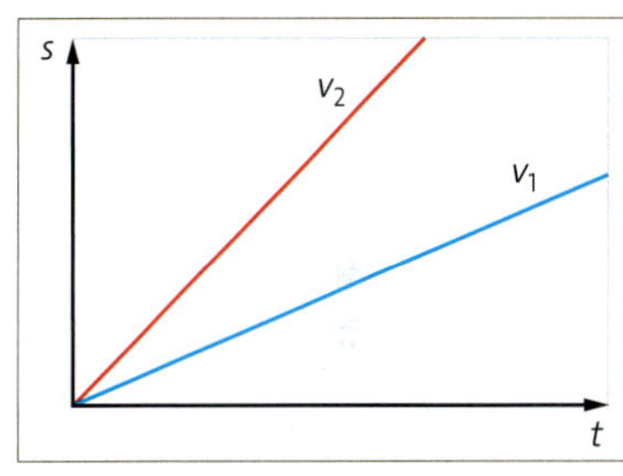

5 $s(t)$-Diagramm der gleichförmigen Bewegung

Die Geschwindigkeit der Luftblase war bei beiden Messreihen konstant, aber umso größer, je steiler das Glasröhrchen geneigt war.
Je größer die Geschwindigkeit ist, desto größer ist der Anstieg der Geraden im $s(t)$-Diagramm. ▸ 5

6 Gleichförmige Bewegung

In der Beziehung $s \sim t$ ist die konstante Geschwindigkeit v der Proportionalitätsfaktor. Durch Umstellen erhält man aus $v = \frac{s}{t}$ eine Gleichung, mit der man den in einer bestimmten Zeit zurückgelegten Weg berechnen kann.

Das Weg-Zeit-Gesetz der geradlinig gleichförmigen Bewegung lautet:
$s = v \cdot t$.

Musteraufgabe

Eine Kundin fährt auf der Rolltreppe im Kaufhaus mit einer Geschwindigkeit von 2,7 km/h. Wie lang ist die Rolltreppe, wenn sie für die Fahrt vom Erdgeschoss in die erste Etage 14,4 s benötigt? ▸ 6

Gegeben: $v = 2{,}7\,\frac{\text{km}}{\text{h}} = 0{,}75\,\frac{\text{m}}{\text{s}}$ *Gesucht:* s in m
$t = 14{,}4\,\text{s}$

Lösung:
$s = v \cdot t$
$s = 2{,}7\,\frac{\text{km}}{\text{h}} \cdot 14{,}4\,\text{s}$
$s = 0{,}75\,\frac{\text{m}}{\text{s}} \cdot 14{,}4\,\text{s}$
$s = 10{,}8\,\text{m}$

Die Rolltreppe ist 10,8 m lang.

Aufgaben

1 Die ICE-Strecke zwischen Leipzig und Erfurt führt durch den Finnetunnel bei Bad Bibra. Mit einer Geschwindigkeit von 250 km/h benötigt die Lok eines ICE 1 min und 40 s für die Fahrt durch den Tunnel. Berechne seine Länge.

2 Anton beobachtet ein Gewitter. Den Donner hört er 8 s, nachdem er den Blitz gesehen hat. Berechne die Entfernung des Gewitters.

Experiment

3 Gleichförmige Bewegung eines Fahrzeugs

Im Video ist ein an einem Tafellineal vorbeifahrendes Spielzeug zu sehen. Für diese Bewegung soll an verschiedenen Messpunkten die Geschwindigkeit berechnet werden.
Anschließend werden die Messwerte in ein Geschwindigkeits-Zeit-Diagramm – $v(t)$-Diagramm – eingetragen.

a Entwirf eine Wertetabelle.
b Lege Messpunkte fest.
c Miss die notwendigen Werte.
d Berechne die Geschwindigkeit an jedem Messpunkt.
e Zeichne ein $v(t)$-Diagramm.

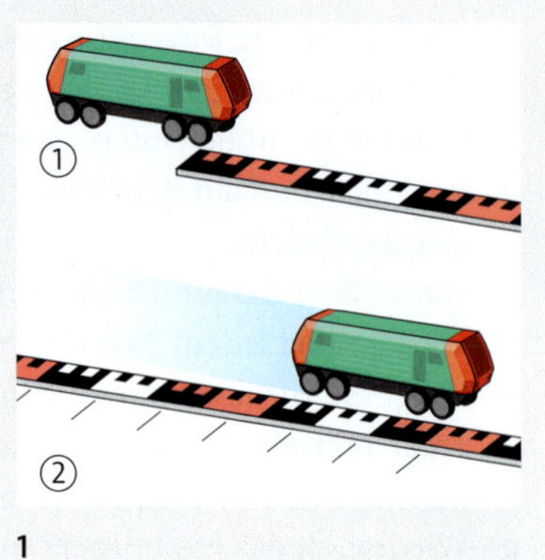

1

Zu jedem Zeitpunkt der Bewegung hatte das Spielzeug die gleiche Geschwindigkeit. Im $v(t)$-Diagramm entsteht für diesen Bewegungsablauf eine Gerade, die parallel zur t-Achse verläuft.
Je größer die Geschwindigkeit ist, desto größer ist der Abstand der Geraden von der Zeitachse. ► 2

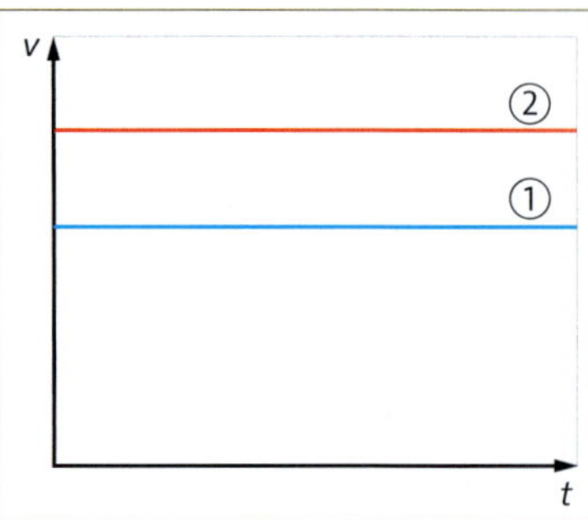

2 $v(t)$-Diagramm

Bei der geradlinig gleichförmigen Bewegung ist die Geschwindigkeit konstant.

Interpretation von Diagrammen bei Bewegungsabläufen
Bewegungsvorgänge lassen sich mit Diagrammen beschreiben. Diagramme enthalten viele Informationen. Eine Interpretation erlaubt es uns, diese Informationen über konkrete Bewegungsvorgänge zu gewinnen.

Schrittfolge zur Interpretation	$s(t)$-Diagramm	$v(t)$-Diagramm
	3	4
1. Welche physikalischen Größen sind dargestellt?	zurückgelegter Weg s und dafür benötigte Zeit t	Geschwindigkeit v und verstrichene Zeit t
2. Beschreibe den Graphen.	im Nullpunkt beginnende, ansteigende Gerade	Gerade parallel zur t-Achse
3. Welcher Zusammenhang besteht zwischen den beiden physikalischen Größen?	$s \sim t$	v = konstant
4. Welche Bewegungsart liegt vor?	gleichförmige Bewegung	gleichförmige Bewegung

Experiment

4 Gleichförmige Kreisbewegung

Starte einen Schallplattenspieler und setze einen Probekörper auf eine Stelle der Schallplatte.

a Miss den Abstand des Probekörpers vom Mittelpunkt der Platte. Notiere den Messwert als Radius r der Kreisbahn, auf der sich der Körper bewegt. Berechne die Länge der Kreisbahn mit $u = 2\pi \cdot r$. Damit erhältst du den zurückgelegten Weg des Körpers.

b Miss die Zeit, die der Probekörper für 1 Umdrehung braucht. Notiere diesen Wert als Umlaufzeit T.

c Berechne die Bahngeschwindigkeit. Nutze dazu die Formel $v = \frac{s}{t}$.

d Wiederhole das Experiment mit demselben Probekörper. Verändere aber mehrmals den Radius der Kreisbahn.

e Vergleiche die Bahngeschwindigkeiten. Notiere einen Zusammenhang zwischen Radius der Kreisbahn und Bahngeschwindigkeit.

5

Der Probekörper bewegt sich auf einer Kreisbahn und ändert dabei ständig seine Richtung. Seine Geschwindigkeit ist konstant.

Bei der gleichförmigen Kreisbewegung bewegt sich ein Körper mit konstanter Bahngeschwindigkeit auf einer Kreisbahn.

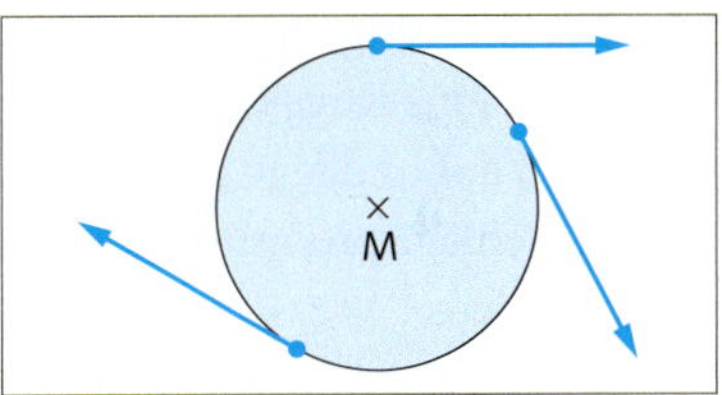

6

Die Geschwindigkeit kann man mit der Gleichung $v = \frac{s}{t}$ berechnen. Der zurückgelegte Weg s entspricht dabei dem Umfang u der Kreisbahn mit

$s = u = 2\pi \cdot r$.

Die für eine Umdrehung benötigte Zeit wird Umlaufzeit T genannt.

Für die Bahngeschwindigkeit gilt: $v = \frac{s}{t} = \frac{2\pi \cdot r}{T}$.

Tipp

Um die Umlaufzeit genauer zu messen, ist es günstig die Zeit für 10 Umdrehungen zu stoppen und diesen Wert dann durch 10 zu teilen.

Musteraufgabe

Das derzeit höchste Riesenrad Europas ist das London Eye. Der Abstand der Gondeln zur Drehachse beträgt 67 m. Das Riesenrad braucht 27 min für eine Umdrehung. ▸ 7

Mit welcher Geschwindigkeit bewegen sich die Gondeln?

Gegeben: $r = 67\,\text{m}$ *Gesucht:* v in $\frac{\text{km}}{\text{h}}$

$T = 27\,\text{min} = 1620\,\text{s}$

Lösung: $v = \frac{2\pi \cdot r}{T} = \frac{2\pi \cdot 67\,\text{m}}{1620\,\text{s}}$

$v = 0{,}26\,\frac{\text{m}}{\text{s}} \approx 1\,\frac{\text{km}}{\text{h}}$

Die Gondeln bewegen sich mit einer Bahngeschwindigkeit von 1 km/h.

7

Aufgabe

1 Wer die Fahrt im Kettenkarussell richtig genießen möchte, setzt sich in die äußeren Sitze. Ängstliche nehmen in den weiter innen liegenden Sitzen Platz. Begründe das physikalisch.

Gleichmäßig beschleunigte Bewegungen

1

Beim Start eines Motorradrennens kommt es darauf an, möglichst schnell eine hohe Geschwindigkeit zu erreichen, um vor der ersten Kurve in eine günstige Position zu gelangen.

Experiment

1 Beschleunigung

Stelle eine Kugelbahn mit geringer Neigung auf dem Experimentiertisch auf und lege den Startpunkt fest. Stelle das Metronom auf 60 Schläge pro min ein. Lass die Kugel bei einem Signal des Metronoms los.

a Stelle bei jedem Signal des Metronoms ein Holzklötzchen an die Stelle, an der sich die Kugel gerade befand.

b Miss die Abstände der Holzklötzchen und vergleiche die Werte.

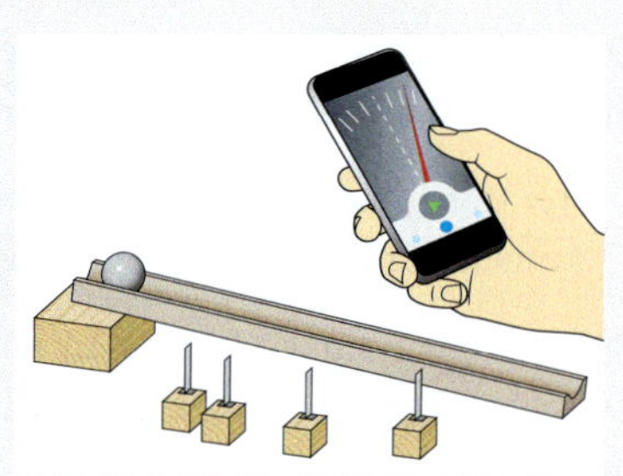

Je länger sich die Kugel bewegt, desto größer werden die Abstände der Holzklötzchen. Die Kugel legt also in gleichen Zeitabschnitten immer längere Wege zurück. Ihre Geschwindigkeit wird während des Bewegungsvorgangs immer größer. Die Kugel wird beschleunigt.

Die Beschleunigung gibt an, wie schnell sich die Geschwindigkeit eines Körpers ändert.
Formelzeichen: a
Einheit: $\frac{\text{m}}{\text{s}^2}$ (Meter je Quadratsekunde)

Gleichung: Beschleunigung = $\frac{\text{Änderung der Geschwindigkeit}}{\text{Zeit}}$ oder $a = \frac{\Delta v}{\Delta t}$

Musteraufgabe

Ein Pkw beschleunigt aus dem Stand heraus in 10,4 s auf 100 km/h. Wie groß ist seine Beschleunigung? ► 3

Gegeben: $v = 100\,\frac{\text{km}}{\text{h}} = 27{,}8\,\frac{\text{m}}{\text{s}}$ *Gesucht:* a in $\frac{\text{m}}{\text{s}^2}$

$t = 10{,}4\,\text{s}$

Lösung: $a = \frac{v}{t} = \frac{27{,}8\,\text{m/s}}{10{,}4\,\text{s}}$

$a = 2{,}7\,\frac{\text{m}}{\text{s}^2}$

Die Beschleunigung des Pkw beträgt $2{,}7\,\text{m/s}^2$.

Übrigens

Startet eine beschleunigte Bewegung aus dem Stand – die Anfangsgeschwindigkeit beträgt 0 – darf man die Beschleunigung mit der Formel $a = \frac{v}{t}$ berechnen.

Aufgabe

1 In einem Werbeprospekt für ein Motorrad heißt es: „In 4,2 s von 0 auf 100!" Was ist damit gemeint?

Experiment

2 Gleichmäßig beschleunigte Bewegung

Markiere auf der Kugelbahn die Nullmarke und die Wege in Abständen von jeweils 10 cm. Übertrage die Tabelle in dein Heft.

a Miss die Zeit, die die Kugel benötigt, um die vorgegebenen Wege zurückzulegen.

b Wiederhole die Messungen für eine andere Neigung der Bahn.

c Zeichne die Messwerte beider Messreihen in ein $s(t)$-Diagramm.

d Beschreibe den Zusammenhang zwischen zurückgelegtem Weg und dafür benötigter Zeit.

1. Messung	**s in m**	0,1	0,2	0,3	0,4	0,5	0,6	0,7	0,8
	t in s	?	?	?	?	?	?	?	?
2. Messung	**s in m**	0,1	0,2	0,3	0,4	0,5	0,6	0,7	0,8
	t in s	?	?	?	?	?	?	?	?

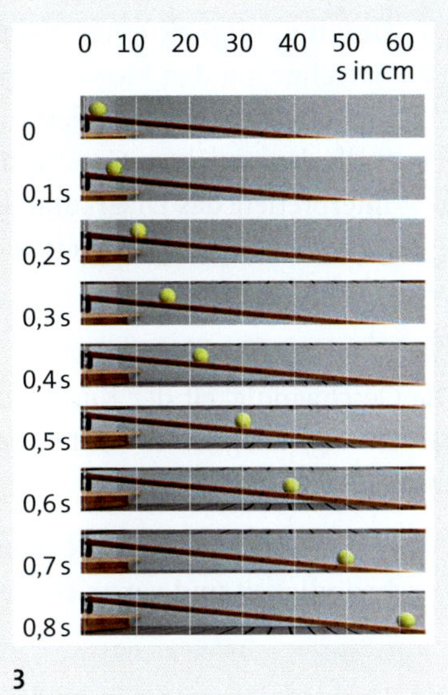

3

Für beide Messreihen entsteht im $s(t)$-Diagramm jeweils ein Parabelast. Das bedeutet, dass der zurückgelegte Weg direkt proportional zum Quadrat der benötigten Zeit ist.
Es gilt: $s \sim t^2$.
In der doppelten Zeit wird also ein 4-mal so langer Weg zurückgelegt, in der halben Zeit nur ein Viertel des Wegs. ▸ 4

Bei der gleichmäßig beschleunigten Bewegung ist der zurückgelegte Weg proportional zum Quadrat der dafür benötigten Zeit: $s \sim t^2$.

Die Beschleunigung der Kugel war jeweils konstant, aber umso größer, je steiler die Bahn geneigt war. In der Beziehung $s \sim t^2$ ist die konstante Beschleunigung a der Proportionalitätsfaktor.

Das Weg-Zeit-Gesetz der gleichmäßig beschleunigten Bewegung lautet: $s = \frac{1}{2} \cdot a \cdot t^2$.

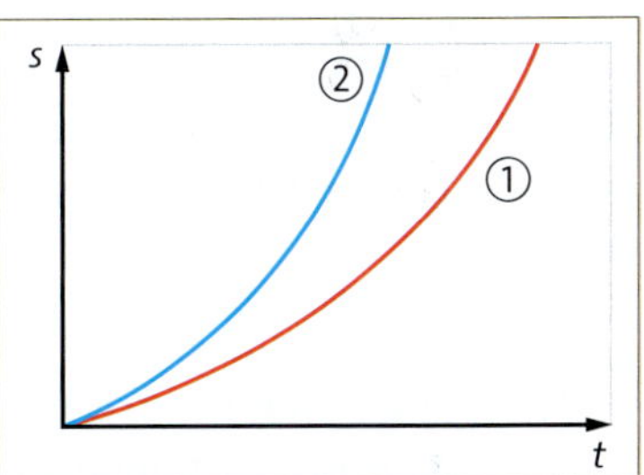

4 $s(t)$-Diagramm der gleichmäßig beschleunigten Bewegung

Musteraufgabe

Ein voll besetzter Airbus A380 beschleunigt beim Start 45 s mit 2,3 m/s². Welche Strecke legt er dabei auf der Rollbahn zurück, bis er abhebt? ▸ 5

Gegeben: $a = 2{,}3\,\frac{\text{m}}{\text{s}^2}$, $t = 45\,\text{s}$ *Gesucht:* s in m

Lösung:

$$s = \frac{1}{2} \cdot a \cdot t^2$$

$$s = \frac{1}{2} \cdot 2{,}3\,\frac{\text{m}}{\text{s}^2} \cdot (45\,\text{s})^2$$

$$s = 2328{,}8\,\text{m}$$

Der Airbus legt eine Strecke von etwas mehr als 2 300 m zurück.

5

Aufgaben

1 Ein Pkw beschleunigt beim Anfahren im 1. Gang 2,8 s lang mit 2,1 m/s². Berechne den Weg, den der Pkw zurücklegt.

2 Beim Start legt ein Radsprinter in den ersten 5 s eine Strecke von 25 m zurück. Berechne seine Beschleunigung.

Experiment

3 Geschwindigkeit einer gleichmäßig beschleunigten Bewegung

a Berechne mit den Messwerten aus ▸ Experiment 2, S. 19 die Geschwindigkeiten der Kugel zu den verschiedenen Zeiten.

b Stelle die erreichten Geschwindigkeiten in einem v-t-Diagramm dar. Interpretiere das Diagramm und formuliere den Zusammenhang zwischen Geschwindigkeit und Zeit.

Die Geschwindigkeit bei der gleichmäßig beschleunigten Bewegung berechnet man mit:

$v = \frac{2 \cdot s}{t}$.

1

Die Geschwindigkeit der Kugel wurde in beiden Messreihen immer größer. Im $v(t)$-Diagramm entsteht jeweils eine im Nullpunkt beginnende, ansteigende Gerade. ▸ 2

Bei der gleichmäßig beschleunigten Bewegung sind erreichte Geschwindigkeit und verstrichene Zeit direkt proportional zueinander: $v \sim t$.

Die Beschleunigung war in beiden Messreihen konstant, aber umso größer, je steiler die Kugelbahn verlief. Je größer die Beschleunigung ist, desto größer ist der Anstieg der Geraden im $v(t)$-Diagramm. ▸ 2

In der Beziehung $v \sim t$ ist die konstante Beschleunigung a der Proportionalitätsfaktor. Durch Umstellen erhält man aus $a = \frac{v}{t}$ eine Gleichung, mit der sich die nach einer bestimmten Zeit erreichte Geschwindigkeit berechnen lässt.

Das Geschwindigkeit-Zeit-Gesetz der gleichmäßig beschleunigten Bewegung lautet: $v = a \cdot t$. Bei der gleichmäßig beschleunigten Bewegung ist die Beschleunigung konstant.

Im $a(t)$-Diagramm entsteht für diese Bewegung eine Gerade, die parallel zur t-Achse verläuft. Je größer die Beschleunigung ist, desto größer ist der Abstand der Geraden von der Zeitachse. ▸ 3

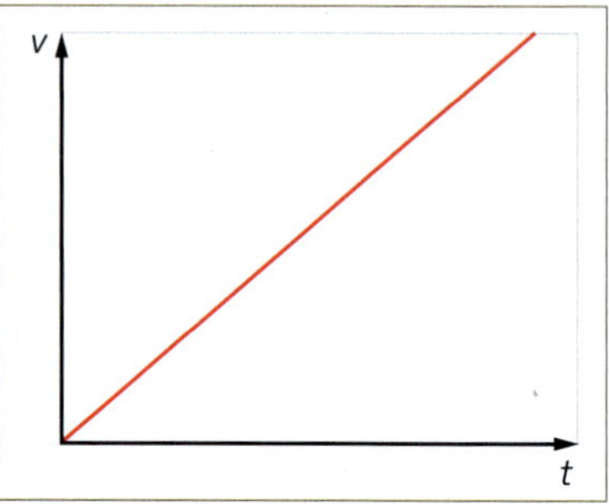

2 $v(t)$-Diagramm der gleichmäßig beschleunigten Bewegung

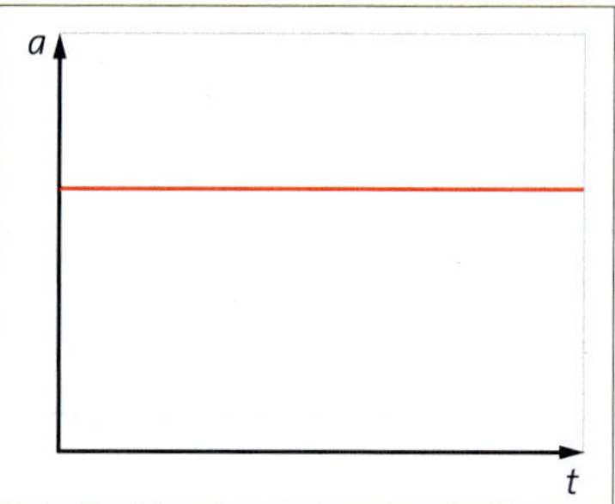

3 $a(t)$-Diagramm der gleichmäßig beschleunigten Bewegung

Interpretation von Diagrammen

	$s(t)$-Diagramm	**$v(t)$-Diagramm**	**$a(t)$-Diagramm**
	4	5	6
1.	zurückgelegter Weg s und dafür benötigte Zeit t	Geschwindigkeit v und Zeit t	Beschleunigung a und Zeit t
2.	Parabelast	im Nullpunkt beginnende, ansteigende Gerade	parallele Gerade zur t-Achse
3.	$s \sim t^2$	$v \sim t$	a = konstant
4.	gleichmäßig beschleunigte Bewegung	gleichmäßig beschleunigte Bewegung	gleichmäßig beschleunigte Bewegung

Experiment

4 Bremsvorgang

Im $v(t)$-Diagramm sind die vier Abschnitte eines Bewegungsvorgangs dargestellt.

a Interpretiere die Abschnitte I und III.

b Wie verhält sich der Körper in den Abschnitten II und IV?

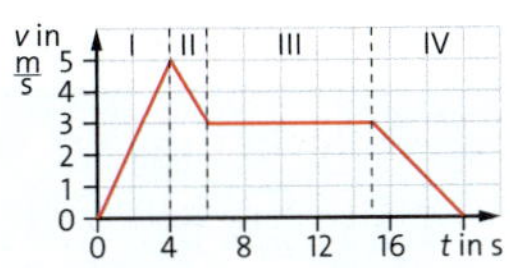

7

Die Geschwindigkeit des Körpers nimmt gleichmäßig ab, er wird abgebremst. Ein Bremsvorgang ist ebenfalls eine beschleunigte Bewegung. Die dabei auftretende Beschleunigung wird Bremsverzögerung oder negative Beschleunigung genannt.

Bremsvorgänge mit konstanter Bremsverzögerung sind gleichmäßig beschleunigte Bewegungen.

Es gilt auch hier das Weg-Zeit-Gesetz: $s \sim t^2$ bzw. $s = \frac{1}{2} \cdot a \cdot t^2$ und das Geschwindigkeit-Zeit-Gesetz: $v \sim t$ bzw. $v = a \cdot t$, nur ist $a < 0$.

Musteraufgabe

Eine Straßenbahn kommt bei einer Gefahrenbremsung mit einer Geschwindigkeit von 40 km/h nach 3,8 s zum Stillstand. Berechne die Bremsverzögerung und die Länge des Bremswegs.

Gegeben: $v = 40\,\frac{\text{km}}{\text{h}} = 11{,}1\,\frac{\text{m}}{\text{s}}$, $t = 3{,}8\,\text{s}$

Gesucht: a in $\frac{\text{m}}{\text{s}^2}$, s in m

Lösung:

$$a = \frac{v}{t}$$

$$a = \frac{11{,}1\,\text{m/s}}{3{,}8\,\text{s}} = 2{,}9\,\frac{\text{m}}{\text{s}^2}$$

$$s = \frac{1}{2} \cdot a \cdot t^2$$

$$s = \frac{1}{2} \cdot 2{,}9\,\frac{\text{m}}{\text{s}^2} \cdot (3{,}8\,\text{s})^2 = 20{,}9\,\text{m}$$

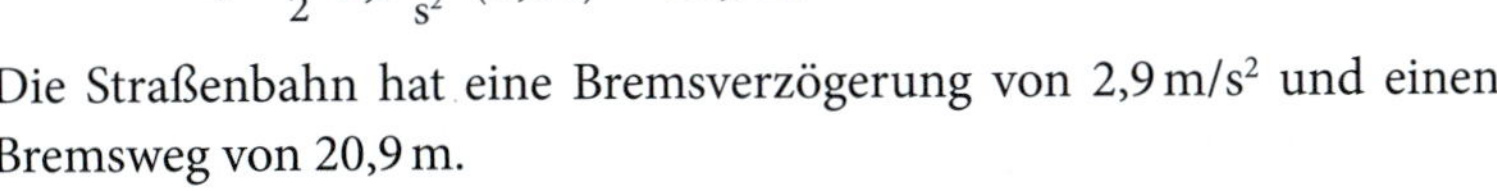

Die Straßenbahn hat eine Bremsverzögerung von $2{,}9\,\text{m/s}^2$ und einen Bremsweg von 20,9 m.

8

Die Einheit der Beschleunigung ist Meter pro Quadratsekunde, also $\frac{\text{m}}{\text{s}^2}$. Es ist schwer, sich einen Wert mit dieser Einheit anschaulich vorzustellen. Physikalisch ausgedrückt bedeutet diese Einheit, dass sich die Geschwindigkeit in 1 s um $1\,\frac{\text{m}}{\text{s}}$ ändert.

Beim 100-m-Lauf beschleunigt man als guter Sportler mit ca. $2\,\frac{\text{m}}{\text{s}^2}$. Das hält man aber nur die ersten Meter durch. Als Leistungssportler könnte man bei dauerhafter gleichmäßiger Beschleunigung nach 100 m $70\,\frac{\text{km}}{\text{h}}$ erreichen.

Beispiel

$v = a \cdot t$

$v = 2\,\frac{\text{m}}{\text{s}^2} \cdot 9{,}56\,s$

$v = 19{,}2\,\frac{\text{m}}{\text{s}} = 69\,\frac{\text{km}}{\text{h}}$

Aufgabe

1 Ein Airbus A320 setzt mit einer Geschwindigkeit von 250 km/h auf der Landebahn auf und bremst in 25 s auf eine Geschwindigkeit von 40 km/h ab. Berechne die Mindestlänge der Landebahn.

Freier Fall

1

Ein Sprung vom 10-m-Turm oder ein kontrollierter „Sturz“ in einem Fallturm in einem Vergnügungspark sind besondere Erlebnisse, weil man sich für kurze Zeit im freien Fall befindet.

Experiment

1 Fallschnur

Befestige an einer langen Schnur Schrauben in gleichen Abständen von jeweils 20 cm. Lege vor einen Stuhl ein umgedrehtes Kuchenblech und stelle dich auf den Stuhl. Halte die Schnur so, dass die unterste Mutter gerade auf dem Blech aufliegt.
Lass das Ende der Schnur los und beschreibe deine Beobachtungen.

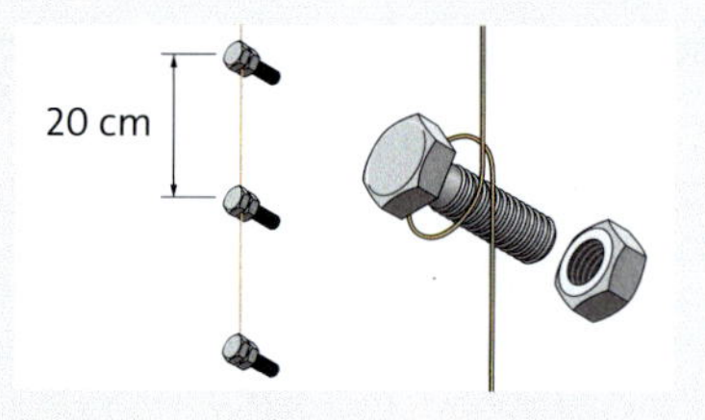

Wird die Fallschnur losgelassen, fallen die Muttern alle gleichzeitig nach unten und schlagen nacheinander hörbar auf dem Blech auf. Das Aufschlagen ertönt in immer kürzer werdenden Zeitabständen. Da die Abstände der Muttern auf der Schnur alle gleich groß sind, kann man daraus schlussfolgern, dass die Schnur beim Fallen immer schneller wird. Es handelt sich also um eine beschleunigte Bewegung.

Der freie Fall ist eine gleichmäßig beschleunigte Bewegung.

Anfang des 17. Jahrhunderts gelangte GALILEO GALILEI auf Grundlage von Experimenten zu dem Schluss, dass die Fallbeschleunigung für alle Körper unabhängig von ihrer Masse und Form gleich groß ist. Das lässt sich z. B. mit einem Aufbau wie in Bild ▸ 3 zeigen: In einer luftleeren Fallröhre fallen eine Münze, ein Stück Papier und eine Vogelfeder gleich schnell.

Die Fallbeschleunigung an einem Ort ist für alle Körper gleich groß.

Die Fallbeschleunigung beträgt $a = g = 9{,}81\,\frac{\text{m}}{\text{s}^2}$ (Mittelwert der Fallbeschleunigung an der Erdoberfläche).

Im Alltag macht man oft andere Erfahrungen: Lässt man z. B. ein zusammengeknülltes und ein glattes DIN-A4-Blatt aus gleicher Höhe fallen, dann kommt das zerknüllte Blatt zuerst am Boden an. Das liegt am größeren Luftwiderstand, der die Fallbewegung beim glatten Blatt stärker behindert.

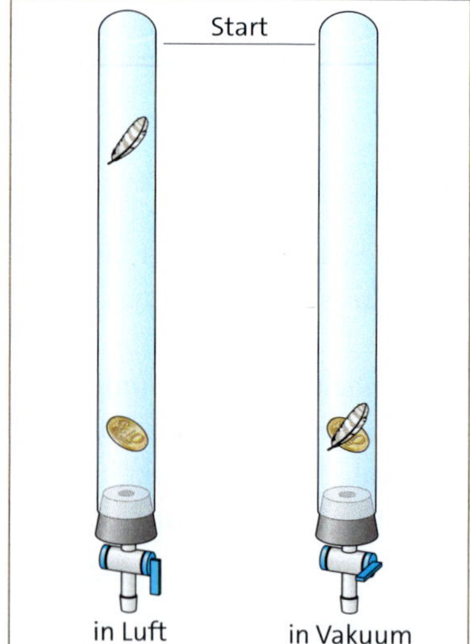

3 Freier Fall in Luft und im Vakuum

Aufgabe

1 Bereite einen Schülervortrag zu GALILEIS Fallexperimenten vor.

Experiment

2 Freier Fall

Übertrage die Tabelle in dein Heft und vervollständige sie. Lass dazu eine Kugel aus verschiedenen Höhen fallen. Wähle als Starthöhe einen Wert von mehreren Metern (z. B. aus verschiedenen Stockwerken des Schulhauses).

a Miss die Zeit, die die Kugel benötigt, um die vorgegebenen Fallwege zurückzulegen. Wiederhole die Zeitmessungen für jeden Fallweg. Bilde jeweils die Mittelwerte der gemessenen Zeiten.

b Zeichne mit den Mittelwerten der Zeiten ein $s(t)$-Diagramm.

c Beschreibe den Zusammenhang zwischen Weg und Zeit.

Messung	t_1 in s	t_2 in s	t_3 in s	...	t_{10} in s
1	?	?	?	...	?
...	?	?	?	...	?
$\bar{t}$ in s	?	?	?	...	?

4

Im $s(t)$-Diagramm entsteht ein Parabelast. Das bedeutet, dass der Fallweg direkt proportional zum Quadrat der benötigten Zeit ist. ▸ 5

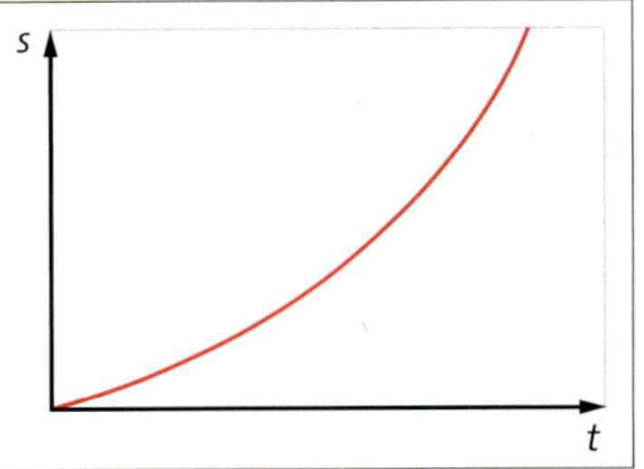

5 $s(t)$-Diagramm freier Fall

Beim freien Fall ist der Weg proportional zum Quadrat der Zeit: $s \sim t^2$.
Es gelten die Gesetze der gleichmäßig beschleunigten Bewegung.
Mit $a = g$ gilt: $s = \frac{1}{2} \cdot g \cdot t^2$ und $v = g \cdot t$.

Musteraufgabe

Mit welcher Geschwindigkeit trifft ein Turmspringer auf der Wasseroberfläche auf, wenn er von der 10-m-Plattform springt? ▸ 6

Gegeben: $g = 9{,}81\,\frac{\text{m}}{\text{s}^2}$, $s = 10\,\text{m}$ *Gesucht:* v in $\frac{\text{km}}{\text{h}}$

Lösung:

$$s = \frac{1}{2} \cdot g \cdot t^2 \quad \text{und} \quad v = g \cdot t \Rightarrow t = \frac{v}{g}$$

$$s = \frac{1}{2} \cdot g \cdot \left(\frac{v}{g}\right)^2 \Rightarrow s = \frac{v^2}{2g} \Rightarrow v^2 = 2g \cdot s$$

$$v = \sqrt{2g \cdot s} = \sqrt{2 \cdot 9{,}81\,\frac{\text{m}}{\text{s}^2} \cdot 10\,\text{m}}$$

$$v = 14\,\frac{\text{m}}{\text{s}} = 50{,}4\,\frac{\text{km}}{\text{h}}$$

Der Turmspringer trifft mit einer Geschwindigkeit von 50,4 km/h auf.

6

Aufgaben

1 Berechne die Geschwindigkeit, mit der ein 150 g schwerer und von einem 3,50 m hohen Ast fallender Apfel auf dem Boden auftrifft.

2 Auf der Sommerrodelbahn beschleunigt Peter in seinem Schlitten 5 s lang mit 1,4 m/s². Berechne seine Endgeschwindigkeit.

Aufgaben und Aufträge

Ruhe und Bewegung

1 Zeige an einem Beispiel, dass es bei der Beschreibung von Bewegungen wichtig ist, das Bezugssystem mit anzugeben.

2 Zur Beschreibung von Bewegungen verwendet man das Modell Massepunkt. Erläutere die Aussagen dieses Modells. Gib Fälle an, in denen das Modell nicht verwendet werden kann.

3 Gib an, welche Bewegungsformen man bei der Beschreibung von Bewegungsvorgängen unterscheidet. Nenne je ein Beispiel.

Gleichförmige Bewegungen

4 Vergleiche die im Diagramm dargestellten Bewegungen zweier Fahrzeuge.

a Gib an, um welche Bewegungsart es sich jeweils handelt, und begründe deine Einschätzung.

b Welches der beiden Fahrzeuge ist schneller?

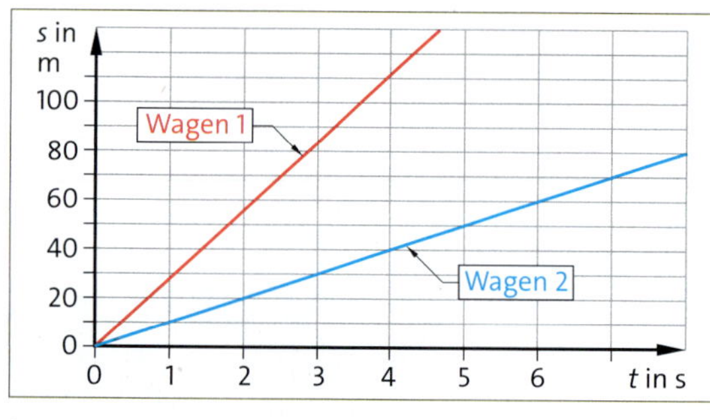

1

5 An einer ICE-Trasse stehen die Oberleitungsmasten im Abstand von 60 m. Anne beobachtet während ihrer Zugfahrt, dass der ICE in 9 s jeweils acht Masten passiert. Wie schnell ist der Zug?

6 Ein 300 m langer Güterzug durchfährt einen 2,7 km langen Tunnel in 2 min und 15 s vollständig. Berechne die Geschwindigkeit des Zugs.

7 Von der Bewegung eines Körpers wurden folgende Messwerte erfasst. Beschreibe die Bewegung.

s in m	0	1,5	2	4,5	12	15
t in s	0	7,5	10	22,5	60	75

8 Bei einem Gewitter vergehen nach dem Aufleuchten eines Blitzes 6 s, bis du den Donner hörst. Gib an, wie weit das Gewitter entfernt ist. (Die Schallgeschwindigkeit in Luft beträgt 340 m/s.)

9 Die Gondel eines Riesenrads dreht sich in einem Abstand von 18 m von der Drehachse des Karussells. Berechne, mit welcher Geschwindigkeit sich die Gondel bewegt, wenn sie für einen Umlauf 22 s benötigt.

10 Anna fährt mit ihrem Mountainbike mit 36 km/h. Berechne die Anzahl der Umdrehungen, wenn das Rad einen Durchmesser von 70 cm hat.

11 Interpretiere die folgenden Diagramme:

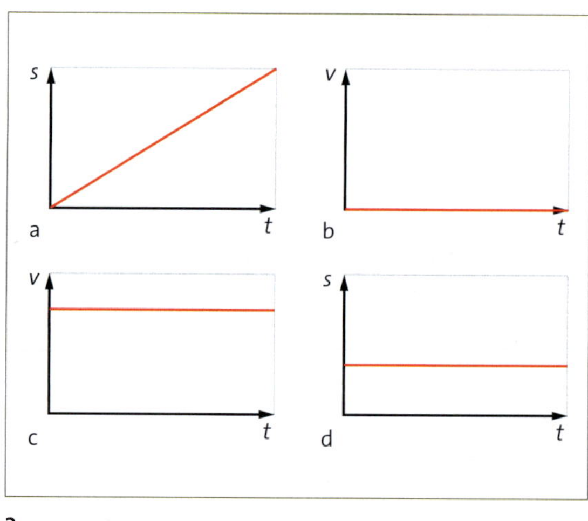

2

12 Berechne die Geschwindigkeit der Spitze des Minutenzeigers einer Turmuhr, wenn der Zeiger 2 m lang ist.

13 Eine Fahrstuhlfahrt auf den Berliner Fernsehturm dauert ganz schön lange. Berechne die benötigte Zeit, wenn der Fahrstuhl eine Geschwindigkeit von ca. 3 m/s hat. (*Tipp:* Da fehlt doch noch was.)

14 Verwenden eines Handys ist ohne Freisprechanlage am Steuer während der Fahrt verboten. Begründe diese Festlegung aus physikalischer Sicht.

3

15 Pkws auf der Straße fahren selten mit konstanter Geschwindigkeit. Trotzdem wird man bei unzulässig hoher Geschwindigkeit geblitzt und erhält ein Foto mit einer exakten Geschwindigkeitsangabe.

a Löse den Widerspruch zwischen dem ungleichförmigen Fahren in der Praxis und dem theoretischen gleichförmigen Fahren, das der Geschwindigkeitsangabe auf dem Foto zugrunde liegt.

b Recherchiere die Möglichkeiten der Geschwindigkeitsüberwachung im Straßenverkehr.

4

Gleichmäßig beschleunigte Bewegung

16 Im Testbericht eines Auto-Magazins wurden zwei Sportwagen verglichen:

5

Welcher der beiden Wagen hat die größere Beschleunigung? Berechne die durchschnittliche Beschleunigung der beiden Sportwagen.

17 Ein Sprinter erreicht nach 25 m eine Geschwindigkeit von 38 km/h. Berechne die durchschnittliche Beschleunigung für diesen ersten Abschnitt.

18 Ein Autofahrer konnte das Auffahren auf das Stauende auf der Autobahn nur durch eine Vollbremsung verhindern. Für das Abbremsen aus einer Geschwindigkeit von 120 km/h bis zum Stillstand benötigte er 5,1 s. Wie groß war die Bremsverzögerung (negative Beschleunigung)?

19 Bei der Fahrt auf einer Sprungschanze wird ein Skispringer mit $4{,}8\,\mathrm{m/s^2}$ beschleunigt. Nach 5,3 s hebt er vom Schanzentisch ab.

a Berechne seine Geschwindigkeit beim Absprung.

b Berechne, wie lang der Anlauf auf der Schanze war.

6

20 Ein Mopedfahrer fährt in einem Wohngebiet mit einer Geschwindigkeit von 30 km/h, als plötzlich ein Kind 20 m vor ihm auf die Straße läuft. Schafft er es, vor dem Kind anzuhalten, wenn seine Reaktionszeit 0,8 s und die Bremsverzögerung des Mopeds $2{,}9\,\mathrm{m/s^2}$ beträgt? Rechne nach. Informiere dich über die Berechnung des Anhaltewegs.

21 Von der Bewegung eines Körpers wurden folgende Messwerte erfasst:

v in km/h	0	36	36	54	72	0
t in min	0	0,1	0,4	0,8	1,2	1,7

Beschreibe den Bewegungsvorgang.

22 Für den neuen ICE 4 werden folgende Daten angegeben:

ICE 4		Geschwindigkeit (max.)	$250\,\frac{\mathrm{km}}{\mathrm{h}}$
Länge	346 m	Beschleunigung (max.)	$0{,}53\,\frac{\mathrm{m}}{\mathrm{s}^2}$

7

a Wie lange braucht dieser Zug, um seine Höchstgeschwindigkeit zu erreichen?

b Berechne die Strecke, die er dabei zurücklegt.

Freier Fall

23 Max lässt einen Tennisball aus dem Fenster des Physikraums fallen. Der Ball trifft nach 1,6 s auf dem Boden auf. Berechne die Geschwindigkeit des Balls beim Auftreffen.

24 Von einem 7 m hohen Baugerüst fällt ein 3,8 kg schwerer Ziegelstein herunter.

a Berechne die Geschwindigkeit, mit der der Stein auf dem Boden aufschlägt.

b Stelle eine Vermutung an, was man feststellen würde, wenn man die Auftreffgeschwindigkeit des Steins auf den Boden messen würde. Begründe.

25 Berechne, aus welcher Höhe h man ein Auto auf den Boden stürzen lassen müsste, damit die gleichen Verformungen auftreten wie beim einem Zusammenprall des Autos mit einer Wand bei $v = 50\,\text{km/h}$.

1

Überblick

Bewegung und Bezugssystem Ein Körper bewegt sich, wenn er seinen Ort oder seine Lage ändert. Bei der Beschreibung von Bewegungen muss das Bezugssystem mit angegeben werden.

Bahnform Man unterscheidet gerad- und krummlinige Bewegungen. Besondere krummlinige Bewegungen sind Kreisbewegung und Schwingung.

Modell Massepunkt Das Modell dient der vereinfachten Beschreibung von Bewegungen. Man denkt sich die gesamte Masse des Körpers in einem Punkt vereinigt. Volumen und Form des Körpers bleiben unberücksichtigt.

Gleichförmige Bewegungen Bei einer geradlinig gleichförmigen Bewegung bewegt sich ein Körper mit konstanter Geschwindigkeit entlang einer geraden Bahn. Bei der gleichförmigen Kreisbewegung bewegt er sich mit konstanter Geschwindigkeit auf einer Kreisbahn.

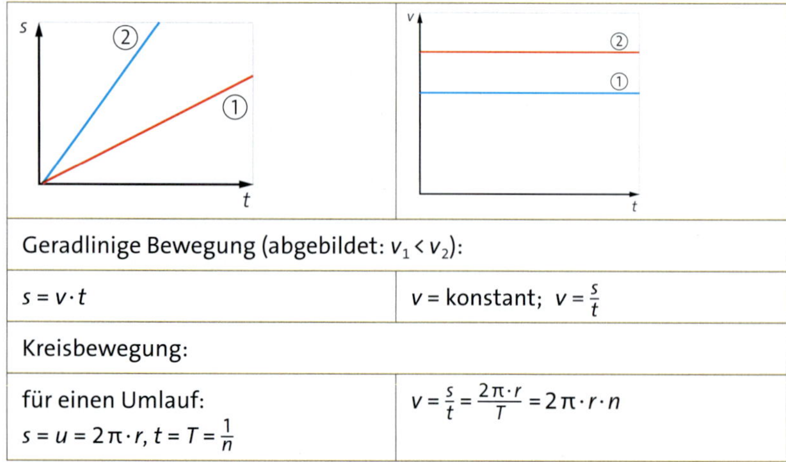

Geradlinige Bewegung (abgebildet: $v_1 < v_2$):	
$s = v \cdot t$	v = konstant; $v = \frac{s}{t}$
Kreisbewegung:	
für einen Umlauf: $s = u = 2\pi \cdot r$, $t = T = \frac{1}{n}$	$v = \frac{s}{t} = \frac{2\pi \cdot r}{T} = 2\pi \cdot r \cdot n$

2

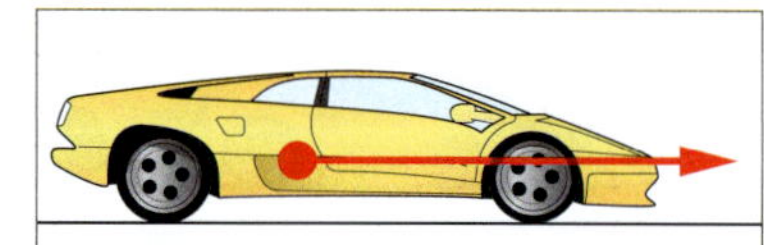

3

4

5

Ungleichförmige Bewegungen Die Geschwindigkeit ist nicht konstant. Man unterscheidet Momentan- und Durchschnittsgeschwindigkeit.

Bildet man für ungleichförmige Bewegungen den Quotienten aus dem zurückgelegten Weg und der dafür benötigten Zeit, erhält man die Durchschnittsgeschwindigkeit.
Tachometer zeigen die Momentangeschwindigkeit an. Das bedeutet, dass sie nicht die Geschwindigkeit in einem Zeitabschnitt, sondern zu einem Zeitpunkt angeben.

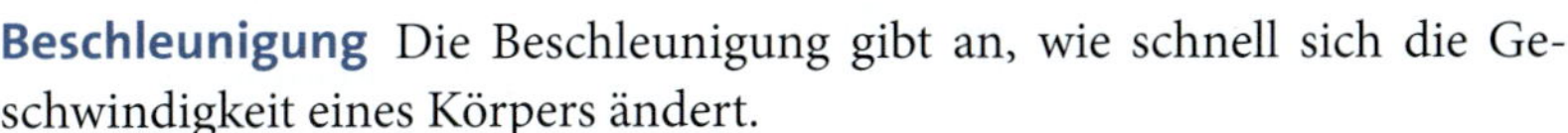

Beschleunigung Die Beschleunigung gibt an, wie schnell sich die Geschwindigkeit eines Körpers ändert.

Formelzeichen: a

Einheit: $\frac{\mathrm{m}}{\mathrm{s}^2}$ (Meter je Quadratsekunde)

Gleichung: $a = \frac{v}{t}$

Gleichmäßig beschleunigte Bewegungen Bei der gleichmäßig beschleunigten Bewegung bewegt sich ein Körper mit konstanter Beschleunigung.
(In den abgebildeten Beispielen ist $a_1 < a_2$.)

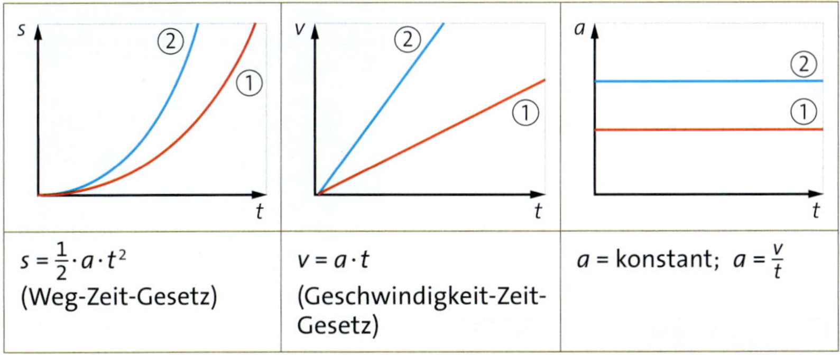

$s = \frac{1}{2} \cdot a \cdot t^2$ (Weg-Zeit-Gesetz)	$v = a \cdot t$ (Geschwindigkeit-Zeit-Gesetz)	a = konstant; $a = \frac{v}{t}$

Bremsvorgänge mit konstanter Bremsverzögerung sind gleichmäßig beschleunigte Bewegungen mit $a < 0$.

6 Frei fallendes Toastbrot in immer gleichen Zeitabständen

Freier Fall Beim freien Fall bewegt sich ein Körper mit konstanter Beschleunigung senkrecht nach unten (in Richtung Erdmittelpunkt). Der freie Fall ist eine gleichmäßig beschleunigte Bewegung.
Es gilt: $a = g = 9{,}81\ \mathrm{m/s^2}$.

Diagramme Bewegungen können in $s(t)$-; $v(t)$- und $a(t)$-Diagrammen dargestellt werden. Bei der Interpretation der Diagramme ist es sinnvoll, sich an folgende Schrittfolge zu halten:

1. Welche physikalischen Größen sind dargestellt?
2. Wie kann man den Verlauf des Graphen beschreiben?
3. Welcher Zusammenhang besteht zwischen den beiden physikalischen Größen?
4. Welche Bewegungsart liegt vor?

In vielen Sportarten entscheidet das Zusammenspiel zwischen Kräften und Bewegungen über Sieg oder Niederlage.
Nicht erst seit der Formel 1 macht man sich darüber Gedanken, wie Körper beschleunigt werden können und wie groß die dabei wirkenden Kräfte sind.

Kräfte

Erhebt sich eine Rakete in den Himmel, dann ist das ein imposanter Anblick. Voraussetzung dafür, dass man eine so gewaltige Masse scheinbar einfach starten lassen kann, ist die Beherrschung der Gesetzmäßigkeiten, die einst ISAAC NEWTON erforschte. ▸ 2
NEWTON gilt auch heute noch als einer der bedeutendsten Wissenschaftler aller Zeiten. Durch genaue Beobachtung der Natur formulierte er physikalische Regeln, mit denen er die beobachteten Erscheinungen beschreiben und erklären konnte. Dabei hinterfragte er auch ganz alltägliche Vorgänge, z. B. warum ein Apfel, der nach oben geworfen wird, senkrecht zur Erde zurückfällt …

2 Raketenstart

3 Satellit auf seiner Umlaufbahn

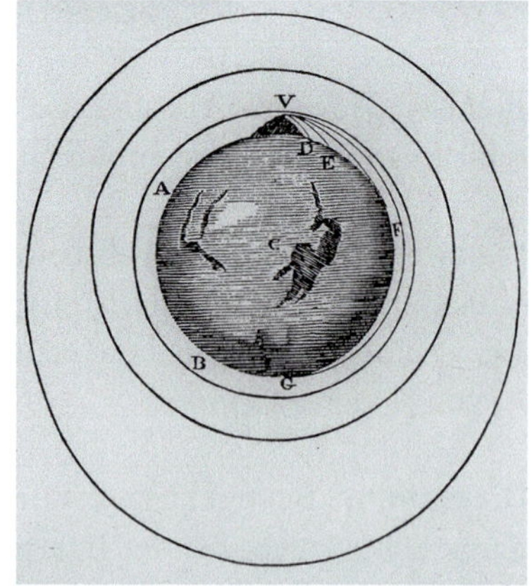

4 Skizze ISAAC NEWTONS: Überlegungen zu Flugbahnen

… der Mond aber nicht. Was hält den Mond und die Satelliten auf ihrer Umlaufbahn um die Erde? Und was hat das mit dem zu tun, was dir deine Waage anzeigt? ▸ 3, 4

Weißt du's?

Beantworte die folgenden Fragen.
Und so kannst du deine Antworten überprüfen: Schreibe die Wörter hinter den richtigen Lösungen nacheinander auf. Sind die Antworten richtig, ergibt sich aus den Lösungswörtern ein Sprichwort, das auch im physikalischen Sinn Bedeutung hat.

1 Das Formelzeichen der Kraft ist:
- A F Wie
- B A Wer
- C K Warum

2 1 N entspricht in etwa der Gewichtskraft von:
- A einem Ziegelstein ich
- B einer Tafel Schokolade du
- C einem Streichholz er

3 Das Messgerät für Kräfte ist:
- A eine Waage meine,
- B ein Federkraftmesser mir,
- C ein Kraftpfeil seins,

4 Ein Bus fährt schnell um eine Rechtskurve. Wie bewegt sich ein abgestellter Koffer?
- A Er kippt oder rutscht nach rechts. wir
- B Er kippt oder rutscht nach links. so
- C Er kippt oder rutscht nach vorn. mit

5 Ein Buch liegt auf dem Tisch. Welche Aussage ist vollkommen richtig?
- A Das Buch wirkt auf den Tisch ein. mir
- B Der Tisch wirkt auf das Buch ein. meins
- C Tisch und Buch wirken wechselseitig aufeinander ein. ich

6 Die Gewichtskraft eines Körpers mit einer Masse von 10 kg ist:
- A auf der Erde und dem Mond gleich groß deins
- B auf dem Mond größer als auf der Erde du
- C auf der Erde größer als auf dem Mond dir

7 Helmpflicht besteht laut StVO (Straßenverkehrsordnung) für:

A Mopedfahrer . (Punkt)

B Autofahrer ? (Fragezeichen)

C Reiter ... (Auslassungspunkte)

Bewegung und Kräfte

1

Beim Schaukeln oder auf der Achterbahn spürt jeder die Wirkung von Kräften. Mal hat man das Gefühl leichter zu sein, mal fühlt man sich schwerer.

Experiment

1 Bewegungsänderung durch Kraft

Baue die Versuchsanordnung wie im Bild ▸ 2 auf.

a Ziehe mit einer Kraft F_1 waagerecht am Klotz. Die Kästchen helfen dir, die Richtung beizubehalten. Ermittle die benötigte Kraft, um den Körper in Bewegung zu versetzen.

b Ziehe gleichzeitig mit den Kräften F_1 und F_2 am Körper. Überprüfe, ob es dir gelingt, mit diesen 2 Kräften eine Bewegung in Richtung F_{res} zu erzeugen.

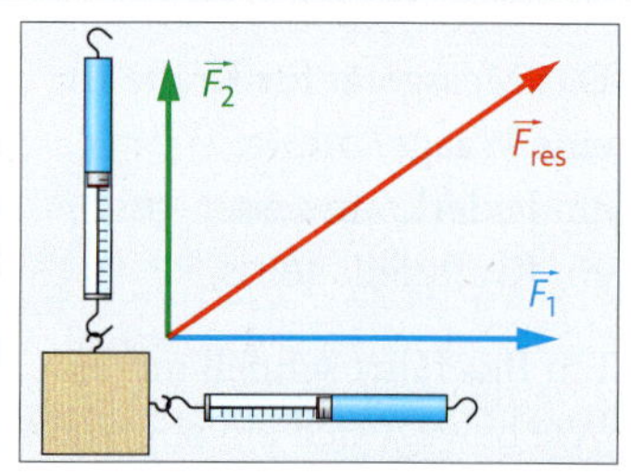

Bei Experiment a braucht man die Kraft F_1, um den Körper in Bewegung zu versetzen. Kräfte können Geschwindigkeiten verändern. Beschleunigt z. B. ein Motorradfahrer geradlinig aus dem Stand heraus, muss der Motor eine entsprechende Kraft bereitstellen.
Experiment b zeigt, dass sich die Richtung der Bewegung ändern lässt. Dabei können mehrere Kräfte gleichzeitig auftreten. Diese Kräfte können durch eine einzelne Kraft ersetzt werden, die die gleiche Wirkung hat. Durch eine einfache Konstruktion kann man die Größe und die Richtung der neuen, resultierenden Kraft bestimmen. ▸ 3–5

Kräfte können die Richtung und den Betrag einer Geschwindigkeit ändern. Greifen gleichzeitig mehrere Kräfte an einem Körper an, können diese durch eine resultierende Kraft ersetzt werden, diese kann man auch zeichnerisch ermitteln.

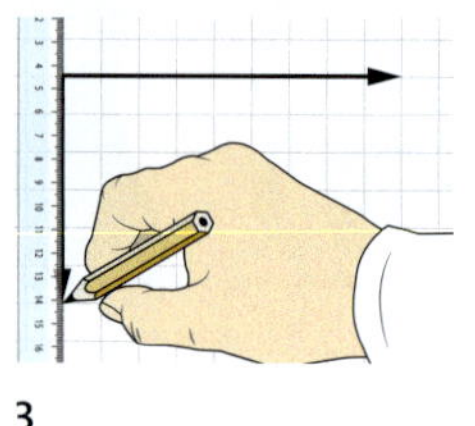

3

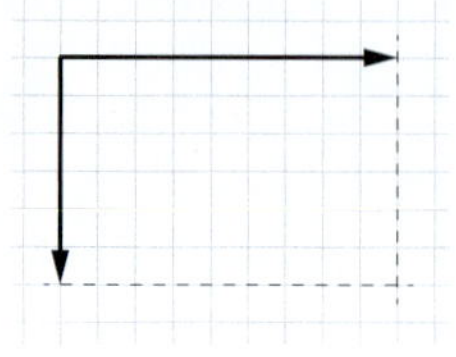

4

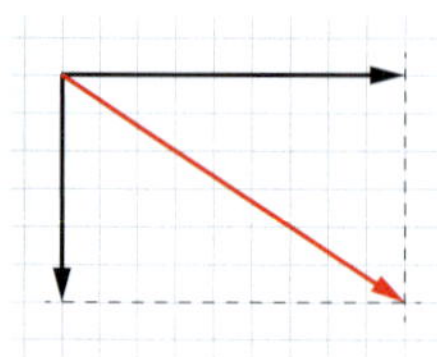

5

Aufgaben

1 Fertige eine Beschreibung zur Konstruktion in den Bildern ▸ 3 bis 5 an.

2 Übertrage die Kraftpfeile in dein Heft und konstruiere jeweils die resultierende Kraft. ▸ 6

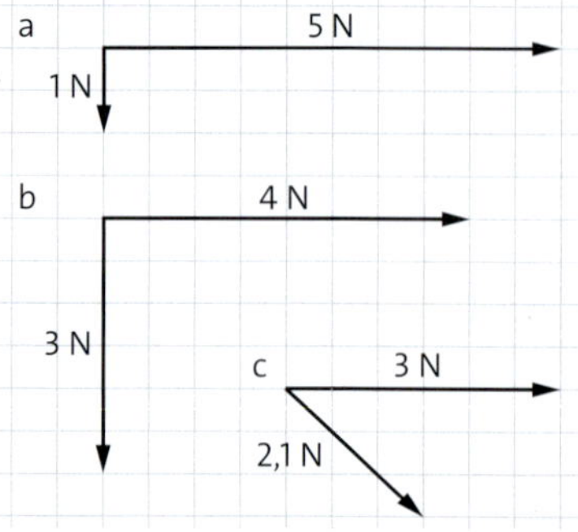

6

Experiment

2 Kräfte beim Pendeln
Baue die Versuchsanordnung nach Bild ▸ 7 auf. Lass das Pendel schwingen. Beobachte und beschreibe, wie sich die Geschwindigkeit des Pendels und die Anzeige des Federkraftmessers verändern.

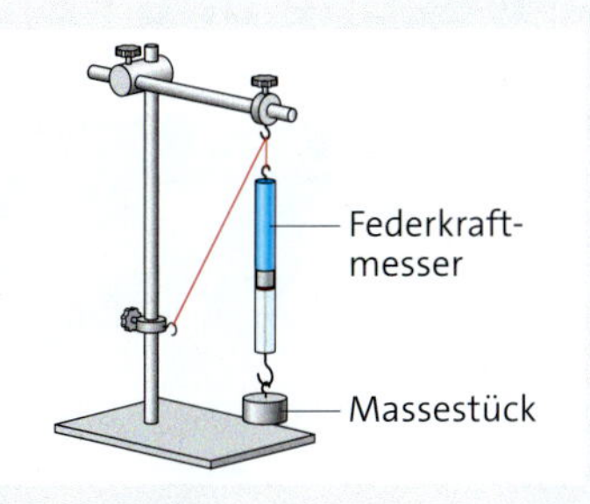

7

Ist das Pendel in Ruhe, zeigt der Federkraftmesser die Gewichtskraft an. Diese ist aber immer gleich. Schwingt das Pendel, verändert sich die Anzeige jedoch ständig.
In Ruhe zeigt der Federkraftmesser aber auch die Kraft an, mit der die Feder das Massestück nach oben ziehen muss. Man misst also eine gleich große Gegenkraft zur Gewichtskraft.
Bewegt sich das Pendel, bleiben Betrag und Richtung der Gewichtskraft konstant. Der Federkraftmesser misst jetzt aber nur den Teil der Gewichtskraft, der in Richtung des Federkraftmessers zeigt. Man kann die Gewichtskraft also in zwei Kräfte zerlegen.
Die Teilkraft F_1 verändert die Richtung der Geschwindigkeit. Sie zwingt das Pendel auf eine bogenförmige Bahn. Die Teilkraft F_2 verändert den Betrag der Geschwindigkeit. Diese Teilkräfte stehen immer senkrecht zueinander und haben verschiedene Wirkungen. ▸ 8

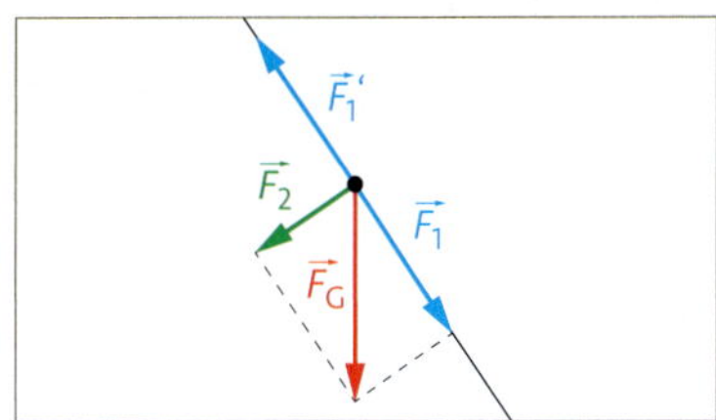

8 Kräftezerlegung

Gewichtskräfte kann man aufteilen. Ein Teil der Gewichts- oder Gravitationskraft kann die Geschwindigkeit (Betrag oder Richtung) des Körpers verändern.

Um die Richtung einer Bewegung zu verändern, benötigt man immer eine Kraft. Bei Kreisbewegungen ändert sich die Richtung ständig. Schleuderst du ein schweres Gewicht um dich herum, spürst du diese Kraft. ▸ 9
Solche Kräfte nennt man Radialkraft.

9 Radialkraft

Radialkräfte treten bei Kreisbewegungen auf. Sie verändern ständig die Richtung der Bewegung und sind immer zum Mittelpunkt der Kreisbahn gerichtet.

Auch wenn du mit dem Fahrrad einen Hang herunterrollst, kannst du das Prinzip zur Aufteilung einer Kraft anwenden: Die Gewichtskraft teilt sich in zwei Teilkräfte auf. Eine Kraft presst das Fahrrad auf den Boden. Die andere Kraft verändert den Betrag der Geschwindigkeit. Auch bei diesem Beispiel stehen die Teilkräfte immer senkrecht aufeinander. ▸ 10

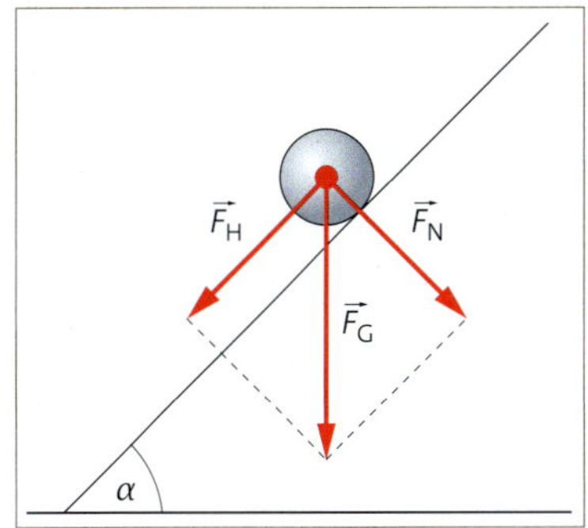

10 Geneigte Ebene

Aufgabe

1 Übernimm die Skizzen in dein Heft. Vervollständige die Kraftpfeile. Beschreibe, wie sich die Kräfte und ihre Wirkungen verändern.

11

Bewegung und Reibungskraft

1

Wingsuit-Fliegen ist ein sehr gefährlicher Sport. Die Sportlerinnen und Sportler springen mit besonderen Anzügen in die Tiefe. Obwohl sie „fallen", erreichen sie nur Sinkgeschwindigkeiten von etwa 50 km/h.
Vorwärts bewegen sie sich jedoch mit bis zu 150 km/h.

Experiment

1 Eine Kugel rollt in Wasser

Eine Kugel rollt in einer leicht geneigten Röhre hinab. Zuerst ist die Röhre leer, dann mit Wasser gefüllt. Handelt es sich dabei um gleichförmige oder um beschleunigte Bewegungen?
Stelle vor dem Experiment eine Vermutung auf. Überprüfe deine Vermutung durch ein geeignetes Experiment.

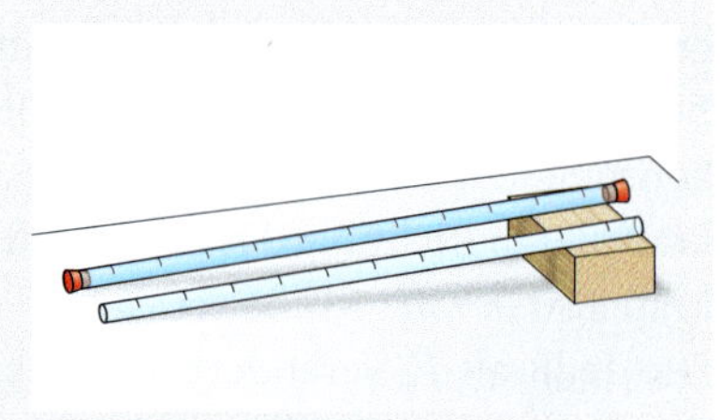

Beim Hinabrollen auf einer geneigten Ebene tritt immer eine beschleunigende Kraft auf. Ist die Röhre mit Luft gefüllt, wird die Kugel immer schneller. Es handelt sich also um eine beschleunigte Bewegung. Im mit Wasser gefüllten Rohr bewegt sich die Kugel jedoch gleichförmig. Ursache dafür ist die erhöhte Reibungskraft zwischen der Kugel und dem Wasser. Diese Reibungskraft bremst die Bewegung. Je höher die Geschwindigkeit ist, umso größer wird auch die Reibung.

Reibungskräfte sind immer der Bewegungsrichtung entgegengesetzt. Je höher die Geschwindigkeit, umso größer die Reibungskraft.

Rollt die Kugel in der mit Wasser gefüllten Röhre bergab, wird sie zunächst schneller. Damit steigt aber auch die Reibungskraft an. Ist die Reibung genau so groß wie die beschleunigende Kraft, kann die Kugel nicht mehr schneller werden. Man spricht dann von einem Kräftegleichgewicht. ▸ 3

Greifen zwei gleich große Kräfte an einem Körper an und sind entgegengesetzt gerichtet, so heben sie sich auf. Man spricht von einem Kräftegleichgewicht.

Diesen Effekt nutzt auch der Wingsuit-Flieger. Der Stoff am Anzug des Fliegers sorgt für einen raschen Anstieg der Reibungskraft. Das Kräftegleichgewicht zwischen Gewichtskraft und Reibungskraft stellt sich bei etwa 50 km/h ein.

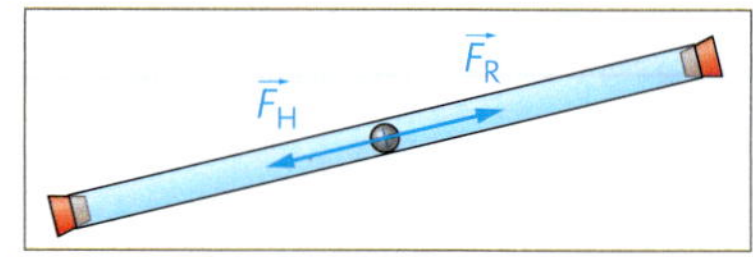

3 Reibungskräfte

Aufgaben

1 Jedes Auto hat eine Höchstgeschwindigkeit. Erkläre mit den Begriffen Motorkraft, Reibungskraft und Kräftegleichgewicht wieso das Auto nicht über eine bestimmte Geschwindigkeit hinaus beschleunigen kann.

2 Stelle Vermutungen an, wie man die Reibungskraft bei Autos verringern könnte. Bewerte die Tatsache, dass Pkw in den letzten Jahren immer größer gebaut werden.

Experiment

2 Reibungskräfte untersuchen

Informiere dich über die Begriffe Haftreibung, Gleitreibung und Rollreibung. Plane mit den Materialien auf dem Bild Experimente zu Reibungskräften zwischen einem Körper und dem Untergrund. Überprüfe mit diesen Experimenten folgende Thesen:

A Rollreibung ist ebenso groß wie Gleitreibung.

B Je größer die Masse eines Körpers, umso größer ist die Reibungskraft.

C Verschiedene Untergründe haben keinen Einfluss auf die Reibung.

D Haftreibung ist größer als Gleitreibung.

4

Die Experimente zeigen, dass die verschiedenen Reibungsarten unterschiedlich sind. Aber auch die Masse und der Untergrund haben Einfluss auf die Größe der Reibungskraft. Reibungskräfte behindern die Bewegung. Lässt man sein Fahrrad oder Auto ohne Antrieb rollen, wird es immer langsamer. Die Bewegungsenergie wird also geringer.
Energie kann nicht verloren gehen. Sie wandelt sich nur in andere Energieformen um. Reibungskräfte wandeln kinetische Energie in thermische Energie um. Sie entwerten Bewegungsenergie.
Für Fahrzeuge im Straßenverkehr ist die Reibungskraft zwischen dem Fahrzeug und der Luft wichtig. Dabei gibt es einen quadratischen Zusammenhang zwischen Geschwindigkeit und Reibung. Fährt man doppelt so schnell, vervierfacht sich die Reibungskraft. Verdreifacht man die Geschwindigkeit wird die Reibung sogar neun Mal so groß.

Luftreibung beim Radfahren Jeder hat schon einmal den Fahrtwind beim Fahrradfahren gespürt. Verdoppelt man die Geschwindigkeit, muss man viel mehr Arbeit verrichten. Hauptursache dafür ist der Anstieg der Luftreibung. Aus diesem Grund benutzen Rennradfahrer besondere Fahrräder, haben diese gebückte Haltung und tragen enganliegende Kleidung. Ein Maß für die Windschlüpfigkeit ist der c_w-Wert. Er wird experimentell bestimmt. ► 5

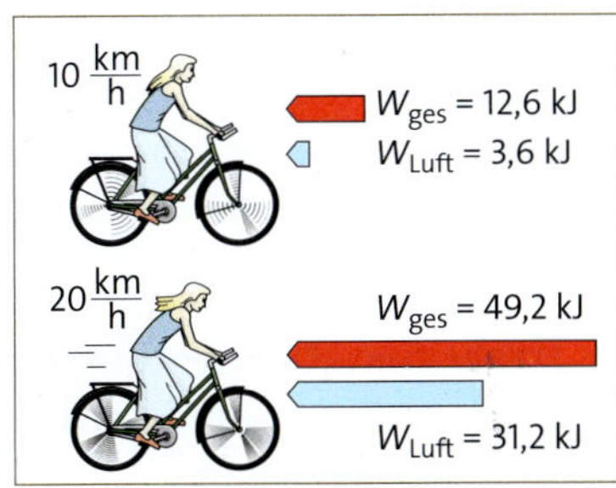

5 Radfahren

Aufgaben

1 Informiere dich über den c_w-Wert und den Luftwiderstand bei Pkw. Nenne Beispiele für Autos mit verschiedenen c_w-Werten.

2 Recherchiere Verbrauchswerte von Pkw. Vergleiche den Verbrauch und stelle Vermutungen über die Ursachen an.

3 Beim Radfahren wird die Geschwindigkeit halbiert. Wie ändert sich die Reibungskraft?

Trägheitsgesetz

1

Satelliten bewegen sich mit etwa 28 000 km/h um die Erde. Werden sie langsamer, stürzen sie ab. Sie besitzen keinen Antrieb und halten doch ihre Geschwindigkeit.

Experiment

1 Kugel im Teller

Bereite einen Pappteller wie im Bild ▸ 2 vor. Schneide dazu ein Segment aus. Lass eine Kugel schnell im Teller rollen. Beobachte und beschreibe die Bewegung der Kugel, wenn du das Segment des Tellers entfernst.

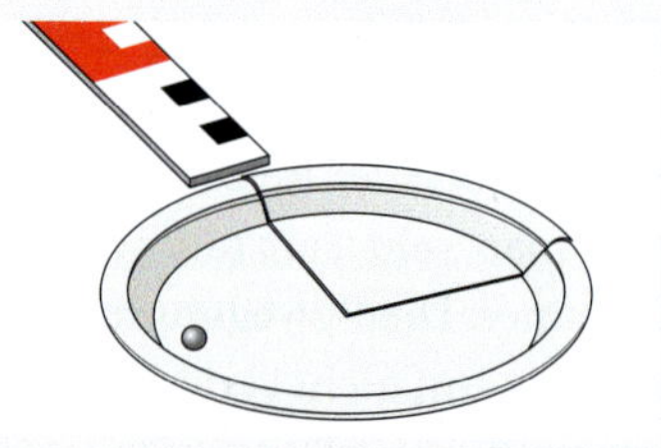

Solange die Kugel im Teller rollt, bewegt sie sich kreisförmig. Dazu ist eine Kraft notwendig, die immer zur Mitte des Tellers gerichtet ist. Diese Radialkraft wird durch die Wechselwirkung zwischen Kugel und Tellerrand erzeugt. Wenn das Segment des Tellers entfernt wird, entfällt auch die Radialkraft. Ohne diese bewegt sich die Kugel geradlinig weiter. Da die Reibungskraft sehr gering ist, scheint sich die Kugel gleichförmig zu bewegen.

Trägheitsgesetz: Jeder Körper, auf den die Summe der angreifenden Kräfte Null ist, befindet sich in Ruhe oder in einer geradlinig gleichförmigen Bewegung.

Befindet sich ein Körper in Ruhe müssen sich alle Kräfte aufheben. Ein Mensch, der auf einem Trampolin ruhig steht, drückt mit seiner Gewichtskraft auf das Gummi. Dieses erzeugt eine gleich große Gegenkraft. Die Summe der Kräfte ist Null. Sie heben sich also auf. ▸ 3

Eine Rakete bringt die Satelliten mit der benötigten Geschwindigkeit auf die Umlaufbahn und eigentlich würde sich der Satellit geradlinig gleichförmig weiterbewegen, wenn es die Anziehungskraft der Erde nicht gäbe. Die Anziehungskraft wirkt als Radialkraft und zwingt den Satelliten auf eine Kreisbahn. Satelliten bewegen sich im Weltall ohne Reibung. Deshalb werden sie auch nicht langsamer und bewegen sich gleichförmig auf Kreisbahnen.

3 Kräftegleichgewicht

Aufgaben

1 Ein Auto fährt mit konstanter Geschwindigkeit. Begründe, dass es man trotz gleichförmiger Bewegung eine Antriebskraft benötigt.

2 Begründe, dass man eine Kraft benötigt, um Körper auf eine Kreisbahn zu zwingen.

Experiment

2 Trägheit und Masse

Auf einem Blatt stehen zwei gleich große und gleich geformte Würfel aus Holz und Eisen. Ziehe ruckartig das Blatt darunter weg und beobachte die beiden Körper.

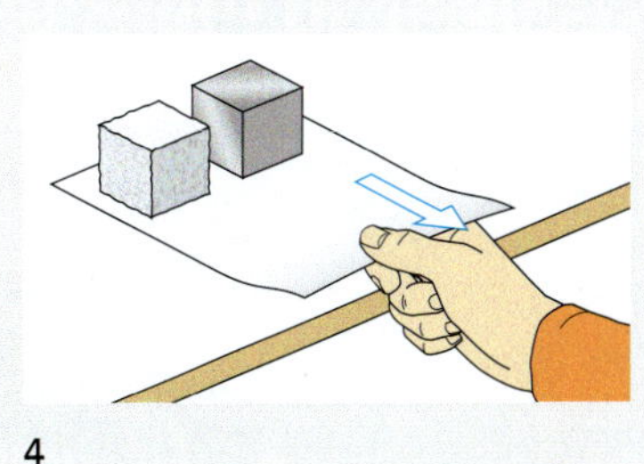

4

Der leichtere Körper aus Holz wird sich mit dem Blatt mitbewegen. Der schwerere Eisenwürfel bleibt in Ruhe und rutscht vom Blatt.

Je größer die Masse eines Körpers ist, umso größer ist seine Trägheit. Das bedeutet, es wird eine größere Kraft benötigt, um seinen Bewegungszustand zu verändern.

Zieht man an dem Blatt, wird eine beschleunigende Kraft durch Reibung zwischen Körper und Blatt übertragen. Ist die Trägheit größer als die Reibungskraft bleibt der Körper in Ruhe. Für den schweren Eisenwürfel reicht die Reibungskraft nicht aus, um den Bewegungszustand zu ändern.

Trägheit beim Busfahren Beim Anfahren eines Busses kannst du nach hinten fallen. Dein Körper ist träge und widersetzt sich der Bewegungsänderung. Du solltest dich also festhalten, um die Reibungskraft zu vergrößern. So kann die beschleunigende Kraft besser auf dich übertragen werden. Beim Bremsen des Busses kannst du nach vorn fallen. Durch die Trägheit deines Körpers möchte dieser in der gleichförmigen Bewegung verbleiben. In Kurven wirst du scheinbar nach außen gedrückt. Auch hier ist die Trägheit die Ursache. ▸ 5

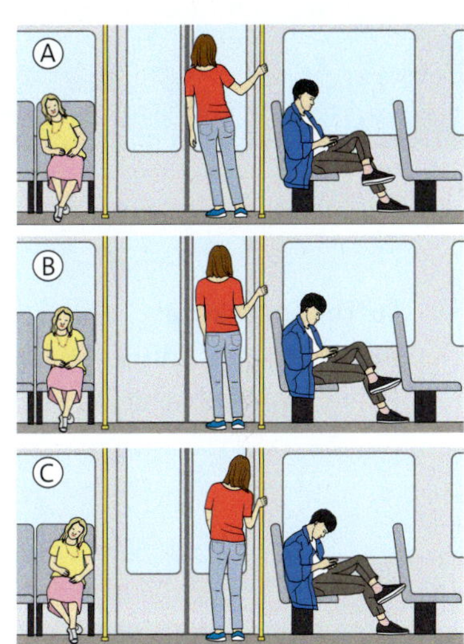

5 Trägheit im Bus

Chaotische Bewegungen Manche Bewegungen lassen sich nicht exakt vorhersagen. Beim Galton-Brett fällt eine Kugel durch ein Labyrinth von Hindernissen. Es ist unmöglich, genau zu wissen, wie jedes Hindernis die Kugel ablenkt. Betrachtet man die Bewegung von vielen Kugeln, kann man aber eine Verteilung beobachten. Es ist nun möglich das Ergebnis mit einer bestimmten Wahrscheinlichkeit vorherzubestimmen. ▸ 6

Solche Bewegungen sind zum Beispiel für die Wettervorhersage bedeutsam. Ein warmer Luftstrom kann uns sonniges Wetter bringen. Aber auf dem Weg zu uns ist er Störungen ausgesetzt, die seine Richtung verändern. Aus diesem Grund ist die Wettervorhersage nur für wenige Tage genau.

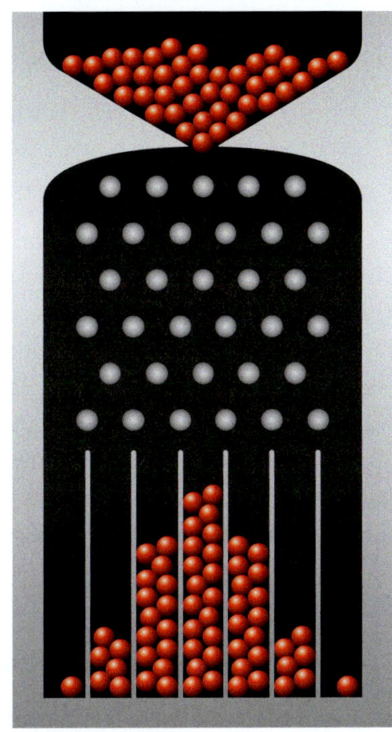

6 Galton-Brett

Aufgaben

1 Begründe, dass man schwere Gepäckstücke im Auto sichern muss.

2 Begründe, dass es in Deutschland Pflicht ist, sich im Auto anzuschnallen.

3 Informiere dich über das Doppelpendel. Beschreibe den Aufbau und entscheide, ob es sich um eine chaotische Bewegung handelt.

Wechselwirkungsgesetz

1

Hubschrauber können sehr schnell fliegen sowie senkrecht starten und landen. Nach welchem physikalischen Prinzip arbeiten diese? Wieso benötigen die meisten Hubschrauber am Ende einen zusätzlichen Propeller?

Experiment

1 Luftballonrakete
Befestige einen Luftballon an einer Schnur. Lass den aufgeblasenen Ballon los. Beobachte und beschreibe die Bewegung.

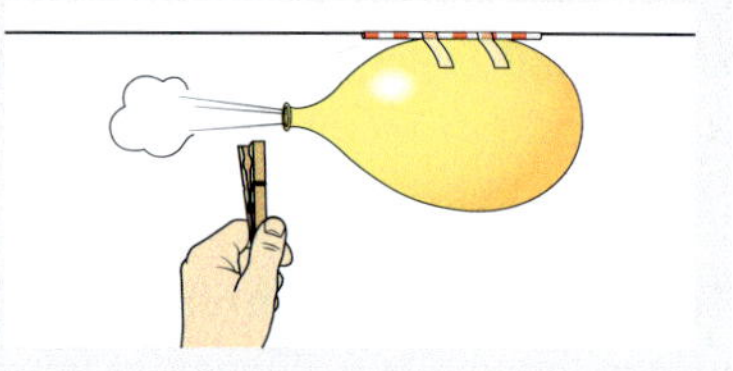

Ausströmende Luft und Luftballon wechselwirken miteinander. Der Gummi des Ballons übt eine Kraft auf die Luft aus. Gleichzeitig übt die ausströmende Luft eine Kraft auf den Ballon aus. Dieses Prinzip wird allgemein im Wechselwirkungsgesetz formuliert.

> **Wechselwirkungsgesetz: Wirken zwei Körper aufeinander ein, so greift an jedem der beiden Körper eine Kraft an. Diese Kräfte sind gleich groß, aber entgegengesetzt gerichtet.**

Beim Helikopter drückt der Rotor Luft nach unten. Diese Luft erzeugt aber eine gleichgroße Gegenkraft. Diese Gegenkraft drückt den Rotor mit dem Helikopter nach oben. ▸ 3
Der Motor des Helikopters dreht mit großer Kraft die Rotorblätter. Diese erzeugt aber auch eine gleichgroße Gegenkraft. Diese Gegenkraft versucht Kabine und Motor in entgegengesetzte Richtung zu drehen. Aus diesem Grund benötigen Helikopter einen zweiten Rotor am Heck. Der soll Luft nach außen drücken. Die entstehende Gegenkraft muss so groß sein, dass die Drehung der Kabine aufgehalten wird. ▸ 4

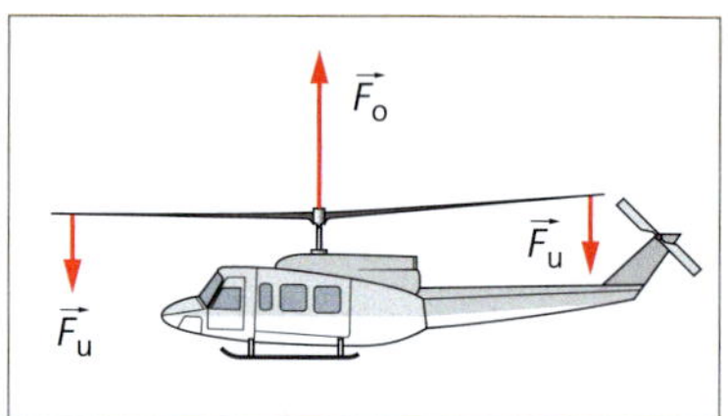

3 Kraft und Gegenkraft

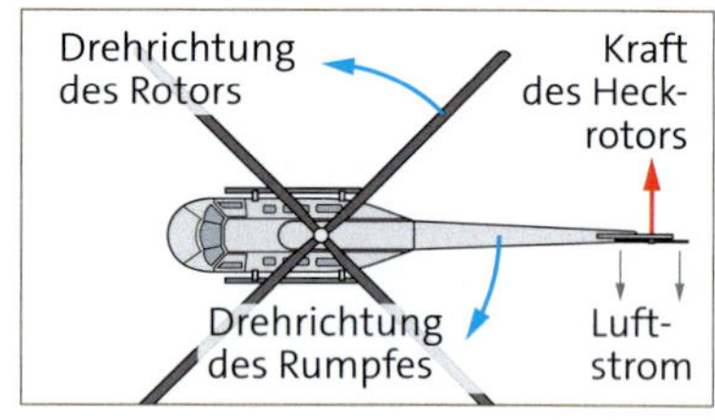

4 Einfluss des Heckrotors

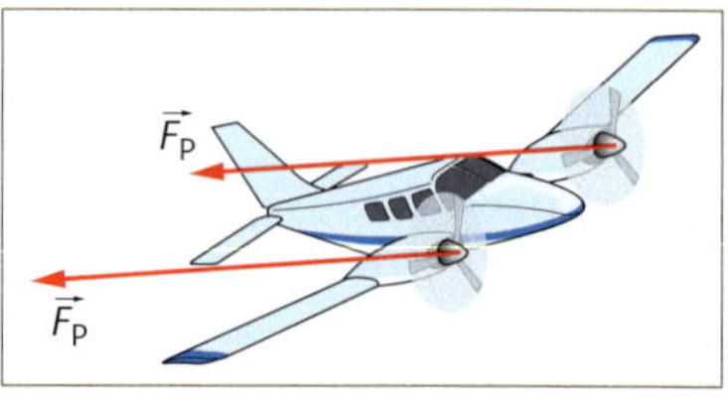

5

Aufgaben

1 Betrachte das Bild ▸ 5. Erkläre, wie der Propeller ein Flugzeug antreibt.

2 Recherchiere zu einer Bauanleitung für eine Wasserrakete. Erkläre, wie diese Wasserrakete fliegen kann.

Experiment

2 Wechselwirkung auf Skateboards

Zwei Schüler sitzen gegenüber auf je einem Skateboard. Sie halten ein Seil wie im Bild ▸ 6.

a Nur Schüler A zieht an dem Seil. Stelle eine Vermutung an, wie sich die Skateboards bewegen. Beobachte das Experiment.

b Nur Schüler B zieht an dem Seil. Beurteile, ob es ihm gelingen wird, Schüler A an sich heranzuziehen, ohne dass der sich selbst bewegt.

6

Wenn die Schüler die gleiche Masse haben, kann man erkennen, dass sie sich beide bewegen. Sie werden sich sogar beide gleich weit bewegen, und sich so in der Mitte treffen. Hier muss das Trägheitsgesetz beachtet werden. Die Kraft, mit der Schüler A zieht hat eine Wirkung auf beide Schüler. Schüler A beschleunigt Schüler B durch seine Zugkraft. Nach dem Wechselwirkungsgesetz existiert aber auch eine gleich große Gegenkraft. Diese beschleunigt Schüler A in entgegengesetzter Richtung.

Sind die Massen der Schüler verschieden, werden sich auch beide bewegen. Aber durch die Trägheit wird der leichtere Schüler stärker beschleunigt. Sind die Massen sehr unterschiedlich, ist es oft schwer, die Wechselwirkung zu erkennen. In unserem Sonnensystem wechselwirken die Planeten mit der Sonne. Die Gravitationskraft zwingt die Erde auf eine fast kreisförmige Bahn. Aber diese Kraft hat eine gleich große Gegenkraft, die an der Sonne angreift. Da die Sonne aber 330 000-Mal so schwer ist, wie die Erde, ist ihre Trägheit viel größer. Die Bewegung der Sonne ist deshalb so gering, dass sie schwierig nachzuweisen ist. ▸ 7

7 Sonnensystem

Wechselwirkung ist nicht Kräftegleichgewicht Wechselwirkung darf nicht mit dem Kräftegleichgewicht verwechselt werden. Beim Wechselwirkungsgesetzt greifen die Kräfte an zwei verschiedenen Körpern an. Vom Kräftegleichgewicht kann man sprechen, wenn man nur einen Körper betrachtet.

Bei einem Helikopter wechselwirken Luft und Rotor. Die Luft wird nach unten gedrückt und erzeugt den Schub auf den Helikopter. Wenn der Helikopter in der Luft schwebt, kann man das mit einem Kräftegleichgewicht erklären. Der Schub muss gleich der Gewichtskraft sein. Hier werden aber nur die Kräfte auf den Helikopter selbst betrachtet. ▸ 8

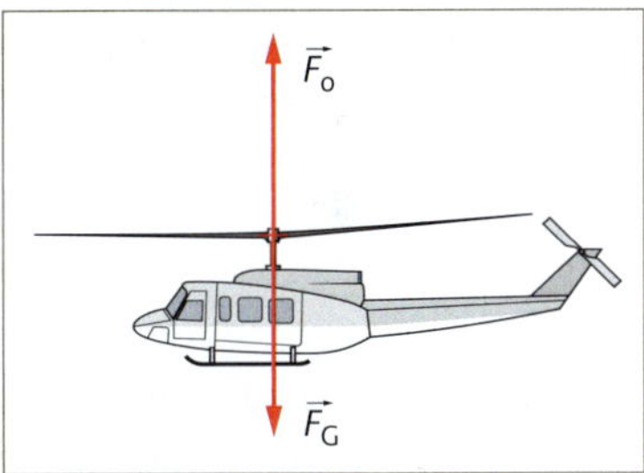

8 Kräftegleichgewicht

Aufgaben

1 Recherchiere zu den beschriebenen Wechselwirkungen. Beschreibe, wie das Wechselwirkungsgesetz bei den Beispielen Anwendung findet.

a Eine Schiffsschraube treibt ein Boot an.

b Eine Robbe wird auf einer Waage gewogen.

c Ein Water-Flyboard lässt Menschen schweben. ▸ 9

2 Erläutere folgende Aussage mit dem Wechselwirkungsgesetz: Beim Anfahren schiebt die Straße das Auto nach vorn.

9 Water-Flyboard

Das newtonsche Grundgesetz

1

Alle starten gemeinsam, wenn die Ampel grün wird. Doch obwohl der Lkw die größte Motorkraft besitzt, beschleunigt er am langsamsten. Der schwächste Motor am Motorrad beschleunigt dieses oft am schnellsten.

Experiment

1 Der Zusammenhang zwischen Kraft und Beschleunigung

Auf dieser Luftkissenbahn wird ein Schlitten mit einer Masse von etwa 0,1 kg gleichmäßig beschleunigt. Beobachte das Experiment. Übernimm die Tabelle. Bestimme die Zeiten für einen möglichst langen Weg. Vervollständige die Tabelle, indem du die Beschleunigung berechnest. Zeichne das $a(F)$-Diagramm.

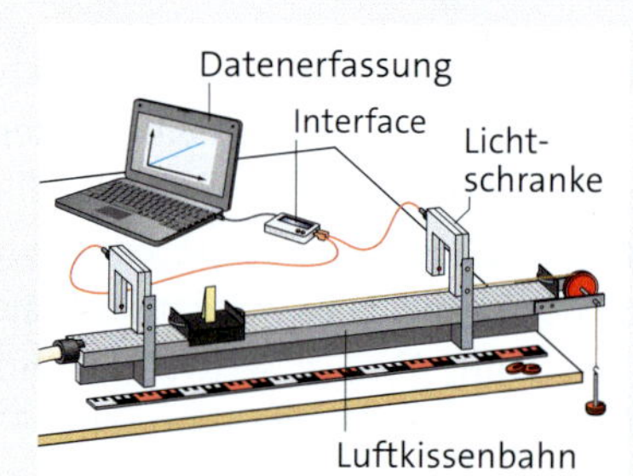

F in N	*s* in m	*t* in s	*a* in m/s²	*F*/*a*
0,01	?	?	?	?
0,02	?	?	?	?
...	?	?	?	?

Das Experiment zeigt: je größer die beschleunigende Kraft ist, umso größer wird auch die Beschleunigung eines Körpers. Das Diagramm ergibt etwa eine Gerade. Damit sind die Größen, Beschleunigung und Kraft proportional. Teilt man Kraft durch die Beschleunigung, erhält man immer die gleiche Größe. Dies ist die Masse des Körpers. ▸ 3

Wird ein Körper beschleunigt, so ist die beschleunigende Kraft F proportional zur Beschleunigung a.
Es gilt der Zusammenhang: $F \sim a$ bzw. $\frac{F}{a} = \text{konstant} = m$

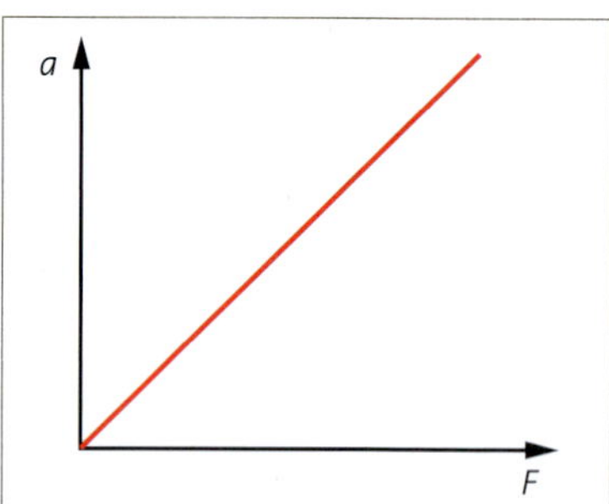

3 $a(F)$-Diagramm

Da der Lkw mit der größten Kraft am schlechtesten beschleunigt, muss es eine weitere Größe geben, die die Beschleunigung beeinflusst.

Aufgabe

1 Eine Kugel rollt einen Hang herunter. Erkläre, warum diese stärker beschleunigt, wenn der Hang steiler ist.

Experiment

2 Der Zusammenhang zwischen Masse und Beschleunigung

Jetzt wird der Wagen mit einer konstanten Kraft von 0,05 N beschleunigt. Dabei wird die Masse mit jedem Experiment vergrößert.
Beobachte das Experiment oder die Videos. Übernimm die Tabelle und vervollständige sie. Zeichne das $a(m)$-Diagramm.

F in N	m in kg	s in m	t in s	a in m/s²	$m \cdot a$
0,05	0,11	?	?	?	?
0,05	0,153	?	?	?	?
0,05	...	?	?	?	?

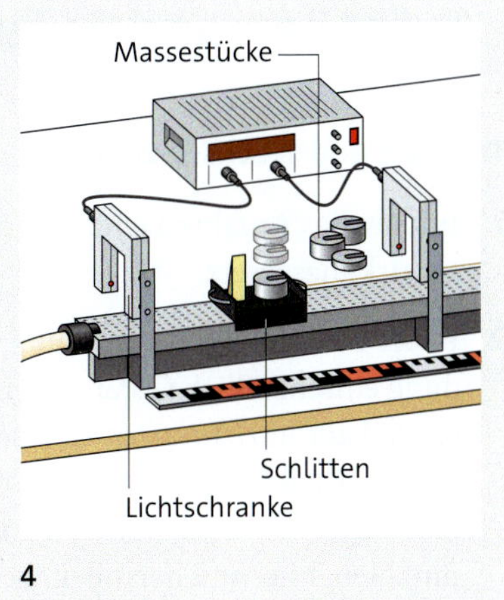

4

Das Experiment zeigt: Je größer die Masse ist, umso geringer fällt die Beschleunigung aus. Der Zusammenhang der Größen ist umgekehrt proportional. Das bedeutet, dass das Produkt aus Masse und Beschleunigung immer gleich ist. Dieses Produkt entspricht der beschleunigenden Kraft. ▸ 5

Wird ein Körper beschleunigt, ist die erreichte Beschleunigung umgekehrt proportional zur Masse des Körpers.
Es gilt: $a \sim \frac{1}{m}$ bzw. $a \cdot m = \text{konstant} = F$

5 $a(m)$-Diagramm

Musteraufgabe

Bei einem Unfall fährt ein Auto mit nur 30 km/h gegen einen Baum. Dann können Beschleunigungen mit 115 m/s² auftreten. Berechne die Kraft auf eine Person mit einer Masse von 50 kg. Überlege, ob man diese Kraft mit den Armen abfangen könnte.

Gegeben: $m = 50\,\text{kg}$; $a = 115\,\text{m/s}^2$

Gesucht: F in N

Lösung: $F = m \cdot a = 50\,\text{kg} \cdot 115\,\text{m/s}^2 = 5750\,\text{N}$

Eine Kraft von 5750 N würde dem Anheben von 575 kg entsprechen. Das ist mehr als der Weltrekord im Gewichtheben.

Aufgaben

1 Ein guter Fußballer kann den 0,43 kg schweren Ball mit etwa 10-facher Fallbeschleunigung abschießen. Berechne die Kraft, die dazu notwendig ist.

2 Leistungsstarke Pkw können mit 8,2 m/s² beschleunigen. Berechne die notwendige Kraft, wenn die Masse des Fahrzeugs 1800 kg beträgt.

3 Laut StVZO müssen Lkw eine Bremsbeschleunigung von 5 m/s² erreichen. Menschliche Kraft reicht dazu nicht mehr aus. Die Bremsen stellen Kräfte von bis zu 200 000 N bereit. Berechne die Masse des Lkw.

Aufgaben und Aufträge

Trägheit und Wechselwirkung

1 Erkläre das Anfahren eines Autos mit dem Wechselwirkungsgesetz.

2 In der Straßenverkehrsordnung steht: „Die Ladung einschließlich Geräte zur Ladungssicherung sowie Ladeeinrichtungen sind so zu verstauen und zu sichern, dass sie selbst bei Vollbremsung oder plötzlicher Ausweichbewegung nicht verrutschen, umfallen, hin- und herrollen, herabfallen oder vermeidbaren Lärm erzeugen können." ▸ 1
Bewerte diese Vorschrift aus Sicht der newtonschen Gesetze.

1

3 Stelle ein Glas mit einem breiten Boden auf den Tisch und decke die Öffnung mit einer Spielkarte ab. Lege eine Münze auf die Spielkarte. Gib an, wie die Münze ins Glas gelangen kann, ohne dass sie berührt wird. Probiere es aus.

4 Du stehst im Bus und hältst dich nicht fest. Der Fahrer weicht einem Abbieger aus und reißt das Lenkrad nach links. Du bist träge und deshalb …

5 Erkläre die Bewegung des Rollerfahrers. ▸ 2

2

6 Stelle einen Plastikbecher auf ein Stück Papier. Beschreibe deine Beobachtungen, wenn du:
a langsam und vorsichtig am Papier ziehst.
b schnell am Papier ziehst.
c den Becher zu Hälfte mit Steinchen oder Wasser füllst und die ersten beiden Versuche wiederholst.
d den Becher vollständig füllst und dann die Versuche wiederholst.

7 Der Bremsweg eines Öltankers ist viele Kilometer lang. Ein gleich schnelles Mofa steht schon nach wenigen Metern. Erkläre den Unterschied.

Grundgesetz der Mechanik

8 Erkläre, warum ein Zug recht langsam anfährt und warum es wichtig ist, dass sich die Waggons einer nach dem anderen und nicht alle gleichzeitig in Bewegung setzen.

9 Ergänze die Sätze in deinem Heft:
a Bei gleicher Masse … sich die Kraft, wenn die Beschleunigung halbiert wird.
b Bei konstanter Beschleunigung … sich die Kraft, wenn die Masse halbiert wird.
c Bei konstanter Kraft verringert sich die Beschleunigung …, wenn die Masse vervierfacht wird.
d Verdoppelt man die Masse und halbiert die Beschleunigung, dann …

10 Berechne die Kraft, wenn ein Pkw (Masse ca. 1,2 t) mit 4,5 m/s^2 beschleunigt wird.

11 Beim Bobrennen werden Geschwindigkeiten bis 150 km/h erreicht. Ein Viererbob darf minimal 210 kg (leer) und maximal 630 kg (mit Besatzung) wiegen. Anschieber sind häufig ehemalige Zehnkämpfer, die 100 m unter 11 s laufen und über 100 kg wiegen.
Begründe:
a die Massenvorschriften für Bobs
b die Anforderungen an die Anschieber
c warum der 15 m lange Anlauf so wichtig ist

Gravitation

12 Gib an, durch welche Kraft der Mond auf der Umlaufbahn um die Erde gehalten wird.

13 Berechne deine Gewichtskraft:
a auf dem Mond ($g = 1{,}62\,\text{m/s}^2$)
b auf dem Mars ($g = 3{,}69\,\text{m/s}^2$)

14 Welche Gewichtskraft wirkt auf der Erde auf ein Stück Butter (250 g), ein Paket Kaffee (500 g) und eine Tüte Zucker (1 kg)? Berechne jeweils.

15 Bei einem Auffahrunfall wird ein Auto ($m = 1050\,\text{kg}$) mit $2{,}7\,\text{m/s}^2$ abgebremst. Die Kraft auf das Auto und die Kraft auf den Fahrer sind gleich groß.
Berechne diese Kraft in Vielfachen deiner eigenen Gewichtskraft.

Reibung

16 Ordne folgende Gegenstände danach, ob die auftretende Reibung erwünscht ist oder ob unerwünschte Reibung verringert werden soll: Stollenschuhe, Nagefeile, Badewanneneinlage, Profilreifen, Öl beim Braten, Kugellager, Klettverschluss, schleimige Fischhaut, Fahrradhelm beim Sturz.

17 Bringe mehrere Blätter Papier in unterschiedliche Formen (glattes Blatt, Rolle, Trichter, zusammengeknüllt …). Lass die Blätter aus gleicher Höhe fallen und formuliere einen Zusammenhang zwischen der Form der Blätter und der Fallzeit.

Überblick

Zusammenwirken von Kräften

Wirken Kräfte in die gleiche Richtung, so addieren sich ihre Beträge. Wirken Kräfte entgegengesetzt, so subtrahieren sich ihre Beträge.

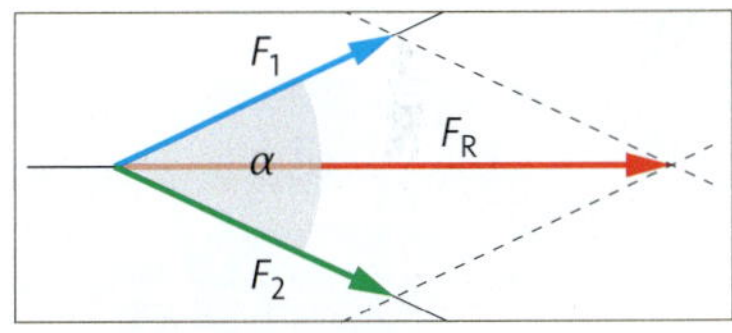

3

Wechselwirkung Körper üben immer wechselseitig Kräfte aufeinander aus. Die eine Kraft greift am einen Körper an, die andere Kraft am anderen Körper. Beide Kräfte sind gleich groß und entgegengesetzt gerichtet. ▸ 4

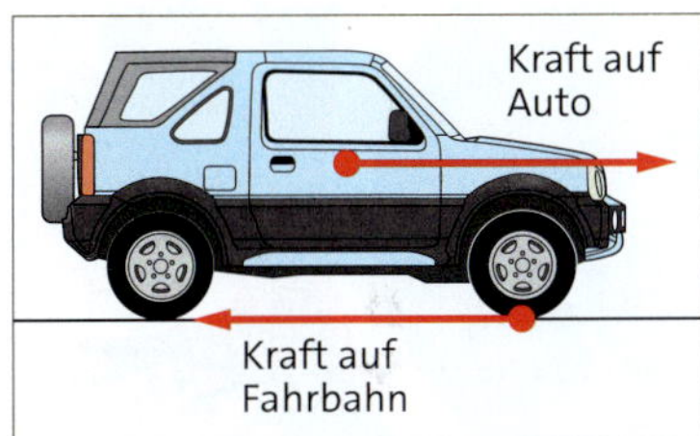

4

Trägheit Ein Körper bleibt in Ruhe oder bewegt sich mit konstanter Geschwindigkeit geradeaus, solange keine Kraft auf ihn wirkt. Er widersetzt sich Bewegungsänderungen umso stärker, je größer seine Masse ist. ▸ 5

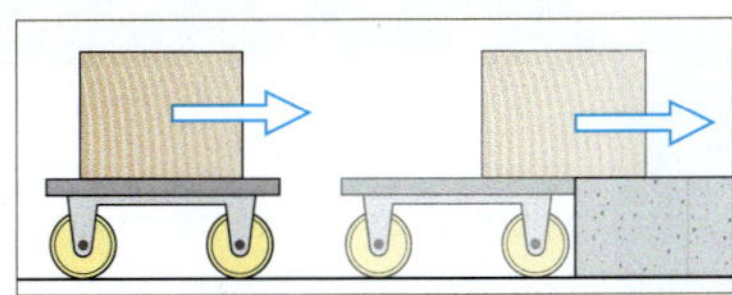

5

Kräfte verändern Bewegungen Eine Kraft auf einen Körper kann ihn beschleunigen oder verzögern (abbremsen):
- Je größer die Kraft ist, desto schneller ändert sich die Geschwindigkeit.
- Je größer die Masse ist, desto langsamer ändert sich die Geschwindigkeit.

Die Kraft ist das Produkt aus der Masse des Körpers und der Beschleunigung, die auf den Körper wirkt:
$F = m \cdot a$.

Kreisbewegung Die Radialkraft hält einen kreisenden Körper auf seiner Bahn und ist immer zum Zentrum der Kreisbewegung gerichtet.

Reibung

Haftreibung hält einen ruhenden Körper auf seiner Unterlage fest.
Gleitreibung hemmt die Bewegung eines gleitenden/rutschenden Körpers.
Rollreibung hemmt die Bewegung eines rollenden Körpers.
Es gilt: Haftreibung > Gleitreibung > Rollreibung.
Luft hemmt die Bewegung eines Körpers durch die Luftwiderstandskraft.

g-Kräfte in der Achterbahn

Erlebnis- und Freizeitparks sind bei Jung und Alt beliebt. Die vielen verschiedenen Attraktionen, die bunten Lichter, die Musik, das Geschrei, der Rausch der Geschwindigkeit, die Verwirrung des Gleichgewichtssinns und das Überwinden der eigenen Ängste machen vielen Menschen Spaß.

Besonders spannend sind Achterbahnen, die mittlerweile nicht nur gigantische Höhen, sondern auch spektakuläre Über-Kopf-Fahrten möglich machen. Hier erzeugt die Kombination aus hoher Geschwindigkeit und plötzlichen Richtungswechseln den besonderen Kick. Die Belastungen, die dabei auf den Körper wirken, nennt man *g*-Kräfte. Sie entstehen dadurch, dass der Körper beschleunigt oder abgebremst wird. *g*-Kräfte werden als Vielfache der Fallbeschleunigung g angegeben. ▸ 1

2 Kunstflieger beim Looping

	g-Kraft	Wirkungsdauer
Mittelklasse-Pkw beim Anfahren	0,3–0,8 g	wenige Sekunden
Sprinter beim Start	0,4 g	3 s
freier Fall	1 g	
Passagierflugzeug (enge Kurve)	2 g	< 20 s
typische Kinderschaukel	2,5 g	< 1 s
Spaceshuttle bei Brennschluss	3 g	nach ca. 8 min
Achterbahn	6 g	< 0,3 s
Kunstflugmanöver	9 g	< 3 s
Absprung eines Grashüpfers	10 g	Sekundenbruchteile
Schleudersitz	15–20 g	Sekundenbruchteile
Frontalzusammenstoß von Pkws	bis 50 g	Sekundenbruchteile
Stift fällt auf harten Boden	1000 g	extrem kurz
Nadel in einer Nähmaschine	6000 g	extrem kurz, wiederholt
Gewehrkugel beim Abschuss	10 000 g	extrem kurz

1 Typische (maximale) *g*-Kräfte in Natur und Technik

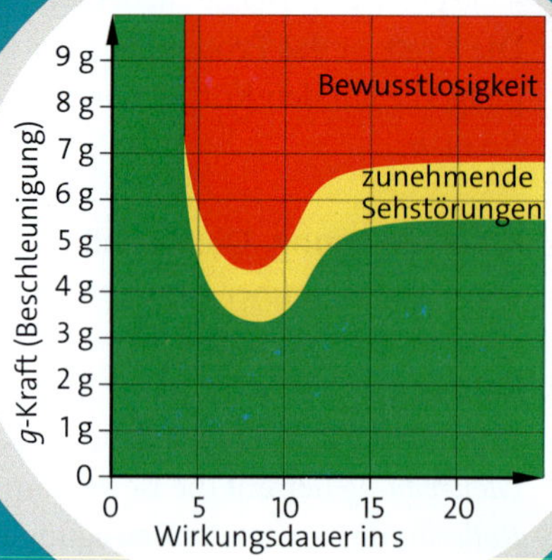

3 Wirkung von *g*-Kräften auf den Körper bei Beschleunigung in Richtung Kopf

In modernen Achterbahnen wirken in der Regel maximal 4*g* auf den Körper. Das bedeutet, dass man mit dem Vierfachen des eigenen Körpergewichts in den Sitz gepresst wird. Erlaubt sind in Achterbahnen höchstens 6*g*, aber nur über einen Zeitraum von maximal 0,3 Sekunden. Bei längerer Belastung kann es zu Schwindelgefühlen, Orientierungsverlust, Sehstörungen und sogar zur Ohnmacht kommen. Nur erfahrene und speziell trainierte Piloten können bis zu 9*g* über einen längeren Zeitraum aushalten. ▸ 2, 3

4 Magenkribbeln im Looping

5 Geneigter Bahnabschnitt

6 Beinahe freier Fall

Auch 0*g* werden in Achterbahnen erreicht, z. B. am höchsten Punkt eines Loopings, wenn sich dort Schwerkraft und Fliehkräfte gegenseitig aufheben. Man wird für einen Moment „schwerelos“, was man an einem deutlichen Kribbeln im Magen merkt. ▸ 4

Generell sind Achterbahnen so konstruiert, dass die wirkenden *g*-Kräfte in Körperlängsrichtung am größten sind. Das heißt, der Körper wird auf den Sitz gepresst oder aus dem Sitz gehoben. Für seitlich wirkende Kräfte besitzt der menschliche Körper keine gute „Federung“. Deshalb vermindert man diese, indem die Bahn bei scharfen Kurven so geneigt wird, dass die Kräfte wieder größtenteils entlang der Körperachse wirken. ▸ 5

Auch die Kräfte nach vorn und hinten sind relativ gering, da Achterbahnen in der Regel keinen eigenen Antrieb besitzen, sondern während der Fahrt nur rollen. Daher wirkt in Fahrtrichtung selbst bei sehr steilen Streckenabschnitten höchstens die gewohnte Fallbeschleunigung. ▸ 6

Die wirkenden *g*-Kräfte hängen bei längeren Bahnen auch davon ab, in welchem Wagen man sitzt. Im vordersten Wagen sieht man zwar am besten, ein Platz im letzten Wagen garantiert aber das größte Magenkribbeln. ▸ 7

7 Rausch der Geschwindigkeit

Schwerelosigkeit beim Fallen

Auch du bist schwerelos – zumindest für eine kurze Zeit –, wenn du fällst. Die Gewichtskraft ist vorhanden, aber es fehlt eine Gegenkraft.
In einem geschlossenen Fahrstuhl lässt sich nicht feststellen, ob der Fahrstuhl gerade fällt oder weit weg von allen Himmelskörpern im Weltraum schwebt.
Um die Schwerelosigkeit genauer zu erforschen, nutzt man neben der Raumstation auch Falltürme oder Parabelflüge. Solange der Parabelflieger sich mit der richtigen Geschwindigkeit auf der Wurfparabel befindet, herrscht im Inneren des Fliegers Schwerelosigkeit.

1

2

Aufträge

1 Beobachtungen im Fahrstuhl
Beobachte die Anzeige einer Personen- oder Küchenwaage in einem anfahrenden bzw. abbremsenden Fahrstuhl. ▸ 3

2 Wassertropfen im freien Fall
Beobachte einen Wassertropfen beim Fallen.

3 Beobachtungen auf dem Trampolin
Mit einer Kamera oder einem Smartphone kannst du dein eigenes Fallturmexperiment oder deinen eigenen kleinen Parabelflug untersuchen. Dafür eignet sich z. B. die Flugphase auf einem Trampolin.
Oder du packst die Kamera gut ein und lässt sie auf ein weiches Kissen fallen. Mithilfe des Bildes ▸ 4 kannst du auch einen Fallapparat bauen.

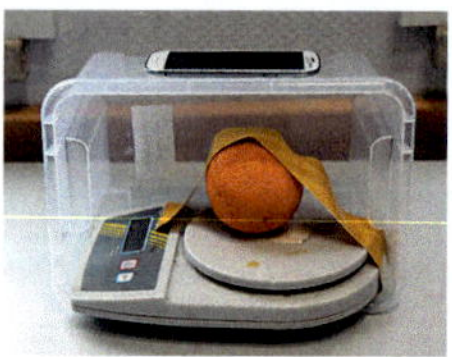

3

4

Filme nun z. B. die folgenden Vorgänge in der „Schwerelosigkeit“:
brennende Kerze (*Vorsicht*), eine durch ein Massenstück gespannte Feder, eine Sanduhr, ein Fadenpendel, einen Schwebemagneten

4 Suppe im Parabelflug
Beim Suppeschöpfen beschreibt man mit der Kelle in etwa eine Parabelbahn und das, ohne dabei viel nachzudenken. Erstelle ein Video vom Suppeschöpfen und analysiere die Bahn der Suppenkelle. Dazu eignet sich ein Programm zur Videoanalyse oder du projizierst den Film an die Tafel und zeichnest die Bahn nach.

5 Beschleunigungsmessung
Lade eine App auf ein Smartphone, mit der du den Beschleunigungssensor auslesen kannst. Welchen Wert misst der Sensor wenn du das Smartphone etwas nach oben wirfst (*Achtung:* Sicheres Fangen und ein weicher Untergrund schützen vor Beschädigungen!)? Alternativ kannst du auch mit dem Smartphone Trampolin springen.

Testaufgaben zu „Bewegung von Körpern“

1 Charakterisiere Bahnform und Bewegungsart:
a Schokolade auf dem Warenband an der Kasse
b Uhrpendel an der Kuckucksuhr
c Satellit um die Erde

2 Gleichförmige Bewegungen
a Ein Auto legt auf der Autobahn eine Strecke von 303 km in 3 h zurück. Wie groß ist die Durchschnittsgeschwindigkeit?
b In welcher Zeit legt ein Fahrradfahrer eine Strecke von 6 km zurück, wenn er mit einer Geschwindigkeit von 24 km/h unterwegs ist?

3 Welche Bewegungen sind in den Diagrammabschnitten a–f dargestellt? Begründe.

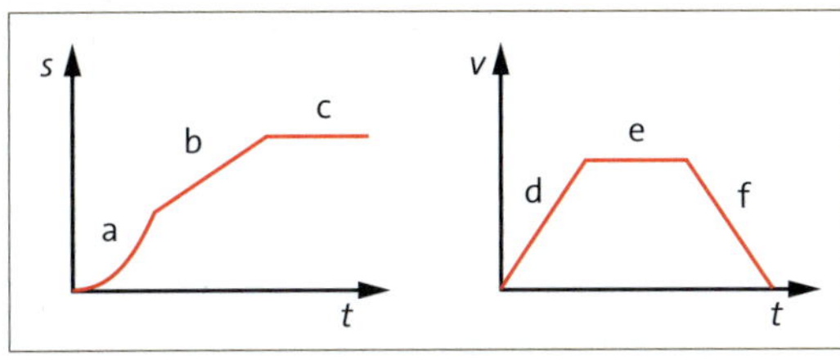

5

4 Bei der Schwimm-WM in Barcelona 2013 sprangen die Klippenspringer aus einer Höhe von 27 m. Berechne, mit welcher Geschwindigkeit sie auf die Wasseroberfläche trafen.

5 Stelle folgende Messdaten in einem *s*(*t*)-Diagramm dar. Welche Bewegungsart wird in deinem Diagramm dargestellt? Begründe.

t in s	0	5	10	15	20	25
s in m	0	4	8	12,5	16	20,6

6 Beschreibe die Wechselwirkung zwischen Tennisball und Tennisschläger. ▸ 6

6

7 Kräfte erkennt man an Bewegungsänderungen.
a Erläutere den Begriff „Bewegungsänderung“.
b Gib an, ob in den folgenden Beispielen eine Bewegungsänderung vorliegt.
A Eine Radfahrerin rollt mit gleichbleibender Geschwindigkeit eine Rampe hinab.
B Sie fährt eine Kurve, bleibt aber gleich schnell.
C Sie bremst das Fahrrad ab und kommt zum Stillstand.

8 Eine Dampflokomotive hat eine Masse von etwa 180 t und eine Zugkraft von 167 kN. Der Zug besteht aus 10 Wagen, wobei jeder Wagen eine Masse von 40 t hat. Berechne die Beschleunigung beim Anfahren eines solchen Zugs.

9 Bei einem Crashtest stößt ein Pkw mit einer Geschwindigkeit von 80 km/h frontal gegen eine Mauer. Nachdem die Knautschzone um 25 cm zusammengedrückt wurde, kommt der Wagen zum Stillstand. Berechne die Kraft, mit der die Sicherheitsgurte einen Fahrer der Masse 80 kg zurückhalten müssen. (Es wird eine konstante Bremsbeschleunigung angenommen.)

Aufgabe	Fähigkeit	Hilfe auf Seite ...
1, 3, 5	Bewegungen nach Bahnform und Bewegungsart ordnen.	12 f.
2, 3, 4, 9	Bewegungsgesetze auf einfache Beispiele anwenden.	14 ff.
6, 7, 8, 9	Bewegungsänderungen durch Einbeziehen der newtonschen Gesetze charakterisieren.	30 ff.

▸ Die Lösungen findest du auf Seite 212.

Erzeugung und Umformung elektrischer Energie

Elektrische Energie ist zu unserer wichtigsten genutzten Energieform geworden. Jahr für Jahr benötigt die Menschheit mehr davon. Die Erzeugung erfolgt mittlerweile zu großen Teilen durch Wasser- und Windkraftanlagen. So verschieden sie auch aussehen, das Grundprinzip der Umwandlung von mechanischer Energie in elektrische Energie ist seit etwa hundert Jahren gleich geblieben.

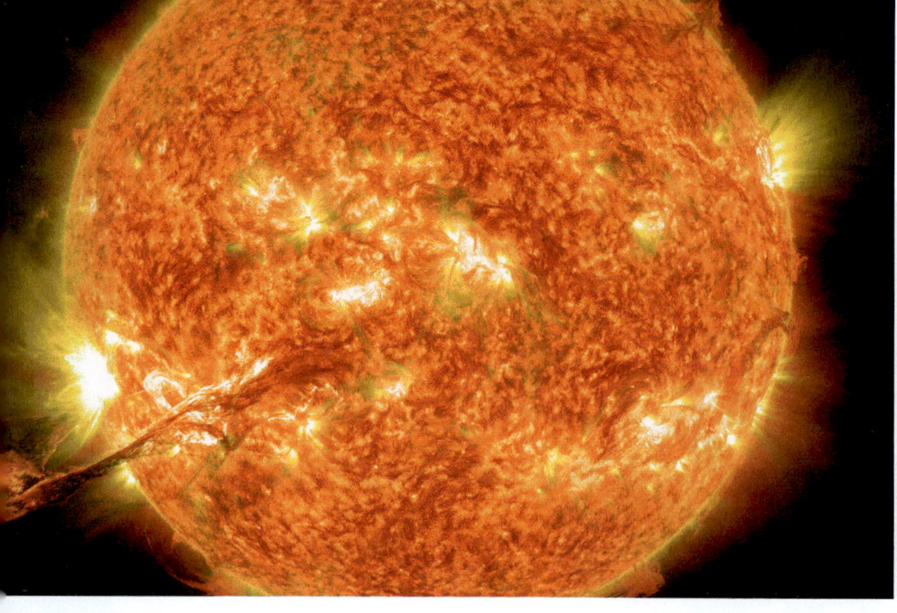

Die Sonne ist unser Hauptenergielieferant. Sie ist der Motor für Naturerscheinungen wie Wind, Regen und Gezeiten. Einigen dieser Naturerscheinungen sind wir mehr oder weniger ausgeliefert und können uns kaum davor schützen. Andere lassen sich als Energiequellen nutzen.

1

Energie

Erdbeben, Erdrutsche, Stürme und Tsunamis gehören zu den fatalsten Naturereignissen. Durch die Klimaveränderung steigt an vielen Orten die Wahrscheinlichkeit für die Entstehung mächtiger Stürme mit Überschwemmungen und Erdrutschen. Ihre Häufigkeit und Zerstörungskraft nimmt dadurch zu. ▸ 2

Andere Naturkräfte sind hingegen weniger verheerend und lassen sich zur Energiegewinnung nutzen:

- Früher trieb der Wind Segelschiffe und Windmühlen an. Heute ernten allein in Deutschland Zehntausende Windräder diese Energie und erzeugen daraus elektrischen Strom. ▸ 3
- In einigen Ländern sind die Voraussetzungen günstig, die Energie von fließendem oder aufgestautem Wasser zu nutzen. In solchen Ländern werden vermehrt Wasserkraftwerke gebaut.
- Täglich bewegen die Gezeiten riesige Wassermengen. An den Küsten muss man sich vor den Fluten schützen, die zusammen mit Stürmen verheerende Zerstörungen anrichten können. In Wellen- und Gezeitenkraftwerken lässt sich diese Energie in Strom umwandeln. ▸ 4
- Neue Häuser werden teilweise nicht mehr mit Erdöl, Erdgas oder Kohle beheizt, sondern durch Geothermie. An manchen Orten der Erde können Menschen die thermische Energie von heißen Quellen und Geysiren direkt für die Heizung ihrer Häuser nutzen. ▸ 5

2

3

4

5

Weißt du's?

Beantworte die folgenden Fragen. Und so kannst du deine Antworten überprüfen: Hinter jeder Frage steht eine Energieform, hinter den Antworten mögliche Energiequellen. Finde die zur Energieform passende Energiequelle, dann weißt du auch die richtige Antwort auf die Frage.

1 Das Formelzeichen für Energie ist:
- A *P*
- B *E*
- C *W*

Thermische Energie
Benzin im Tank
Lagerfeuer
Wind

2 Die Einheit der Energie ist:
- A Watt (W)
- B Joule (J)
- C Newton (N)

Elektrische Energie
Kerzenflamme
Akku
Frühstücksmüsli

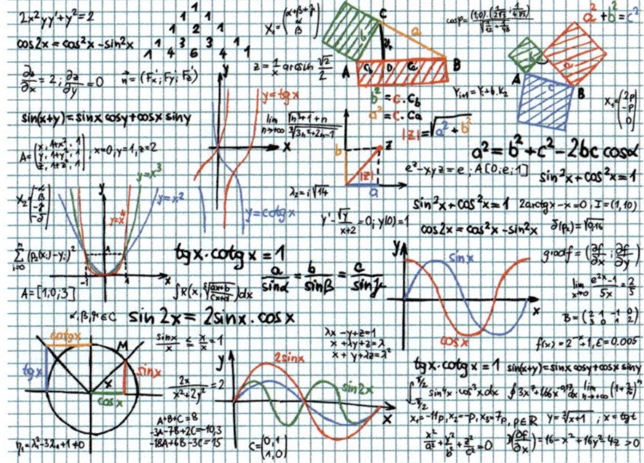

3 Energie ist die Fähigkeit, …
- A Arbeit zu haben.
- B Licht zu reflektieren.
- C Wärme abzugeben.

Kernenergie
Erdöl
Kohle
Uran

4 Eine physikalische Energieform ist:
- A die kinetische Energie
- B die politische Energie
- C die künstlerische Energie

Chemische Energie
Apfel
angestautes Wasser
siedendes Wasser

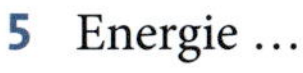

5 Energie …
- A wird im Wärmekraftwerk produziert.
- B kann nicht hergestellt werden.
- C kann vernichtet werden.

Lichtenergie
Schnee
Sonne
Erdgas

Kraftwerke

1

Das Braunkohlekraftwerk Schkopau ist eines der größten Wärmekraftwerke in Sachsen-Anhalt.
Durch Modernisierung wurde seine Schadstoffabgabe verringert, wodurch es wesentlich umweltfreundlicher arbeitet.

Energieumwandlung in Kraftwerken Das Grundprinzip der Energieumwandlung in einem Kraftwerk kann man wie folgt beschreiben: Die Ausgangsenergie wird über Zwischenschritte in kinetische Energie umgewandelt. Damit wird ein Generator angetrieben, der die kinetische in elektrische Energie umwandelt.

2

Wärmekraftwerke Sie haben die Aufgabe, durch gezielte Energieumwandlungen, elektrische Energie bereitzustellen. Dazu werden geeignete Stoffe verbrannt. Herkömmliche Anlagen werden in der Regel mit den fossilen Brennstoffen Kohle, Erdöl oder Erdgas betrieben. Es können natürlich auch regenerative Energieträger wir Biogas oder nachwachsende Biomasse verwendet werden.

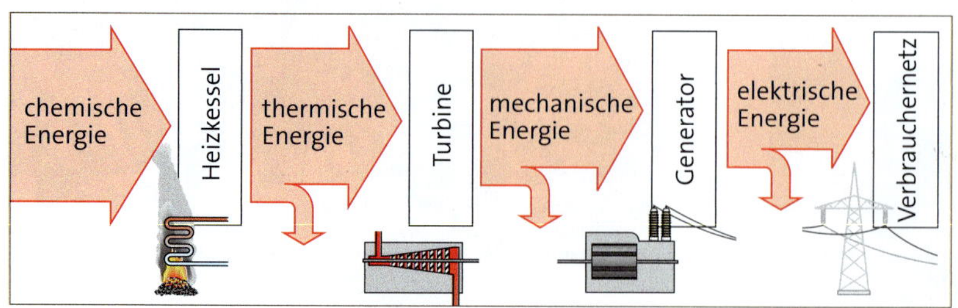

3 Energieflussdiagramm eines Wärmekraftwerks

Aufgaben

1 Begründe, dass eine Heizanlage kein Wärmekraftwerk ist.

2 Zeichne das Energieflussdiagramm für ein Kernkraftwerk in dein Heft.

Kernkraftwerke sind ebenfalls Wärmekraftwerke. Die thermische Energie wird durch die Spaltung von Atomkernen freigesetzt. Für Deutschland ist der Atomausstieg beschlossen. Deshalb werden in der Bundesrepublik auch keine Kernkraftwerke mehr gebaut. Im April 2023 wurden die letzten drei Kernkraftwerke abgeschaltet.

Windkraftwerke Windmühlen wurden genutzt, um den Mühlstein anzutreiben. So konnte man aus den Getreidekörnern Mehl gewinnen. Heute hat der Elektromotor den Antrieb übernommen. Die dafür benötigte elektrische Energie kann natürlich auch von einer Windenergieanlage geliefert werden. ► 4
Windenergieanlagen sind in unserer Landschaft nicht mehr zu übersehen. Angetrieben durch die bewegte Luft, drehen sich die Rotoren mit ihren zwei oder drei Flügeln. Hoch oben in der Gondel befindet sich der Generator. Dieser wird über die Rotorwelle angetrieben und wandelt mechanische Energie in elektrische Energie um.

4

Solarkraftwerke Die Energie der Sonnenstrahlung kann mithilfe von Solarzellen direkt in elektrische Energie umgewandelt werden. Dabei wird die Eigenschaft von bestimmten Stoffen (Halbleitern) wie z. B. Silicium ausgenutzt, unter dem Einfluss von Licht Elektrizität hervorzurufen. Diese Technik bezeichnet man als Fotovoltaik. Schaltet man eine sehr große Anzahl von Solarzellen zu Modulen zusammen, kann genügend Sonnenenergie in elektrische Energie umgewandelt werden. Man spricht dann von Fotovoltaikanlagen. ► 5

5

Nur in Gegenden mit sehr intensiver Sonnenstrahlung und hoher Sonnenscheindauer ist es sinnvoll, solarthermische Kraftwerke zu bauen. Über Spiegel wird die Sonnenstrahlung auf ein Zentrum gelenkt. ► 6
Mithilfe von langen rinnenförmigen Hohlspiegeln wird bei intensiver Sonneneinstrahlung eine Flüssigkeit so stark erhitzt, dass damit Dampf erzeugt wird. Dieser treibt eine Turbine an, die mit einem Generator verbunden ist. So wird die Solarenergie zunächst in thermische Energie, dann in mechanische Energie und schließlich in elektrische Energie umgewandelt.

6

Nutzung der Sonnenenergie Mithilfe von solartechnischen Anlagen können wir die Sonnenenergie direkt nutzen. Ähnliches geschieht beim Pflanzenwachstum. In den nachwachsenden Rohstoffen ist Sonnenenergie gespeichert.
Inzwischen versucht man, die herkömmlichen Solarzellen durch Farbstoffsolarzellen zu ersetzen. Hier werden für die Lichtaufnahme keine Halbleitermaterialien verwendet, sondern organische Farbstoffe (z. B. der grüne Pflanzenfarbstoff Chlorophyll).

7 Organische Solarzellen

Aufgaben

1 Begründe, dass die Verwendung von Solarmodulen für Parkscheinautomaten zweckmäßig ist.

2 Auf vielen Häuserdächern findet man solarthermische Anlagen (Sonnenkollektoren). Erläutere, wozu man diese verwendet.

Wasserkraftwerke Wasserkraftanlagen findet man immer in der Nähe von Flüssen. Wird die Energie des bewegten Wassers direkt genutzt, spricht man von Laufwasserkraftwerken bzw. von Flusskraftwerken. Hier wird das Wasser eines Flusses nicht angestaut, sondern fließt gleichmäßig durch die Anlage. ▸ 1

1 Laufwasserkraftwerk

2 Speicherkraftwerk

Die dafür benutzte Turbine wurde vor etwa hundert Jahren vom Österreicher Victor Kaplan entwickelt.
Wird das Wasser erst angestaut, damit es aus großer Höhe nach unten stürzen kann, spricht man von Speicherkraftwerken. ▸ 2
Der Amerikaner Lester Pelton hat schon vor über hundert Jahren die hierfür geeignete Turbine entwickelt.
Wasserkraftwerke haben den großen Vorteil, dass während des Betriebs keine schädlichen Gase entstehen oder gefährliche (giftige, radioaktive) Stoffe übrig bleiben. Durch den Bau von Dämmen und durch die Entstehung von Stauseen kann die Natur aber auch beeinträchtigt werden.

5 Gezeitenkraftwerk St. Malo

An Meeresküsten mit großem Höhenunterschied zwischen Ebbe und Flut (Tidenhub) kann es sich lohnen, Gezeitenkraftwerke zu bauen. Die Wasserströmungen, die durch die Gezeiten entstehen, treiben auch hier Turbinen an. ▸ 3–5
Seltener werden Wellenkraftwerke zur Elektroenergiegewinnung verwendet. Es ist technisch sehr schwierig, die kinetische Energie der Wellenbewegung oder auch der Meeresströmung in elektrische Energie umzuwandeln. ▸ 6

6 Wellenkraftwerk

Aufgaben

1 Begründe, dass man an der Ostsee keine Gezeitenkraftwerke baut.

2 Zeichne das Energieflussdiagramm eines Wasserkraftwerks.

Pumpspeicherwerke Wärmekraftwerke arbeiten nur im Dauerbetrieb effektiv. Das gilt auch für Kernkraftwerke. Sie können nicht einfach mal so über Nacht abgeschaltet werden. Nun wird aber in den Nachtstunden viel weniger elektrische Energie gebraucht als am Tag. Hier muss ein Ausgleich geschaffen werden. Technisch ist es jedoch nicht möglich, elektrische Energie in der benötigten Menge zu speichern.
Eine sehr gute Lösung des Problems bieten Pumpspeicherwerke. Sie besitzen jeweils ein Ober- und ein Unterbecken, in denen ausreichend Wasser gespeichert werden kann. Beide sind durch dicke Rohrleitungen verbunden, dazwischen befindet sich ein Maschinenraum. ▸ 7–9

7 Talsperre Hohenwarte

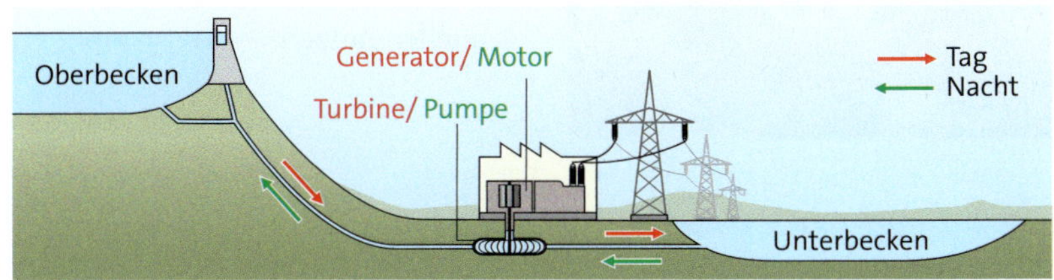

8

Am Tag wird mehr elektrische Energie gebraucht als, die herkömmlichen Kraftwerke liefern können. Nun stürzt das Wasser vom Oberbecken über die Rohrleitungen durch eine Turbine, die einen Generator antreibt. Der Generator liefert die dringend benötigte elektrische Energie. Das Wasser sammelt sich im Unterbecken. Dieser Generator wird in der Nacht als Motor betrieben, sodass die Turbine als Pumpe funktionieren kann. Das Wasser gelangt wieder nach oben. Die überschüssige elektrische Energie wandelt sich nachts in potenzielle Energie um.

In der Zukunft nimmt die Bedeutung von Pumpspeicherwerken noch zu, denn der Anteil der elektrischen Energie, der durch Windenergie- und Solaranlagen erzeugt wird, vergrößert sich. Diese Kraftwerke können aber nicht beliebig, gleichmäßig oder ununterbrochen arbeiten. Windstärke und Sonneneinstrahlung sind vom Wetter und der Tageszeit abhängig.

9 Kraftwerk Goldisthal

Pumpspeicherwerke sind also Energiespeicher. Das sind Geräte oder Anlagen, die Energie in einer bestimmten Form speichern und bei Bedarf wieder abgeben können.

Das einzige Pumpspeicherwerk in Sachsen-Anhalt befindet sich im Landkreis Harz bei Wendefurth. Es hat eine maximale Leistung von 80 MW und wird als Spitzenlastkraftwerk betrieben. Das Oberbecken hat einen Gesamtstauraum von 1,8 m³. Durch zwei 3,4 m dicke Rohre können 39 m³ Wasser pro Sekunde in die 126 m tiefer gelegene Talsperre Wendefurth fließen, die als Unterbecken dient. ▸ 10

10 Pumpspeicherkraftwerk Wendefurth

Aufgaben

1 Begründe, dass man in der Nacht elektrische Energie verwendet, um Wasser von unten nach oben zu pumpen.

2 Beschreibe die Energieumwandlungen bei einem Pumpspeicherwerk.

Energiegewinnung im Wandel

1

Der Anblick unserer Landschaft hat sich in den letzten Jahren verändert. An vielen Orten sind heute Windräder und Solarzellen zu sehen. Sie sind der sichtbare Beleg für die Energiewende. Wir wollen nicht mehr fossile Energieträger verbrauchen, sondern erneuerbare Energiequellen nutzen.

Experiment

1 Windräder bauen

Baue mithilfe von Bastelmaterial und einem leichtläufigen Generator eine Windkraftanlage. Teste verschiedene Rotorformen in einer konstanten Luftströmung, z. B. von einem Föhn, und vergleiche ihre Wirkungsgrade.

Windkraftanlagen Der Wind setzt die Rotorblätter in Rotation. Eine Welle überträgt diese Bewegungsenergie auf den Generator. Dort wird sie in elektrische Energie umgewandelt.

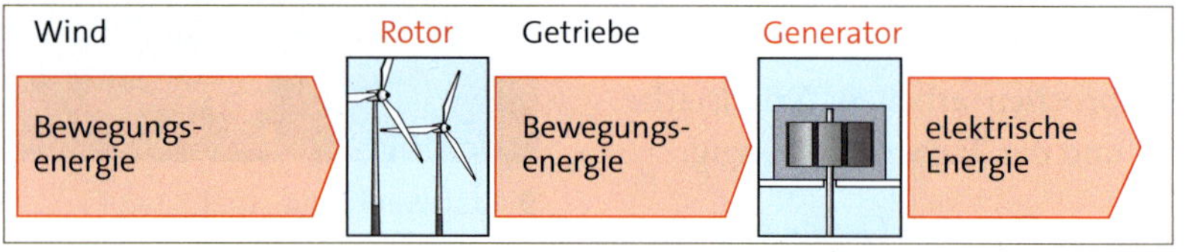

3

Rotor
Wind (Luftströmung)

4

Die Energieumwandlungskette ist kürzer als bei Wärmekraftwerken und der Wirkungsgrad beträgt ungefähr 50 %. Die elektrische Leistung eines einzelnen Windrads hat sich in den letzten Jahren stark vergrößert.
Allerdings liefern Windräder nicht durchgängig elektrische Energie. Bei zu viel oder zu wenig Wind können sie nicht arbeiten. Ihr Einsatz fordert daher eine Zwischenspeicherung elektrischer Energie.

5

Aufgaben

1 Wiederhole Aufbau und Funktionsweise eines Kohlekraftwerks. Vergleiche es mit einer Windkraftanlage.

2 Erkunde, was Offshore-Windanlagen sind. Notiere neben den physikalischen Daten auch ihre Vorteile und Nachteile.

Experiment

2 Solarzellen

Schließe ein Messgerät an eine Solarzelle an. Beleuchte sie mit einer Lampe und miss dabei Spannung und Stromstärke. Verändere die Helligkeit, den Einfallswinkel des Lichts und die Größe der Flächen. Fasse deine Erkenntnisse zusammen.

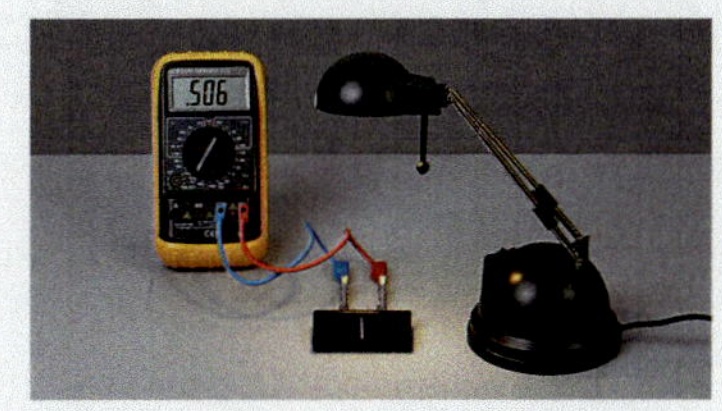

Fotovoltaik In einer Fotovoltaikanlage wandeln Solarzellen Sonnenlicht direkt in elektrische Energie um. Durch Sonneneinstrahlung werden in den Solarzellen Ladungen getrennt. Die in der Trennung der Ladungen gespeicherte Energie kann über Kontakte abgegriffen werden.
Der Wirkungsgrad ist von der Art der Solarzellen und der Sonneneinstrahlung abhängig. Er kann bis zu 20 % betragen, wenn helles Licht senkrecht auf die Solarzellen fällt.
Fotovoltaikanlagen liefern nicht ständig Energie und vor allem nicht dann, wenn der Verbrauch am größten ist. Deshalb muss die überschüssige Energie zwischengespeichert werden.

Hybridkraftwerk Ein Hybridkraftwerk ist ein Verbund verschiedener Anlagen. Mit gerade nicht benötigter elektrischer Energie wird z. B. Wasserstoff erzeugt. Dieser wird dann bei Bedarf verbrannt, um wieder elektrische Energie und Wärme zu erzeugen oder direkt Fahrzeugmotoren anzutreiben. Auch Gas aus Biogasanlagen kann in diesen Verbund eingespeist werden. ► 7

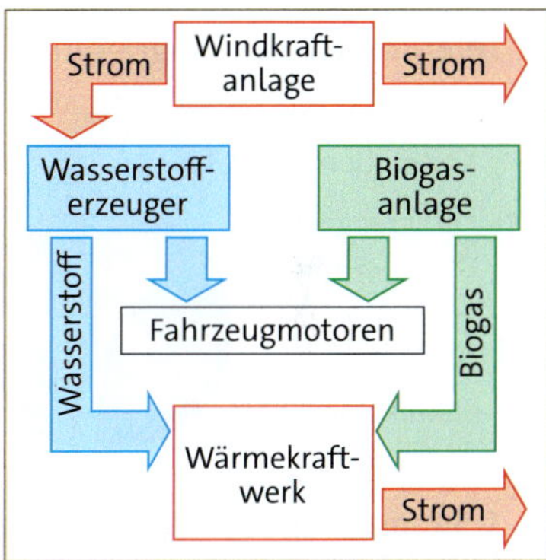

7

Energiespeicher Für den weiteren Ausbau der Nutzung erneuerbarer Energien zur Stromversorgung in Deutschland sind Möglichkeiten der Energiespeicherung von entscheidender Bedeutung. Diese Speicher sollen die von Windkraft- oder Solaranlagen bereitgestellte elektrische Energie in andere Energieformen umwandeln, in Form von elektrischer, chemischer, mechanischer oder thermischer Energie speichern und bei Bedarf wieder zur Verfügung stellen.

8 Windkraftanlage mit Wasserstoffspeichern

Mögliche Speicherformen:
elektrische Energiespeicher
z. B.: Batteriespeicher oder Superkondensatoren
chemische Energiespeicher
z. B.: Wasserstoff oder E-Fuels
mechanische Energiespeicher
z. B.: Pumpspeicherwerke oder Druckluftspeicher
thermische Energiespeicher
z. B.: Warmwasserspeicher oder Latentwärmespeicher

Aufgaben

1 Erläutere, dass Energiespeicher einen wichtigen Beitrag zur Energiewende liefern.

2 Manche moderne Häuser werden mit Erd- oder Luftwärme beheizt. Bereite einen Vortrag vor.

Aufgaben und Aufträge

Energie und Energieträger

1 Erläutere den Begriff Energie.

2 Informiere dich über die Nutzung fossiler Energieträger in deiner Umgebung. Gestalte eine Übersicht.

3 Nenne Vor- und Nachteile bei der Nutzung fossiler Energieträger.

4 Erläutere an einem Beispiel die Bedeutung unserer Sonne für die Bildung regenerativer Energieträger.

5 Interpretiere das Diagramm. ► 1

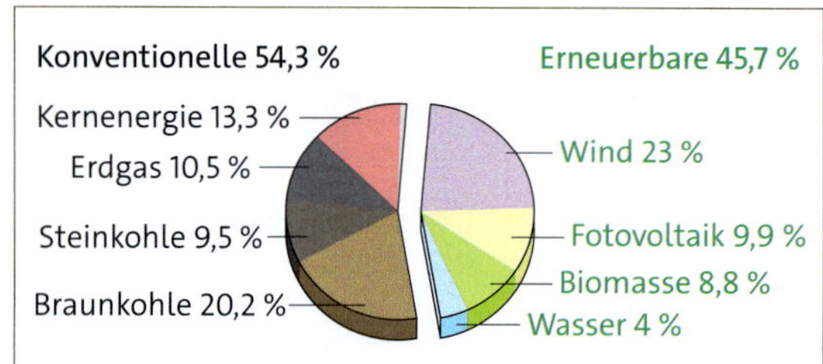

1 Stromerzeugung in Deutschland nach Energieträgern 2022

6 An Tankstellen findest du hinter der Kraftstoffbezeichnung den Zusatz E10. Finde heraus, was das bedeutet.

Energieumwandlungen und -übertragung

7 Beschreibe die Energieumwandlungen, die bei folgenden Vorgängen stattfinden:
a Ein Sportler springt vom 10-m-Turm.
b Der Dynamo am Fahrrad wird angetrieben.
c Ein Elektromotor treibt eine Bohrmaschine an.
d In der Heizung wird Erdgas verbrannt.
e Ein Bügeleisen wird eingeschaltet.
f Eine Solarzelle wird von der Sonne beschienen.

8 Camilla saust auf ihren Inlineskates durch die Halfpipe. Sie fährt die Rampe auf der linken Seite hinunter und auf der rechten Seite bis zur waagerechten Plattform wieder hinauf. ► 2
a Ohne eigenes Zutun würde Camilla die rechte Plattform nicht erreichen. Beschreibe für diesen Fall den Bewegungsablauf aus Sicht der Energie und ihrer Umwandlungen.

2

b Erläutere die Energieentwertung am Beispiel der beschriebenen Energieumwandlungen.

Kraftwerke

9 Wärme-, Wasser-, Wind- und Solarkraftwerke geben elektrische Energie ab. Nenne die Energieform, die im jeweiligen Kraftwerk genutzt wird. Stelle an einem Beispiel die vollständigen Energieumwandlungen in einem Energieflussdiagramm dar.

Wirkungsgrad

10 Glühlampen werden bei längerem Betrieb heiß. Erläutere, warum das ein Nachteil im Vergleich zu modernen Leuchtmitteln ist.

11 Bei technischen Anlagen, Geräten und Maschinen wird versucht, den Wirkungsgrad zu verbessern.
a Was versteht man unter dem Wirkungsgrad?
b Begründe, warum der Wirkungsgrad stets kleiner als 1 (kleiner als 100 %) ist.
c Ein Elektromotor wandelt von den zugeführten 4500 kJ elektrischer Energie 4140 kJ in mechanische Energie um. Berechne den Wirkungsgrad und gib ihn in Prozent an.

Energiegewinnung im Wandel

12 Ordne folgenden Körpern die Energieart zu, die sie besitzen: fließendes Wasser, Wind, aufgestautes Wasser, ein gedehntes Gummiband, ein fahrendes Auto, ein gedrückter Kugelschreiber.

13 Skizziere die Energieumwandlungen von der Sonne über eine Powerbank mit Solarzelle zu deinem Smartphone.

14 Nenne je zwei fossile und zwei regenerative Energiequellen.

15 Früher wurde vor allem mit Holz und Kohle geheizt. Nenne ökologische Auswirkungen.

16 Recherchiere den Anteil von Wind- und Solarenergie an der Gesamtenergieproduktion in Deutschland.

17 Betrachte das Energieflussdiagramm eines Wärmekraftwerks. ► 3
Skizziere ein entsprechendes Energieflussdiagramm einer Windkraftanlage und vergleiche beide.

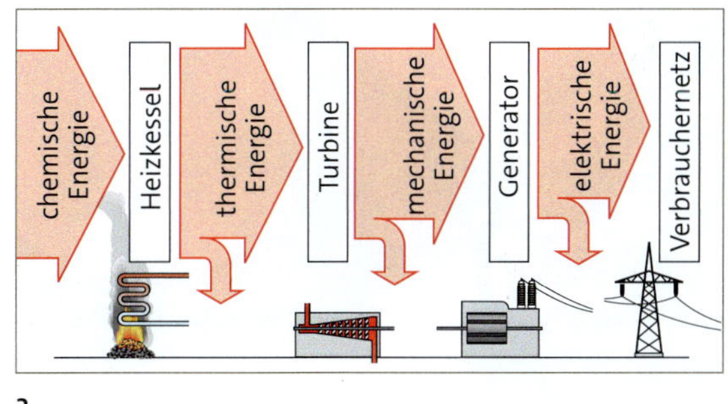

3

18 Diskutiere mit deinen Mitschülern, wie sich die Energiegewinnung in den nächsten Jahren entwickeln sollte.

Überblick

Energie Energie ist die Fähigkeit eines Körpers, Arbeit zu verrichten, Wärme abzugeben oder Licht auszusenden.
Formelzeichen: E
Einheit: J (Joule)

Energieerhaltungssatz Energie kann von einer Energieform in eine andere umgewandelt werden. Dabei wird keine Energie neu erschaffen oder vernichtet – allerdings wird ein Teil der Energie entwertet. ► 4

Wirkungsgrad Der Wirkungsgrad einer Anlage gibt an, wie groß der Anteil der nutzbaren Energie an der zugeführten Energie ist.
Formelzeichen: η (Eta)
Berechnung: $\eta = \frac{E_{\text{nutz}}}{E_{\text{zu}}}$
Einheit: keine oder % (Prozent)

Kraftwerke Kraftwerke versorgen Industrie und Haushalte mit Elektroenergie. Diese wird aus unterschiedlichen Energieträgern gewonnen. Durch die entsprechenden Energieumwandlungen wird Wärme an die Umgebung abgegeben.

Fossile Energiequellen Als fossile Energiequellen bezeichnet man z. B. Kohle, Erdöl, Erdgas. Sie haben sich über mehrere Millionen Jahre hinweg gebildet und sind nur begrenzt vorhanden.

Regenerative Energiequellen Zu den regenerativen Energiequellen zählen z. B. Sonne, Wind, fließendes und gestautes Wasser sowie nachwachsende Biomasse. Sie stehen dauerhaft zur Verfügung und werden immer wieder erneuert.

4

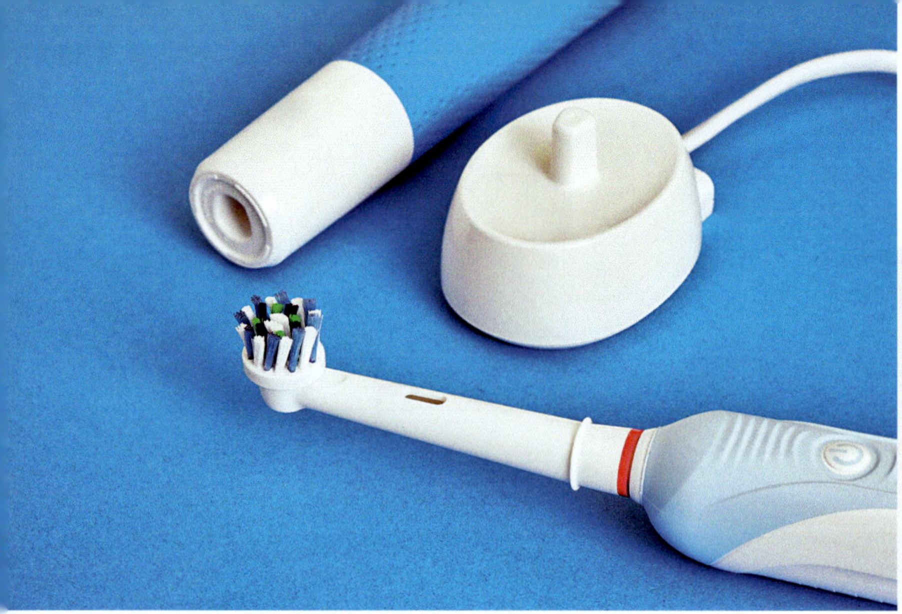

Mehr und mehr hält bei akkubetriebenen Geräten das kabellose Aufladen Einzug. Eine elektrische Zahnbürste wird z. B. einfach nur in ihre Ladestation gestellt. Die Aufladung funktioniert ohne direkte, leitende Verbindung zwischen Zahnbürste und Ladestation.

Elektromagnetische Induktion

An die Übertragung von Daten per WLAN haben wir uns längst gewöhnt. Das kabellose Aufladen der elektrischen Zahnbürste oder eines Smartphones ist auch nichts Verwunderliches mehr. ▸ 4 Teilweise ärgern wir uns sogar, wenn etwas nur kabelgebunden funktioniert.
Weitere Entwicklungen stehen bereits in den Startlöchern: Die Akkus von Elektroautos sollen in der Garage, auf dem Parkplatz oder beim kurzen Halt an der Ampel geladen werden. ▸ 3 Sogar Elektroenergie zum Betreiben von Lampen soll ohne Kabel übertragen werden. ▸ 2
Die technischen Lösungen in all diesen Beispielen haben etwas gemeinsam: Sie besitzen Spulen, die die kabellose Übertragung elektrischer Energie ermöglichen.

2

3

4

Beschäftigt man sich mit diesen Entwicklungen näher, taucht in der Geschichte immer wieder ein Name auf: MICHAEL FARADAY. 1821 entwickelte er die Urform des Elektromotors und hatte daraufhin die Idee, die Umwandlung von elektrischer in mechanische Energie umzukehren. So erfand er ab 1831 alle, uns bekannten Grundversuche zur elektromagnetischen Induktion, also zur Umwandlung mechanischer in elektrische Energie, und konstruierte erste Geräte zur Stromerzeugung. Damit legte er den Grundstein zur elektrischen Energieversorgung von heute.

5 MICHAEL FARADAY

Weißt du's?

Löse die folgenden Aufgaben. Überprüfen kannst du deine Antworten mithilfe der Abbildung: Die richtigen Antworten werden vom Magneten angezogen.

1 Die Pole eines Magneten heißen:
- A Plus- und Minuspol A
- B Ost- und Westpol B
- C Nord- und Südpol C

2 Körper, die von Magneten angezogen werden, bestehen aus:
- A Holz D
- B Eisen E
- C Plastik F

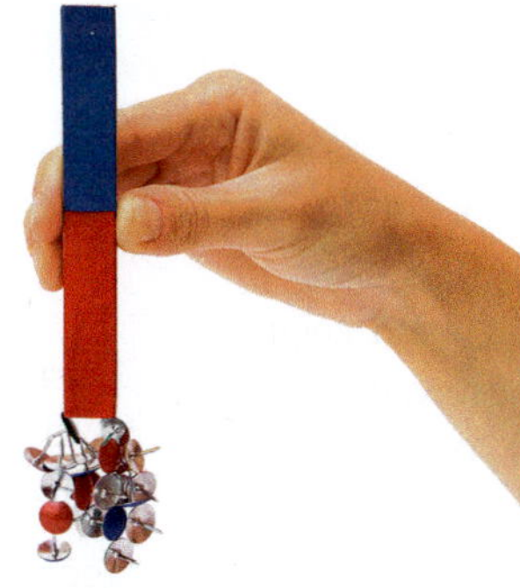

3 Eine Kompassnadel zeigt immer:
- A den richtigen Weg G
- B in Nord-Süd-Richtung H
- C entlang des Äquators I

4 Ein Elektromotor wandelt … um.
- A elektrische in mechanische Energie J
- B chemische in elektrische Energie K
- C keine Energie L

5 Der Draht einer Spule leitet den Strom besonders gut, wenn …
- A er sehr lang ist. M
- B er besonders dick ist. N
- C er aus verschiedenen Materialien besteht. O

6 Die Lichtmaschine eines Pkw ist ein …
- A Transformator P
- B Terminator Q
- C Generator R

7 Das Ladegerät eines Smartphones … die Haushaltsspannung von 230 V.
- A vergrößert S
- B verwechselt T
- C verkleinert U

8 Welches der folgenden Diagramme zeigt eine Wechselspannung?

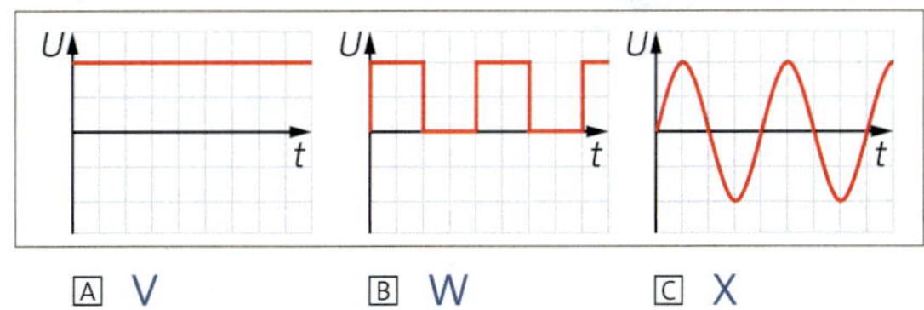

A V B W C X

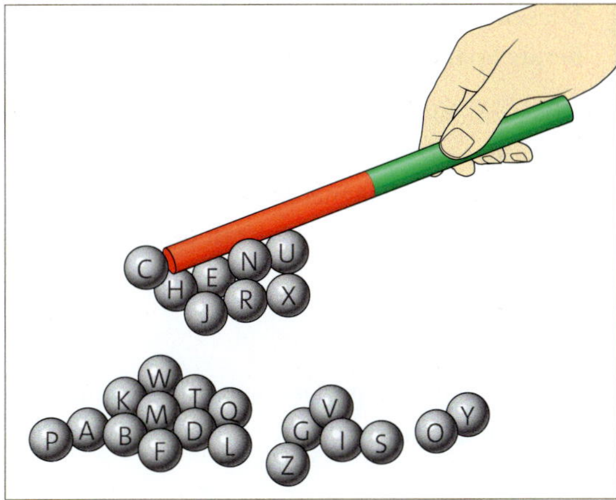

Induktion

1

Der Generator in einer Windkraftanlage wandelt mechanische Energie in elektrische Energie um. Dabei sieht er wie ein großer Elektromotor aus. Wie ist das möglich?

Experiment

1 Erzeugung elektrischer Energie
Baue die abgebildete Versuchsanordnung auf.

a Bewege den Dauermagneten in verschiedenen Richtungen relativ zur Spule. Beschreibe das Ergebnis.

b Bewege den Magneten unterschiedlich schnell. Was ist zu beobachten?

c Benutze verschieden starke Magnete und beobachte wieder die entstehende Spannung. Formuliere jeweils Je-desto-Aussagen.

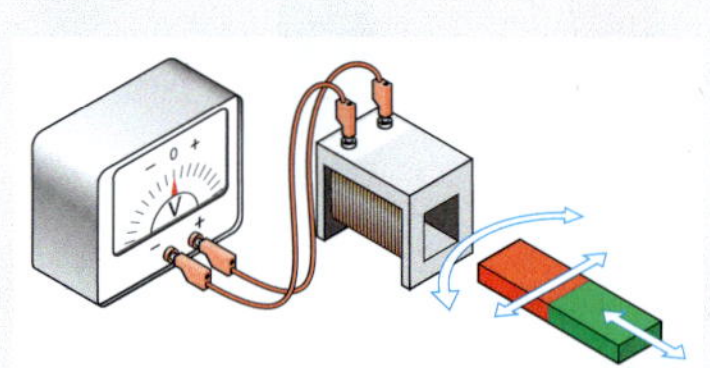
2

Induktionsspannung Bei bestimmten Bewegungen des Magneten zeigt der Spannungsmesser eine Spannung an. Am besten klappt es, wenn der Magnet in die Spule hinein- und wieder herausbewegt wird. Wichtig ist, dass sich Magnet und Spule relativ zueinander bewegen. Allgemein kann man formulieren:

> **Wenn sich ein Magnet und eine Spule relativ zueinander bewegen, dann wird in der Spule eine elektrische Spannung hervorgerufen. Diesen Vorgang nennt man elektromagnetische Induktion, die entstehende Spannung Induktionsspannung.**

Im Experiment stellt man außerdem fest, dass die Induktionsspannung umso größer ist,
- je schneller der Magnet bewegt wird und
- je größer die magnetische Kraft des Magneten ist.

Übrigens

Eine Spannung wird auch induziert, wenn man die Spule gegenüber dem Magneten bewegt. Es ist egal, ob der Magnet oder die Spule bewegt wird.

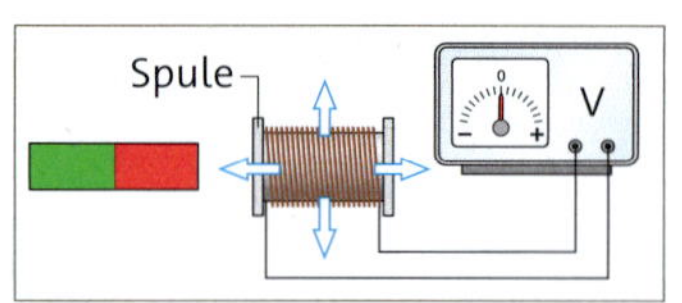

3 Induktion bei bewegter Spule

Aufgabe

1 Bei welchen Bewegungen wird in der Spule eine Spannung induziert?

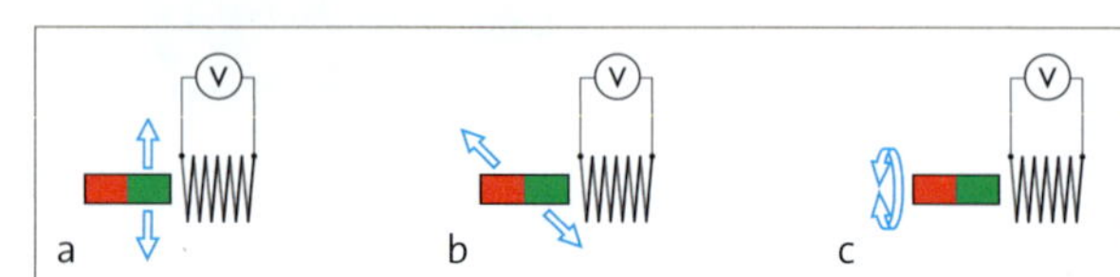

Experiment

2 Induktion und Magnetfeld

Untersuche, wie der Elektromagnet A bewegt werden muss, damit in der Spule B eine möglichst große Spannung induziert wird.
Beziehe bei der Begründung deiner Aussage die Feldlinien mit ein, die die Windungen der Spule B durchsetzen.

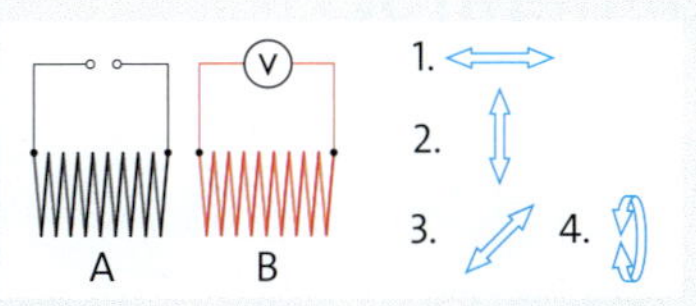

5 Elektromagnet und Spule

Die Induktionsspannung in der Spule B ist besonders hoch, wenn sich die Feldlinien des Magnetfelds und die Windungen der Induktionsspule so zueinander bewegen, dass sich die Anzahl der Feldlinien, die die Windungen der Spule durchsetzen, stark ändert. ▸ 6

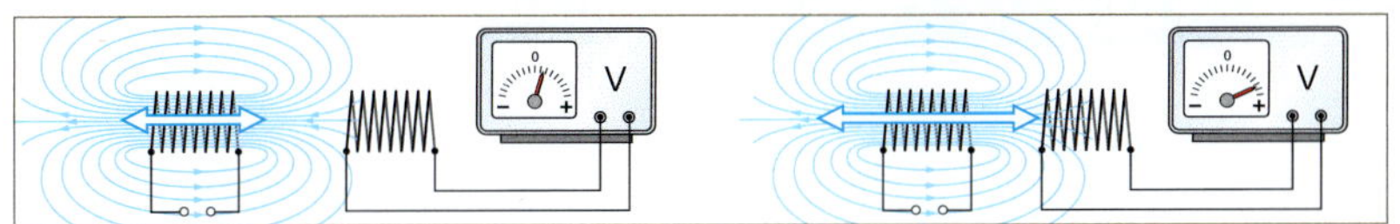

6 Immer mehr Feldlinien werden von den Windungen der Spule umschlossen.

Diese Erkenntnis wird im Induktionsgesetz formuliert:

Ändert sich das von einer Spule umfasste Magnetfeld, so wird in der Spule eine Spannung induziert. Die Induktionsspannung ist umso größer, je schneller und stärker sich das Magnetfeld ändert und je größer die Windungszahl der Spule ist.

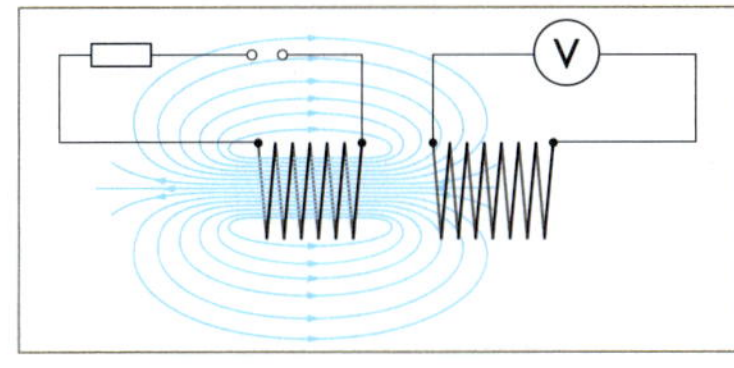

7 Induktion ohne Bewegung: Ein- und Ausschaltvorgang

Beim Einsatz von Elektromagneten reicht bereits das Ein- bzw. Ausschalten des Stroms, damit sich das Magnetfeld verändert und kurzzeitig eine Induktionsspannung erzeugt wird. ▸ 7

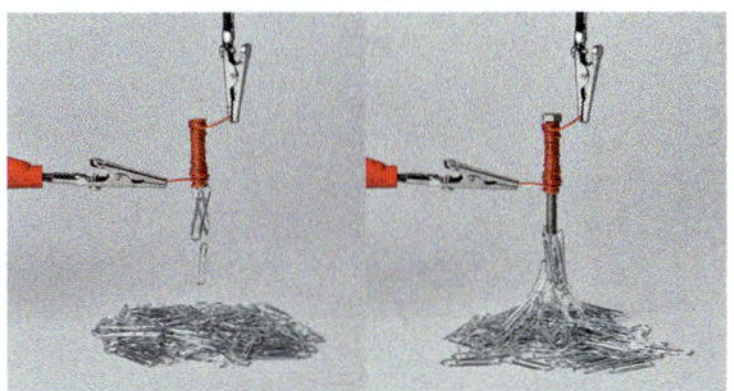

8 Elektromagnete mit Spulen unterschiedlicher Windungszahl

Elektromagnete bestehen im einfachsten Fall aus einem stromdurchflossenen Leiter. Meist werden sie aber in Form einer Spule gebaut. Das hat den Vorteil, dass man den Elektromagneten trotz großer Drahtlänge recht kompakt bauen kann.

Die magnetische Kraft eines Elektromagneten ist umso stärker, je größer die Stärke des elektrischen Stroms ist, der durch die Spule fließt und je größer die Windungszahl der Spule ist. Ein Eisenkern in der Spule vergrößert ebenfalls die Stärke des Elektromagneten. ▸ 8

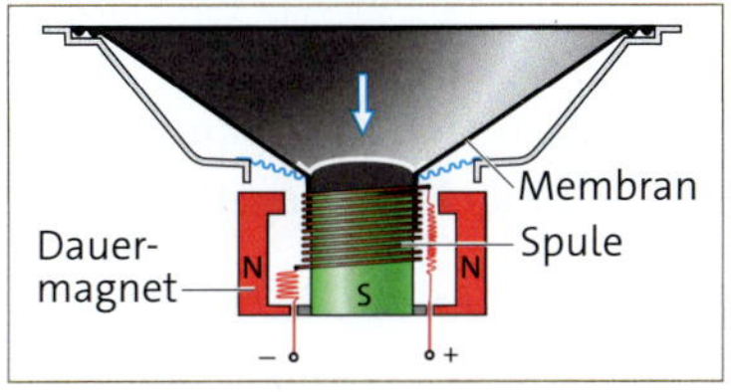

9 Elektromagnet in einem Lautsprecher

Die einfache Konstruktion und die einfache Veränderung der magnetischen Wirkung lassen es zu, dass Elektromagnete in vielen Bereichen genutzt werden. Sie werden z. B. eingesetzt:

- als Lasthebemagnete in Stahlwerken und auf Schrottplätzen
- in Lautsprechern, um die Membran zum Schwingen zu bringen
- in Elektromotoren

Aufgabe

1 Weise durch ein geeignetes Experiment nach, dass die Särke der Induktionsspannung von der Windungszahl der Induktionsspule abhängt. Formuliere das Ergebnis in einer Je-desto-Aussage.

Generator

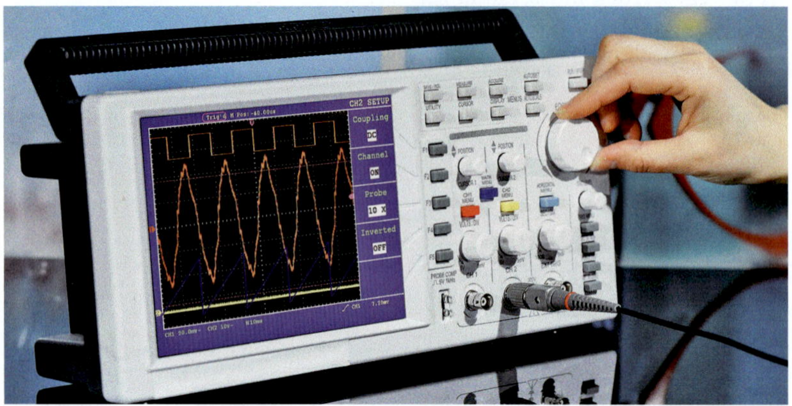
1

Mit einem Oszilloskop kann man den zeitlichen Verlauf der Induktionsspannung darstellen.

Experiment

1 Spannungsmessunge
Erzeuge durch die mehrfache Hin- und Herbewegung eines Stabmagneten in einer Spule eine Induktionsspannung. Schließe an die Spule einen Spannungsmesser mit analoger Anzeige an. Skizziere das Spannung-Zeit-Diagramm ($U(t)$-Diagramm).

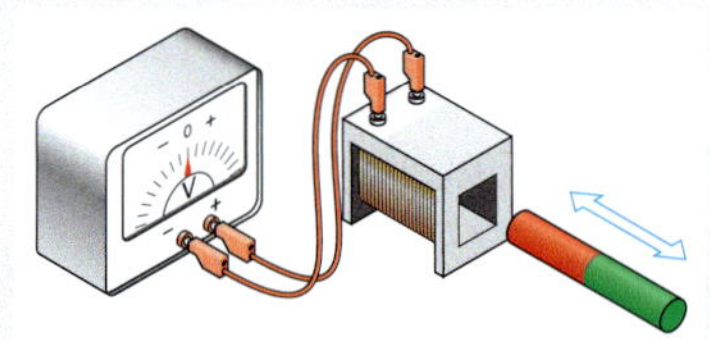

Wechselspannung Die Spannungswerte am Messgerät ändern sich ständig. Wie bei einer Schwingung pendelt der Zeiger des Messgeräts hin und her. Je gleichmäßiger die Bewegung ist, desto gleichmäßiger ist die Schwingung des Zeigers. Das kann in einem $U(t)$-Diagramm dargestellt werden:

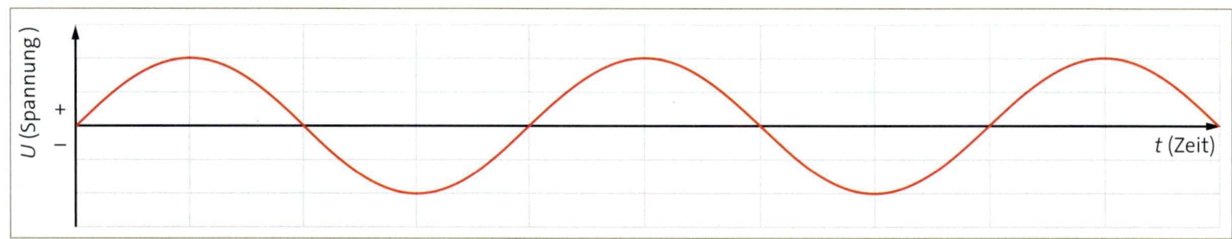

3 Zeitlicher Verlauf der Wechselspannung

Ändern sich die Spannungswerte periodisch zwischen einem positiven und einem negativen Wert, spricht man von Wechselspannung.

Das Entstehen der Wechselspannung kann mithilfe des Induktionsgesetzes erklärt werden. Beim Eintauchen des Stabmagneten in die Spule ändert sich das Magnetfeld, das die Spule durchsetzt. Die Induktionsspannung steigt an. Bei der Herausbewegung verhält es sich genau umgekehrt.
Da sich die Änderungen des Magnetfelds ständig wiederholen, ändert sich auch die Induktionsspannung kontinuierlich in gleichen Zeitabständen. Sie nimmt abwechselnd positive und negative Werte an.

Aufgaben

1 Informiere dich, warum Wechselspannung statt Gleichspannung im öffentlichen Stromnetz eingesetzt wird.

2 Anstelle von Wechselspannung benötigen manche Elektrogeräte Gleichspannung. Erläutere die Umwandlung.

Experiment

2 Wechselspannung

Verändere ▸ Experiment 1 so, dass der Stabmagnet vor der Öffnung der Spule rotiert.
Beobachte wieder das analoge Spannungsmessgerät. Was stellst du fest? Begründe deine Aussage auch mithilfe von Feldlinienbildern.

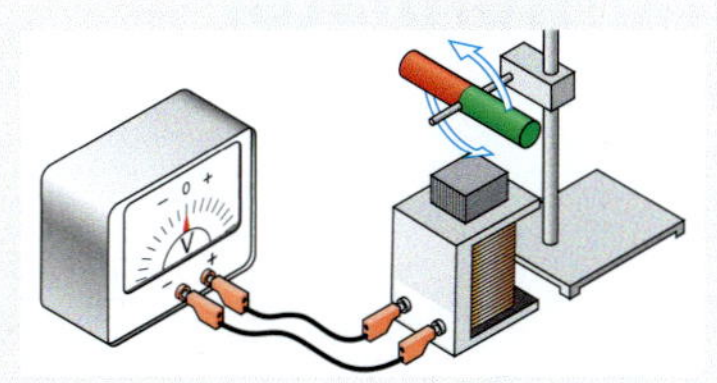

Erzeugen einer Wechselspannung Rotiert ein Magnet vor oder in einer Spule, ändert sich ständig das Magnetfeld, das die Spule durchsetzt. In der Spule wird eine Wechselspannung induziert.

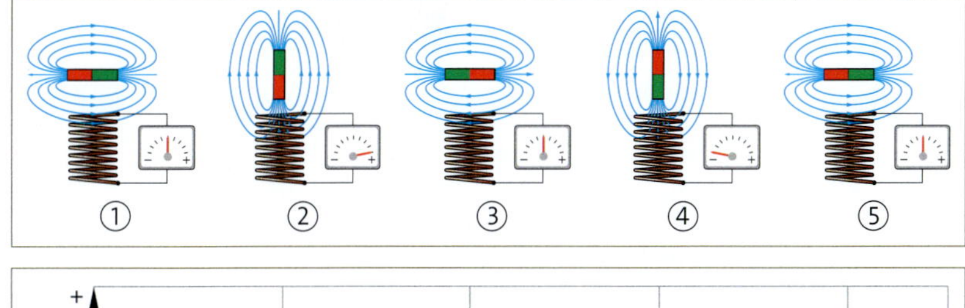

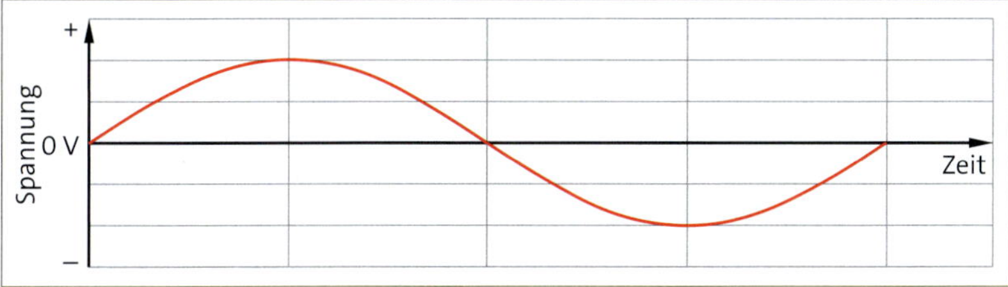

5 Induktion einer Wechselspannung bei der vollen Drehung des Magneten

Technisch werden solche Wechselspannungen in Wechselstromgeneratoren erzeugt. Ihr Aufbau besteht wie beim Elektromotor aus Stator und Rotor. Wie im Experiment werden als Rotor manchmal Dauermagnete verwendet, meist nimmt man aber Spulen, also Elektromagnete. ▸ 6
An die Rotorspulen wird dann über Schleifkontakte eine Gleichspannung angelegt, damit sich wie beim Dauermagneten ein konstantes Magnetfeld aufbaut. Wenn dann der Rotor in Drehung versetzt wird, ändert sich ständig das Magnetfeld, das die Statorspulen durchsetzt. Dadurch wird in den Statorspulen eine Wechselspannung induziert.

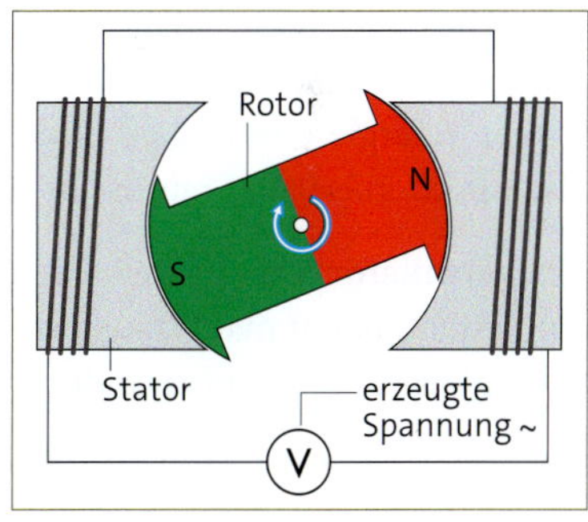

6 Aufbau eines Generators

Wechselstromgeneratoren sind wichtig für die Energieversorgung. Sie wandeln Bewegungsenergie in elektrische Energie um. Die dafür nötige Drehbewegung wird bei Wasser- und Windrädern, Turbinen in Kraftwerken oder Verbrennungsmotoren auf unterschiedliche Weise erzeugt.

Generatoren stellen eine durch elektrische Induktion erzeugte Wechselspannung zur Verfügung.

Aufgaben

1 Notiere die Energieumwandlungen, die in einem Generator stattfinden.

2 Informiere dich, woraus ein Notstromaggregat besteht.

Transformator

Verschiedene Anbieter von Smartphones, Pkws oder Möbeln bieten die Möglichkeit an, Smartphones kabellos aufzuladen. Die Technik wird induktives Laden genannt.
Zur Anpassung der Spannung werden Spulen verwendet.

Experiment

1 Kabellose Energieübertragung

a Baue das Experiment auf. Lege beide Spulen mit einem Abstand von etwa 5 cm nebeneinander. Schalte eine Gleichspannung ein und aus. Beobachte die LED.

b Nutze die gleiche Anordnung. Lege jetzt eine Wechselspannung an. Beobachte wieder die LED.

c Bewege zusätzlich die Spule mit der LED und beobachte.

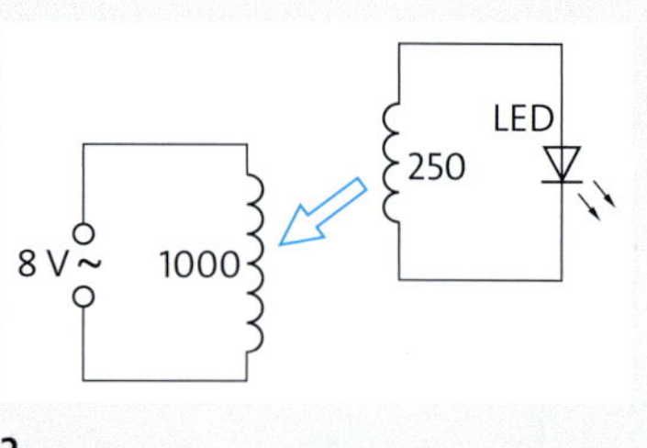

2

Beim Ein- und Ausschalten einer Gleichspannung und beim Anlegen einer Wechselspannung leuchtet die LED. Also wird zwischen den Spulen elektrische Energie übertragen, ohne dass eine leitende Verbindung besteht. Das funktioniert aber nur bis zu einem bestimmten Abstand der Spulen.

Transformator Das Bauteil, das im Experiment aus zwei einfachen Spulen besteht, nennt man Transformator. Ein Transformator überträgt Energie und transformiert (verändert) Spannungen und Stromstärken.

Bei den meisten Transformatoren sind die Spulen fest auf einem Eisenkern montiert. Die Primärspule mit der Windungszahl N_1 wird an die Spannungsquelle mit der Primärspannung U_1 angeschlossen. Die Sekundärspule mit der Windungszahl N_2 stellt eine Sekundärspannung U_2 für den Nutzer bereit. ▸ 3

Ein Transformator kann Spannungen und Stromstärken anpassen. Er besteht aus zwei Spulen, meist auf einem gemeinsamen geschlossenen Eisenkern. Die Funktion des Transformators beruht auf der elektromagnetischen Induktion.

Durch die anliegende Wechselspannung an der Primäspule baut sich in dieser ein sich änderndes magnetisches Feld auf. Dieses Feld umfasst auch die Sekundärseite und induziert eine Spannung in der Sekundärspule.

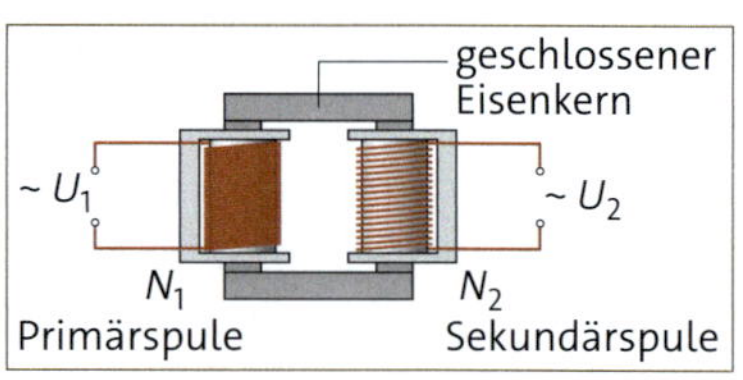

3 Aufbau eines Transformators

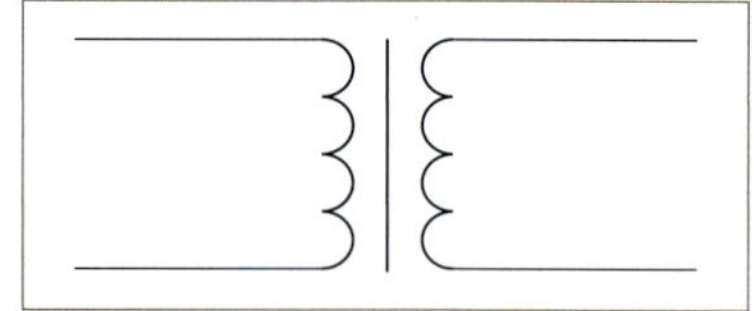

4 Schaltsymbol

Aufgabe

1 Warum kann ein Transformator nur mit Wechselspannung betrieben werden, nicht mit Gleichspannung?

Experiment

2 Windungszahl und Spannung

Baue das Experiment auf. Übernimm die Tabelle ins Heft.
Miss die Spannungen. Vergleiche Windungszahlen und Spannungen.

N_1	N_2	U_1 in V	U_2 in V	Vergleich N_1, N_2 (>, =, <)	Vergleich U_1, U_2 (>, =, <)
500	250	?	?	$N_1 ? N_2$	$U_1 ? U_2$
500	500	?	?	$N_1 ? N_2$	$U_1 ? U_2$
500	750	?	?	$N_1 ? N_2$	$U_1 ? U_2$
500	1000	?	?	$N_1 ? N_2$	$U_1 ? U_2$

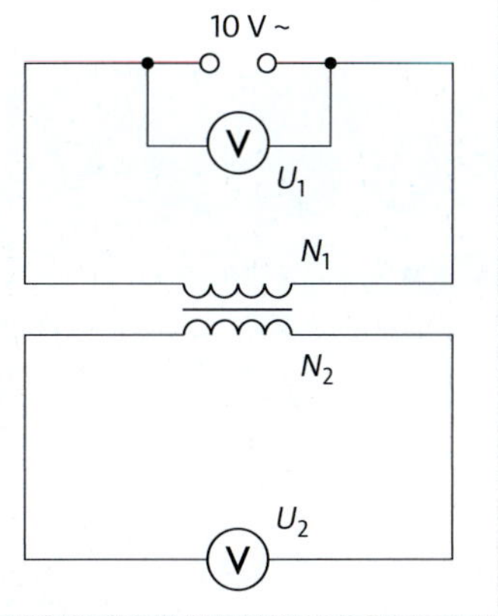

Durch den Vergleich von U_1 und U_2 stellt man fest: Mit einem Transformator können Spannungen vergrößert oder verkleinert werden. Das heißt: In dem Maß, in dem sich das Verhältnis von N_1 und N_2 vergrößert (bzw. verkleinert), vergrößert (verkleinert) sich auch das Verhältnis von U_1 und U_2. *Beispiel:* Ist N_2 das 5-Fache von N_1, dann verfünffacht sich die Spannung U_2 im Vergleich zu U_1: Aus $U_1 = 12\,\text{V}$ folgt $U_2 = 60\,\text{V}$.
Solange im Sekundärkreis kein Strom fließt, wird der Transformator auch nicht belastet. Man spricht von einem unbelasteten Transformator.

Der Zusammenhang zwischen Windungszahlen und Spannungen wird Spannungsübersetzung genannt. Für einen unbelasteten Transformator gilt:

$$\frac{N_1}{N_2} = \frac{U_1}{U_2}$$

Übrigens

Im Idealfall wird die gesamte elektrische Energie des Primärkreises in elektrische Energie des Sekundärkreises umgewandelt. In der Realität wird ein Teil der elektrischen Energie in thermische Energie umgewandelt. Große Transformatoren müssen sogar gekühlt werden.

Für das Aufladen der Batterien von Elektroautos werden an Tankstellen oder anderen öffentlichen Orten Schnellladestationen angeboten. Hier werden die Fahrzeuge in kurzer Zeit mit hohen elektrischen Leistungen (bis zu 350 kW) mit Gleichstrom aufgeladen. Für den Anschluss an das Mittelspannungsnetz (z. B.: 20 kV) sind zusätzlich Trafostationen notwendig, die die Spannung für die Ladesäulen auf 400 V herunter transformieren.
Um die Dauer des Ladevorganges zu verkürzen, soll in zukünftigen Ladestationen die Spannung auf bis zu 1000 V erhöht werden.

6

Aufgaben

1 Begründe die Aussage: Aus $N_1 = 1000$, $N_2 = 100$ und $U_1 = 20\,\text{V}$ folgt $U_2 = 2\,\text{V}$.

2 Ermittle die in der Tabelle fehlenden Werte.

3 Bestimme die Windungszahl der Sekundärspule, wenn $N_1 = 500$; $U_1 = 230$ V und $U_2 = 4{,}6$ V.

N_1	N_2	U_1	U_2
50	150	6 V	?
?	500	40 V	20 V
300	3000	?	230 V

Energieversorgung im Verbundnetz

1

Seit mehr als hundert Jahren nutzen Menschen elektrischen Strom im Haushalt. Waren es anfangs noch wenige, stieg die Zahl der Nutzer rasch an.
Die Energieversorger mussten sich recht schnell über eine geeignete und effektive Verteilung der elektrischen Energie Gedanken machen.

Experiment

1 Schaltungsart

Simuliere ein öffentliches Stromnetz mit einer Spannungsquelle als Kraftwerk und drei Lampen als Nutzern der Elektroenergie. Baue das Stromnetz einmal als Reihenschaltung und einmal als Parallelschaltung auf. Erzeuge anschließend Störungen, indem du jede Lampe kurz locker drehst. Beantworte folgende Fragen:
- Welche Art der Leitungsverbindung ist die geeignetere?
- Was bewirken Störungen im Stromnetz?

Begründe deine Aussagen.

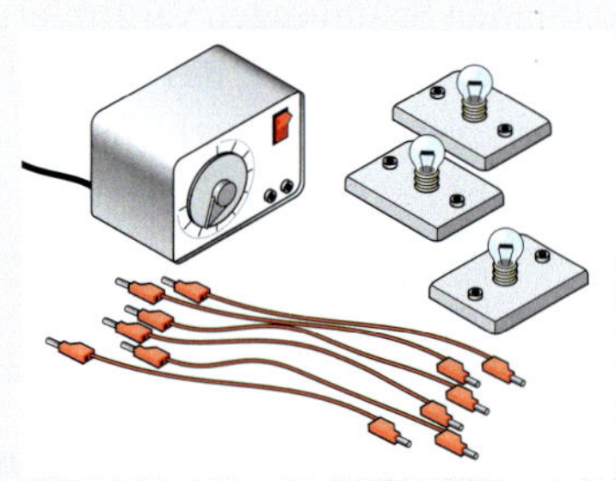

2

Experimentell stellt man fest, dass die Verknüpfung von Kraftwerk und Nutzern als Parallelschaltung aufgebaut werden muss. Das hat den Vorteil, dass die Spannung für alle Nutzer gleich groß ist und sich auch mit zunehmender Zahl von Nutzern nicht ändert. Ein weiterer Vorteil ist, dass der Rest des Stromnetzes weiter funktioniert, wenn es bei einem der parallel geschalteten Nutzer eine Störung gibt. Wenn also z. B. in einem Haushalt ein Elektrogerät kaputtgeht und die Hauptsicherung den Stromfluss unterbricht, dann beeinflusst das die anderen Nutzer im Netz nicht.

Verbundnetze zur Elektroenergieversorgung sind als Parallelschaltung aufgebaut.

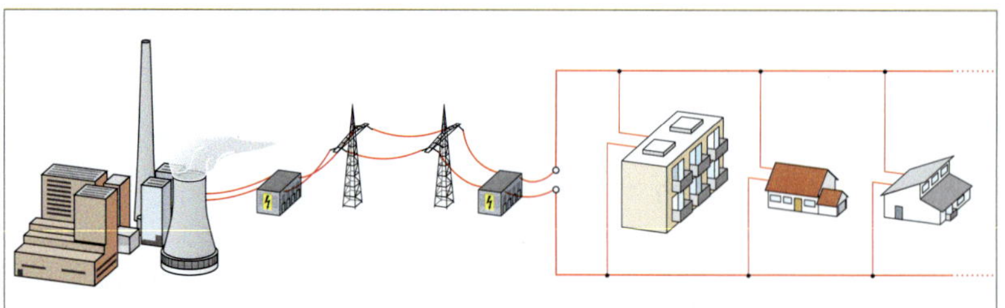

3 Öffentliches Energieversorgungsnetz

Aufgaben

1 Wiederhole die Gesetze über Spannung und Stromstärke in einer Parallel- und einer Reihenschaltung.

2 Stelle eine Vermutung über die Leitungsführung bei dir zu Hause an. Wie sind z. B. die Steckdosen eines Zimmers angeschlossen? Begründe deine Vermutung.

Experiment

2 Spannungsgröße

a Betreibe zwei baugleiche, parallel geschaltete Lampen mit einer Wechselspannung von 6 V. Schließe Lampe 1 mit kurzen Kabeln und Lampe 2 mit mehrere Meter langen Kabeln an dieselbe Energiequelle an. Beschreibe deine Beobachtungen und begründe sie.

b Schalte zwei Transformatoren in den Stromkreis von Lampe 2. Der erste erhöht die Spannung direkt am Netzgerät, der andere reduziert die Spannung bei Lampe 2 wieder auf 6 V. Vergleiche die Helligkeit von Lampe 2 mit ihrer Helligkeit in Aufgabenteil a.

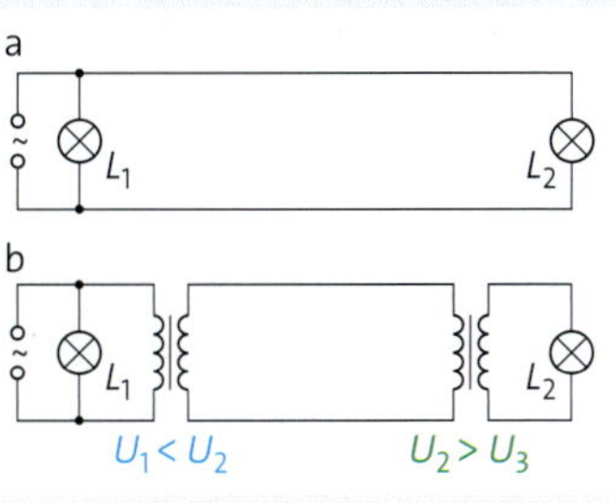

4

Die Spannung einer Spannungsquelle stellt den Antrieb der Ladungsträger bei ihrer Bewegung im Leiter dar. Die Ladungsträger werden durch den ohmschen Leitungswiderstand gebremst. Dabei wird ein Teil der Energie der Elektronen in Wärme umgewandelt. Die Wärmeverluste sind bei geringerer Stromstärke kleiner, die Menge der transportierten Elektroenergie aber auch. Um das zu vermeiden, muss man die geringere Stromstärke durch eine höhere Spannung ausgleichen, sodass das Produkt aus Spannung und Stromstärke konstant bleibt.
Um die Spannung zu erhöhen, verwendet man Transformatoren. Diese funktionieren nur bei Wechselspannung. Daher wird im Verbundnetz in der Regel Wechselspannung verwendet.

Um Elektroenergie ohne große Verluste zu übertragen, benötigt man Hochspannung.

5 Transformatorstation

Hochspannungs-Gleichstrom-Übertragung (HGÜ)

Beim Energietransport mit Wechselstrom treten durch den schnellen Richtungswechsel des Stromes Energieverluste auf, die es bei Gleichstrom nicht gibt. Für sehr lange Strecken wählt man daher die Energieübertragung mit Gleichstrom.
Für den Transport der Elektroenergie von den Offshore-Windparks in der Ostsee nach Bayern wird ab 2023 die neue Stromtrasse „Südostlink“ gebaut. Am Anfang der Trasse entsteht ein Konverter in Wolmirstedt bei Magdeburg, der Wechsel- in Gleichstrom umwandelt und eine Leistung von 2 Gigawatt besitzt. Dadurch können große Strommengen verlustarm über weite Entfernungen übertragen werden. In einem weiteren Ausbauschritt soll ein Höchstleistungskabel von Schwerin nach Wolmirstedt verlegt werden. Am südlichen Ende der Trasse entsteht ein Konverter in Bayern im Raum Landshut. In der ersten Ausbaustufe sollen bis zu 2 000 MW Windstrom mit einer Spannung von 525 kV aus dem Nordosten der Republik nach Bayern übertragen werden.

6 Umspannstation in Wolmirstedt

Aufgaben

1 Gib an, welche Vorteile Hochspannung bei der Übertragung über große Strecken hat.

2 Informiere dich über die Gefahren von Hochspannung.

Aufgaben und Aufträge

Induktion

1 In welchen Fällen wird in der Spule eine Spannung induziert? Begründe deine Antwort.

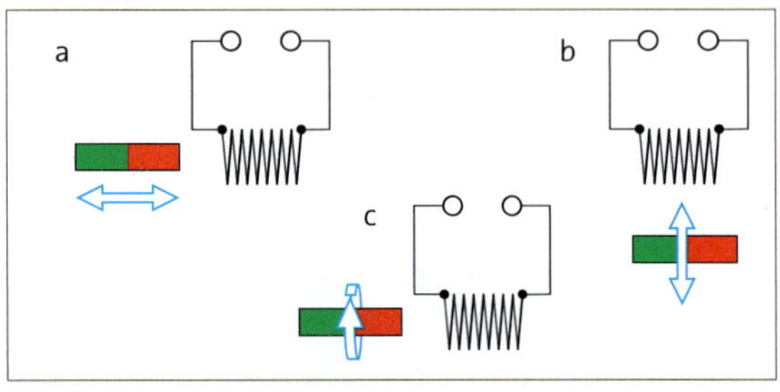

1

2 Notiere zwei Veränderungen im Aufbau des Experiments in Bild 1, durch die die Induktionsspannung vergrößert werden kann.

3 Zur Verfügung stehen: eine Spule und ein Elektromagnet. Erläutere eine Möglichkeit, in der Spule eine Spannung zu induzieren, ohne Spule oder Elektromagnet zu bewegen.

4 Beschreibe grob die Funktionsweise eines Fahrradtachometers. Gehe dabei auch auf die physikalischen Grundlagen ein.

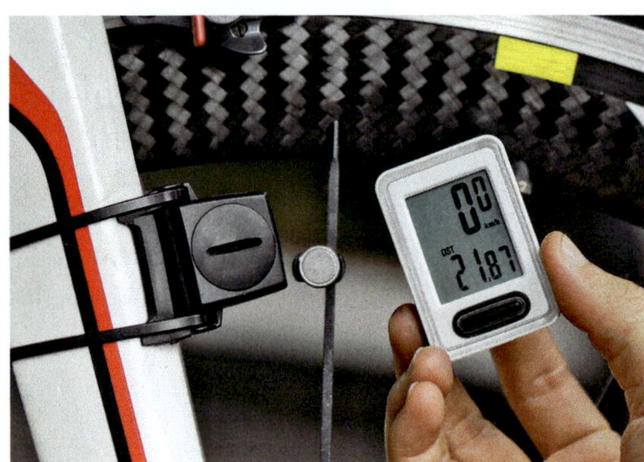

2

5 Erläutere die Vorgänge in einer Schütteltaschenlampe. Gib zusätzlich an, welche Energieumwandlungen stattfinden.

3

6 Meist ist die Rede von einer Induktionsspannung. Erläutere, wann ein Induktionsstrom fließt.

7 Welche Aussagen über die elektromagnetische Induktion sind richtig, welche falsch? Begründe.

a Elektromagnetische Induktion liegt vor, wenn ein Leiter in einem Magnetfeld so bewegt wird, dass dabei an den Leiterenden eine Spannung entsteht.

b Mechanische Energie kann durch Induktion in elektrische Energie umgewandelt werden.

c Der Induktionsvorgang spielt bei der Funktion von Elektromotor, Generator und Transformator eine wesentliche Rolle.

Generator

8 Wann spricht man von einer „Wechselspannung“? Erläutere.

9 Notiere Unterschiede zwischen Gleich- und Wechselspannung sowie Gleich- und Wechselstrom.

10 Notiere Geräte aus deinem Umfeld, die mit Wechselspannung funktionieren.

11 Die Spannung eines Generators wird umso höher, je schneller man seinen Rotor dreht. Begründe.

12 In welchem Diagramm ist eine Wechselspannung dargestellt?

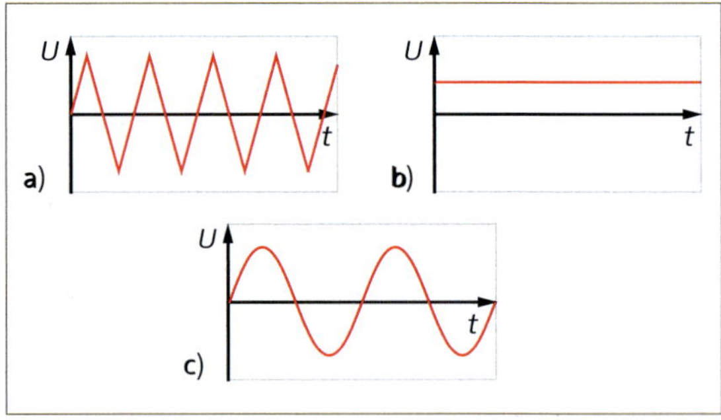

4

13 Recherchiere nach dem Aufbau von Innenpol- und Außenpolgeneratoren. Nenne Gemeinsamkeiten und Unterschiede.

14 Beschreibe Veränderungen an einem Elektromotor, die ihn zum Wechselstromgenerator machen. Vergleiche die Energieumwandlungen.

Transformator

15 Skizziere den Aufbau eines Transformators und beschrifte die Teile.

16 Warum lässt sich Gleichspannung nicht transformieren? Begründe.

17 Experimente mit Transformatoren können gefährlich sein. Gib an, wann man vorsichtig sein muss, und begründe deine Annahme.

18 Ermittle die fehlenden Werte für einen Transformator mit $N_1 = 250$ und $N_2 = 1500$:
a $U_1 = 12\,\text{V}$ **b** $U_2 = 480\,\text{V}$

19 Drei parallel geschaltete Halogenlampen sollen über einen Transformator an die Netzspannung angeschlossen werden.
a Zeichne einen Schaltplan.
b Auf den Lampen steht 12 V / 25 W. Gib eine mögliche Spulenkombination für den Trafo an.

20 Erläutere die Energieumwandlungen, die im Transformator eines Ladegeräts stattfinden.

21 Bevor die in einem Kraftwerk umgewandelte elektrische Energie in das Netz eingespeist wird, wird sie in Umspannwerken auf Hochspannung herauf transformiert.
Damit die Elektroenergie in Betrieben oder Haushalten genutzt werden kann, muss sie wieder herunter transformiert werden (z. B. auf 230 V).
Begründe diese Vorgehensweise.

22 Erläutere die Bedeutung von Transformatoren für die Energieversorgung in unserem Land.

23 Notiere Vor- und Nachteile von Parallelschaltungen bei der Energieversorgung.

24 Erläutere, wie die elektrische Zahnbürste (s. S. 58 Bild 1) geladen wird. Nenne Vorteile dieser Lademethode.

Überblick

Elektromagnetische Induktion Wenn sich das von einer Spule umfasste Magnetfeld ändert, dann wird in der Spule eine Spannung induziert. Die Induktionsspannung ist umso größer, je schneller sich das Magnetfeld ändert und je größer die Windungszahl der Spule ist. ▸ 5

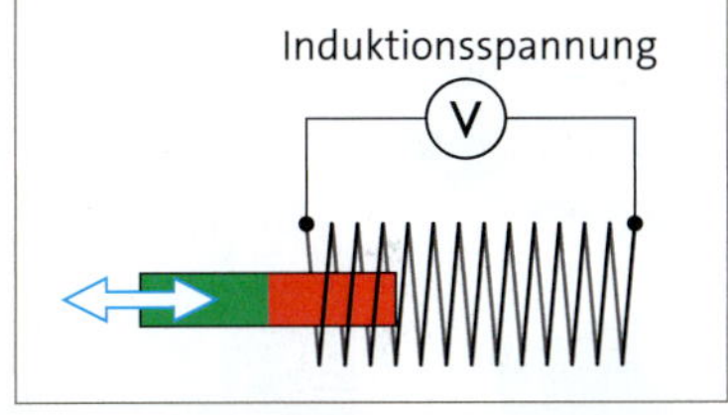

5

Generator Elektromotor und Generator sind im Prinzip gleich aufgebaut. Sie bestehen aus Rotor und Stator.
In Umkehrung zum Elektromotor wandelt ein Generator mechanische Energie in elektrische Energie um. Dabei erzeugt er eine Wechselspannung. Bei einer Wechselspannung ändert sich der Spannungswert periodisch zwischen einem positiven und einem negativen Wert.

6

Transformator In der Primärspule eines Transformators erzeugt Wechselstrom ein sich ständig änderndes Magnetfeld. Dieses induziert in der Sekundärspule eine Wechselspannung.
Es gilt:

$$\frac{N_1}{N_2} = \frac{U_1}{U_2} \text{ (unbelasteter Transformator)}$$

Verbundnetze Verbundnetze zur Elektroenergieversorgung sind als Parallelschaltung aufgebaut. Um Elektroenergie ohne große Verluste zu übertragen, benötigt man Hochspannung.

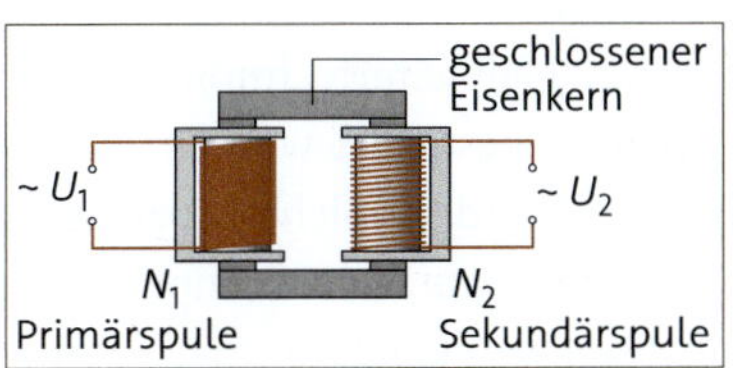

7

Jeder weiß: Mit modernen Smartphones kann man viel mehr als nur telefonieren. Für jede zusätzliche Funktion müssen neue Bauelemente geschaffen werden. Die Halbleitertechnik ermöglicht es, diese Bauelemente auf kleinstem Raum unterzubringen.

Grundlagen der Halbleitertechnik

Früher brauchte man für jede Funktion ein eigenes Gerät. Durch den Einsatz neuer Materialien konnten neue elektronische Bauelemente entwickelt und später auch verkleinert werden. ▸ 2

2

Das erste kommerzielle „Handy" war höher als dein Physikbuch, der Akku hielt 1 Stunde und es kostete etwa 9000 US-Dollar. ▸ 3
Wo man früher nur telefonierte, kommunizieren heute Tausende Menschen in sozialen Netzwerken miteinander. Einkaufen, Bezahlen und viele andere Dinge werden durch Halbleitertechnologie verändert. Noch vor 30 Jahren hätte niemand geglaubt, dass jeder Mensch einen eigenen Computer besitzt.
Durch Halbleitertechnologie wurde es möglich, dass in vielen Geräten Prozesse gesteuert werden. Von der Zahnbürste bis zur Waschmaschine, überall werden solche Prozessoren verbaut. Das bedeutet auch, dass jeder Mensch heute viele Computer besitzt. Auch Leuchtdioden (LEDs) gibt es erst seit wenigen Jahren. Die Zahl der Anzeigen, Bildschirme und Beleuchtungen, die LEDs nutzen, hat enorm zugenommen.

3 Mobiles Telefon 1985

Weißt du's?

Beantworte die folgenden Fragen. Wenn du wissen willst, ob deine Antwort richtig ist, kannst du das Lochmuster hinter der Frage auf dem Lochband unten suchen. Über dem Muster findest du die richtige Antwort.

1 Für welche physikalische Größe ist R das Formelzeichen?

- A Reibungskoeffizient ○
- B Arbeit ○
- C Widerstand ○

●

2 Bei einem Bauelement wurden für verschiedene Spannungen die Stromstärken gemessen und als $I(U)$-Diagramm dargestellt.

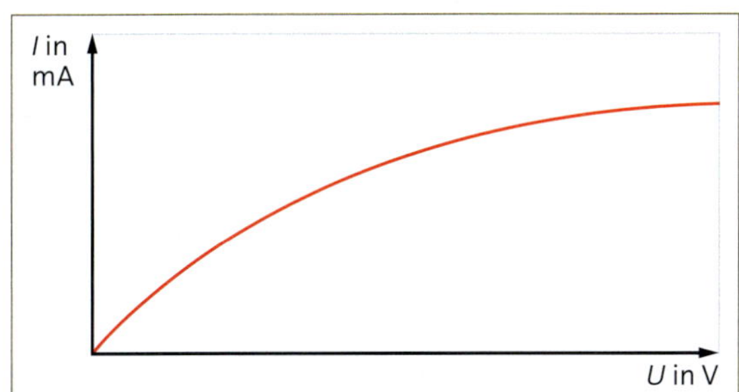

Welche Aussage trifft für dieses Diagramm zu? Der elektrische Widerstand …

○

- D bleibt konstant. ●
- E wird größer. ●
- F wird kleiner. ●

3 Welche Aussage trifft auf die Größe „elektrischer Widerstand“ zu?

- G Der Widerstand ist ein Maß dafür, wie stark der Stromfluss behindert wird.
- H Je größer der Widerstand, umso größer die Stromstärke. ● ●
- I Je größer die Spannung, umso kleiner der Widerstand. ● ○

4 Für ohmsche Widerstände gilt:

- J Der Quotient aus Spannung und Stromstärke wird größer, wenn die Spannung steigt.
- K Der Quotient aus Spannung und Stromstärke bleibt konstant, wenn die Spannung steigt. ○ ○
- L Der Quotient aus Spannung und Stromstärke wird kleiner, wenn die Spannung steigt. ● ●

5 5 MΩ sind genauso viel wie: ○

- M 5000 Ω ○
- N 5000 mΩ ○
- O 5000 kΩ ○

6 Mikrochips bestehen oft aus: ●

- P Kartoffeln ○
- Q Erdnüssen ○
- R Silicium ●

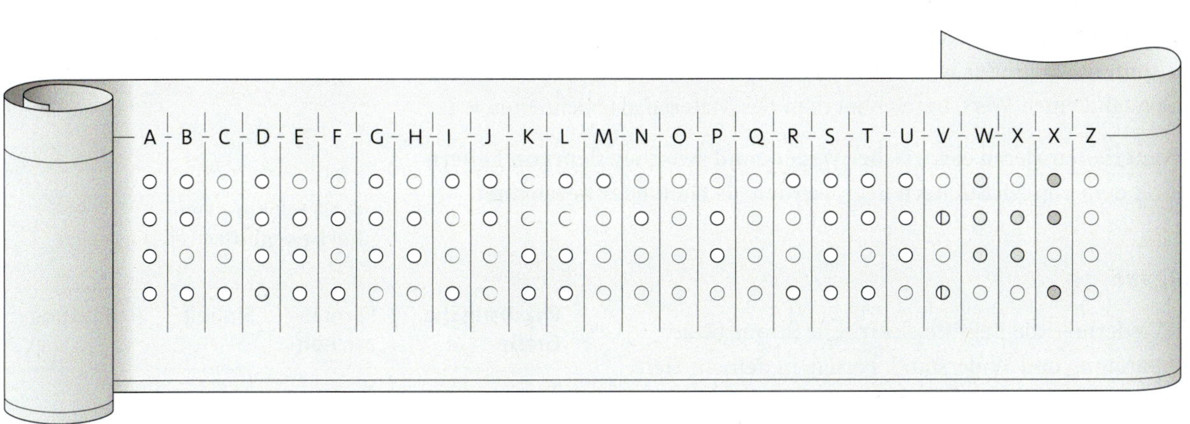

Leiter, Halbleiter und Nichtleiter

1

Leiter und Nichtleiter (Isolatoren) kennt ihr schon. Aber was sind eigentlich Halbleiter?

Experiment

1 Leiter und Nichtleiter

Baue das Experiment auf und teste mindestens 5 verschiedene Materialien auf ihre Leitfähigkeit.
Fertige eine Tabelle an, in der du Leiter und Nichtleiter einträgst.

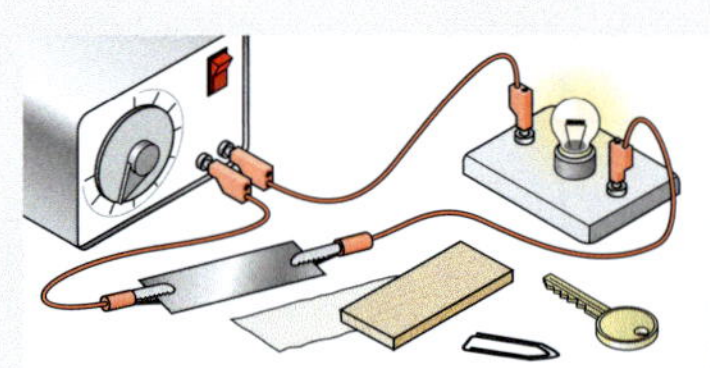

Damit Materialien den elektrischen Strom leiten können, müssen sie frei bewegliche Ladungsträger besitzen. ▸ 3

Elektrische Leiter sind in der Lage, den elektrischen Strom zu leiten, da sie über freie und bewegliche Ladungsträger verfügen.

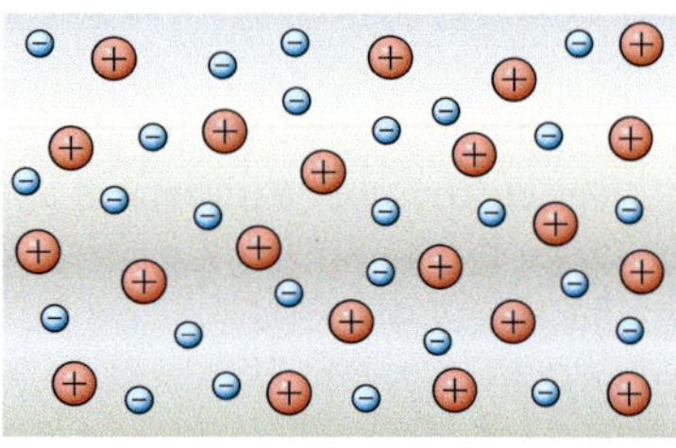

3 Material mit frei beweglichen Ladungsträgern

Die Eigenschaft eines reinen Stoffs (z. B. Kupfer, Eisen), den elektrischen Strom zu leiten, wird als Eigenleitung bezeichnet. Je mehr frei bewegliche Ladungsträger in einem Material vorhanden sind, umso besser ist die Eigenleitung und umgekehrt.
Mithilfe des elektrischen Widerstands kann man die Eigenleitung messen. Damit ein Stoff als Leiter gilt, darf sein elektrischer Widerstand nicht zu groß sein. Je weniger frei bewegliche Ladungsträger in einem Stoff vorhanden sind, umso größer wird sein elektrischer Widerstand. Übersteigt der Widerstand einen Wert, bezeichnet man das Material als Nichtleiter. ▸ 4

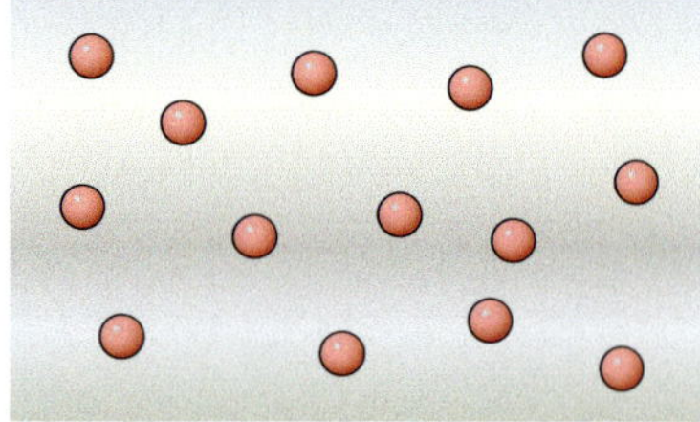

4 Nichtleiter – keine frei beweglichen Ladungsträger

Materialien, deren elektrischer Widerstand zwischen dem von Leitern und dem von Nichtleitern liegt, werden als Halbleiter bezeichnet.

Aufgabe

1 Wiederhole die Begriffe elektrische Stromstärke, Spannung und Widerstand. Fertige in deinem Heft eine Tabelle an und vervollständige sie.

Physikalische Größe	Formelzeichen	Einheit	Bedeutung
?	?	?	?

Experiment

2 Metalle und Halbleiter im Stromkreis
Baue die Schaltung einmal mit einem metallischen Widerstand (z. B. Eisendraht) und mit einem Halbleiterbauelement (z. B. NTC 22) auf. Stelle 2 V an deinem Stromversorgungsgerät ein. Beobachte die Erwärmung des Bauelements und die Veränderung der Stromstärke.

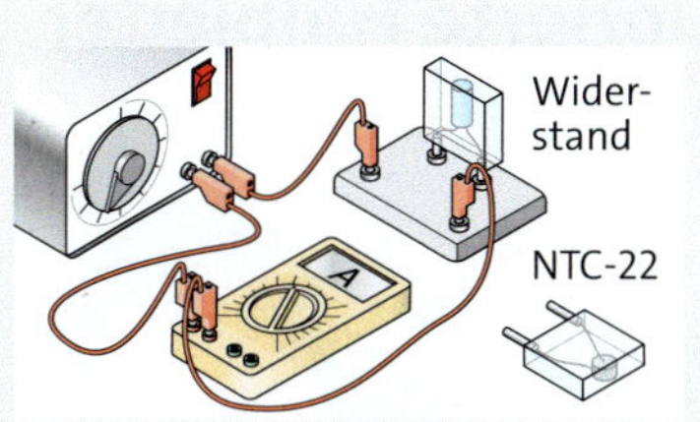

Fließt ein elektrischer Strom durch die Bauelemente, erwärmen sich beide. Die Stromstärke wird beim metallischen Leiter kleiner und beim Halbleiter größer. Das kann nur bedeuten, dass sich der elektrische Widerstand verändert. Denn wenn bei gleicher Spannung die Stromstärke größer wird, muss der elektrische Widerstand kleiner werden. Verringert sich die Stromstärke, vergrößert sich der elektrische Widerstand.

Der elektrische Widerstand ist bei Metallen und bei Halbleitern temperaturabhängig.
Für Metalle gilt: Je höher die Temperatur, umso größer ist der elektrische Widerstand.
Bei Halbleitern gilt: Je höher die Temperatur, umso kleiner ist der elektrische Widerstand.

In Halbleitern gibt es bei Raumtemperatur nur sehr wenige frei bewegliche Elektronen. Der elektrische Widerstand ist deshalb bei niedrigen Temperaturen groß. Eine Temperaturerhöhung führt dazu, dass weitere Elektronen aus den Atomen herausgelöst werden. Durch die steigende Zahl an Elektronen verringert sich der elektrische Widerstand in Halbleitern. ► 6

In Halbleitern müssen erst Elektronen aus den Atomen herausgelöst werden, um die Eigenleitung zu erhöhen. Das kann man z. B. durch Erwärmung erreichen.

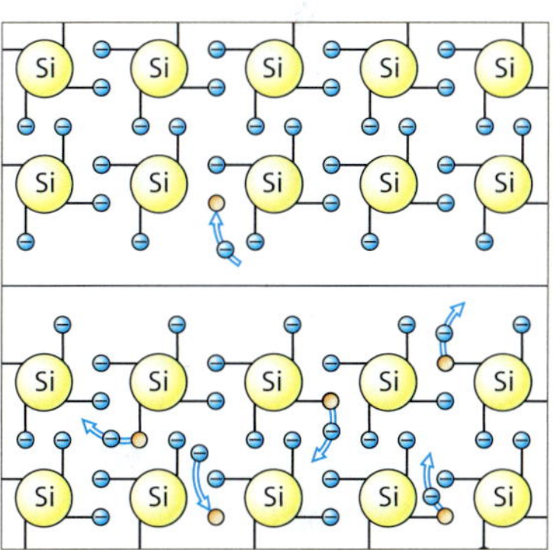

6 Halbleiter

Silicium als Halbleitermaterial Die Geschichte der Menschheit wird nach ihren Werkstoffen eingeteilt: Steinzeit, Bronzezeit, Eisenzeit. Vielleicht wird man später das 20. Jahrhundert als Beginn der „Siliciumzeit" bezeichnen, denn 95 % aller Halbleiter enthalten diesen Stoff. Silicium findet man auf der Erde „wie Sand am Meer". Es ist nach dem Sauerstoff das zweithäufigste Element auf unserem Planeten. Jedes Sandkorn, jeder Kieselstein besteht fast nur aus Siliciumdioxid (SiO_2). Allerdings muss es aus dem „Sand am Meer" erst einmal isoliert werden.

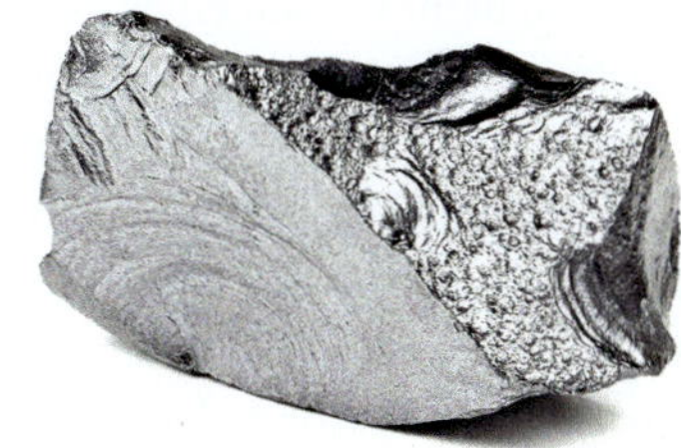

7 Reines Silicium

Aufgaben

1 Ergänze die Sätze richtig:
a Je größer der elektrische Widerstand, umso … die Stromstärke in einem Stromkreis.
b Um eine kleinere Stromstärke in einem Stromkreis zu erreichen, muss man den Widerstand …

2 Eisen und Silicium werden stark erwärmt. Beschreibe die Veränderung des elektrischen Widerstands. Erkläre diese Änderungen mit einem Modell.

Dotierte Halbleiter

1

Wenn Halbleiter nur bei Erwärmung elektrischen Strom leiten, wieso müssen wir dann nicht Computer oder Smartphones vorwärmen, damit sich richtig funktionieren?

Experiment

1 Siliciumgitter

a Baue das Modell eines Siliciumgitters. Dazu kannst du dir mithilfe von Post-it-Zetteln 4-wertige Siliciumatome basteln. Achte darauf, dass jedes Modellatom 4 Bindungsarme hat.

b Versuche ein Atom mit 5 Bindungsarmen so in das Gitter einzubauen, dass immer noch alle Bindungsarme besetzt sind.

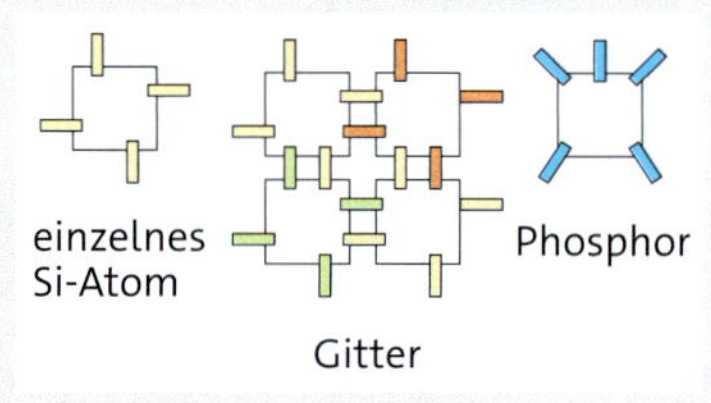

Silicium ist 4-wertig. Das bedeutet, dass 4 Außenelektronen als Bindungsmöglichkeit für benachbarte Atome zur Verfügung stehen. Ein Element mit 5 Außenelektronen hätte dann also 5 freie Bindungsmöglichkeiten. Solche 5-wertigen Atome, z. B. Phosphor, werden tatsächlich in Siliciumgitter eingesetzt.
Im Modell kann man zeigen: Egal wie du versuchst das Gitter zusammenzusetzen, beim Einbau eines 5-wertigen Atoms wird immer ein Bindungsarm frei bleiben. Da die Bindungsarme die Elektronen darstellen, bleibt also ein Elektron so leicht gebunden, dass es als frei beweglicher Ladungsträger dienen kann. Damit kann ein Halbleiterbauelement elektrischen Strom auch ohne Temperaturerhöhung leiten.
Den Einbau dieser Fremdatome nennt man *Dotierung*. Die Fremdatome werden auch als Störstellen bezeichnet.

Dotierung bedeutet das Einsetzen von Fremdatomen in ein Halbleitermaterial.

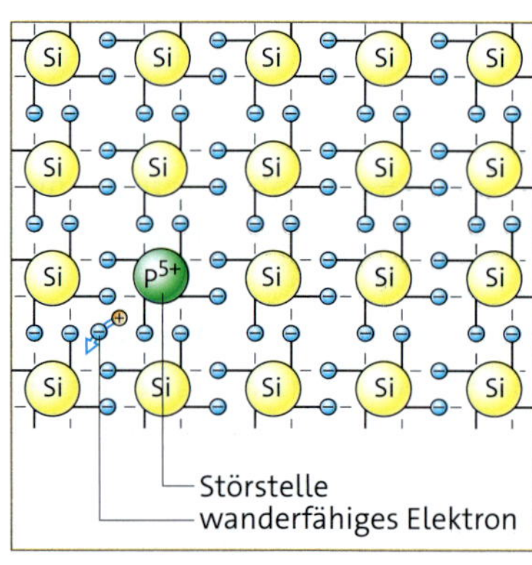

3 n-dotiertes Silicium

Werden Atome mit mindestens 5 Außenelektronen in ein Siliciumgitter eingebaut, entstehen wanderungsfähige Elektronen. Da Elektronen eine negative Ladung haben, bezeichnet man das Silicium als n-dotiert oder n-leitend. ► 3

In n-dotierten Halbleitern stehen Elektronen für den elektrischen Leitungsvorgang zur Verfügung.

Aufgabe

1 Bei der Dotierung findet man Angaben wie: eine Störstelle bei 10^3 bis 10^9. Was bedeuten diese Angaben?

Experiment

2 Mein rechter, rechter Platz ist frei

Denke dir eine Reihe von Stühlen, die mit Schülern besetzt sind. Nur der erste Stuhl ganz rechts bleibt frei.
Nun dürfen die Schüler Plätze tauschen. Dabei gelten folgende Regeln:
- Jeder Schüler darf nur nach rechts wandern.
- Jeder Schüler darf nur um einen Platz weiterwandern.

Beschreibe den Vorgang mit 2 Sätzen.
Die Schüler wandern …
Der leere Platz wandert …

4

Mit einem ähnlichen Prinzip kann die Leitfähigkeit von Halbleitern erhöht werden. Baut man 3-wertige Atome, z. B. Bor, in ein Siliciumkristall ein, entstehen freie Bindungsarme. ▸ 5
Diese freien Stellen nennt man Fehlstellen oder Löcher. Diese Löcher „bewegen" sich wie positive Ladungsträger, wenn man eine elektrische Spannung anlegt. Die Elektronen brauchen nur ein Atom weiterzuspringen und das Loch wandert scheinbar eine Stelle in die entgegengesetzte Richtung. Diese Fehlstellen verhalten sich wie positive Ladungen. Man bezeichnet dieses Silicium als p-dotiert oder p-leitend.

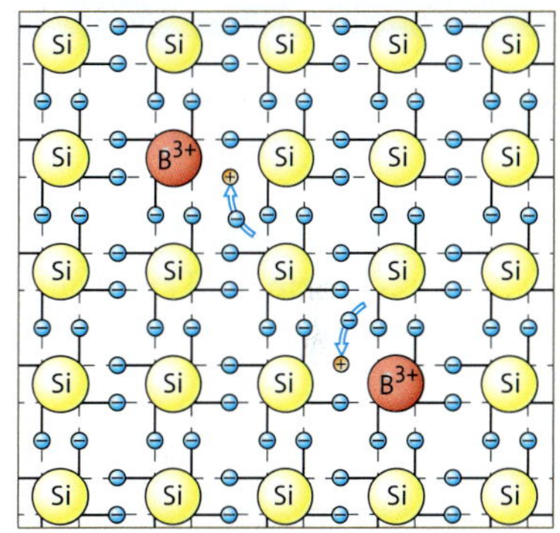

5 p-dotiertes Silicium

In p-dotierten Halbleitern stehen freie Stellen (Löcher) für den elektrischen Leitungsvorgang zur Verfügung.

Reinstsilicium Das Rohsilicium hat einen Massenanteil an Silicium von etwa 98 %. Der Anteil an Verunreinigungen ist mit 2 % viel zu hoch und in der Elektronik nicht verwendbar – er darf maximal ein Milliardstel Prozent betragen. Daher wird das Silicium durch verschiedene Verfahren zum Reinstsilicium gereinigt. Für die Chipherstellung wird Silicium benötigt, das als so genannter Einkristall vorliegt. Das bedeutet, dass das Kristallgitter eine einheitliche Ausrichtung hat. Es gibt verschiedene technische Verfahren, um einen Einkristall herzustellen. Beim Tiegelziehverfahren wird ein dünner Impfkristall, der die Kristallorientierung vorgibt, in das geschmolzene Silicium eingetaucht. Man nutzt dabei, dass sich die Si-Atome in einheitlicher Ausrichtung an den Kristall ablagern. Durch langsames Herausziehen unter Rotation erstarrt an dem Impfkristall die Schmelze als Einkristall. ▸ 6.

6 Siliciumkristall und Wafer aus Silicium

Aufgaben

1 Erläutere die Begriffe Dotierung, n-Leitung und p-Leitung.

2 Dotierung
a Nenne chemische Elemente, mit denen Silicium dotiert wird.
b Beschreibe die Auswirkungen, die das Dotieren auf die Leitfähigkeit eines Halbleiterkristalls hat.
c Begründe, dass ein Halbleiterkristall auch bei einer Dotierung elektrisch neutral bleibt.

3 Baue mit Post-it-Zetteln ein Modell von p-dotiertem Silicium.

Halbleiterdiode

1

LEDs hat jeder schon einmal gesehen. Denn immer häufiger werden herkömmliche Glühlampen durch LEDs ersetzt. LED steht für Light Emitting Diode – lichtaussendende Diode. Was sind Dioden eigentlich? Können die noch mehr als nur leuchten?

Experiment

1 Glühlampe und LED

Betrachte eine LED und eine Glühlampe mit einer Lupe oder einem Mikroskop. Finde Gemeinsamkeiten und Unterschiede.

Die Glühwendel einer Glühlampe erkennt man mit bloßem Auge. Bei einer LED muss man den inneren Aufbau kennen, um erklären zu können, warum diese leuchtet. ▸ 3

Eine Diode besteht aus einer p-dotierten und einer n-dotierten Schicht Halbleitermaterial. Werden beide Schichten zusammengebracht, werden einige Elektronen aus der n-Schicht durch die Löcher der p-Schicht angezogen. An der Verbindungsstelle entsteht eine neutrale Schicht: die Grenzschicht. Diese Grenzschicht verhindert, dass weitere Elektronen aus der n-Schicht sofort zur p-Schicht wandern. Sie können den neutralen Bereich nicht überwinden, da die Anziehungskraft abnimmt, je größer die Entfernung zwischen den Ladungsträgern ist. ▸ 5

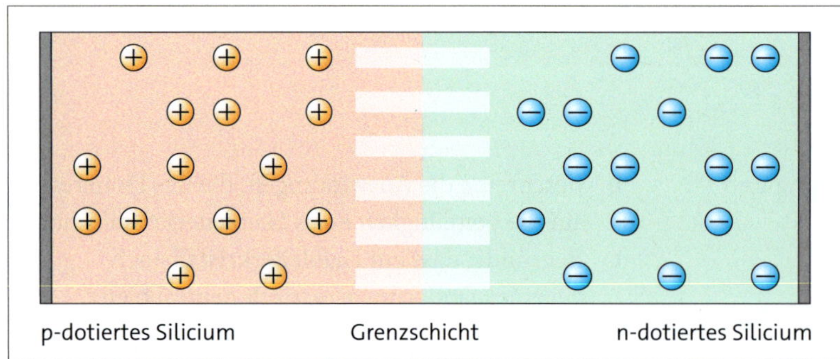

5 Aufbau einer Halbleiterdiode

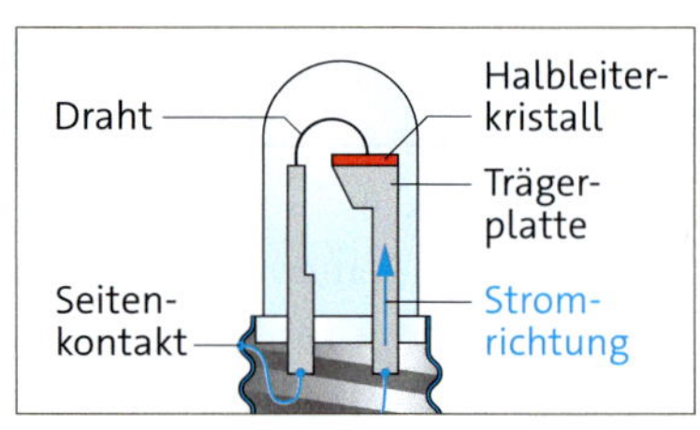

3 Aufbau einer Leuchtdiode

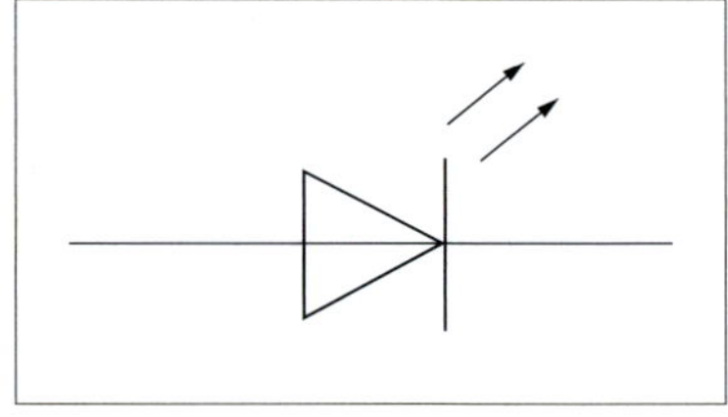

4 Schaltzeichen Diode

Aufgabe

1 Finde mindestens 3 Gegenstände, in denen LEDs verbaut wurden. Welchen Zweck erfüllen die LEDs jeweils?

Experiment

2 Diode im Gleichstromkreis

a Baue die Schaltung auf und verbinde die kurze Seite der Diode mit dem Pluspol der Spannungsquelle. Stelle 2 V ein. Achte darauf, dass nicht mehr als 30 mA fließen.
Beobachte die Glühlampe und die LED.

b Verändere die Schaltung, indem du die Anschlüsse der Diode vertauschst. Beobachte wieder Glühlampe und LED.

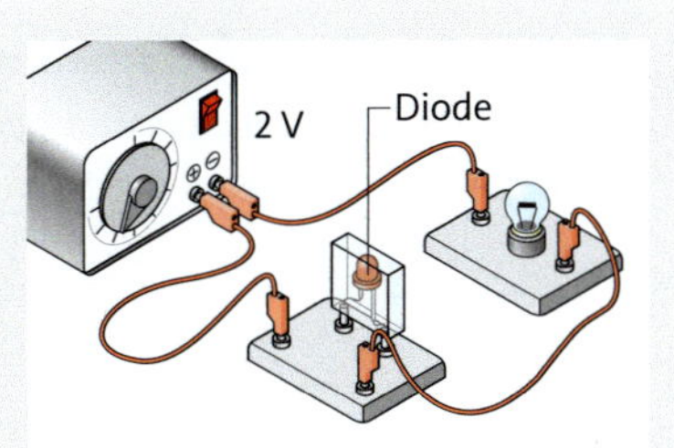

Je nachdem wie man eine Diode in den Gleichstromkreis einbaut, kann sie den Stromfluss erlauben oder sperren.

Diode in Sperrrichtung Wird der Minuspol mit der p-dotierten Schicht verbunden, besetzen Elektronen die Löcher. In der n-dotierten Schicht werden die freien Elektronen abgesaugt, wenn diese Schicht mit dem Pluspol verbunden wird. In der Diode gibt es keine freien Ladungsträger mehr. Die Grenzschicht verbreitert sich stark. Damit steigt der Widerstand und die Diode sperrt den Stromfluss. ▸ 7

Wenn die p-dotierte Schicht mit dem Minuspol und die n-dotierte Schicht mit dem Pluspol verbunden sind, wird der elektrische Widerstand einer Diode sehr groß. Die Diode unterbricht den Stromkreis.

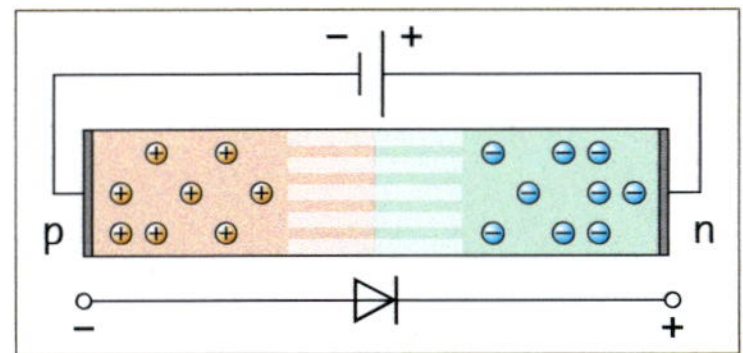

7 Diode in Sperrrichtung

8 Diode in Durchlassrichtung

Diode in Durchlassrichtung Werden die p-dotierte Schicht mit dem Pluspol und die n-dotierte Schicht mit dem Minuspol verbunden, gelangen die Elektronen über die Grenzschicht in die p-dotierte Schicht. Die Grenzschicht wird sehr viel dünner. Der Widerstand der Diode verringert sich stark. Durch die Diode fließt ein elektrischer Strom. ▸ 8

Wenn die p-dotierte Schicht mit dem Pluspol und die n-dotierte Schicht mit dem Minuspol verbunden werden, wird der elektrische Widerstand einer Diode sehr klein. Die Diode lässt die Ladungen fast ungehindert passieren.

Übrigens

Immer dann, wenn sich in einer LED die Elektronen mit den Löchern verbinden, senden diese einen Lichtimpuls aus.

Aufgaben

1 Zeichne die zwei Schaltpläne zu ▸ Experiment 2.

2 Erkläre, dass eine Diode in Sperrrichtung den Stromfluss unterbricht.

3 Betrachte Bild ▸ 9 und entscheide, welche der Dioden in Durchlassrichtung geschaltet ist.

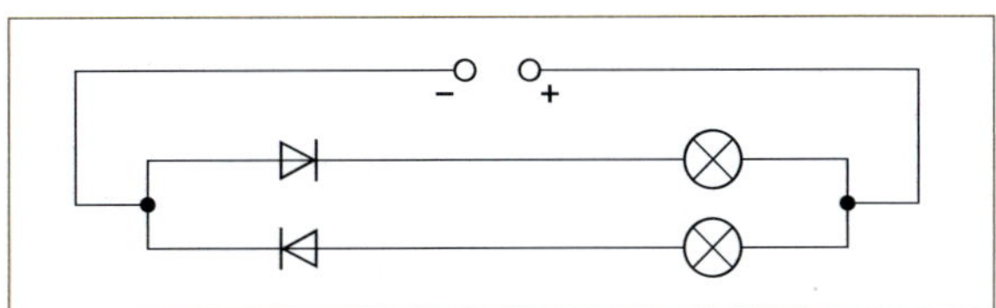

9

Experiment

3 Diode im Wechselstromkreis

Baue die Schaltung auf und beobachte die LED. Was passiert, wenn du die Anschlüsse an der Spannungsquelle vertauschst?

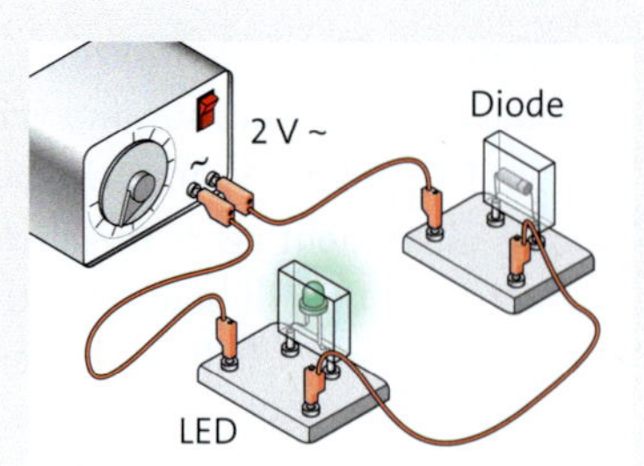

Wird die Diode mit Wechselspannung betrieben, leuchtet sie immer. Das liegt daran, dass bei einer Wechselspannung die Polarität und damit die Stromrichtung ständig wechselt. Dadurch wechseln sich Durchlass- und Sperrrichtung der Diode ständig ab – eine LED geht ständig an und aus. Ein Flackern nehmen wir nur deshalb nicht wahr, weil es sehr schnell geschieht. Wird eine LED mit einer Wechselspannung von 50 Hz betrieben, geht sie in jeder Sekunde 50-mal an und 50-mal aus.
Verwendet man einen Frequenzgenerator, kann man eine Wechselspannung mit 1 Hz erzeugen. Erst dann kann man den Effekt auch beobachten.

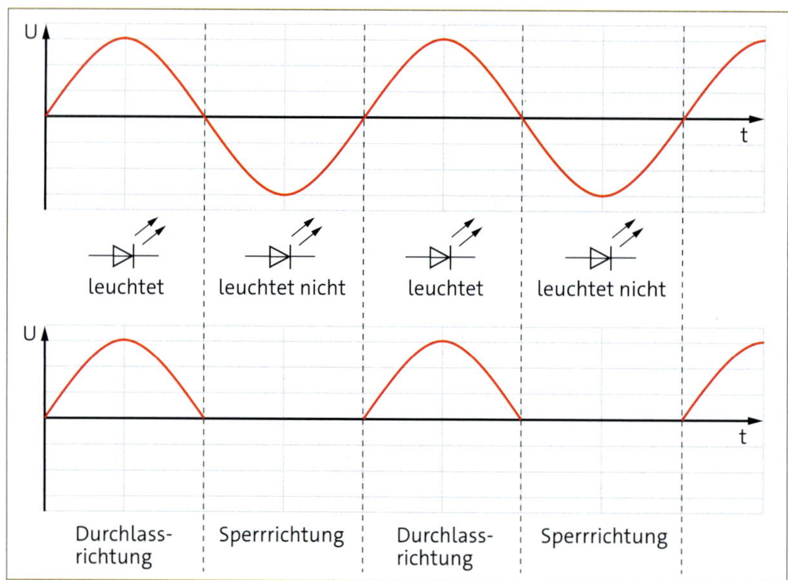

2 Diode als Gleichrichter im Wechselstromkreis

Aufgaben

1 Bei welcher Polung leitet eine Halbleiterdiode, bei welcher sperrt sie?

2 Betrachte die Schaltung. Beschreibe, was man beobachten kann, wenn man Gleich- oder Wechselspannung anschließt. ► 3

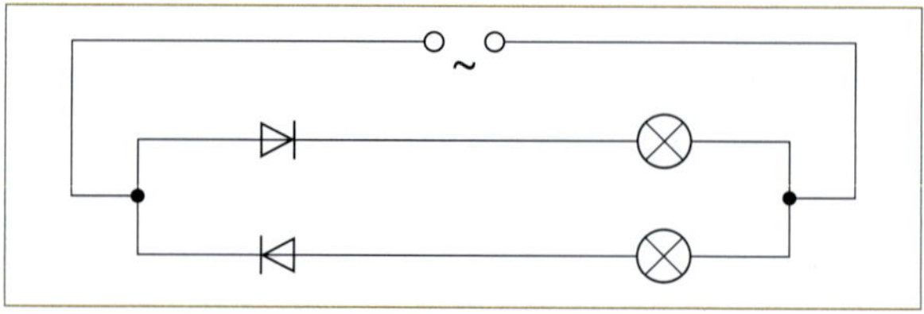

3

Experiment

4 Anwendungen von Dioden

a Betreibe eine Modelleisenbahn mit Gleichstrom. Vertausche die Anschlüsse an den Schienen und beobachte.

b Betreibe die Modelleisenbahn mit Wechselstrom und einer Diode. Pole die Diode um und beobachte.

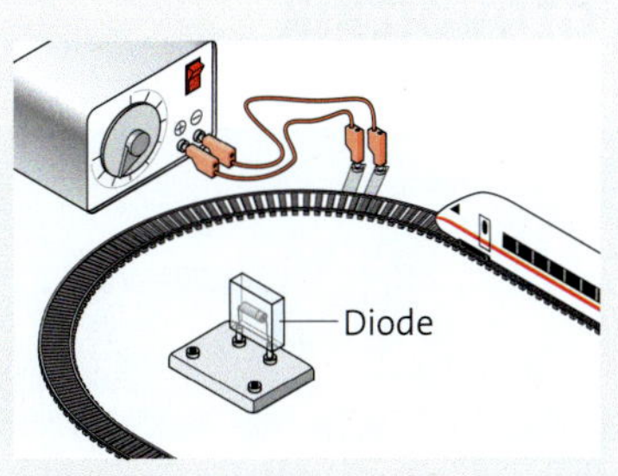

In Modelleisenbahnen werden Gleichstrommotoren verwendet. Deshalb kann man auch nur Gleichstromquellen verwenden. Vertauscht man die Anschlüsse an den Schienen, ändert der Motor die Drehrichtung und die Bahn fährt rückwärts. Wechselstrom ändert ständig seine Richtung. Eine Modelleisenbahn würde also versuchen, 50-mal pro Sekunde abwechselnd vorwärts- und rückwärtszufahren. ▸ 5
Setzt man eine Diode ein, kann der elektrische Strom nur in Durchlassrichtung fließen. Damit fährt die Bahn nur in einer Richtung.

Viele elektrische Geräte benötigen Gleichstrom. Diese sollen aber oft an den normalen Steckdosen im Haushalt angeschlossen werden. Dazu benötigt man unter anderem Dioden.

Dioden werden benutzt, um Wechselstrom in Gleichstrom umzuwandeln.

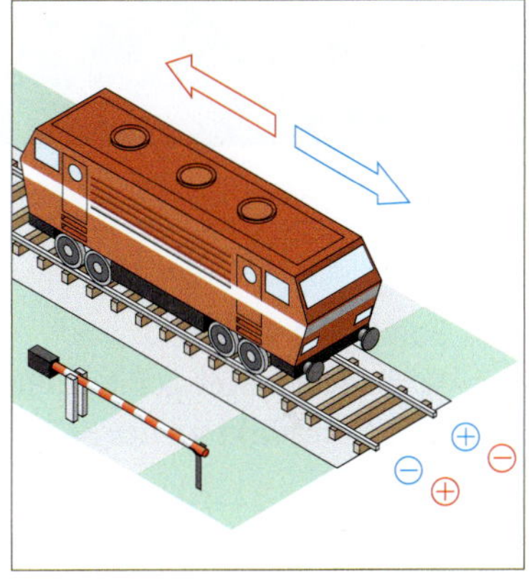

5 Stromrichtung und Bewegungsrichtung

Arten von LEDs Je nach verwendetem Material senden LEDs Licht in verschiedenen Farben aus. Setzt man LEDs als Beleuchtung ein, kann man zwischen verschiedenen Farbtemperaturen wählen. Das Licht erscheint uns umso wärmer, je niedriger die Farbtemperatur ist. LED-Lampen werden in verschiedenen Lichtfarben angeboten: Warmweiß (Farbtemperatur: ca. 2700-3200 K) entspricht etwa dem Licht einer Glühlampe. Von weißem Licht spricht man bei höheren Temperaturen; wir empfinden es als bläulich. ▸ 6
Möchte man eine gemütliche beruhigende Beleuchtung, wählt man zum Beispiel 2000 K als Farbtemperatur. Für Arbeitsplätze werden 7000 K benötigt, da sie dem Tageslicht sehr ähnlich sind.
Man baut auch LEDs, die für uns nicht sichtbares Licht erzeugen. Solche LEDs sind z. B. Infrarot-LEDs, die in Fernbedienungen verbaut werden. Aber es gibt auch LEDs, die ultraviolettes Licht aussenden. Diese findet man z. B. in Geldscheinprüfern. ▸ 7

6 LEDs verschiedener Farbtemperatur

7 Geldscheinprüfer

Aufgaben

1 Recherchiere, welche LED-Lampe man für ein Schlafzimmer und welche man für einen Arbeitsplatz verwenden sollte.

2 An fast jeder LED ist am Kopf eine flache Stelle. Erkundige dich, wozu diese Markierung dient.

Fotovoltaik

1

Solche Anlagen siehst du immer häufiger. Auch bei vielen Taschenrechnern sind Solarzellen verbaut. Was sind Solarzellen eigentlich?

Experiment

1 Solarzelle

Schließe ein Messgerät an eine Solarzelle an. Miss die Spannung und die Stromstärke an der Solarzelle.

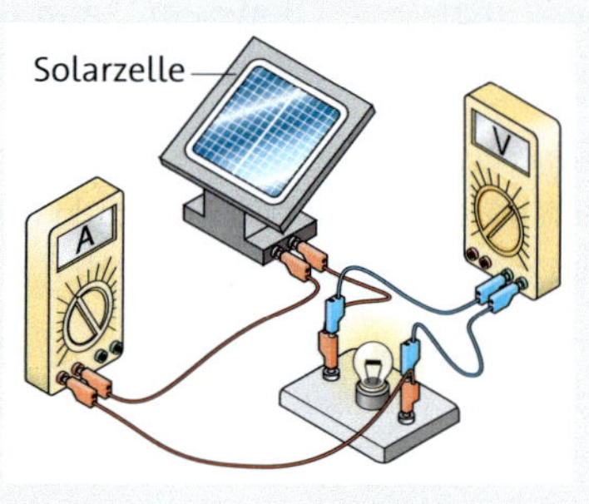

2

Auf Dächern und in riesigen Solarparks wird elektrische Energie bereitgestellt, die in das Stromnetz eingespeist wird. Angesichts der Umweltbelastung durch fossile Brennstoffe gewinnt die Fotovoltaik eine immer größere Bedeutung. Solche Zellen wandeln Sonnenenergie in elektrische Energie um. Solarzellen werden meist aus Silicium hergestellt und sind ähnlich wie Dioden aufgebaut. Sie besitzen eine n- und eine p-dotierte Schicht. An der Berührungsfläche bildet sich eine Grenzschicht aus.

Bei Silicium können durch Licht Elektronen aus der Grenzschicht herausgelöst werden. Dort entstehen ein freies Elektron und ein zugehöriges Loch. Diese zusätzlichen Ladungen werden von den dotierten Schichten angezogen und wandern dann durch diese hindurch. Über Anschlüsse können sie als elektrischer Strom durch einen Verbraucher fließen. Die Elektronen kommen, nachdem sie durch den Verbraucher geflossen sind, wieder an der p-Schicht an. So bildet sich die neutrale Grenzschicht immer wieder neu. Solange die Sonne auf eine Solarzelle scheint, werden Elektronen wie mit einer Pumpe durch den Verbraucher gepumpt. ▸ 3

Fotovoltaik beschreibt die Umwandlung von Lichtenergie in elektrische Energie mithilfe von Solarzellen.

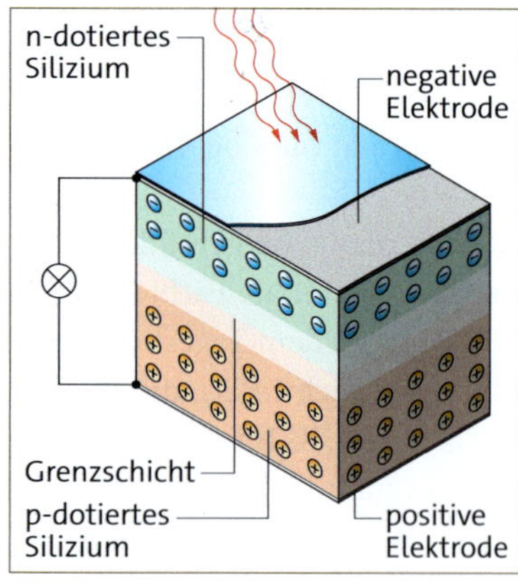

3 Aufbau einer Solarzelle

Aufgabe

1 Finde mindestens 5 Geräte, die mit Solarzellen betrieben werden.

Experiment

2 Leistung von Solarzellen

Finde heraus, unter welchen Bedingungen Solarzellen am effektivsten arbeiten. Stelle zunächst Vermutungen auf, indem du die Sätze in deinem Heft vervollständigst:

- Wenn das Licht senkrecht auf die Solarzelle scheint, wird die Leistung der Solarzelle …
- Je größer die Fläche der Solarzelle …
- Je heller das Licht auf die Solarzelle scheint …

Plane Experimente, mit denen du deine Vermutungen bestätigen kannst.

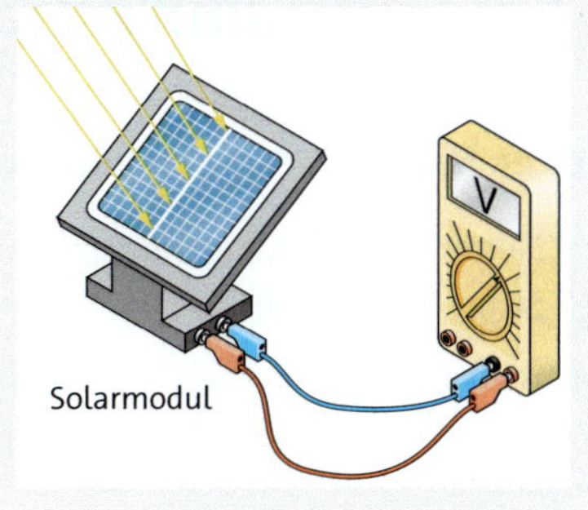

4

Misst man die Spannung U und die Stromstärke I in dem durch die Solarzelle angetriebenen Stromkreis, so kann man die elektrische Leistung der der Solarzelle ($P = U \cdot I$) bestimmen.

Die Intensität und der Einfallswinkel des einfallenden Lichts sowie die Größe der Fläche einer Solaranlage bestimmen ihre Leistung.

Nicht überall scheint die Sonne gleich stark auf Deutschland. Auf der Karte erkennt man, wo man besonders viel Energie aus einer Fotovoltaikanlage gewinnen kann. ▸ 5

In Solarmodulen werden immer viele Solarzellen in Reihe geschaltet, um die Spannung zu erhöhen. Um eine große Stromstärke zu erreichen, schaltet man viele dieser Solarreihen parallel. ▸ 6

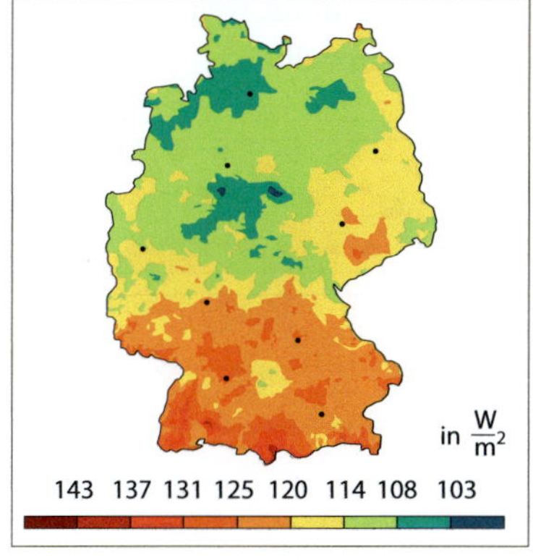

5 Verteilung der Sonnenstrahlung

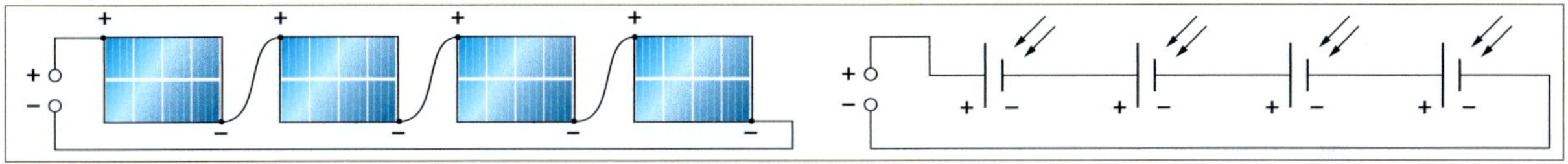

6 Schaltung von Solaranlagen

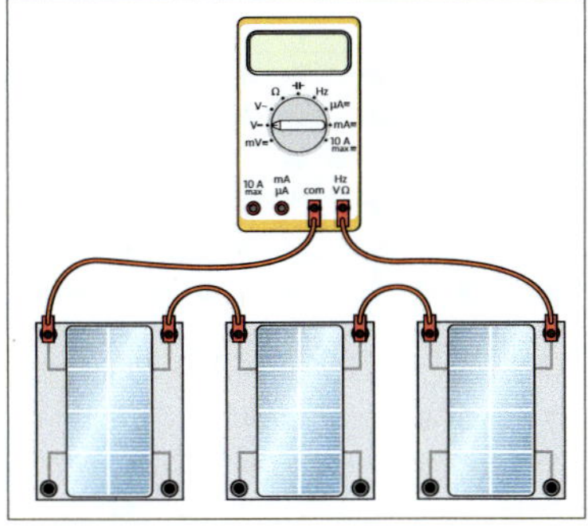
7 Reihenschaltung von Solarzellen

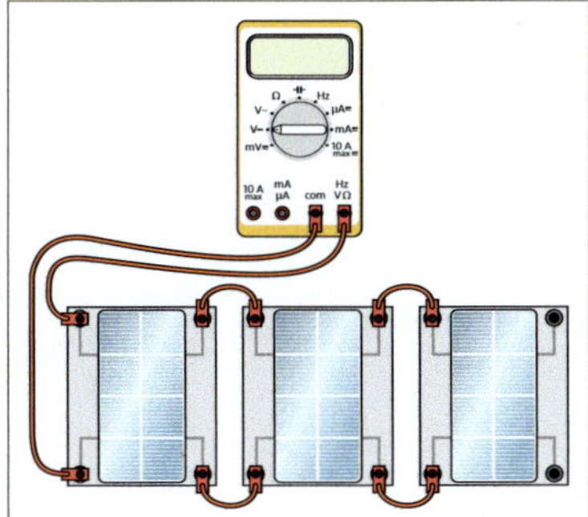
8 Parallelschaltung von Solarzellen

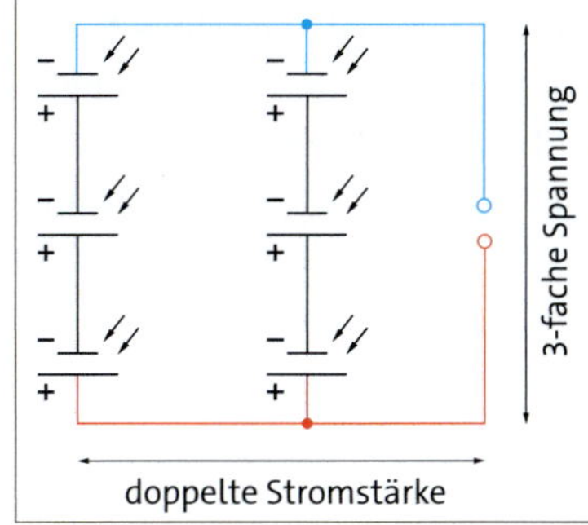

9 Solarmodul aus 6 Solarzellen

Aufgaben

1 Nenne mindestens drei Bedingungen, damit eine Solaranlage möglichst viel Energie zur Verfügung stellt.

2 Recherchiere, was man unter einer Nachführung bei einer Solarzelle versteht.

Aufgaben und Aufträge

Leiter, Nichtleiter und Halbleiter

1 Nenne die Voraussetzungen, damit elektrischer Strom fließen kann.

2 Welche Eigenschaft eines Leiters beschreibt man mit dem Begriff elektrischer Widerstand?

3 Erkläre, warum manche Metalle den elektrischen Strom besser leiten als andere.

4 Du siehst 2 Modelle von Atomgittern. Entscheide und begründe, welches der beiden einen Nichtleiter darstellt. ▸ 1

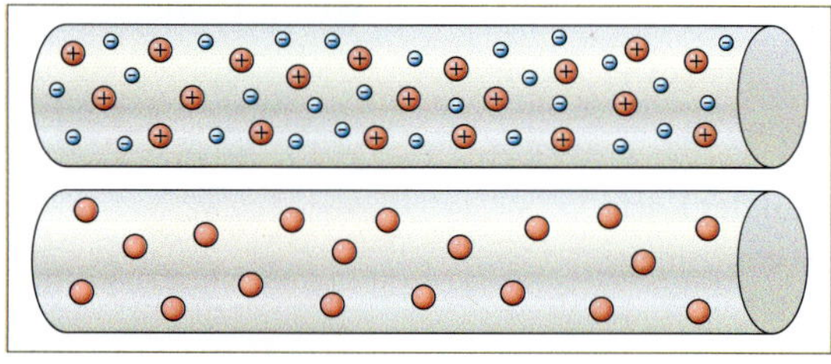

1

Widerstandsänderung bei Halbleitern

5 Rechne die Angaben um:

a $3\,k\Omega = \ldots\,\Omega$

b $500\,\Omega = \ldots\,k\Omega$

c $0{,}3\,M\Omega = \ldots\,\Omega$

6 Zwei unterschiedliche Bauelemente wurden erwärmt und die Veränderung der Stromstärke im Diagramm dargestellt. ▸ 2

a Beschreibe die Veränderung, indem du in deinem Heft zwei Sätze vervollständigst:
Bei Bauteil … wird die Stromstärke …, je größer die Temperatur wird.

b Begründe, warum die Kurve b zu einem Halbleiter gehört.

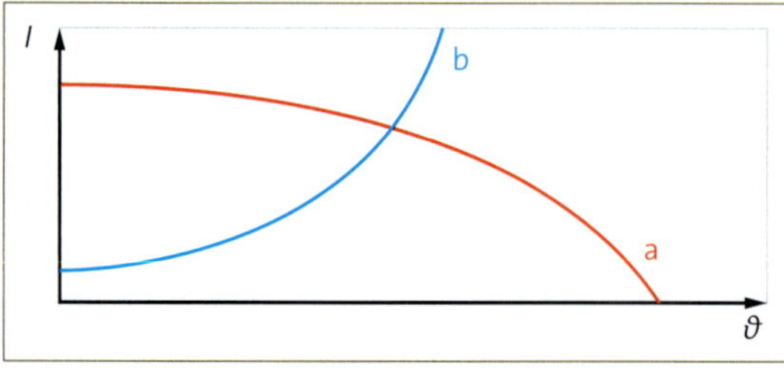

2

7 Zwei verschiedene Bauelemente wurden erwärmt und die Veränderung des Widerstands als Diagramm dargestellt. ▸ 3
Entscheide und begründe, welche Kurve zu einem Halbleiter und welche zu einem metallischen Widerstand gehört.

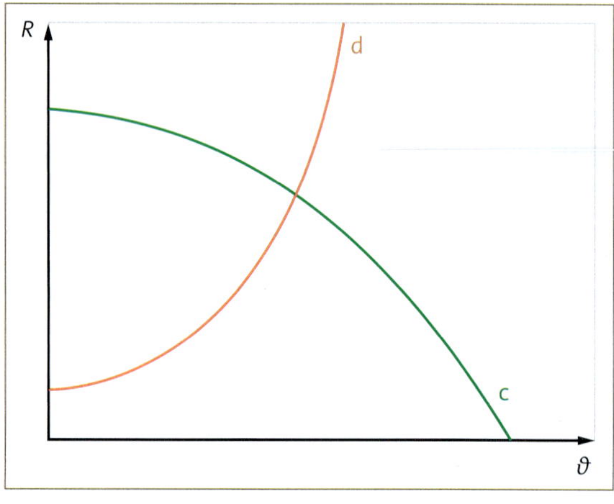

3

Dotierte Halbleiter

8 Erläutere die Begriffe:

a Dotierung

b Loch

c n-Leitung

9 Welche Form von Dotierung liegt hier vor? ▸ 4
Begründe.

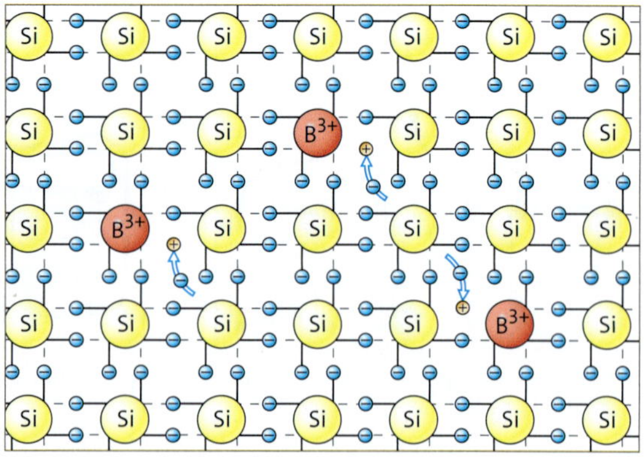

4

Halbleiterdiode

10 Beschreibe den Aufbau einer Halbleiterdiode.

Fotovoltaik

11 Betrachte die Grafik. Begründe, dass alle Solarzellen verschieden viel elektrische Energie bereitstellen. ▸ 5

12 Beim Aufstellen von Solarzellen soll eine Verschattung vermieden werden. Erkläre, was damit gemeint ist.

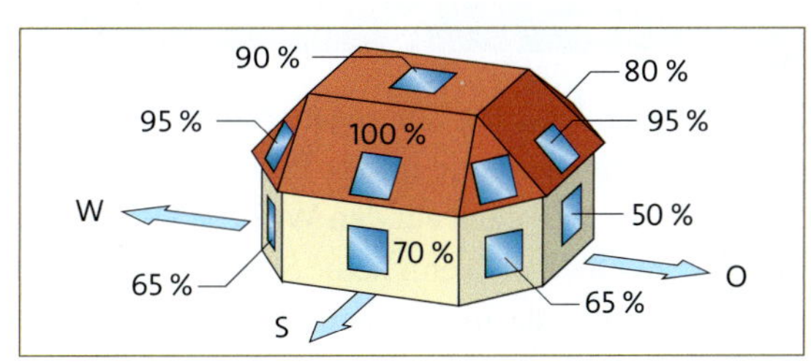

5

Überblick

Leiter besitzen einen sehr kleinen elektrischen Widerstand. Bei allen Temperaturen sind frei bewegliche Ladungsträger vorhanden. Je höher die Temperatur, umso größer wird der elektrische Widerstand.

Nichtleiter besitzen einen sehr großen elektrischen Widerstand. Es sind keine freien Ladungsträger vorhanden.

Halbleiter Der elektrische Widerstand liegt zwischen dem von Leitern und dem von Nichtleitern. Bei 25 °C besitzen sie wenige frei bewegliche Ladungsträger. Je höher die Temperatur ist, umso kleiner wird der elektrische Widerstand, da zusätzliche Ladungsträger frei werden.

Dotierung Das gezielte Einsetzen von Fremdatomen in ein Halbleitermaterial wird als Dotieren bezeichnet. Dadurch werden Ladungsträger bereitgestellt, die den elektrischen Widerstand verringern. Es gibt 2 Arten von Dotierungen:

n-Leitung: ist eine Form der elektrischen Leitung bei Halbleiterbauelementen. Es stehen Elektronen für den elektrischen Leitungsvorgang bereit.

p-Leitung: ist eine Form der elektrischen Leitung bei Halbleiterbauelementen. Es stehen freie Stellen (Löcher) bereit, um Elektronen wandern zu lassen.

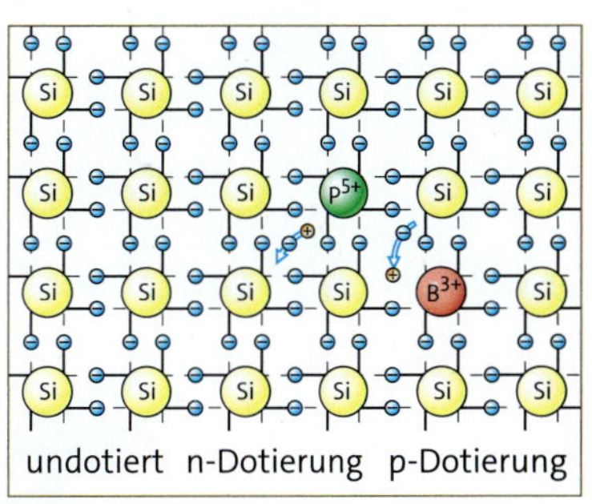

6

Diode Eine Diode ist ein Halbleiterbauelement, das den Stromfluss nur in eine Richtung zulässt.

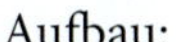
Aufbau:

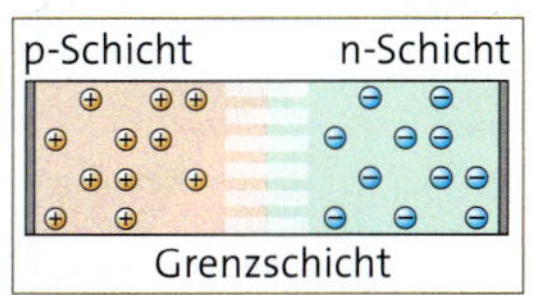

Schaltzeichen:

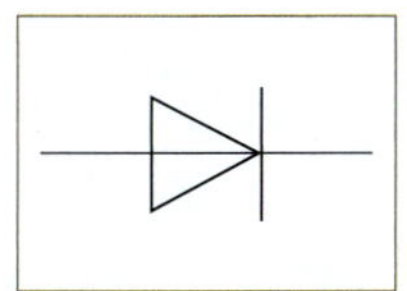

Fotovoltaik Solarzellen wandeln Lichtenergie in elektrische Energie um. Sie ähneln in ihrem Aufbau den Halbleiterdioden.
Die Intensität und der Einfallswinkel des einfallenden Lichts sowie die Größe der Fläche einer Solaranlage bestimmen ihre Leistung.

Der Umstieg auf regenerative Energiegewinnung mittels Wind- und Sonnenenergie bringt Probleme mit sich: Die Sonne scheint nicht immer und auch auf den Wind ist kein Verlass. Energie benötigen wir aber auch dann, wenn keine Sonne scheint und kein Wind weht. Die Lösung könnte darin bestehen, überschüssige Energie in wind- und sonnenreichen Zeiten zu speichern, bis sie gebraucht wird. Überall in der Welt arbeiten Teams aus Physikern, Chemikern, Biologen und Ingenieuren daran, neue Energiespeicher zu entwickeln. Viele Ansätze geben Anlass zur Hoffnung, aber zur Marktreife ist es oft noch ein langer Weg.

Energiespeicher gibt es bisher überwiegend als Pumpspeicherkraftwerke. Dort wird bei Energieüberschuss Wasser in hochgelegene Speicherseen gepumpt. Bei Bedarf läuft das Wasser durch Turbinen wieder ins Tal. In Deutschland gibt es aufgrund der geografischen Gegebenheiten kaum noch Möglichkeiten, weitere Pumpspeicherwerke zu installieren. ▸ 1

Elektrofahrzeuge brauchen mobile Energiequellen. Dazu werden zurzeit überwiegend Lithiumbatterien verwendet. Lithium ist teuer, explosiv und wird zum Teil unter fragwürdigen Bedingungen in Ländern der Dritten Welt gewonnen. An Alternativen wird intensiv geforscht. ▸ 2, 3

1 Speicherbecken im Pumpspeicherwerk

Energiespeicher

2 Akkus in Elektroautos sind Energiespeicher

3 Speicher für Energie aus Wind- und Fotovoltaikanlagen

4 Wasserstoffspeicher in einer Versuchsanlage

Die mit Wind oder Sonnenlicht gewonnene elektrische Energie kann genutzt werden, um Wasser in Wasser- und Sauerstoff zu zerlegen (Elektrolyse). Der Wasserstoff wird dann unter hohem Druck in Tanks gespeichert. In Brennstoffzellen wird daraus wieder elektrische Energie gewonnen. Das Verfahren eignet sich sowohl für Fahrzeuge als auch für stationären Betrieb. ▸ 4–6

5 Hybridkraftwerk: Aus Wind und Biomasse wird elektrische Energie. Überschüssige Windenergie wird in Wasserstoff umgewandelt.

6 Redox-Flow-Batterie – ein Energiespeicher mit Elektrolyte-Tanks

Solarzelle – selbst gebaut

Auftrag

1 Mit relativ einfachen Mitteln kannst du dir eine einfache Solarzelle selbst bauen.

1 Vorbereiten der Spiegel
Du brauchst: 2 einfache Spiegel (z. B. aus einem billigen Schminkspiegel), Nagellackentferner.

Löse mithilfe des Nagellackentferners bei den gleich großen Spiegeln die hintere Schutzschicht ab. Dann musst du bei einem der Spiegel so lange weiter mit Nagellackentferner reiben, bis ein halb durchlässiger Spiegel entsteht.

2 Weiterverarbeiten des halb durchlässigen Spiegels
Du brauchst: Titandioxid (Baumarkt), Ethanol, Johannisbeersaft oder Tee (Früchtetee), kleines Glas, Löffel.

Verrühre einen halben Teelöffel Titandioxid mit 2 bis 3 Teelöffeln Ethanol zu einer dünnflüssigen Paste. Diese wird sehr dünn auf die Rückseite des halb durchlässigen Spiegels aufgebracht. Anschließend musst du so lange warten, bis der Alkohol verdunstet ist.
Ist die Paste trocken, wird der Johannisbeersaft auf die Titandioxidschicht getropft.
Es bildet sich die Farbschicht. ▸ 1

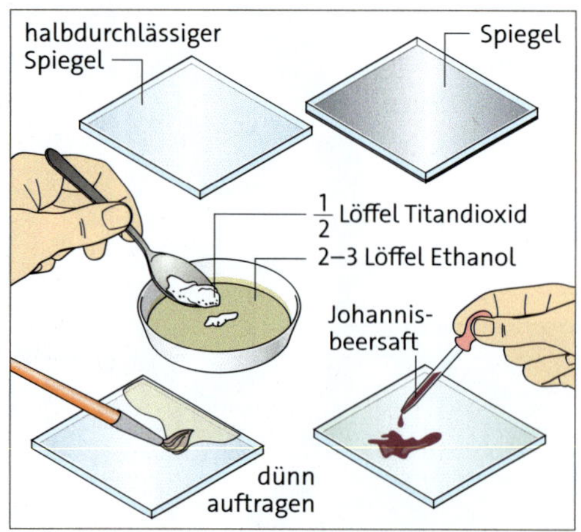

1

3 Weiterverarbeiten des normalen Spiegels
Du brauchst: Kerze.

Die spiegelnde Schicht muss zusätzlich mit einer Rußschicht bedeckt werden. Halte dazu den Spiegel mit dieser Schicht über eine brennende Kerze und achte darauf, dass du dich nicht verbrennst.

4 Zusammenbau der Spiegel
Du brauchst: Klebeband, lugolsche Lösung (Desinfektionsmittel aus der Apotheke), feste Klammern zum Zusammenpressen.

Zwischen die Spiegel muss eine Flüssigkeit gebracht werden, die als Elektrolyt wirkt. Dazu klebst du an den Rand eines Spiegels etwas durchsichtiges Klebeband als Rahmen (Platzhalter). Dann die lugolsche Lösung in den Rahmen tropfen und die beiden Spiegel zusammenpressen. ▸ 2
Achte darauf, dass sie wie im Bild etwa 1 cm überstehen. Diese Überstände sind die Kontakte, die man an ein Messgerät anschließen kann.

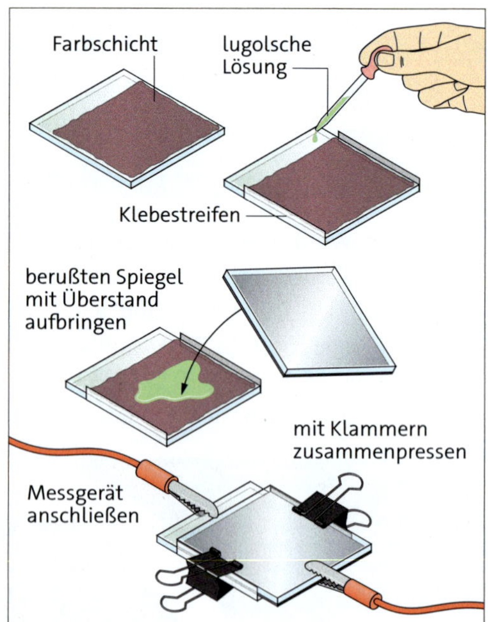

2

Testaufgaben zu „Erzeugung und Umformung elektrischer Energie“

1 Mit einer Spule soll Bewegungsenergie in elektrische Energie umgewandelt werden.

a Beschreibe, welche Dinge du benötigst und wie du vorgehst.

b Erläutere, wie du ein möglichst gutes Ergebnis erreichen kannst.

c Vergleiche diese Experimente mit der Energieerzeugung in einem Kraftwerk.

2 Beschreibe den Aufbau eines Generators.

3 In welchem Diagramm ist eine Wechselspannung dargestellt?

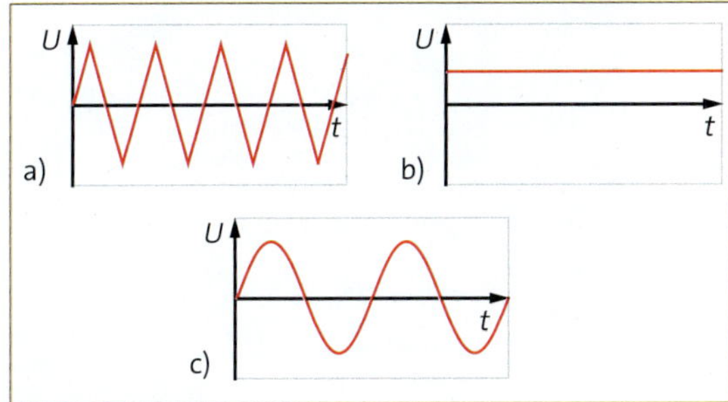

3

4 Mit einem Transformator können Wechselspannungen verändert werden.

a Beschreibe den Aufbau eines Transformators.

b Ein Netzgerät soll die Spannung von 230 V auf eine Betriebsspannung von 12 V transformieren. Es steht eine Spule mit 4600 Windungen zur Verfügung. Wie ist der Transformator des Netzgeräts aufzubauen?

5 Nenne die Vorteile eines Wechselstromnetzes gegenüber einem Gleichstromnetz bei der Energieversorgung.

6 Energieträger

a Nenne je 2 Beispiele für fossile und regenerative Energieträger. Worin bestehen die Unterschiede zwischen fossilen und regenerativen Energieträgern?

b Begründe, warum die Notwendigkeit besteht, in der Zukunft verstärkt regenerative Energieträger zu nutzen.

7 Mithilfe solarthermisch betriebener Kraftwerke soll in Zukunft elektrische Energie gewonnen werden. Welche Gemeinsamkeiten und welche Unterschiede bestehen zwischen diesen und den konventionell betriebenen Wärmekraftwerken?

8 Windenergieanlagen und Solarzellen erzeugen elektrische Energie. Trotzdem kann man davon ausgehen, dass sich die beiden Technologien ergänzen. Erkläre.

9 In reines Silicium wird ein 6-wertiges Element eingebaut. Nenne die Art der Dotierung, die hier vorliegt.

10 Nachdem eine Diode in einen Stromkreis eingebaut wurde, wird ihre Grenzschicht schmaler. Entscheide, ob die Diode in Sperr- oder in Durchlassrichtung geschaltet ist.

Aufgabe	Fähigkeit	Hilfe auf Seite …
1, 3	Das Entstehen einer Induktionsspannung erklären.	60 f.
4	Mit dem Spannungsverhältnis die Windungszahlen der Primär- und Sekundärspule bestimmen.	65
9, 10	Den Aufbau von reinen und dotierten Halbleitern beschreiben.	72 ff., 76 ff.
2, 4	Aufbau von Generator, Transformator und Solarmodel beschreiben.	62 f., 64 f., 80 f.
5, 6, 7, 8	Technische Lösungen zur Energiebereitstellung und Speicherung vergleichen und bewerten.	50 ff., 66 f., 84 f.

▸ Die Lösungen findest du auf Seite 212.

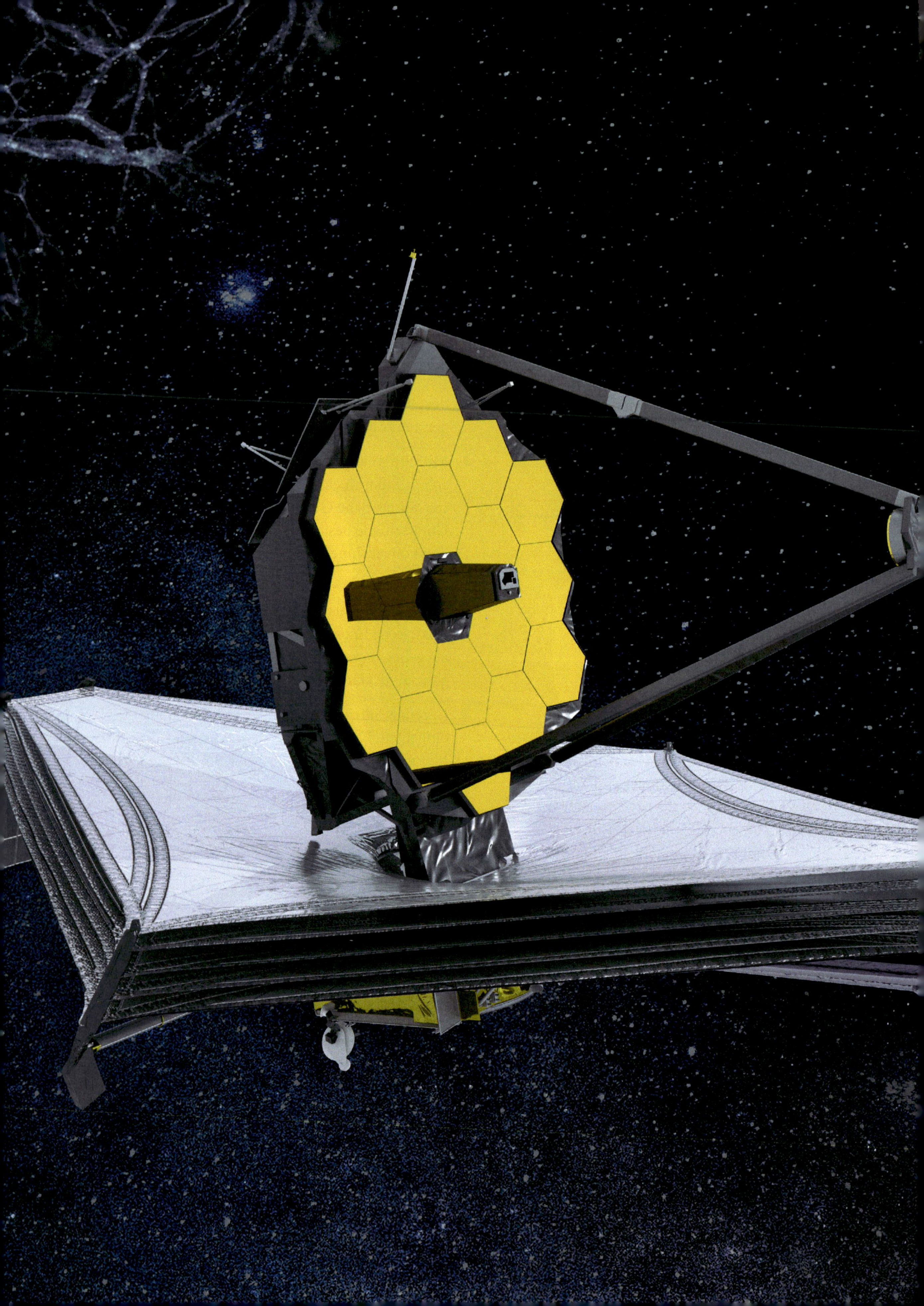

Wirkungen von Strahlung untersuchen und bewerten

Aus den Tiefen des Weltalls gelangt sichtbares Licht zu uns. So können wir mit einem Fernrohr die Himmelskörper beobachten. Das ist jedoch nicht die einzige Strahlung, die kosmische Körper aussenden. Mit verschiedensten Teleskopen werden unter anderem auch Infrarotstrahlung, Radiostrahlung und sogar Röntgenstrahlung empfangen.

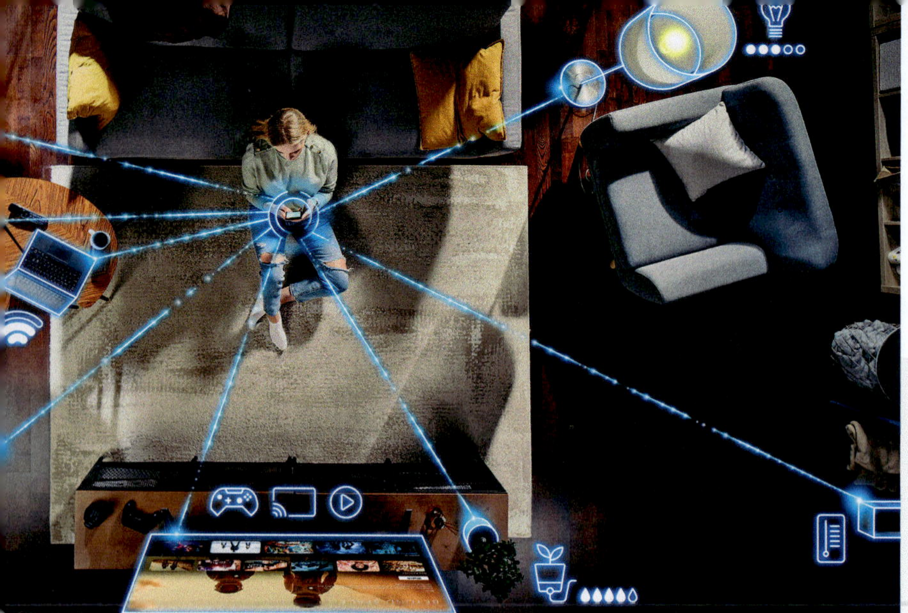

Aus unserem Leben sind viele technische Geräte gar nicht mehr wegzudenken. Sie funktionieren nur mit elektrischem Strom und nutzen die Eigenschaften von nicht sichtbarer Strahlung.

Strahlung

Im Stoffgebiet Optik hast du dich schon mit dem Licht und seinen Eigenschaften beschäftigt. Das sichtbare Licht ist aber nur ein winziger Teil der Phänomene, die mit Strahlung bezeichnet werden.
Dir ist sicher bekannt, dass man sich mit Sonnencreme vor der UV-Strahlung schützen sollte. ▸ 2
Die Fernbedienungen für das Auto oder den Fernseher, die auch eine unsichtbare Strahlung aussenden, sind zur Selbstverständlichkeit geworden. ▸ 3

Seit der Mensch existiert, hat er den Wunsch, sich mit anderen zu verständigen und Nachrichten auszutauschen. Wie selbstverständlich greifst du heute zum Smartphon und versendest Nachrichten an deine Freunde. Über ein kompliziertes Netzwerk von Empfangsstationen, Sendern und Satelliten werden diese Nachrichten weitergeleitet. Mit dem Handy steuerst du im SMART-Home viele technische Geräte in eurem Haushalt. ▸ 4
Rechner sind über WLAN kabellos mit dem Internet verbunden. ▸ 5
In der Medizin wird Röntgenstrahlung zur Diagnose von Knochenverletzungen und radioaktive Strahlung zur Tumorbekämpfung eingesetzt. ▸ 6
Im folgendem Lehrbuchabschnitt geht es um die Entstehung, die Nutzung und die Eigenschaften verschiedener Strahlungen.

2 Schutz vor UV-Strahlung

3 Fernbedienungen nutzen IR-Strahlung

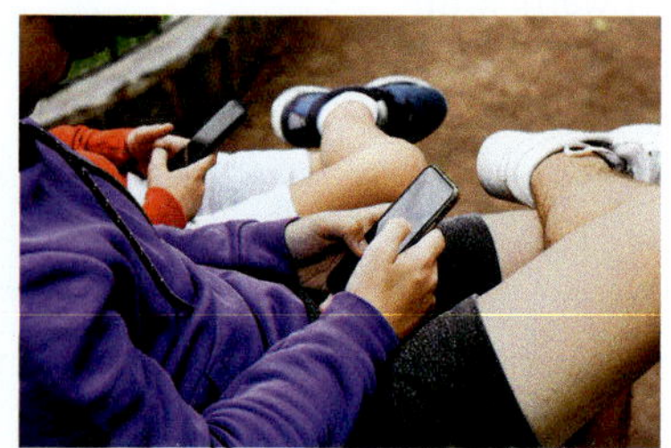

4 Radio- und

5 Mikrowellenstrahlung

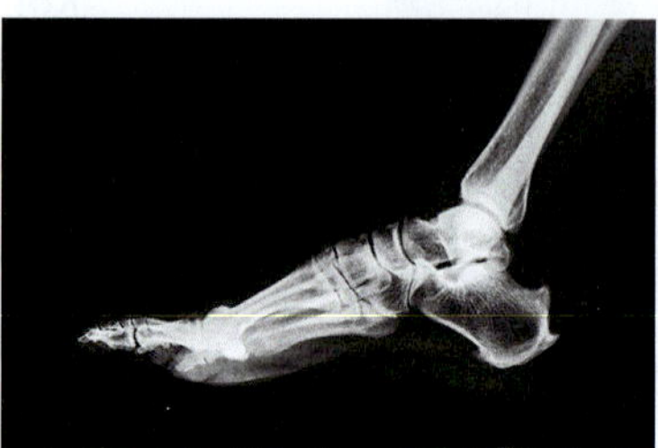

6 Diagnose mit Röntgenstrahlung

Weißt du's?

Löse die folgenden Aufgaben. Die acht Buchstaben hinter den richtigen Antworten ergeben in dieser Reihenfolge ein Lösungswort. Dieser physikalische Begriff weist auf die Möglichkeit hin, elektromagnetische Strahlung zu ordnen.

1 Der Physiker, der als erster Radiowellen erzeugt hat, war …
- A Hans Radio. L
- B Heinz Herz. O
- C Heinrich Hertz. S

2 Große Sendemasten befinden sich oft auf hohen Bergen, damit …
- A man sie besser sieht. T
- B der Abstand zu den Nachrichtensatelliten möglichst gering ist. Y
- C die Reichweite der Sender möglichst groß ist. P

3 Die Ausbreitung von Radiowellen erfolgt mit der Geschwindigkeit …
- A des Lichts. E
- B eines Tsunamis. L
- C der Erdrotation. F

4 Radarstrahlung …
- A durchleuchtet Flugzeuge. P
- B wird von Objekten reflektiert. K
- C besteht aus gebündeltem Licht. W

5 Wärmebildkameras machen …
- A infrarotes Licht sichtbar. T
- B ultraviolettes Licht sichtbar. A
- C Mikrowellen sichtbar. G

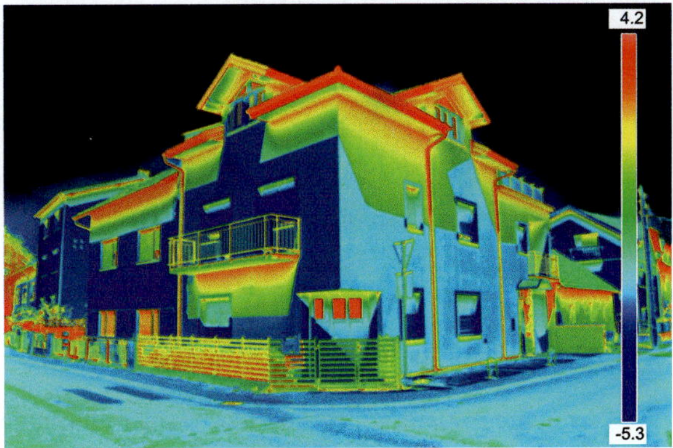

6 Sonnencreme schützt die Haut vor …
- A infrarotem Licht. U
- B giftgrünem Licht. H
- C ultraviolettem Licht. R

7 Die als „X-Strahlen" entdeckten Röntgenstrahlen wurden benannt nach einem …
- A Astronauten. Z
- B Physiker. U
- C Mediziner. G

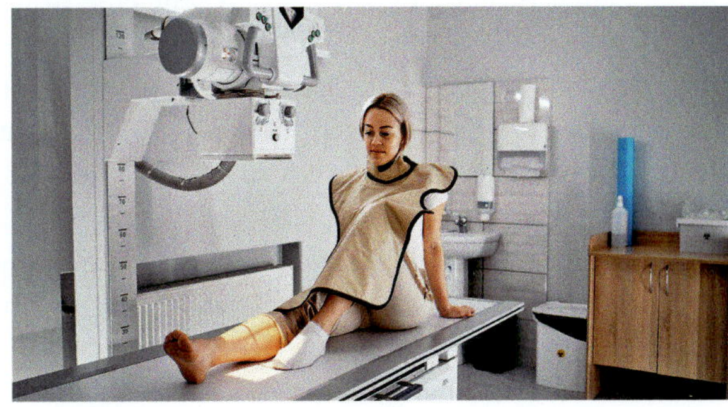

8 Durch die Anwendung von Röntgenstrahlung in der Medizindiagnostik wird besonders …
- A die Muskelstruktur deutlich. O
- B das Fettgewebe sichtbar. H
- C die Knochenbeschaffenheit erkennbar. M

Hertzsche Wellen

1

In unserer Gesellschaft werden ständig Informationen ausgetauscht. Seit über hundert Jahren geschieht das drahtlos und über große Entfernungen. Durch welchen unsichtbaren Informationsträger ist das möglich?

Experiment

1 Rundfunk und Funken

Versuche mit einem kleinen Radio oder einem entsprechend zusammengesetzten Bausatz einen Sender im Mittel- oder Kurzwellenbereich zu empfangen. Baue unmittelbar daneben die dargestellte Schaltung auf. Kratze mit dem Nagel über die grobe Feile, sodass Funken entstehen. Beobachte und beschreibe.

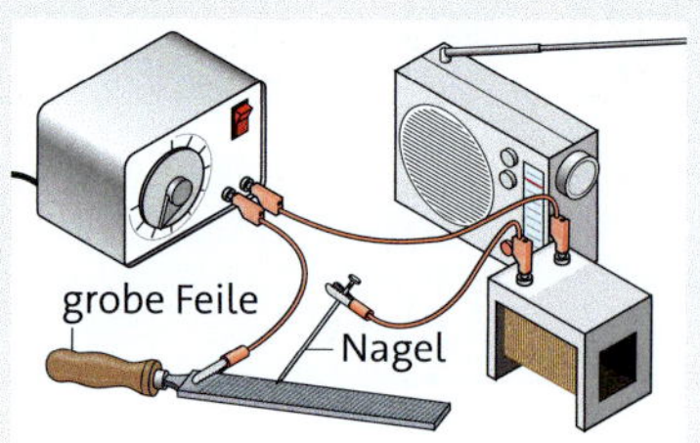

2

Sobald ein Funke entsteht, ist ein Knacken im Radio zu hören. Vom Funken – dem Sender – geht also ein Signal zum Empfänger – dem Radio. Dieses Signal ist ein einfaches Beispiel für eine drahtlose Informationsübertragung.

Entsprechende Experimente machte Ende des 19. Jahrhunderts der deutsche Physiker HEINRICH HERTZ (1857–1894). Ihm war es gelungen, eine elektromagnetische Strahlung zu erzeugen und mit einem Empfänger nachweisen. ▸ 3

Dabei benutzte er am Sender und am Empfänger jeweils eine 3 m lange Antenne, die man auch als Dipol bezeichnet, um ein optimales Ergebnis zu erreichen.

Durch seine Berechnungen war der schottische Wissenschaftler JAMES CLERK MAXWELL (1831–1879) schon zwei Jahrzehnte vorher davon überzeugt, dass diese elektromagnetische Strahlung existiert.

HERTZ hat somit die Theorie von MAXWELL durch seine Experimente praktisch bestätigt.

Bei einem sehr schnellen Wechsel von elektrischen und magnetischen Größen an einem Dipol (einer Antenne) wird elektromagnetische Strahlung ausgesendet. Diese nennt man hertzsche Wellen.

3 Experimenteranordnung von HEINRICH HERTZ

Aufgaben

1 Recherchiere zum Leben und Wirken von HEINRICH HERTZ. Präsentiere deine Ergebnisse.

2 Erkunde, welche Aufgabe der Funkturm auf dem Brocken hat.

Experiment

2 Smartphone in Alufolie

Wickle ein Smartphon vollständig in Haushalts-Alufolie ein.
Bitte einen Mitschüler oder eine Mitschülerin, dich nun auf diesem, vollständig eigewickelten Smartphon, anzurufen. Beobachte und erkläre.

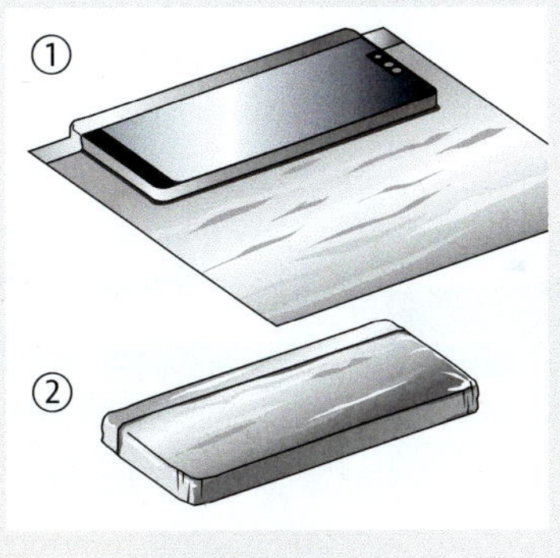

4

Der Anruf erreicht dein Smartphon nicht. Wahrscheinlich meldet sich die Mailbox außerhalb deines Geräts, um den Anruf zu registrieren. Die Metallfolie verhindert den Empfang. Auch hinter elektrisch leitenden Stoffen kann der Empfang gestört sein.
So behindern auch dicke Betonwände mit Bewährungsstahl die Ausbreitung hertzscher Wellen.

Hertzsche Wellen durchdringen Stoffe, die elektrisch nichtleitend sind, relativ gut. Großflächige Metallschichten werden nicht durchdrungen.

Radiowellen breiten sich mit etwa 300 000 km/s, also mit Lichtgeschwindigkeit aus. Man unterscheidet Bodenwellen und Raumwellen. ▸ 5
Bodenwellen folgen der Erdkrümmung auf Grund der Leitfähigkeit des Erdbodens. Das trifft vorwiegend auf Langwellensender zu.
Raumwellen hingegen werden in etwa 200 km Höhe an der Ionosphäre reflektiert. Diese Schicht besitzt eine erhöhte Leitfähigkeit. Das trifft vorwiegend auf Kurzwellensender zu.
Für Ultrakurzwellen- und Mikrowellensender werden geostationäre Satelliten eingesetzt. So können z. B. Livesendungen im Fernsehen oder GPS-Signale über große Entfernungen übertragen werden. ▸ 6

Hertzsche Wellen breiten sich mit Lichtgeschwindigkeit aus. Sie können an leitfähigen Oberflächen reflektiert werden.

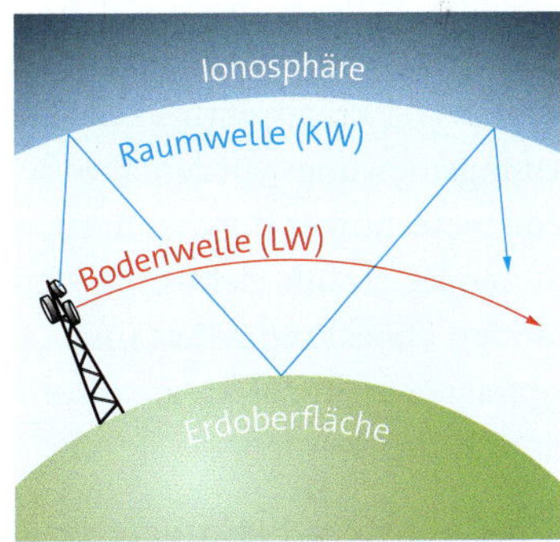

5 Raum- und Bodenwellen

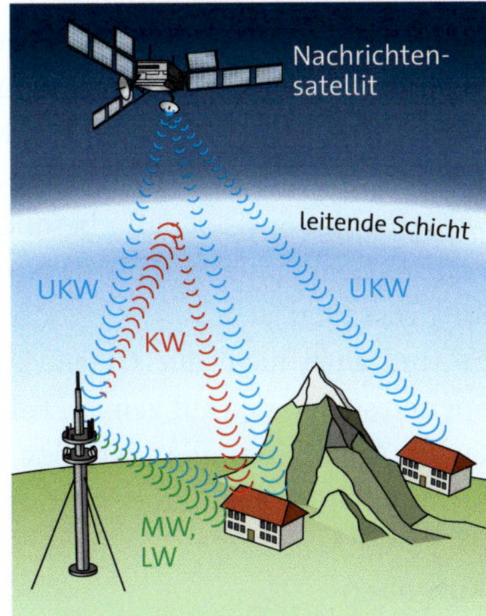

6 Satelliten ermöglichen die Informationsübertragung.

Aufgaben

1 Überprüfe die Durchdringungsfähigkeit von hertzschen Wellen, indem du ein Smartphon in verschiedene Behältnisse (Blechschachtel, Plastegefäß, …) legst oder mit unterschiedlichen Materialien umwickelst.

2 Die Spiele der Fußballnationalmannschaft der Männer bei der Weltmeisterschaft 2014, im weit entfernten Brasilien, konnten im deutschen Fernsehen live verfolgt werden. Begründe, dass das problemlos möglich war.

Radarwellen So mancher Fahrer oder manche Fahrerin fährt nur mit Unbehagen an so einem „Blitzer“ vorbei, dessen Schwarz-Weiß-Fotos nicht besonders beliebt sind. ▸ 1

1 „Radarfalle“ zur Geschwindigkeitsmessung

2 Radaranlage auf einem Schiff

3 Radar zur Luftraumüberwachung

4 Radar im Flugleitzentrum

Das als „Radarfalle“ bekannte Geschwindigkeitsmessgerät funktioniert prinzipiell genauso wie die Radaranlagen an Flughäfen oder auf großen Schiffen. Das Verfahren wurde zur Luftraumüberwachung während des zweiten Weltkriegs entwickelt. Die ersten Versuche zur Ortung und Entfernungsmessung wurden aber bereits 1904 von einem deutschen Hochfrequenztechniker durchgeführt. ▸ 2–4

Ein Sender strahlt elektromagnetische Wellen aus, die von dem entsprechenden Objekt reflektiert und dann wieder empfangen werden. Aus dem empfangenen Signal kann sowohl die Position als auch die Geschwindigkeit ermittelt werden.

Radaranlagen funktionieren auf dem Prinzip der Reflexion von elektromagnetischer Strahlung (hertzschen Wellen).

Mikrowellen Mit einem Mikrowellenherd lassen sich Speisen sehr schnell erwärmen. Genutzt wird hier energiereiche elektromagnetische Strahlung, die bewirkt, dass Wassermoleküle sehr stark schwingen. Durch diese schnelle Hin- und Her-Bewegung erhitzt sich die Mahlzeit. Deshalb sind wasserhaltige Speisen dafür besonders gut geeignet. Der Sender muss aber entsprechend gut abgeschirmt sein, damit unser Körper vor dieser Strahlung geschützt ist. ▸ 5

Es sind auch nicht alle Gefäße für den Mikrowellenherd geeignet. Die Speisen sollten sich auf keinem Fall in metallischen Verpackungen (Assiette aus Aluminiumfolie) befinden. Die Mikrowellenstrahlung kann diese nicht durchdringen und es kann zur Funkenbildung kommen.

5 Mikrowelle

Aufgaben

1 Beschreibe den Aufbau und die Funktionsweise einer Radaranlage.

2 Informiere dich über die Nutzung von Mikrowellen und stelle diese in einer Übersicht dar.

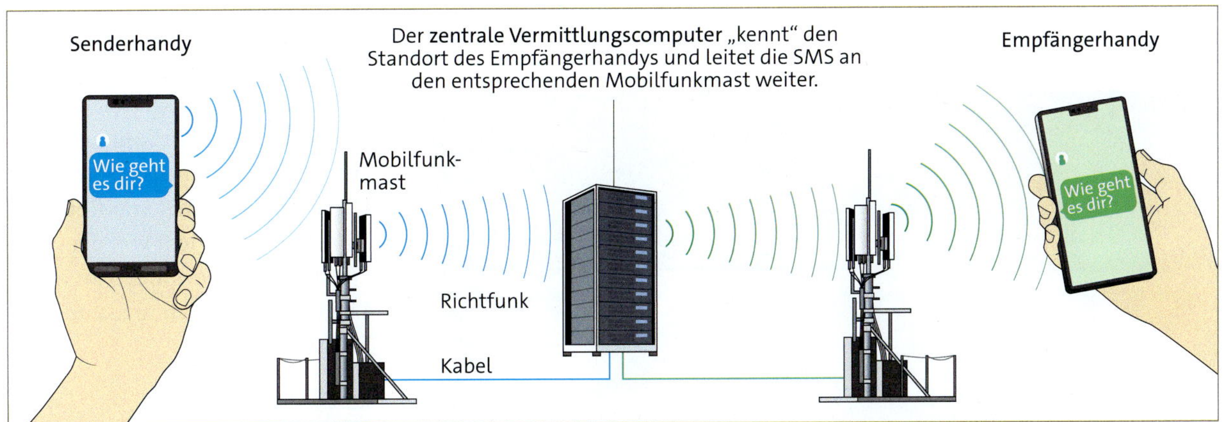

6 Mobilfunk

Mikrowellen werden aber auch für den Mobilfunk, für WLAN und Bluetooth genutzt. Die Reichweite von WLAN und insbesondere Bluetooth ist relativ gering. Sehr gut geeignet ist diese Art der Verbindung jedoch innerhalb eines Gebäudes oder im Auto. ▸ 6, 7

Unsere Smartphons sind nicht direkt miteinander verbunden. In nicht allzu großer Entfernung sollte sich ein Knotenpunkt, eine Basisstation (Sendemast) des Netzbetreibers befinden. So sind unsere Geräte weltweit miteinander vernetzt.

7 WLAN und Bluetooth

Auch die Steuersignale für Drohnen werden durch Mikrowellen übermittelt. Mit Kameras versehen, werden sie in vielen Bereichen eingesetzt. In der Forst- und Landwirtschaft können die Gebiete auf Trockenheit oder auf Schädlingsbefall kontrolliert werden. ▸ 8

Bei Rettungseinsätzen gelangt man mit Drohnen schnell an schwer zugängliche Stellen. Bau- und Montagearbeiten können überwacht werden. Damit es nicht zu Rechtstreitigkeiten oder Unfällen kommt, müssen insbesondere bei der privaten Verwendung von Drohnen wichtige Vorschriften beachtet werden.

8 Steuerung einer Drohne

Aufgaben

1 Viele technische Geräte, die wir im Alltag nutzen, können elektromagnetische Strahlung senden oder empfangen. Ein Walkie-Talkie z. B. sendet und empfängt. Beschreibe, wie das bei den anderen gezeigten Geräten ist. Begründe deine Antworten. ▸ 10

2 Erkunde, welche Rahmenbedingungen für die private Nutzung einer Drohne beachtet werden müssen.

9

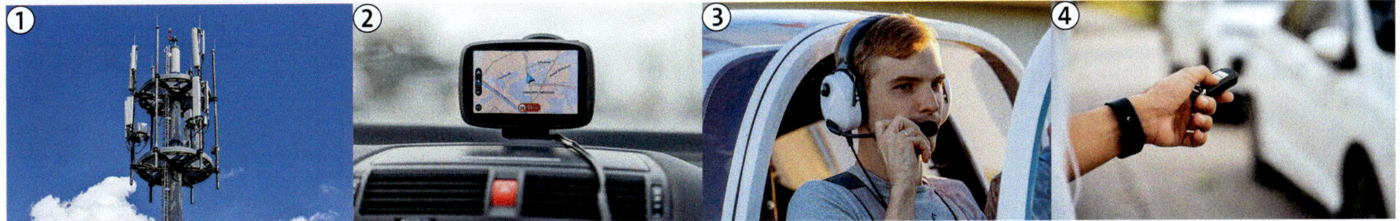

10

Licht

1

An einem Regenbogen sieht man, dass sich das weiße Sonnenlicht aus vielen Farben zusammensetzt. Diese sind geordnet von Rot bis Violett. Man spricht von den Spektralfarben des sichtbaren Lichts. Gibt es auch unsichtbares Licht?

Experiment

1 Infrarot

Stelle dich mit etwas Abstand vor eine Infrarotheizplatte, die auf eine freie Stelle (Gesicht, Arm, ...) deines Körpers gerichtet ist.
Schalte das Gerät ein und beschreibe deine Empfindungen.

2

Körperpartien, die zur Heizplatte gerichtet sind, erwärmen sich sehr schnell. Dort trifft die Infrarotstrahlung unmittelbar auf. Infrarotlicht ist eine, nicht sichtbare Wärmestrahlung jenseits des sichtbaren Spektrums.

Infrarotlicht ist eine unsichtbare Strahlung, die sich an das rote, sichtbare Licht des Farbspektrums anschließt. Man spricht auch von Wärmestrahlung.

Mithilfe einer spiegelnden ebenen Fläche kann man die Reflexion infraroter Strahlung nachweisen. ▸ 3
Sogenannte Rotlichtlampen können in der Medizin, z. B. zur schnelleren Heilung von Entzündungen oder Verspannungen eingesetzt werden. Durch die Wärmewirkung des infraroten Lichts auf den Körper werden kleine Blutgefäße erweitert und somit die Durchblutung gefördert.
Die von verschiedenen Objekten abgegebene Wärmestrahlung kann durch Wärmebildkameras sichtbar gemacht werden. So können z. B. Schwachstellen bei der Wärmedämmung von Gebäuden ermittelt werden. ▸ 4

3 Reflexion von IR-Strahlung

4 Wärmebildkamera

Aufgabe

1 Nenne Anwendungsbeispiele für Infrarotlicht. Recherchiere dazu auch im Internet.

Experiment

2 Ultraviolett

Betrachte eine Banknote mit einem Geldscheinprüfer (UV-Lampe). Beschreibe, was du Außergewöhnliches auf dem Geldschein erkennen kannst.

5

Banknoten sind mit Sicherheitsmerkmalen versehen, um sie von Fälschungen unterscheiden zu können. Spezielle, eingearbeitete Fasern haben die Eigenschaft, Licht im sichtbaren Bereich auszusenden, wenn sie mit ultraviolettem Licht bestrahlt werden. ▸ 5
Diese Eigenschaft nennt man Fluoreszenz.

Ultraviolettes Licht ist eine unsichtbare Strahlung, die sich an das violette, sichtbare Licht des Farbspektrums anschließt.

6 Spektrum des Lichts

Beliebt sind UV-Lampen (Schwarzlichtlampen) auch in der Disco, um dort fluoreszierende Fasern oder Farben in der Kleidung zum Leuchten zu bringen. ▸ 7
Verschiedene Tiere (Insekten, Vögel) können auch noch im ultravioletten Bereich sehen. Damit nehmen sie Dinge wahr, die dem menschlichen Auge verborgen bleiben.

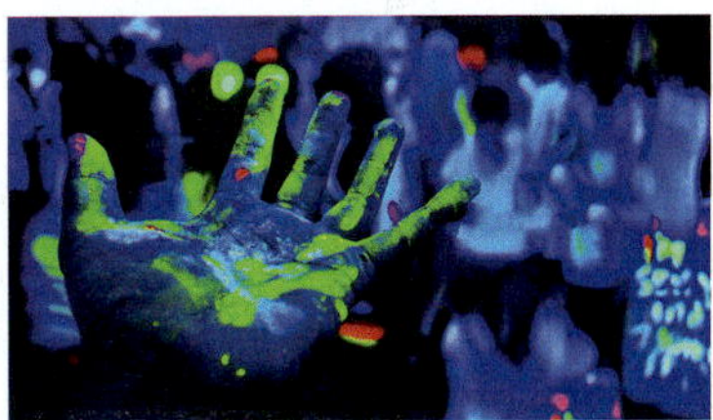

7 Schwarzlicht

Ultraviolettes Licht ist aber auch sehr energiereich und deshalb nicht ungefährlich. Unachtsamkeit kann zu Hautrötungen, zum Sonnenbrand oder zu langfristigen Hautschädigungen führen. Besonders im Sommer, bei intensiver Sonneneinstrahlung sind entsprechende Schutzmaßnahmen zu beachten. Da UV-Licht reflektiert wird, kann man auch im Schatten zu einer Hautbräunung gelangen. ▸ 8

8 UV-Licht gelangt auch in den Schatten.

Aufgabe

1 Beschreibe, wie man sich vor schädigender Wirkung (Sonnenbrand) des UV-Lichts schützen kann.

Röntgenstrahlung

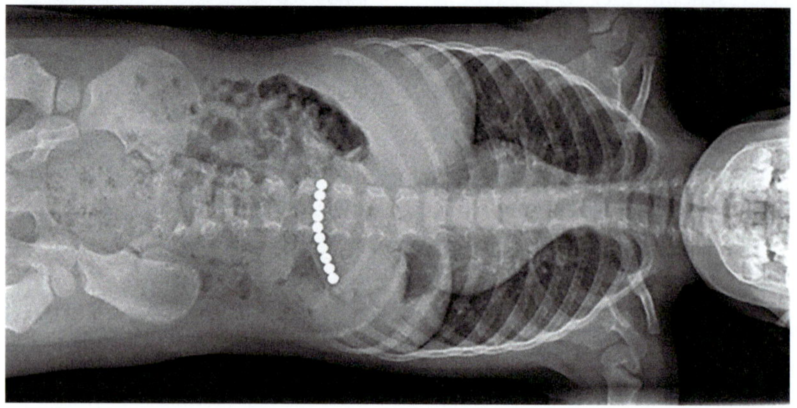

1

Solche oder ähnliche Aufnahmen vom Körper oder von Teilen des menschlichen Körpers sind dir sicher bekannt. Es handelt sich um Röntgenbilder, die einen Einblick in unser Innerstes gewähren.

Röntgenstrahlung ist nach ihrem Entdecker, dem deutschen Physiker Wilhelm Conrad Röntgen (1845–1923) benannt. ▸ 3
Ende des 19. Jahrhunderts experimentierte er mit einer Kathodenstrahlröhre: Die aus der glühenden Kathode (Minuspol) austretenden Elektronen treffen mit hoher Geschwindigkeit auf die Anode (Pluspol) und werden dort abgebremst. Dabei wird ihre Bewegungsenergie fast vollständig in Strahlungsenergie umgewandelt. Dadurch wird eine elektromagnetische Strahlung erzeugt, die bis dahin unbekannt war. ▸ 2
Deshalb nannte Röntgen sie auch „X-Strahlen". Durch weitere Experimente stellte er fest, dass diese Strahlen Stoffe unterschiedlich gut durchdringen. So gelang es ihm, Ende 1895 das erste Röntgenbild der Hand seiner Frau zu präsentieren. ▸ 3
1901 erhielt Röntgen für seine wissenschaftlichen Verdienste den ersten Nobelpreis für Physik. Das Preisgeld stiftete er der Universität Würzburg. Er verzichtete auch auf Patentrechte, da er der Meinung war, dass „seine Erfindungen und Entdeckungen der Allgemeinheit gehören und nicht durch Patente, Lizenzverträge und dergleichen einzelnen Unternehmungen vorbehalten bleiben dürften".

Röntgenstrahlung ist energiereiche Strahlung, die entsteht, wenn schnelle Elektronen auf Metalle treffen und abgebremst werden.

Bei der Aufnahme im Bild ▸ 1 handelt es sich um das Röntgenbild eines zweijährigen Mädchens, das einige Magnetkügelchen verschluckt hatte. Durch deren anziehenden Kräfte haben sich die Kugeln nicht im Körper verteilt. Eine Ärztin konnte diese problemlos über die Speiseröhre wieder entfernen.

2 Kathodenstrahlröhre von Röntgen

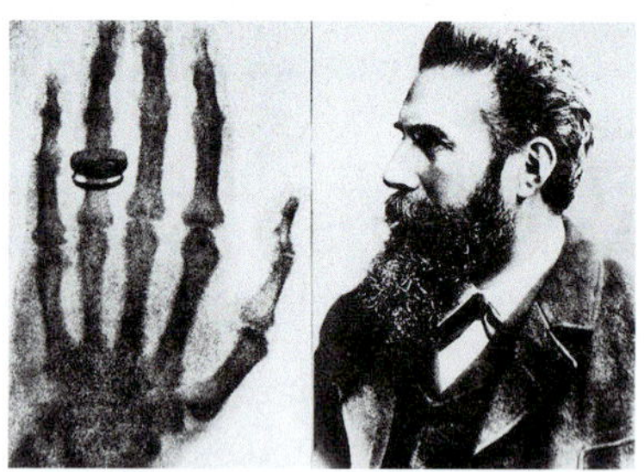

3 Erste Röntgenaufnahme und Porträt von Röntgen

Aufgaben

1 Recherchiere über das Leben und Wirken von W. C. Röntgen. Würdige seine Leistungen in einem Vortrag.

2 Beschreibe die Entstehung von Röntgenstrahlen.

Röntgenstrahlung durchdringt die Körperteile des Menschen unterschiedlich gut. Organe und anderes Gewebe bilden kein Hindernis. Knochen absorbieren einen Teil der Strahlung und bilden sich dadurch anders auf dem Detektor ab. Metalle hingegen stellen ein undurchdringliches Hindernis dar.
Damit auch bei Weichteilen unterschiedliche Strukturen erkennbar werden, setzt man Kontrastmittel ein. So werden Gewebeveränderungen, Organschäden oder Blutbahnen sichtbar. ▸ 4
Röntgenstrahlung ist noch energiereicher als UV-Strahlung und dadurch auch gefährlicher. Beim Auftreffen auf neutrale Atome oder Moleküle lösen sie Elektronen aus diesen heraus, so dass Ionen entstehen. Man spricht dann von Ionisation.

Röntgenstrahlung ist ionisierende Strahlung. Aus Atomen und Molekülen werden Elektronen herausgeschlagen, wodurch sich Ionen bilden.

Körperzellen können durch Ionisation geschädigt werden. Deshalb gibt es strenge Vorschriften beim Umgang mit Röntgenstrahlung. Empfindliche Körperteile müssen mit einer Bleischürze geschützt werden. ▸ 5
Die Bestrahlungszeit ist möglichst kurz zu halten. Um eine zu hohe Strahlenbelastung zu vermeiden, verlässt das Personal während der Aufnahme den Röntgenraum. In einem Röntgenpass für den Patienten werden alle Untersuchungen eingetragen, damit man den Überblick nicht verliert und unnötige Aufnahmen ausschließen kann.

Ein Nachteil der normalen Röntgenaufnahme ist, dass ein räumlicher Körper nur auf einer Fläche abgebildet wird. Diesen Nachteil hat eine Röntgen-Computertomografie nicht. Hier wird die Röntgenröhre um die, zu untersuchende Person herumbewegt. Es entstehen sehr viele Aufnahmen, die der Computer zu einem räumlichen Bild verarbeitet. ▸ 6

Nicht mehr wegzudenken sind die Gepäckkontrollen an Flughäfen. Um Koffer und Taschen auf gefährliche Gegenstände oder Substanzen zu untersuchen, müssen die Gepäckstücke weder geöffnet, noch durchwühlt werden. Mithilfe von speziellen Röntgengeräten ist eine kontaktlose Überprüfung möglich. Dabei werden unterschiedliche Materialien auch farblich unterschiedlich dargestellt. ▸ 7

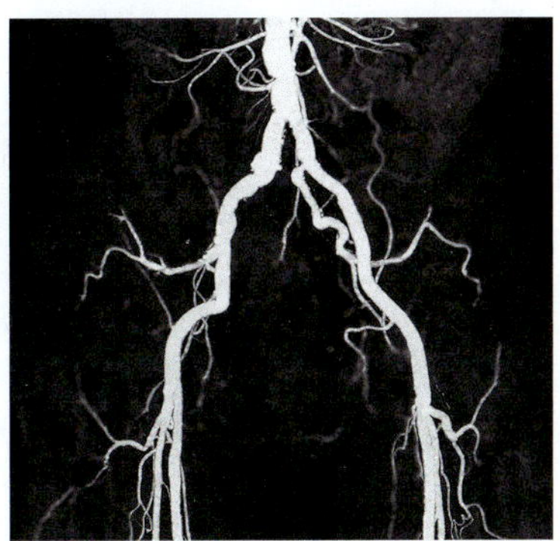

4 Darstellung der Beinarterien mit Kontrastmittel

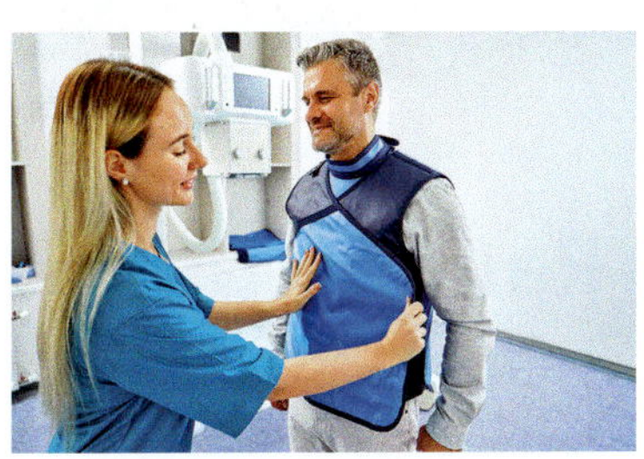

5 Schutz durch eine Bleischürze

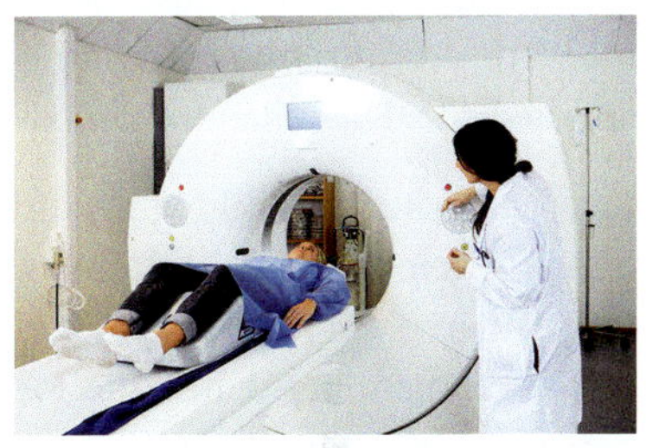

6 Computertomograf

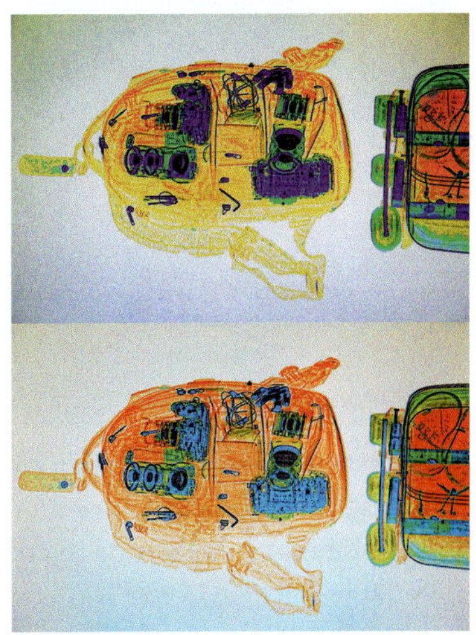

7 Gepäckkontrolle am Flughafen

Aufgaben

1 Erläutere den Begriff Ionisierung am Beispiel von Röntgenstrahlung.

2 Beschreibe die diagnostischen Möglichkeiten eines Röntgen-CTs. Recherchiere dazu auch im Internet.

3 In der Sicherheitskontrolle des Flughafens sind die Röntgenbilder farbig. Finde heraus, was die Farben bedeuten. ▸ 7

4 Nenne die Eigenschaften der Röntgenstrahlung, die beim „Durchleuchten“ von Körperteilen genutzt werden. Welche Gewebearten müssen dabei besonders geschützt werden und wie geschieht das?

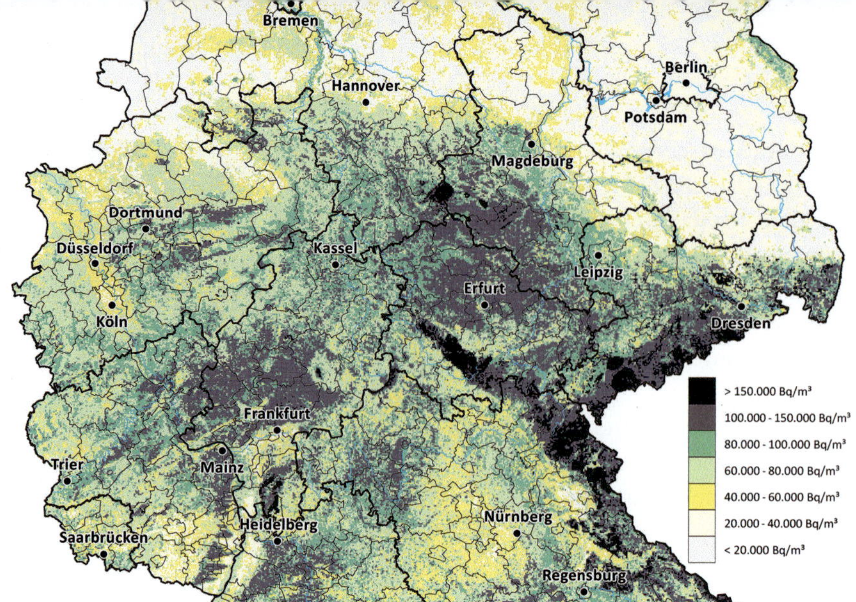

Das Leben auf der Erde ist einer Vielfalt natürlicher Strahlung ausgesetzt. Darunter befindet sich auch radioaktive Strahlung. Der abgebildete Ausschnitt einer Deutschlandkarte stellt die unterschiedliche natürliche Konzentration von Radon in der Bodenluft dar.

Radioaktive Strahlung

Natürliche radioaktive Strahlung kann unterschiedliche Quellen haben: Radon in der Luft, Uran im Gestein oder Kalium in Lebensmitteln. ▸ 2 Stammt die Strahlung aus bodennahen Schichten der Erdkruste, spricht man von terrestrischer Strahlung. Auch aus dem Weltall trifft Strahlung auf die Erde. Diese nennt man kosmische Strahlung.

2 Überwachung von Lebensmitteln

Kann natürliche Strahlung gefährlich sein? Einerseits gibt es strenge Verhaltensregeln und Schutzmaßnahmen für Bergleute, die unter Tage arbeiten. Andererseits werden Patienten mit rheumatischen Erkrankungen Kuren angeboten, bei denen die terrestrische Strahlung heilende Wirkung haben soll. ▸ 3, 4

3 Gesundheitsbad Bad Schlema

4 Radonstollen in Boulder; Montana

Heute ist bekannt, dass radioaktive Strahlung aus dem inneren Teil des Atoms stammt. Es handelt sich um die von HENRI BECQUEREL entdeckte Kernstrahlung. Diese wurde dann von MARIE CURIE als natürliche Radioaktivität bezeichnet.
Um die Gefahren, die von radioaktiver Strahlung ausgehen, beurteilen zu können, muss man Ursachen, Eigenschaften und Wirkungen dieser Strahlung kennen.

Weißt du's?

Löse die folgenden Aufgaben. Deine Lösungen kannst du mithilfe des Periodensystems überprüfen: Hinter der richtigen Antwort steht das chemische Symbol des Elements, dessen Ordnungszahl mit der Aufgabennummer übereinstimmt.

1 Eine bedeutende europäische Forschungseinrichtung für Kernphysik in der Schweiz heißt:
[A] ATOM N
[B] BERN A
[C] CERN H

2 Das Warnzeichen für gefährliche radioaktive Strahlung ist:
[A] schwarz-gelb He
[B] rot-weiß Li
[C] weiß-grün Um

3 Polonium ist:
[A] ein Gebiet in Polen Ka
[B] ein chemisches Element Li
[C] eine Pferdesportart Um

4 MARIE CURIE erhielt einen Nobelpreis für die Entdeckung:
[A] des Penizillins Ar
[B] von zwei radioaktiven Elementen Be
[C] der vier Jupitermonde It

5 Radioaktive Strahlung wird genutzt, um …
[A] medizinisches Gerät zu sterilisieren. B
[B] die Haut zu bräunen. O
[C] Badewasser zu erwärmen. R

6 Ein Nachweisgerät für radioaktive Strahlung ist:

[A] das Lackmuspapier P

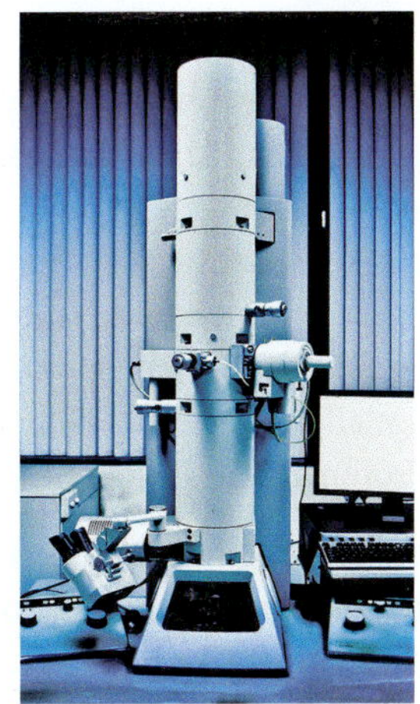

[B] das Elektronenmikroskop V

[C] das Geiger-Müller-Zählrohr C

7 Radon ist:
[A] ein poröses Gestein I
[B] eine giftige Flüssigkeit O
[C] ein radioaktives Edelgas N

Atomaufbau

1

Im alten Griechenland wurde für „das Unzerteilbare" der Begriff Atom verwendet. Damit waren die kleinsten Bausteine gemeint, aus denen die Welt bestehen sollte. Heute wird mit immer rößeren und leistungsstärkeren Anlagen nach den Bausteinen der Atome gesucht.

Experiment

1 Krümelkandis
Schaue dir Krümelkandis genau an.
Zerdrücke ihn dann in einem Mörser zu Pulver. Versuche nun, die einzelnen Körnchen mit bloßem Auge zu erkennen. Verwende danach eine Lupe oder ein Mikroskop.

Dieses Experiment deutet es an: Je kleiner die Teilchen werden, umso schwieriger wird es, sie zu untersuchen. Auch die benötigten Hilfsmittel werden dann komplizierter und aufwendiger.
Nach heutigen Erkenntnissen besteht das Atom aus einer Hülle und einem Kern. Im Atomkern befinden sich *Protonen* und *Neutronen*. In der Atomhülle halten sich die *Elektronen* auf. Elektronen sind negativ, Protonen positiv und Neutronen gar nicht geladen. Das Atom ist nach außen elektrisch neutral, weil die Anzahl von Protonen und Elektronen gleich groß ist. ▸ 3

Das Atom besteht aus einem sehr kleinen Atomkern und einer Atomhülle. Im Kern befinden sich Protonen und Neutronen. Der Aufenthaltsraum der Elektronen ist die Hülle.

Protonen und Neutronen bezeichnet man als *Nukleonen*. Zwischen diesen Kernbausteinen wirken Kernkräfte, die stärker sind als die elektrischen Abstoßungskräfte. Ein Nukleon ist etwa 2000-mal so schwer wie ein Elektron. Somit konzentriert sich die Masse eines Atoms im Kern. ▸ 4

Baustein	Symbolschreibweise
Proton	${}^{1}_{1}p$
Neutron	${}^{1}_{0}n$
Elektron	${}^{0}_{-1}e$

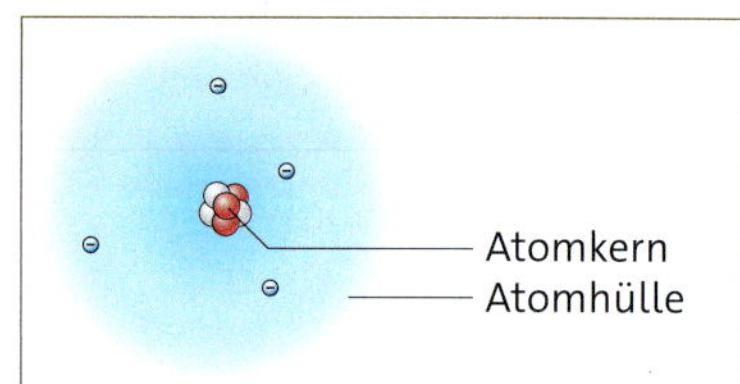

3 Aufbau des Atoms

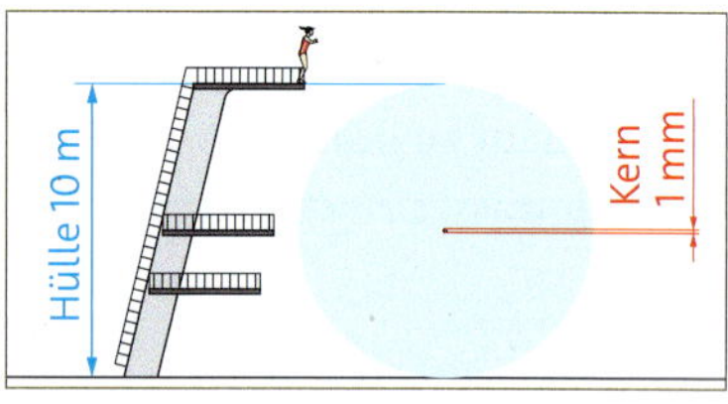

4 Größenverhältnisse im Atom

Aufgaben

1 Beschreibe den Aufbau eines Atoms.

2 Stelle auf dem Schulhof Atomhülle und Atomkern im richtigen Maßstab dar.

Atomkerne werden *Nuklide* genannt. Art und Anzahl der Nukleonen charakterisieren einen Atomkern eindeutig. Sie bestimmen auch die chemischen und physikalischen Eigenschaften des Elements. ► 5, 7

Atomkerne, die durch eine bestimmte Anzahl von Protonen und Neutronen charakterisiert sind, heißen Nuklide.

Auch Nuklide können durch die Symbolschreibweise dargestellt werden.

Symbolschreibweise	Allgemein	Beispiel	Kurzschreibweise
$^{\text{Massenzahl}}_{\text{Kernladungszahl}}$chemisches Symbol	$^{A}_{Z}X$	$^{65}_{30}Zn$	Zn-65

Massenzahl A = Anzahl der Nukleonen
Kernladungszahl Z = Anzahl der Protonen = Ordnungszahl im Periodensystem (PSE)
Neutronenzahl N = Anzahl der Neutronen
Es gilt: $A = Z + N$.

Das in der Tabelle dargestellte Nuklid Zink-65 hat die Massenzahl $A = 65$, die Kernladungszahl $Z = 30$ und die Neutronenzahl $N = 35$.
Atomkerne des gleichen Elements können sich in der Neutronenzahl unterscheiden. Man spricht dann von *Isotopen*.
Isotope haben die gleiche Kernladungszahl, aber unterschiedliche Massenzahlen. ► 8

Atomkerne mit gleicher Anzahl von Protonen, aber unterschiedlicher Anzahl von Neutronen heißen Isotope.

Isotope gehören jeweils zum gleichen chemischen Element. Isotope eines Stoffs haben gleiche chemische, aber unterschiedliche physikalische Eigenschaften.
In der Natur kommen fast alle Elemente als Isotopengemisch vor. Den in vielen chemischen Verbindungen enthaltenen Kohlenstoff gibt es z. B. als C-12 (99 %), C-13 (1 %) und C-14 (minimaler Anteil). Weitere Isotope (z. B. C-11) lassen sich synthetisch herstellen.
Uran-235 wird in Kernkraftwerken eingesetzt. Es hat einen Anteil von knapp 1 % am natürlichen Uranvorkommen. Mit mehr als 99 % überwiegt U-238. Der Anteil von U-234 ist verschwindend klein.
Selbst den kleinen Atomkern des Wasserstoffs gibt es in drei Varianten: H-1 (Proton), H-2 (Deuteron) und H-3 (Triton).

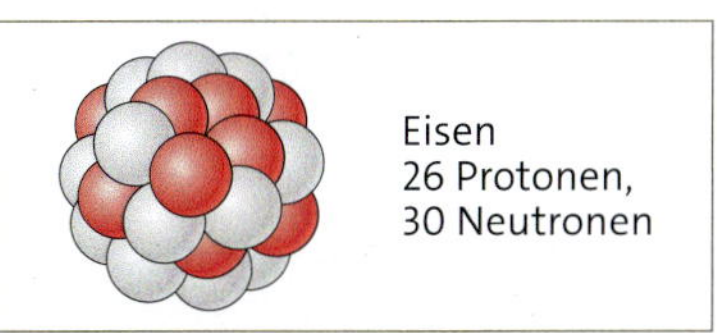

5 Bausteine der Nuklide

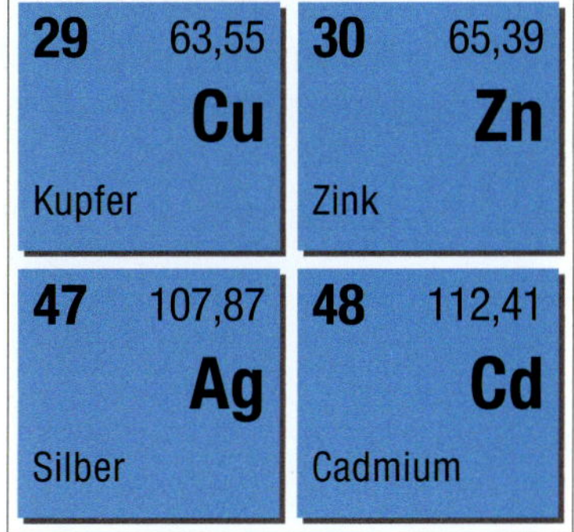

6 Ausschnitt aus dem Periodensystem der Elemente

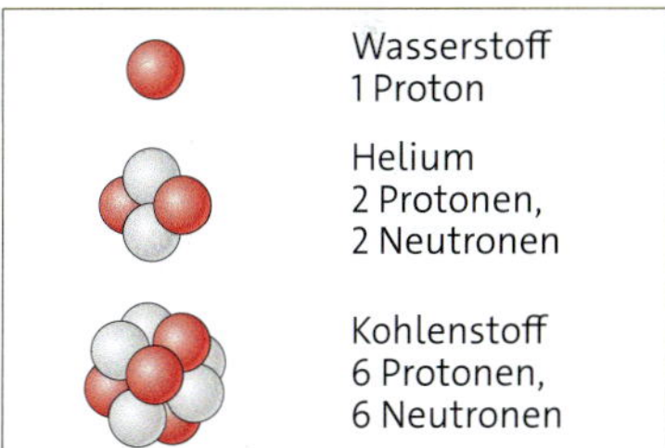

7 Nuklide

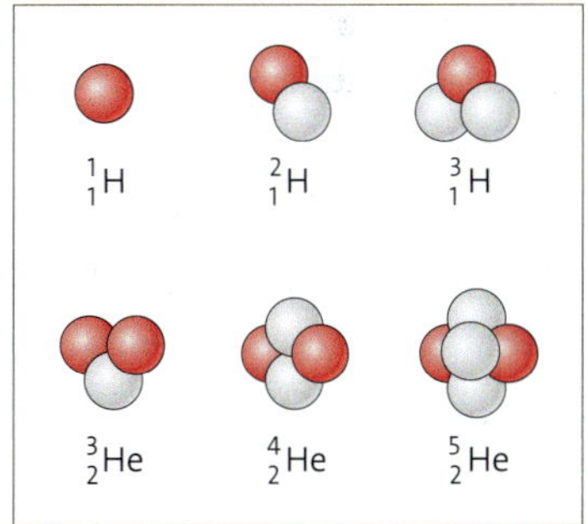

8 Isotope

Aufgaben

1 Erläutere die Begriffe:
a Nuklid
b Isotop
c Nukleon
d Massenzahl

2 Gib den Namen des Elements an und bestimme mithilfe des Periodensystems der Elemente (PSE) die Anzahl der Kernbausteine:
$^{12}_{6}C$; $^{63}_{29}Cu$; $^{107}_{\blacksquare}Ag$; $^{119}_{\blacksquare}Sn$; U-235; U-238.

Strahlungsarten und Halbwertszeit

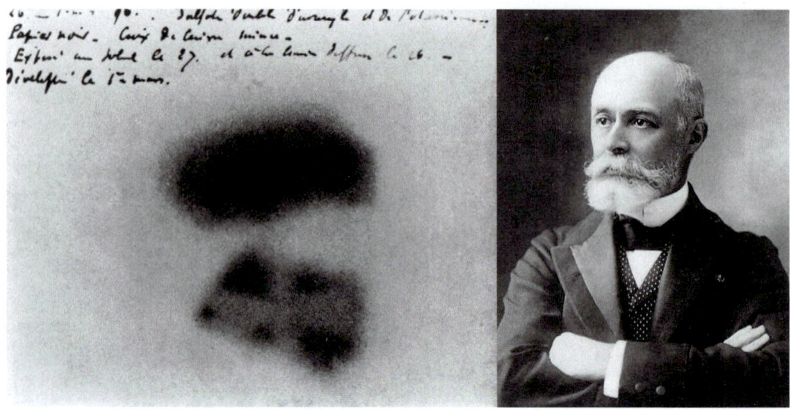

1

Nicht nur dem Zufall, sondern vor allem der Aufmerksamkeit von Henri Becquerel haben wir eine der aufregendsten Entdeckungen im 19. Jahrhundert zu verdanken.
Dieser schwarze Fleck auf einer Fotoplatte führte zur Entdeckung einer bis zu diesem Zeitpunkt unbekannten Strahlung.

Experiment

1 Nullrate

Ein Zählrohr wird mit dem dazugehörigen Zählgerät und einem Lautsprecher verbunden und eingeschaltet. Die Impulse (Zählrate) werden für eine Minute registriert. Wiederholt die Messung mehrmals. Bildet den Mittelwert der Messergebnisse.
Der ermittelte Wert wird als *Nullrate* bezeichnet.

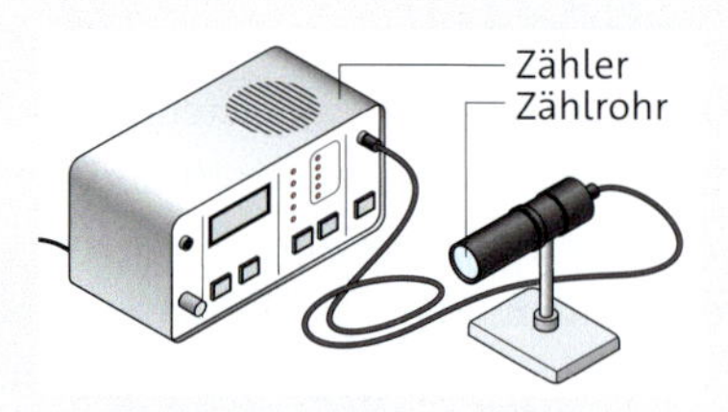

Einige Atomkerne senden spontan, d. h. ohne äußere Beeinflussung, Strahlung aus. Man spricht vom Spontanzerfall radioaktiver Nuklide.

Atomkerne, die ohne Einfluss von außen Strahlung aussenden, heißen radioaktive Nuklide. Durch diesen Spontanzerfall verändern sich die Atomkerne.

Man unterscheidet drei Arten von Kernstrahlung:

Strahlung	Symbol	Bemerkung
Alphastrahlung	${}^{4}_{2}\alpha$	Heliumkerne
Betastrahlung	${}^{0}_{-1}\beta$ (bzw. ${}^{0}_{-1}e$)	Elektronen
Gammastrahlung	γ	elektromagnetische Strahlung

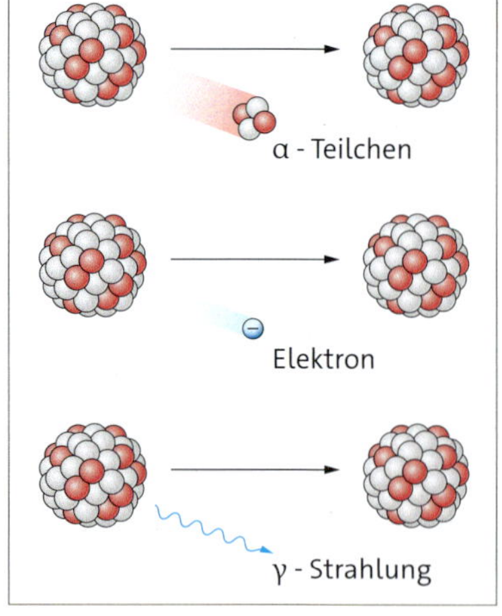

3

Den Spontanzerfall radioaktiver Nuklide kann man mithilfe von Zerfallsgleichungen darstellen.

1. α-Zerfall: ${}^{226}_{88}\mathrm{Ra} \rightarrow {}^{222}_{86}\mathrm{Rn} + {}^{4}_{2}\alpha$
Radium-226 zerfällt unter Aussendung von α-Strahlung in Radon-222.

2. β-Zerfall: ${}^{137}_{55}\mathrm{Cs} \rightarrow {}^{137}_{56}\mathrm{Ba} + {}^{0}_{-1}\beta$
Caesium-137 zerfällt unter Aussendung von β-Strahlung in Barium-137.

3. γ-Zerfall: ${}^{137}_{56}\mathrm{Ba} \rightarrow {}^{137}_{56}\mathrm{Ba} + \gamma$
Barium-137 gibt γ-Strahlung ab.

Aufgaben

1 Erkläre den Begriff Spontanzerfall.

2 Nenne und beschreibe die drei Arten der Kernstrahlung.

Experiment

2 Statistisches Würfeln

Würfelt gleichzeitig mit 120 Würfeln. Sortiert nach dem ersten Wurf alle Würfel aus, die die Augenzahl 6 zeigen. Notiert die Anzahl der übrig gebliebenen Würfel. Würfelt nun mit den restlichen Würfeln weiter und nehmt wieder nach jedem Wurf die Sechsen heraus. Stellt die Anzahl der Würfe und die Anzahl der jeweils übrig gebliebenen Würfel in einem Diagramm dar. Ermittelt aus dem Diagramm, wie oft man würfeln muss, um die Anzahl der Würfel jeweils zu halbieren.

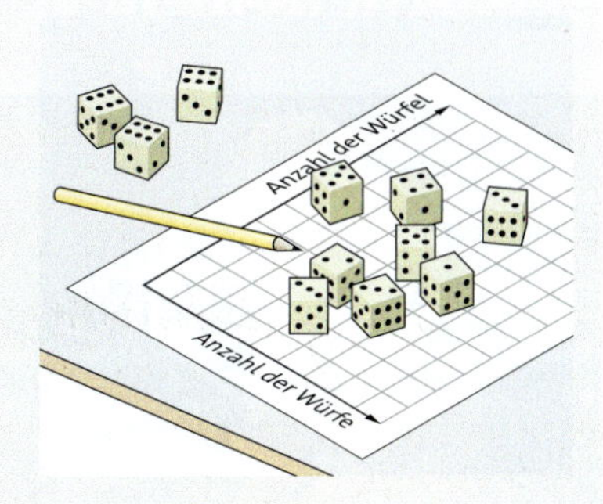

Obwohl niemand die Augenzahl eines Würfels vor dem Wurf vorhersehen kann, gibt es eine statistische Gesetzmäßigkeit für das Verhalten einer großen Anzahl von Würfeln.
Bei einem radioaktiven Nuklid kann man auch nicht voraussagen, welcher Atomkern wann zerfällt. Dies erfolgt spontan. Anders ist das jedoch bei einer sehr großen Anzahl von instabilen Atomkernen einer Sorte. Man kann ziemlich genau angeben, wie lange es dauert, bis die Hälfte der Kerne zerfallen ist. Diese Zeit heißt *Halbwertszeit* $T_{1/2}$.

Die Halbwertszeit $T_{1/2}$ ist die Zeit, in der die Hälfte eines radioaktiven Nuklids zerfällt.

Beispiel: Die Halbwertszeit von Iod-131 beträgt etwa 8 Tage. Stehen am Anfang 6 g des Nuklids zur Verfügung, sind nach 8 Tagen noch 3 g dieses Nuklids vorhanden. Nach weiteren 8 Tagen bleiben 1,5 g Iod-131 übrig usw.

Nuklid	Halbwertszeiten (gerundet)
Bor-12	0,02 Sekunden
Lanthan-147	4 Sekunden
Bismut-214	20 Minuten
Radon-222	3,8 Tage
Zink-65	250 Tage
Caesium-134	2 Jahre
Cobalt-59	stabil
Kohlenstoff-14	5730 Jahre
Uran-235	700 Mio. Jahre
Uran-238	4,5 Mrd. Jahre
Thorium-232	14 Mrd. Jahre

Ende des 19. Jahrhunderts experimentierte Henri Becquerel mit Uransalz. Durch die Schwärzung einer lichtdicht verpackten Fotoplatte fand er 1896 heraus, dass von der Uranverbindung eine unbekannte Strahlung ausging, die die Verpackung durchdringen konnte.
Marie Curie und ihr Mann Pierre Curie führten diese Forschungen mit Uranerz (Pechblende) weiter. Die drei Wissenschaftler erhielten dafür 1903 den Nobelpreis für Physik.
Marie Curie war davon überzeugt, dass sich in dem Uranerz völlig neue, strahlende Stoffe befinden, allerdings in kleinsten Mengen. Es war die Suche nach der Stecknadel im Heuhaufen. Die Mühe sollte sich lohnen. Nach langer, umfangreicher Analyse der strahlenden Stoffe fand sie zwei neue Elemente: Polonium, nach ihrem Heimatland Polen benannt, und Radium, aus dem Lateinischen für das Strahlende. Radium und Polonium strahlten so stark, dass man das Leuchten im Dunkeln sehen konnte. Für diese Entdeckungen erhielt sie 1911 den Nobelpreis für Chemie.

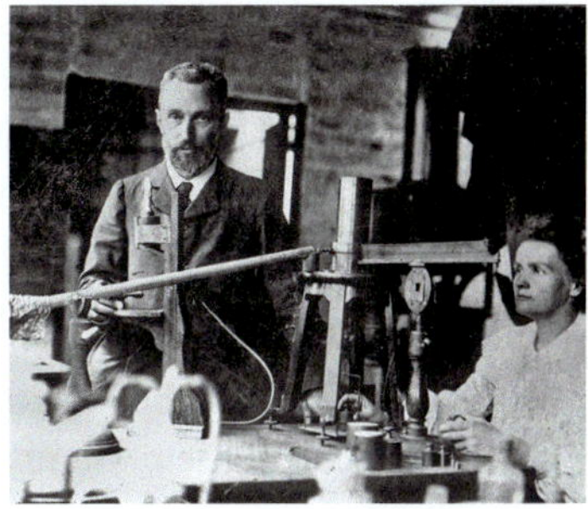

5 Pierre und Marie Curie

Aufgaben

1 Interpretiere die Zerfallsgleichung:
$^{210}_{84}\text{Po} \rightarrow {}^{206}_{82}\text{Pb} + {}^{4}_{2}\alpha$.

2 Es stehen 8 g des Nuklids Bismut-214 zur Verfügung. Wie viel Gramm Bismut sind nach einer Stunde noch nicht zerfallen?

Eigenschaften und Nachweis von Radioaktivität

1

Radioaktivität ist mit unseren Sinnen nicht erfassbar. Wir können die Strahlung weder sehen noch fühlen. Trotzdem kann sie uns schaden. Um sie nachzuweisen, sind spezielle Geräte erforderlich, die die Eigenschaften der Strahlung nutzen.

Experiment

1 Gesteinsprobe

a Bestimme die Nullrate.

b Richte nun das Zählrohr mit geringem Abstand auf eine Gesteins- oder Materialprobe und bestimme die Zählrate für die gleiche Zeitspanne. Ziehe die Nullrate von deinem Messergebnis ab. Interpretiere das Ergebnis.

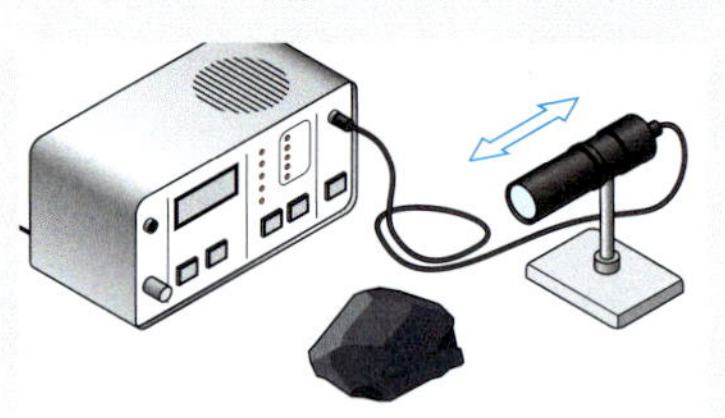

Ionisation Trifft die Strahlung radioaktiver Stoffe auf Atome, so kann sie Elektronen aus den Atomhüllen herausschlagen. Neutrale Atome werden dabei ionisiert.

Die Strahlung radioaktiver Stoffe ist ionisierende Strahlung.

Zählrohr Ein Nachweisgerät für Radioaktivität ist das Geiger-Müller-Zählrohr. Es besteht aus einem negativ geladenen Zylinder, in dem sich ein Edelgas befindet. Entlang der Zylinderachse verläuft ein positiv geladener Draht. Dringt die Strahlung radioaktiver Stoffe ein, werden Gasatome ionisiert: Die entstehenden Elektronen werden vom Draht, die Ionen vom Zylindermantel angezogen. Das führt zu Stromstößen, die registriert, gezählt und mithilfe eines Lautsprechers hörbar gemacht werden können. ▸ 3

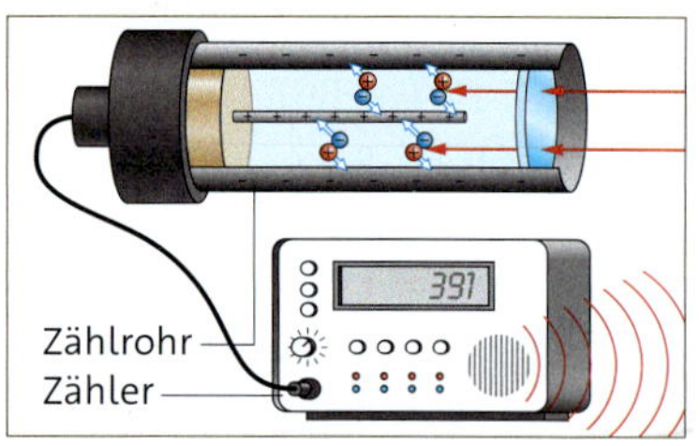

3 Geiger-Müller-Zählrohr

Nebelkammer Auch Nebelkammern können Radioaktivität nachweisen. In ihnen befindet sich ein Gemisch aus Luft und Alkoholdampf. Strahlungsteilchen ionisieren entlang ihres Wegs Luftmoleküle, an die sich daraufhin feinste Alkoholtröpfchen anlagern. Die dadurch entstehenden Kondensstreifen zeigen die Bahnen der Strahlungsteilchen an. ▸ 4

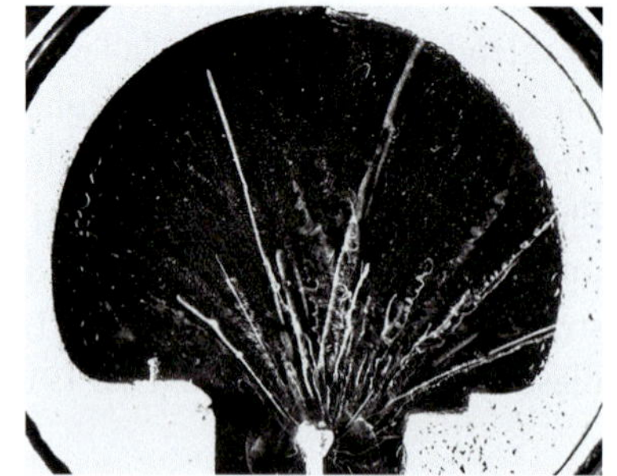
4 Spuren von Strahlung

Aufgaben

1 Erläutere den Aufbau und die Vorgänge im Geiger-Müller-Zählrohr.

2 Beschreibe die Vorgänge, die in einer Nebelkammer ablaufen.

Experiment

2 Magnetfeld

Untersuche, wie gut ein Magnetfeld verschiedene Materialien (z. B. Papier, Kunststoff oder Glas) durchdringen kann. Verwende einen starken Dauermagneten, einen Probekörper aus Eisen und variiere die Schichtdicken.

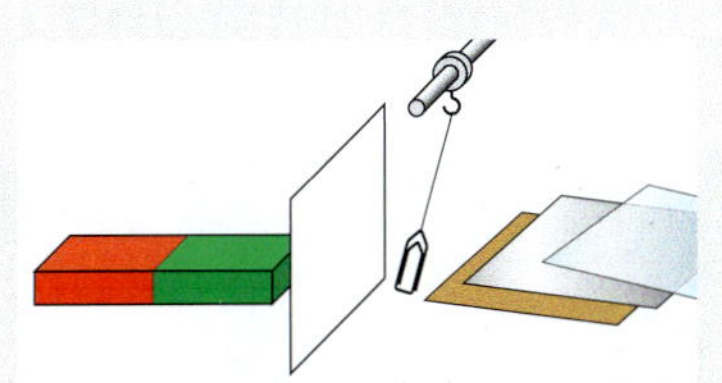

Durchdringungsfähigkeit Ähnlich wie beim Magnetfeld verhält es sich bei der Strahlung radioaktiver Stoffe. Auch diese wird durch verschiedene Stoffe unterschiedlich stark abgeschwächt. Die Reichweite von Alphastrahlung beträgt in Luft nur wenige Zentimeter. Schon ein Blatt Papier kann sie stoppen. Eine Aluminiumschicht von wenigen Millimetern genügt, um Betastrahlung fast völlig zu absorbieren. Will man Gammastrahlung deutlich abschwächen, sind massive Bleiplatten oder dicke Betonwände notwendig.

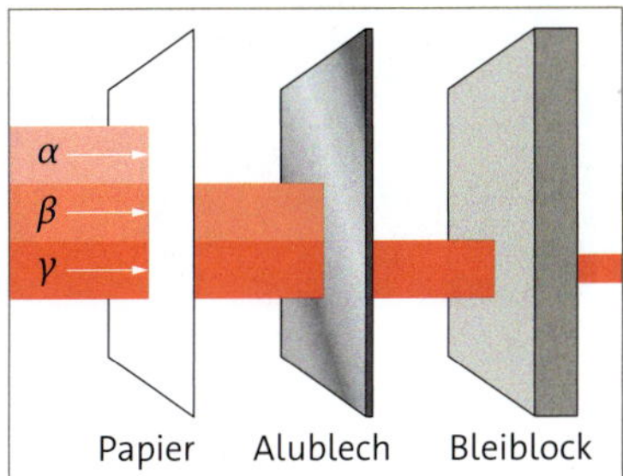

6

Ablenkung Bewegte elektrisch geladene Teilchen werden im Magnetfeld von ihrer Bahn abgelenkt. Aufgrund ihrer entgegengesetzten elektrischen Ladungen werden Alpha- und Betastrahlen in unterschiedliche Richtungen abgelenkt. Gammastrahlen ändern ihre Richtung im Magnetfeld nicht.

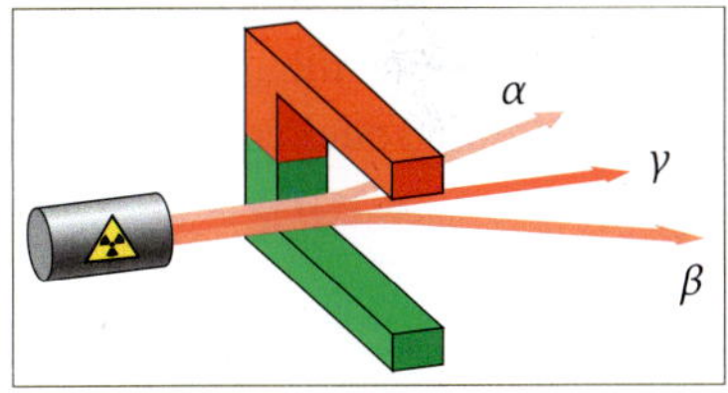

7

Alpha-, Beta- und Gammastrahlung durchdringen Stoffe unterschiedlich gut. Gammastrahlung kann fast alles durchdringen.
Im Magnetfeld werden Alpha- und Betastrahlen in verschiedene Richtungen abgelenkt, Gammastrahlen werden nicht abgelenkt.

Betastrahlung Sendet ein Atomkern ein Elektron aus, spricht man von Betastrahlung, genauer: von Beta-minus-Strahlung. Da sich jedoch im Atomkern eigentlich keine Elektronen befinden, muss sich vorher dort ein Neutron in ein Proton und ein Elektron umgewandelt haben.

Neutron ⇒ Proton + Elektron
$^{1}_{0}n \rightarrow ^{1}_{1}p + ^{0}_{-1}e$

Im Jahr 1928 sagte der britische Physiker Paul Dirac die Existenz eines Teilchens voraus, das in Bezug auf das Elektron, dessen sogenanntes Antiteilchen ist. Es sollte genau so schwer (Massenzahl 0), aber entgegengesetzt, also positiv geladen sein (Ladungszahl 1). Jahre später wurde dieses Teilchen experimentell nachgewiesen und Positron (Symbol $^{0}_{+1}e$) genannt. Sendet ein Atomkern ein Positron aus, spricht man von Beta-plus-Strahlung. Vorher muss sich im Kern ein Proton in ein Neutron und ein Positron umgewandelt haben.

Proton ⇒ Neutron + Positron
$^{1}_{1}p \rightarrow ^{1}_{0}n + ^{0}_{+1}e$

Aufgaben

1 Vergleiche die Durchdringungsfähigkeit von Alpha-, Beta- und Gammastrahlung.

2 Erkläre, dass die Strahlung radioaktiver Stoffe im Magnetfeld unterschiedlich bzw. gar nicht abgelenkt wird.

3 Stelle eine Vermutung an, wie Beta-plus-Strahlung abgelenkt wird. Begründe deine Vermutung.

4 Neben Zählrohren und Nebelkammern dienen Filmdosimeter zum Nachweis von Strahlung. Stelle eine Vermutung an, wie das funktioniert. Denke an die Entdeckung der Radioaktivität.

Strahlenbelastung und Strahlenschutz

1

Messstationen mit Geiger-Müller-Zählrohr werden eingesetzt, um die Umweltradioaktivität zu messen. Diese kann an verschiedenen Orten sehr unterschiedlich sein.

Experiment

1 Strahlenbelastung im Alltag
Recherchiere, welchen Quellen der Radioaktivität du in Natur und Technik im Alltag begegnen kannst. Ist die Strahlenbelastung dieser Strahlungsquellen gefährlich?

med. Diagnostik und Therapien: 44 %
terrestrische Strahlung: 10 %
Radongas: 29 %
kosmische Strahlung: 8 %
Nahrung: 8 %
Sonstiges: 1 %

Strahlenbelastung Wir sind ständig einer geringen Radioaktivität aus bodennahen Erd- und Gesteinsschichten ausgesetzt. Hinzu kommt kosmische Strahlung aus dem Weltall. Das ist kein Problem, denn unser Körper ist an diese natürliche Strahlenbelastung angepasst. Unsere Körperzellen besitzen entsprechende Abwehr- bzw. Reparaturmechanismen.

Lebewesen auf der Erdoberfläche sind ständig terrestrischer und kosmischer Strahlung ausgesetzt.

Zur erhöhten Strahlenbelastung kann es jedoch durch Einatmen von radioaktivem Radongas kommen, das aus bestimmten Gesteinsformationen austreten kann (▸ S. 118). Außerdem nimmt die kosmische Strahlung mit wachsender Höhe zu. ▸ 3
Auch Lebensmitteln können geringste Mengen radioaktiver Stoffe, z. B. Kalium-40, enthalten, die mit der Nahrung in den Körper gelangen. Nach der Reaktorkatastrophe 1986 in Tschernobyl (Ukraine) waren besonders Pilze und Wildtiere in Bayern stark mit radioaktivem Caesium-137 belastet. Das Bundesamt für Strahlenschutz kontrolliert ständig die Strahlenbelastungen in Deutschland und darüber hinaus.
Eine zusätzliche Strahlenbelastung ist das Rauchen, da die Tabakpflanze das radioaktive Polonium-210 aufnimmt. Auch einige medizinische Untersuchungen und Therapien sind mit Strahlenbelastungen verbunden. Eine zu hohe Strahlenbelastung kann zu irreparablen Schäden führen.

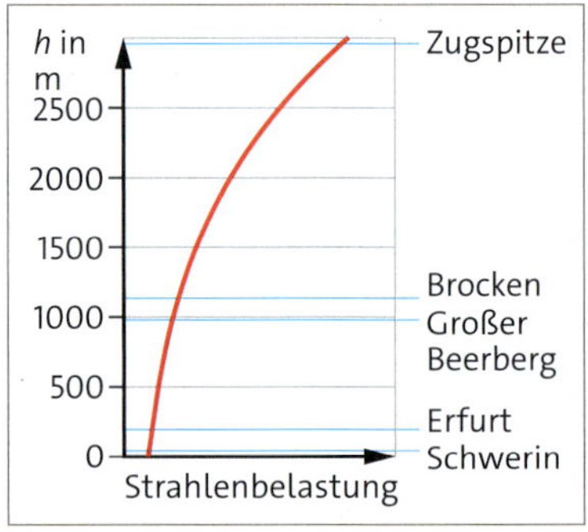

3 Belastung mit kosmischer Strahlung in unterschiedlicher Höhe

Aufgaben

1 Nenne Quellen natürlicher Radioaktivität.

2 Röntgenstrahlung wirkt ebenso wie Radioaktivität ionisierend. Begründe, dass du einen Röntgenpass führen solltest.

Experiment

2 Strahlenschäden beim Menschen

Recherchiere, welche Schäden bei Menschen auftreten, die bei Atombombeneinsätzen, Kernwaffentests oder Reaktorunfällen der Strahlung radioaktiver Stoffe ausgesetzt waren. Unterscheide zwischen sofort entstehenden und später auftretenden Schäden.

Strahlenschäden Man unterscheidet zwei Arten von Schäden: Zellschäden in normalem Gewebe können zu Krebserkrankungen führen. Besonders gefährdet sind die Schleimhäute, das Blutbildungssystem und die Keimdrüsen. Schäden an Eierstöcken und Hoden hingegen können auch zu Erbschäden führen, die erst bei den Nachkommen auftreten. ▸ 4

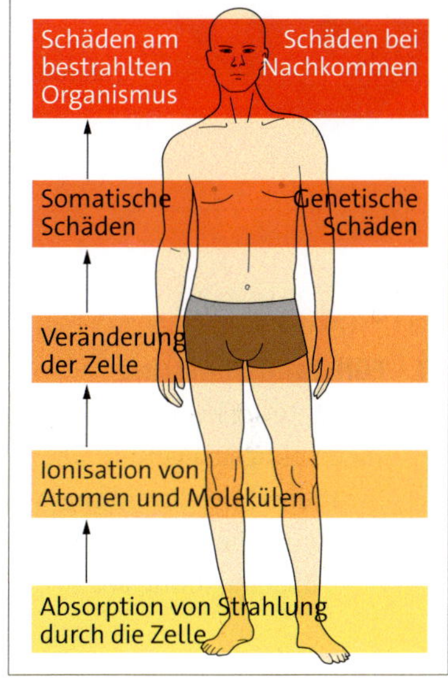

4

Schutz Um sich vor ionisierender Strahlung zu schützen, sollte man folgende drei Regeln beachten:

1. **A**bstand halten: Die sichere Entfernung hängt von der Art der Strahlung ab. Radioaktives Material sollte auf keinen Fall über die Atemwege oder durch Nahrungsaufnahme ins Innere des Körpers gelangen.
2. **A**bschirmen: Der Aufwand ist besonders bei Gammastrahlung groß.
3. **A**ufenthaltsdauer minimieren: Man sollte Radioaktivität – wenn es sich nicht vermeiden lässt – nur möglichst kurz ausgesetzt sein.

Um sich vor ionisierender Strahlung zu schützen, muss man auf maximalen Abstand, geeignete Abschirmung und minimale Aufenthaltsdauer achten.

Ähnlich wie bei der Röntgenstrahlung wurden auch bei der radioaktiven Strahlung anfänglich deren Gefahren nicht erkannt. Erst durch die Schädigungen der Menschen, die bedenkenlos geröntgt wurden und der Personen, die ständig mit radioaktiven Stoffen arbeiteten, wurde man auf die Gefahren aufmerksam. Heute muss bei bestimmten Berufsgruppen auf einen besonderen Strahlenschutz geachtet werden. Piloten und Flugbegleiter sind in großen Höhen verstärkt kosmischer Strahlung ausgesetzt. Für Arbeiter in Uranminen müssen Schutzmaßnahmen vor terrestrischer Strahlung ergriffen werden. Die Strahlenbelastung von Radiologen und Röntgenassistenten, die häufig mit ionisierender Strahlung arbeiten, wird ständig kontrolliert. (Röntgenstrahlung wirkt wie Gammastrahlung stark ionisierend.)
Ist die zulässige Jahreshöchstdosis erreicht, darf die betroffene Person für den Rest des Jahres keiner ionisierenden Strahlung mehr ausgesetzt werden.

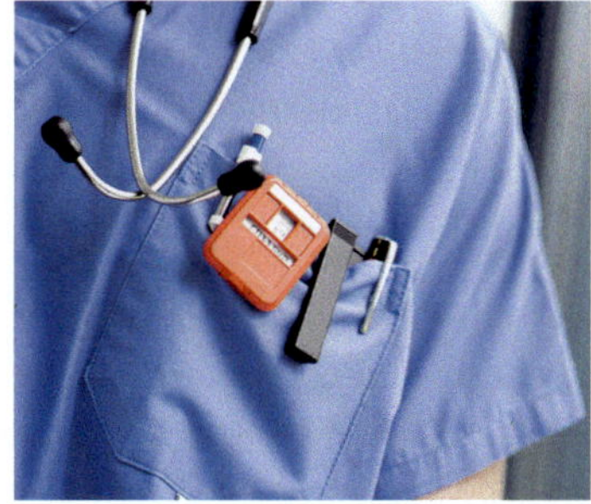

5 Dosimeter

Aufgaben

1 Nenne Schäden, die durch ionisierende Strahlung auftreten können.

2 Nenne Maßnahmen zum Schutz vor ionisierender Strahlung.

3 Für Personen, die beruflich häufig mit ionisierender Strahlung zu tun haben, gelten besondere Schutzmaßnahmen. Recherchiere die Regeln, die in Deutschland einzuhalten sind.

Anwendung radioaktiver Nuklide

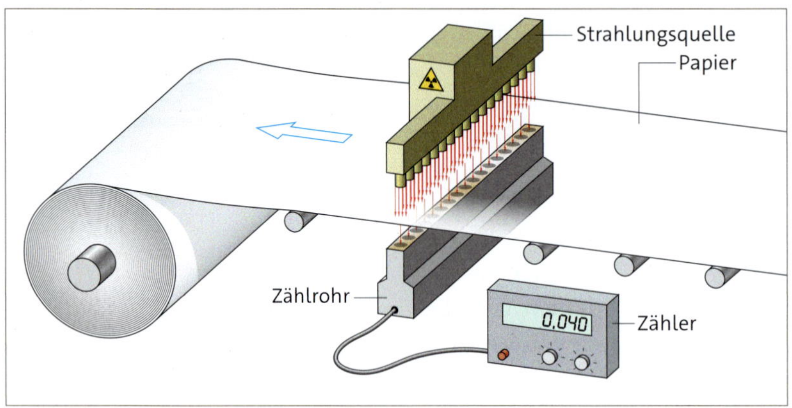

1

Mithilfe radioaktiver Nuklide werden berührungsfreie Messungen im Produktionsprozess durchgeführt.

Experiment

1 Füllstandsmessung
Ein Rohr ist bis zu einer unbekannten Höhe mit Bleikügelchen (Schrotkugeln) gefüllt. Die Durchlässigkeit dieses Zylinders für radioaktive Strahlung wird nun in unterschiedlichen Höhen geprüft. Leitet aus dem Ergebnis ein Messverfahren zur Ermittlung der Füllstandshöhe ab.

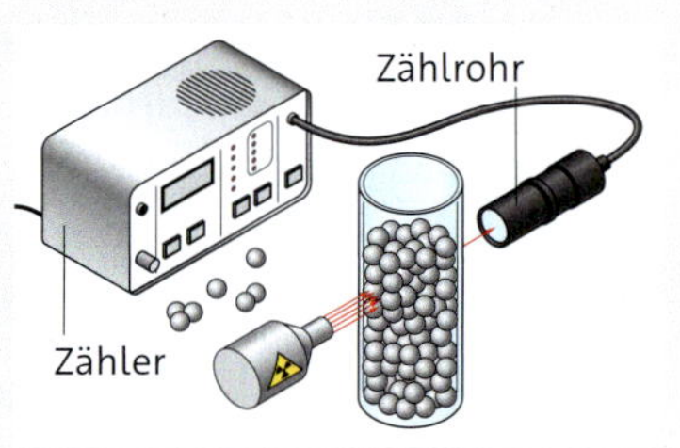

Anwendungen in der Technik Das Durchdringungsvermögen radioaktiver Strahlung nutzt man, um Werkstücke auf Fehler zu untersuchen. So können Risse in Konstruktionen, Behältern oder Leitungen entdeckt werden. Bei der Herstellung von Folien wird ihre Dicke ständig vermessen. ▸ 3
Durch die Bestrahlung von Werkstoffen kann man deren Eigenschaften verbessern. Moderne Kunststoffe erhöhen z. B. ihre Reißfestigkeit und Hitzebeständigkeit oder werden unempfindlich gegenüber bestimmten Chemikalien.

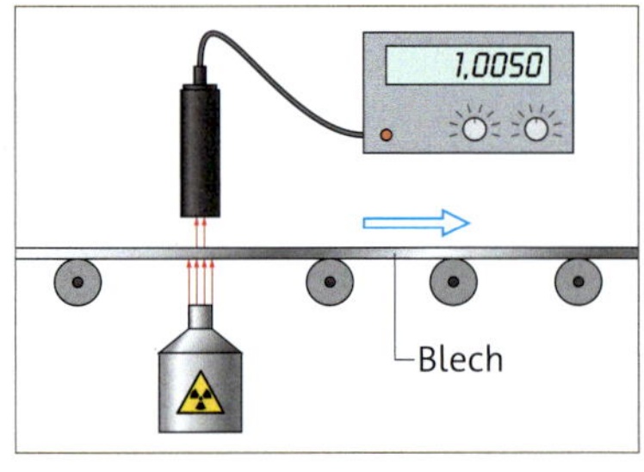

3 Messung der Dicke einer Folie

Anwendungen in der Medizin
Diagnostik Zur Untersuchung bestimmter Organe werden den Patienten schwachradioaktive Präparate verabreicht. Diese haben eine kurze Halbwertszeit. Verschiedene Nachweisverfahren zeigen dann, ob sich die radioaktiven Stoffe im Gewebe angereichert haben oder nicht. Aus den entsprechenden Bildern kann der Arzt oder die Ärztin Schlussfolgerungen über die Erkrankungen der untersuchten Organe ziehen. ▸ 4

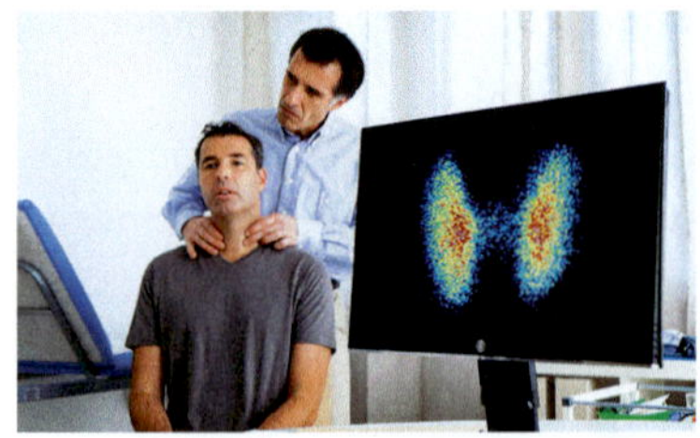

4 Diagnose der Schilddrüse

Aufgaben

1 Begründe, dass Alpha- und Betastrahler zur Füllstandsmessung ungeeignet sind.

2 Recherchiere und beschreibe eine Möglichkeit der Diagnostik in der Nuklearmedizin.

Therapie Auch zur Behandlung von Tumoren können radioaktive Nuklide genutzt werden. Mit der Verabreichung des Isotops Iod-131 bekämpft man z. B. kranke Zellen in der Schilddrüse von innen. Durch die hochenergetische Bestrahlung werden Krebsgeschwüre von außen behandelt. ▸ 5 Mithilfe von Radon-222 werden rheumatische Erkrankungen therapiert.

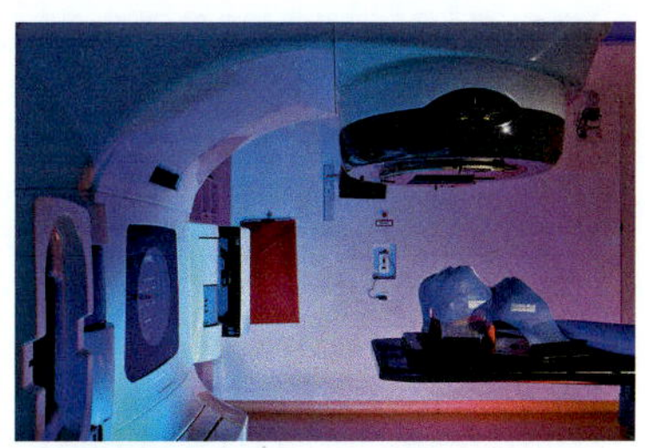

5 Gerät zur Strahlentherapie

Sterilisation Krankheitserregende Keime auf Gegenständen, die im Krankenhaus benötigt werden, können durch Bestrahlung materialschonend beseitigt werden.

Nutzung bei Lebensmitteln
Durch die Bestrahlung von Lebensmitteln kann deren Haltbarkeit verbessert werden. So wird z. B. die Keimfähigkeit von Kartoffeln verringert. Gleichzeitig werden krankheitserregende Mikroorganismen wie Schimmelpilze bekämpft. Wichtig ist, dass die Lebensmittel selbst nicht radioaktiv werden. ▸ 6

6 Kennzeichen für bestrahlte Lebensmittel

Altersbestimmung Das Element Kohlenstoff besteht zu fast 100 % aus den stabilen Kernen C-12 und C-13. Einen sehr kleinen Anteil macht das radioaktive Isotop C-14 aus, dessen Halbwertszeit 5730 Jahre beträgt. Da es sich in den oberen Schichten der Erdatmosphäre ständig neu bildet, ist sein Anteil in unserer Lufthülle seit Urzeiten konstant. Pflanzen nehmen Kohlenstoff in Form von Kohlenstoffdioxid auf. Durch die Nahrungskette nehmen auch Menschen und Tiere ständig C-14 auf. Das Mischungsverhältnis der drei Kohlenstoffisotope im lebenden Organismus bleibt deshalb konstant. Erst mit dem Tod nimmt der Anteil radioaktiver Kohlenstoffkerne durch den Spontanzerfall ab. So kann das Alter manches archäologischen Fundes durch die C-14-Methode ermittelt werden. Das trifft z. B. auf Gegenstände zu, die aus Holz gefertigt wurden, auf Utensilien aus Leder oder auf erhaltene Reste von Tieren und Menschen.
Als Wanderer 1991 in den Ötztaler Alpen die Überreste eines Menschen fanden, dachte man, dass es sich um einen Bergsteiger handelt, der vor Jahrzehnten verunglückt war. Erst mithilfe der C-14-Methode konnte auch das Alter der heute als „Ötzi" bekannte Gletschermumie bestimmt werden. Die Untersuchung ergab, dass diese männliche Person vor etwa 5 000 Jahren ums Leben gekommen ist.
Die fehlerfreie Verwendung der C-14-Methode setzt voraus, dass sowohl die kosmische Höhenstrahlung als auch der Stickstoffgehalt der hohen atmosphärischen Schichten über extrem lange Zeiträume nahezu gleich geblieben sind. Schwankungen können die Zuverlässigkeit beeinträchtigen. Da C-14 ohnehin recht schnell zerfällt, wächst die Unsicherheit der Methode mit dem Alter der untersuchten Probe.

7 Fundstelle von Ötzi

Aufgaben

1 Recherchiere und beschreibe eine Möglichkeit der Therapie in der Nuklearmedizin.

2 Die Altersbestimmung von „Ötzi" war nur ein Problem, das die Wissenschaftler lösen konnten. Informiere dich, was die Wissenschaftler noch über Ötzi und seine Lebensumstände herausgefunden haben. Erläutere an einem Beispiel, wie sie zu diesen Erkenntnissen kommen konnten.

Das elektromagnetische Spektrum

Ende des 19. Jahrhunderts waren schon verschiedene Strahlungsarten als elektromagnetische Erscheinung bekannt. Diese können in einem Spektrum angeordnet werden.

1864 sagte James Clerk Maxwell die Existenz von elektromagnetischer Strahlung voraus.

1886 erzeugte Heinrich Hertz elektromagnetische Strahlung (Radiowellen) experimentell.

J. C. Maxwell

H. Hertz

Strahlung	Radiostrahlung				Mikrowellenstrahlung		
Bereiche (Einteilung)	Langwelle (LW)	Mittelwelle (MW)	Kurzwelle (KW)	Ultrakurzwelle (UKW)	Mikrowellen WLAN	5G-Netz	Radarwellen
Energie							
						nichtionisierende Strahlung	

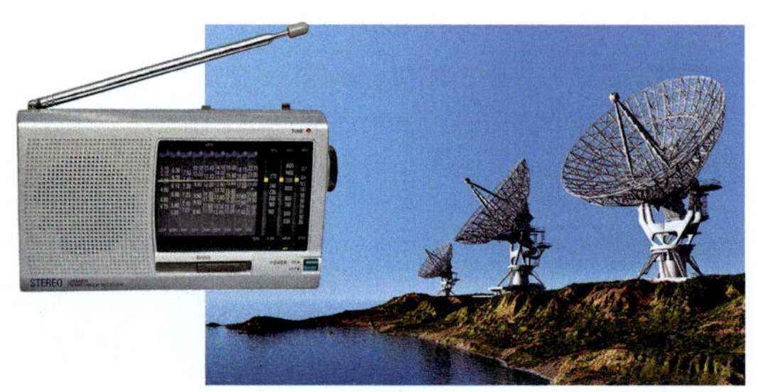

Radiowellen werden für Rundfunk- und Fernsehübertragungen genutzt. Die Übertragungsqualität der UKW-Sender ist besser als die der anderen Rundfunkbereiche. LW-, MW- und KW-Sender haben jedoch eine größere Reichweite.

Mikrowellen sind vor allem durch das entsprechende Küchengerät bekannt.

Diese Art der Strahlung wird aber auch für den Mobilfunk, zur Steuerung von Drohnen und für Bluetooth genutzt.

1895 entdeckte Wilhelm C. Röntgen eine unbekannte Strahlung, die wir heute Röntgenstrahlung nennen.

1896 entdeckte Henri Becquerel die radioaktive Strahlung.

W. C. Röntgen

H. Becquerel

Licht			Röntgenstrahlung		Radioaktive Strahlung	
Infrarot	sichtbares Licht	Ultraviolett	weiche Röntgenstrahlung	harte Röntgenstrahlung	γ-Strahlung	Höhenstrahlung (kosmische Strahlung)

anwachsend →

	ionisierende Strahlung

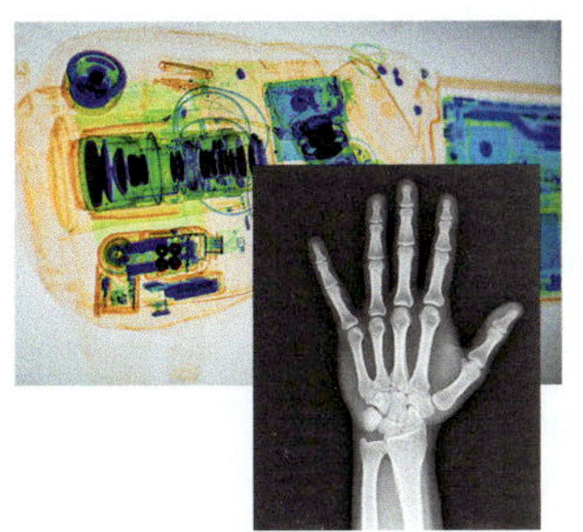

Licht im sichtbaren Bereich bildet die Grundlage unserer Wahrnehmung durch Sehen. Infrarotes Licht wird auch als Wärmestrahlung bezeichnet und entsprechend angewendet. Ultraviolettes Licht ist am energiereichsten. Bei seiner Nutzung ist entsprechende Vorsicht geboten.

Röntgenstrahlung findet Anwendung in der medizinischen Diagnostik, bei Materialprüfungen und bei der Gepäckkontrolle an Flughäfen. Da es sich um ionisierende Strahlung handelt, sind strenge Sicherheitsvorschriften zu beachten.

γ-Strahlung tritt bei natürlichen und künstlichen Kernumwandlungen auf. Sie hat ein großes Durchdringungsvermögen.

Kosmische Strahlung besteht hauptsächlich aus Protonen und α-Teilchen und einem geringen Anteil an Röntgen- und γ-Strahlung.

Aufgaben und Aufträge

Atomaufbau

1 Beschreibe am Beispiel von Kohlenstoff-12 den Aufbau des Atoms. Gib die Symbolschreibweise an.

2 Gib die Kernladungszahlen von Natrium, Schwefel und Blei an.

3 Erläutere den Begriff „Isotop“.

4 Nenne die Elemente und bestimme die Anzahl der Kernbausteine:

a $^{195}_{78}\text{Pt}$ **b** $^{197}_{79}\text{Au}$ **c** $^{7}_{\square}\text{Li}$

d $^{56}_{\square}\text{Fe}$ **e** Cs-134 **f** Cs-135

5 Entscheide, welche der folgenden Aussagen falsch sind, und begründe:

a Die Atomhülle ist 10-mal so groß wie der Atomkern.
b Die Massenzahl eines Atomkerns ist mindestens so groß wie seine Kernladungszahl.
c Die Kernladungszahl von Germanium ist 23.
d Die Kernladungszahl von Aluminium ist eine Primzahl.
e Protonen sind rot und Neutronen sind weiß.

Strahlungsarten und Halbwertszeit

6 Erläutere den Begriff „Spontanzerfall“.

7 Nenne die drei Arten von Kernstrahlung und beschreibe ihr Verhalten im Magnetfeld.

8 Begründe, dass Wasserstoffkerne keine Alphastrahlung aussenden können.

9 Ergänze die fehlenden Massenzahlen, Kernladungszahlen sowie chemischen Symbole und gib die Zerfallsgleichung in Worten an:

a $^{209}_{\square}\text{Bi} \rightarrow {}^{\square}_{\square}\square + {}^{\square}_{\square}\alpha$ **b** $^{131}_{\square}\text{I} \rightarrow {}^{\square}_{\square}\square + {}^{0}_{-1}\beta + \gamma$

10 Erläutere den Begriff „Halbwertszeit“.

11 Die Halbwertszeit von Tritium (H-3) beträgt etwa 12,3 Jahre. Bestimme, wie viel Prozent des ursprünglich vorhandenen Tritiums sind nach

a 24,6 Jahren
b 10 Jahren
c 50 Jahren noch nicht zerfallen.

12 Übertrage die Tabelle in dein Heft und ergänze die fehlenden Werte. Nutze die Tabelle auf ▸ S. 105.

Nuklid	Ausgangswert	Zeitspanne	Endwert
Lanthan-147	10 g	8 s	?
Caesium-134	120 mg	6 a	?
Zink-65	4 g	?	1 g
Cobalt-59	5 g	7 a	?
Radon-222	$96 \cdot 10^{15}$ Atome	19 d	?

13 Es stehen 80 mg Caesium-134 zur Verfügung. Zeichne das $m(t)$-Diagramm für die folgenden 10 Jahre.

14 Bierschaumexperiment ▸ 1

a Gießt in einen Standzylinder alkoholfreies Bier und messt sofort die Höhe h der Schaumkrone. Wiederholt die Messung nach jeweils 30 s und notiert die Ergebnisse.
b Tragt die Werte in ein $h(t)$-Diagramm ein.
c Ermittelt die Halbwertszeit von Bierschaum.

1 Halbwertszeit von Schaum bestimmen

Eigenschaften, Nachweis und Wirkungen

15 Strahlenbelastung

a Gib an, welcher natürlichen Radioaktivität wir auf der Erde von oben bzw. von unten ausgesetzt sind.
b Gibt es Strahlenquellen, die unter Umständen gefährlich sind? Nenne Beispiele.

16 Beschreibe die Eigenschaft radioaktiver Strahlung, die zu ihrem Nachweis genutzt wird.

17 Beschreibe drei Möglichkeiten des Schutzes vor Kernstrahlung.

Überblick

Aufbau des Atoms Ein Atom besteht aus einem Kern und einer Hülle. Im Atomkern befinden sich Protonen und Neutronen. Diese bezeichnet man als Nukleonen. Elektronen halten sich in der Atomhülle auf. Protonen sind positiv, Elektronen negativ und Neutronen nicht geladen. ▸ 2
Nuklide sind Atomkerne, die durch eine bestimmte Anzahl von Protonen und Neutronen gekennzeichnet sind.
Isotope sind Nuklide mit gleicher Anzahl von Protonen, aber unterschiedlicher Anzahl von Neutronen.
Massenzahl = Nukleonenanzahl
Kernladungszahl = Protonenanzahl (Ordnungszahl im Periodensystem)

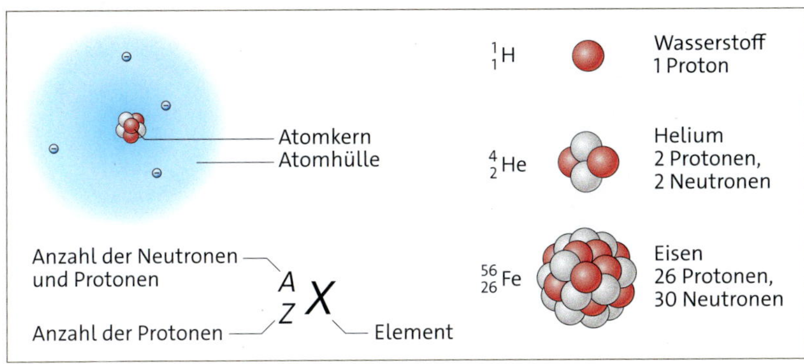

2

Spontanzerfall Radioaktive Nuklide sind Atomkerne, die spontan Strahlung aussenden und sich dadurch in andere Atomkerne umwandeln. ▸ 3
Man unterscheidet Alphastrahlung (Heliumkerne), Betastrahlung (Elektronen), Gammastrahlung (energiereiche elektromagnetische Strahlung).

Halbwertszeit Dies ist die Zeit $T_{1/2}$, in der die Hälfte einer Probe eines radioaktiven Nuklids zerfällt.

Eigenschaften radioaktiver Strahlung Radioaktive Strahlung ist ionisierende Strahlung. Sie wird anhand ihrer ionisierenden Wirkung nachgewiesen. Im Magnetfeld werden Alpha- und Betastrahlung in unterschiedliche Richtungen abgelenkt. Gammastrahlung wird nicht abgelenkt.
Die Durchdringungsfähigkeit von Alphastrahlung ist sehr gering, von Betastrahlung etwas größer. Gammastrahlung durchdringt auch dicke Bleiplatten teilweise. ▸ 4

Elektromagnetisches Spektrum Ordnet man die unterschiedlichen Strahlungsarten nach ihrem Energiegehalt, erhält man das elektromagnetische Spektrum. In Abhängigkeit von der Energie der Strahlung und der Art des Stoffes durchdringt sie Stoffe unterschiedlich stark. Ihr Ionisationsvermögen hängt ebenfalls von der Energie ab. Die Ausbreitungsgeschwindigkeit beträgt im Vakuum ungefähr 300 000 km/s.

Elektron

$$^{14}_{6}C \longrightarrow {}^{14}_{7}N + {}^{0}_{-1}\beta$$

3

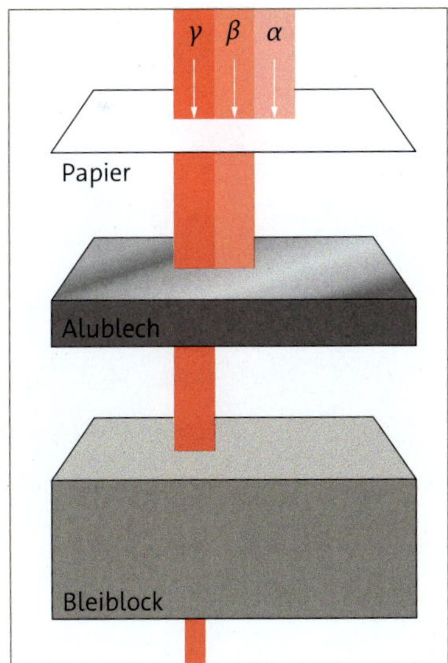

4

Regel zum Schutz vor ionisierender Strahlung:
- **A**bstand halten
- **A**bschirmen
- **A**ufenthaltsdauer minimieren

5

Radioaktive Stoffe verwenden

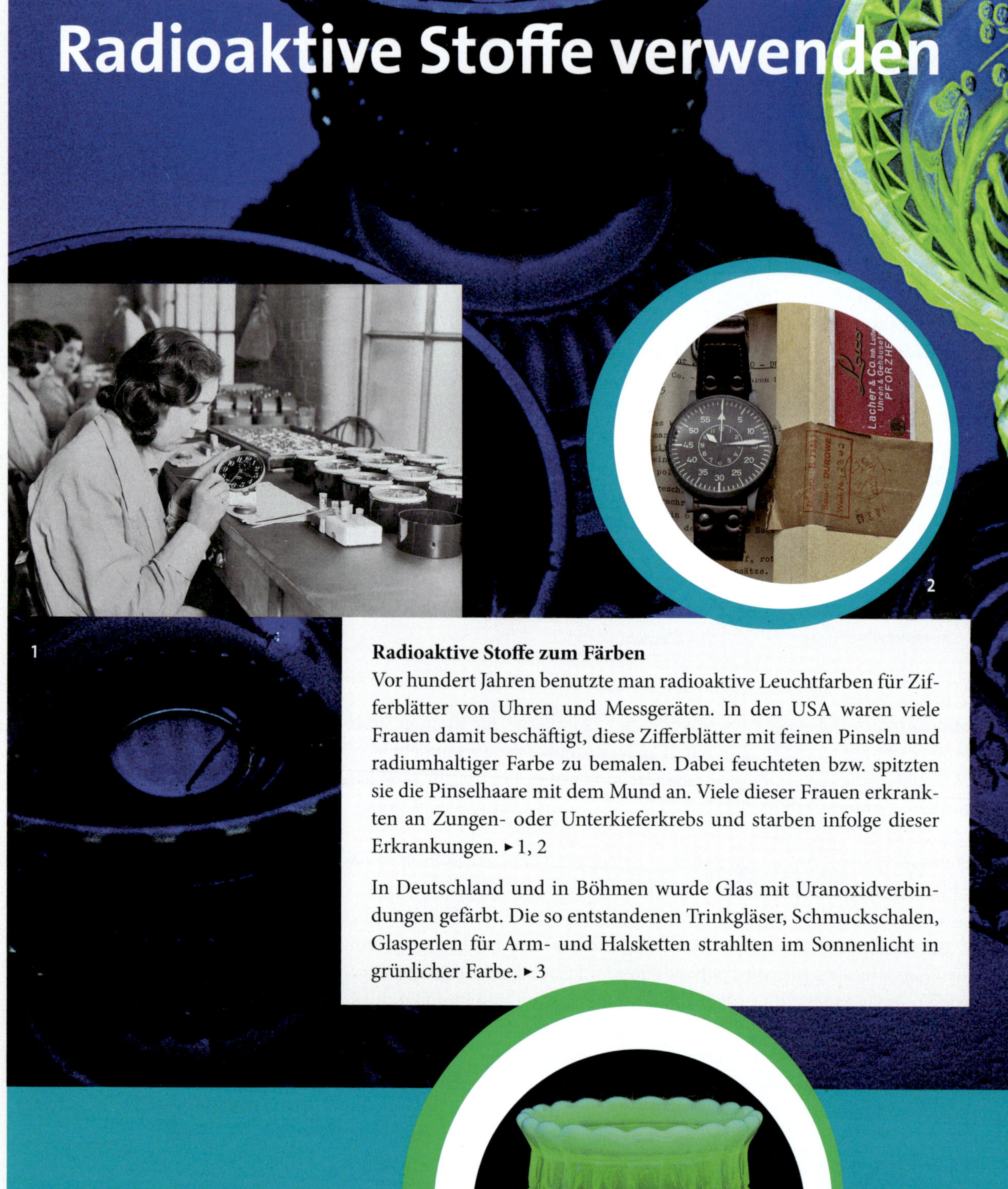

1

2

Radioaktive Stoffe zum Färben

Vor hundert Jahren benutzte man radioaktive Leuchtfarben für Zifferblätter von Uhren und Messgeräten. In den USA waren viele Frauen damit beschäftigt, diese Zifferblätter mit feinen Pinseln und radiumhaltiger Farbe zu bemalen. Dabei feuchteten bzw. spitzten sie die Pinselhaare mit dem Mund an. Viele dieser Frauen erkrankten an Zungen- oder Unterkieferkrebs und starben infolge dieser Erkrankungen. ▸ 1, 2

In Deutschland und in Böhmen wurde Glas mit Uranoxidverbindungen gefärbt. Die so entstandenen Trinkgläser, Schmuckschalen, Glasperlen für Arm- und Halsketten strahlten im Sonnenlicht in grünlicher Farbe. ▸ 3

3

Radioaktive Stoffe als Kosmetika

Zur gleichen Zeit wurden radiumhaltige Kosmetika, Zahncreme und Kondome hergestellt. Auf der Zahncremetube war zu lesen: „Die Zellen werden mit neuer Lebensenergie geladen, die Bakterien in ihrer zerstörerischen Wirksamkeit gehemmt.“ ▸ 4, 6, 7

4

Radioaktive Stoffe in Lebensmitteln

Auch Lebensmittel wie Schokolade oder Wasser wurden mit Radium versetzt. Bei der Schokolade sollte das „Urelement“ von innen verjüngen. ▸ 5

Heute gibt es in Deutschland sehr strenge Vorschriften und gesetzliche Regelungen für den Einsatz von radioaktiven Stoffen.

5

6

7

Selbst erforscht

Radioaktive Stoffe in der Umwelt

Natürliche Radioaktivität ist überall in der Umwelt vorhanden. Bei einigen Stoffen und Gegenständen kann man jedoch eine erhöhte Radioaktivität feststellen.

Auftrag

1 Radioaktivität in Stoffen

a Sammelt verschiedene Stoffe (Erde, Asche, Düngemittel, Baustoffe …) und Gegenstände (Gesteinsproben, ältere Uhren mit Leuchtziffern und Gläser …), bei denen ihr erhöhte Radioaktivität vermutet.

b Überprüft dies mit einem Zählrohr. ▸ 1

c Vergleicht mit der Nullrate und wertet die Ergebnisse aus.

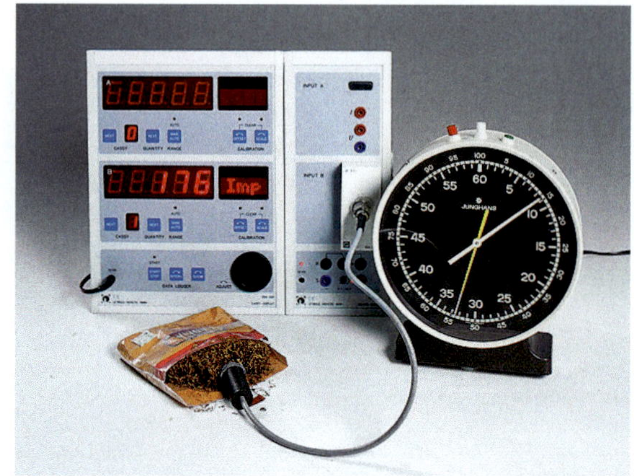

1 Radioaktiver Tabak

Radon ist ein farb-, geruch- und geschmackloses Edelgas. Das Nuklid Radon-222 entsteht in der Erdkruste. ▸ 2
Aus den Gesteinen und Mineralien steigt dieses radioaktive Gas rasch nach oben. Durch Risse, Poren und undichte Stellen in Gebäudefundamenten gelangt es auch in geschlossene Räume, vor allem Kellerräume.

2 Chemisches Symbol

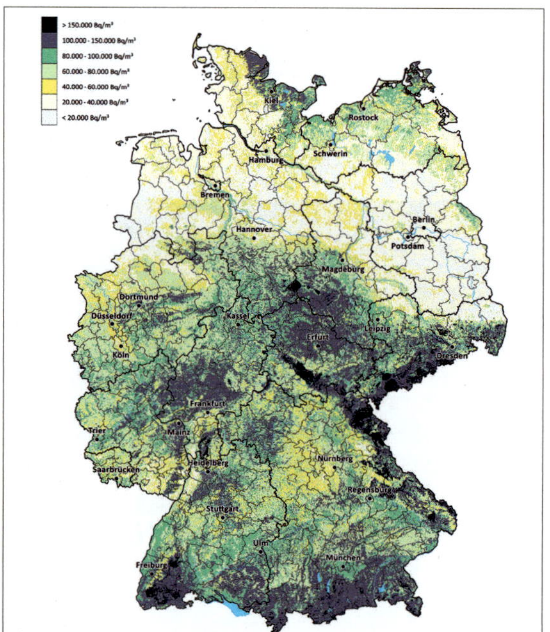

3

Auftrag

2 Radon

a Erkundigt euch über die Strahlenbelastungen und Radonkonzentrationen in eurer Region. ▸ 3

b Erhöhte Radonkonzentrationen können zu Gesundheitsschädigungen führen. Sucht nach geeigneten Maßnahmen, mit denen man diese Schädigungen vermeiden kann.
Tipp: Aktuelle Informationen erhaltet ihr vom Bundesamt für Strahlenschutz.

c Für einige Krankheiten bieten einige Kliniken vor allem in Deutschland und Österreich Radonkuren an. Nennt Anwendungsbereiche und Behandlungsmethoden.

Testaufgaben zu „Wirkungen von Strahlung“

1 Entscheide, welche Aussagen zur infraroten Strahlung richtig sind.

A Sie wird von Wärmequellen ausgesendet.

B Sie führt zu Sonnenbrand.

C Sie breitet sich mit Lichtgeschwindigkeit aus.

D Sie durchdringt Glasscheiben.

2 Überprüfe, welche Aussagen zur ultravioletten Strahlung nicht zutreffen. Begründe.

A Sie regt bestimmte Stoffe zum Leuchten an.

B Sie erzeugt an der Körperoberfläche eine angenehme Wärmewirkung.

C Sie ordnet sich im elektromagnetischen Spektrum zwischen dem sichtbaren blauen und violetten Licht ein.

D Sie wird von der Sonne ausgesendet und durch die Ozonschicht in der Erdatmosphäre abgeschirmt.

3 Ordne hertzsche Wellen, UV-Strahlung, IR-Strahlung, Röntgenstrahlung und radioaktive Strahlung nach ihrem Energiegehalt. Beginne bei der Strahlung mit der größten Energie. Ziehe Schlussfolgerungen bezüglich der Risiken für die Gesundheit des Menschen.

4 Atome und Atomkerne

a Beschreibe den Aufbau eines Atoms.

b Gib an, wofür Massenzahl und Kernladungszahl stehen.

5 Alle Atome bestehen aus Protonen, Neutronen und Elektronen. Welche Ladung haben diese Bausteine? Was kann man über die Anzahl der Bausteine im neutralen Atom aussagen?

6 Gib jeweils den Namen des Elements und die Anzahl der Kernbausteine an:

$^{1}_{1}\mathrm{H}$; $^{4}_{2}\mathrm{He}$; $^{16}_{\square}\mathrm{O}$; $^{56}_{\square}\mathrm{Fe}$; Fe-57; Hg-198

7 Erläutere den Begriff Isotop.

8 Erkläre die Begriffe Spontanzerfall und Halbwertszeit.

9 Fluor-18 hat eine Halbwertszeit von 2 h. Berechne, wie viel Gramm dieses radioaktiven Nuklids nach 6 h noch übrig sind, wenn ursprünglich 1 g zur Verfügung stand.

10 Gib die folgenden Zerfallsgleichungen in Worten wieder.

a $^{210}_{82}\mathrm{Pb} \rightarrow {}^{206}_{80}\mathrm{Hg} + {}^{4}_{2}\alpha$

b $^{212}_{82}\mathrm{Pb} \rightarrow {}^{212}_{83}\mathrm{Bi} + {}^{0}_{-1}\mathrm{e}$

c $^{131}_{54}\mathrm{Xe} \rightarrow {}^{131}_{54}\mathrm{Xe} + \gamma$

11 Strahlenbelastung

a Erläutere die Begriffe terrestrische und kosmische Strahlung.

b Geht von dieser Strahlung eine Gefahr aus?

c Gib an, warum Patienten einen Röntgenpass führen sollten.

12 Vergleiche das Durchdringungsvermögen unterschiedlicher radioaktiver Strahlung und nenne Schutzmöglichkeiten vor Strahlenschäden.

13 Welche Gefahren ergeben sich für Patienten sowohl bei der nuklearmedizinischen Diagnostik als auch bei der Therapie?

Aufgabe	Fähigkeit	Hilfe auf Seite ...
1, 2, 3	Strahlungsarten energetisch in das Spektrum einordnen.	92 ff., 96 ff., 112 f.
4, 5, 6, 7, 8, 9	Eigenschaften radioaktiver Stoffe nennen.	102 ff., 106 f.
10	Kernzerfälle beschreiben und Zerfallsgleichungen aufstellen.	104
1, 2, 3, 12	Wechselwirkungen zwischen elektromagnetischer Strahlung und Materie beschreiben.	107, 110 f.
11, 12, 13	Risiken und Sicherheitsmaßnahmen bei der Nutzung von Strahlung bewerten.	108 f.

▸ Die Lösungen findest du auf Seite 213.

Schall – Entstehung und Ausbreitung

Schall beeinflusst unser Leben in vielfältiger Weise. Bereits ein Säugling orientiert sich an der Stimme seiner Eltern. Etwas später – als Kleinkind – lernt man sprechen und nutzt den Schall, um gezielt Informationen zu übertragen.
Unsere Umwelt hält weitere Formen des Schalls für uns bereit. Manche nutzen wir, wie die Musik z. B., andere sind eher störend, wie z. B. der Verkehrslärm.
Aber welcher Form man auch begegnet, sie alle gehören in die große Gruppe der Schwingungen. Das Wissen um deren Eigenschaften und Anwendungen beeinflusst also maßgeblich unser Leben.

Beim Gitarrespielen bewegen sich die Saiten sichtbar hin und her. Ähnliches gilt für die angeschlagenen Membranen eines Schlagzeugs. In einer Band gibt es eine ganze Reihe von Körpern, die ähnliche Schwingungen ausführen.

Schwingungen

Schwingungen gibt es nicht nur bei Musikinstrumenten. In unserem Alltag gibt es viele Schwingungen, z. B. die Bewegung einer alten Pendeluhr oder das Hin und Her von Schaukeln auf dem Spielplatz. ▸ 2
Betrachten wir Federn, Gummibänder oder andere elastischen Gegenstände, entdecken wir weitere schwingende Körper. Beispiele sind:

- die Lautsprechermembran bei der Wiedergabe von Musik ▸ 3
- vibrierende Motoren und Maschinen
- der Bungeespringer während des Sprungs ▸ 4
- die Stoßdämpfer an Fahrzeugen ▸ 5
- die Erdoberfläche bei einem Erdbeben
- das Auf und Ab einer Tätowiernadel ▸ 6

Schwingen Körper, so führen sie eine ganz bestimmte Bewegung mit gleichen Merkmalen und messbaren Größen aus.

2 Schwingungen einer Schaukel

3 Lautsprechermembran

4 Schwingung des Bungeespringers

5 Stoßdämpfer

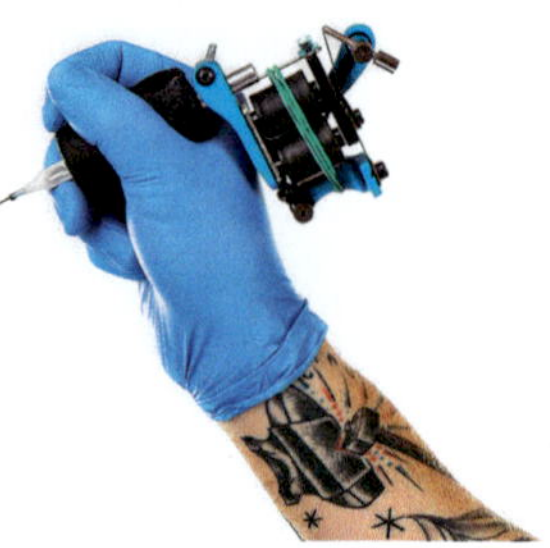

6 Tätowiernadel

Weißt du's?

Löse die folgenden Aufgaben. Deine Antworten kannst du mithilfe des Diagramms überprüfen: Eine Lösung ist richtig, wenn die Koordinaten einen Punkt auf der blauen oder roten Kurve ergeben.

1 Eine Kinderschaukel … hin und her.

A schwingt (0,5 | 1)
B wackelt (0,25 | 3)
C schwebt (0,75 | −1)

2 Der Begriff periodisch sagt uns, dass …

A sich ein Körper zur Ruhe legt. (1 | 1)
B sich ein Ablauf wiederholt. (1 | 0)
C eine Bewegung schneller wird. (0 | 1)

3 In welchem Bild ist ein Pendel zu sehen?

A (1,5 | 3,5)

B (1,25 | −2)

C (−3 | −1)

4 Ein an einem langen Faden hängender Körper schwingt ... ein Körper mit kurzer Aufhängung.

A schneller als (2,5 | 2,5)
B gleich schnell wie (2,5 | 0)
C langsamer als (2,5 | −3,5)

5 Eine schwingende Feder …

A schwingt mit der Zeit immer schneller. (0 | 3)
B bewegt sich ewig weiter. (0 | −3)
C kommt mit der Zeit zum Stillstand. (3 | 0)

6 Der Stoßdämpfer eines Fahrzeugs wandelt …

A chemische in elektrische Energie um. (−3,5 | 0)
B mechanische in chemische Energie um. (3,5 | −3,5)
C mechanische Energie in Wärme um. (3,5 | 3,5)

7 Unsere Stimme wird durch … erzeugt.

A Schwingungen der Stimmbänder (3,5 | −1)
B Bewegungen der Zunge (3,5 | −2)
C angespannte Atemzüge (−3,5 | −1)

8 Ein Lautsprecher …

A sendet einen Luftstrom aus. (0 | 4)
B erzeugt eine Strahlung. (0 | −4)
C erzeugt Töne durch Schwingungen. (4 | 0)

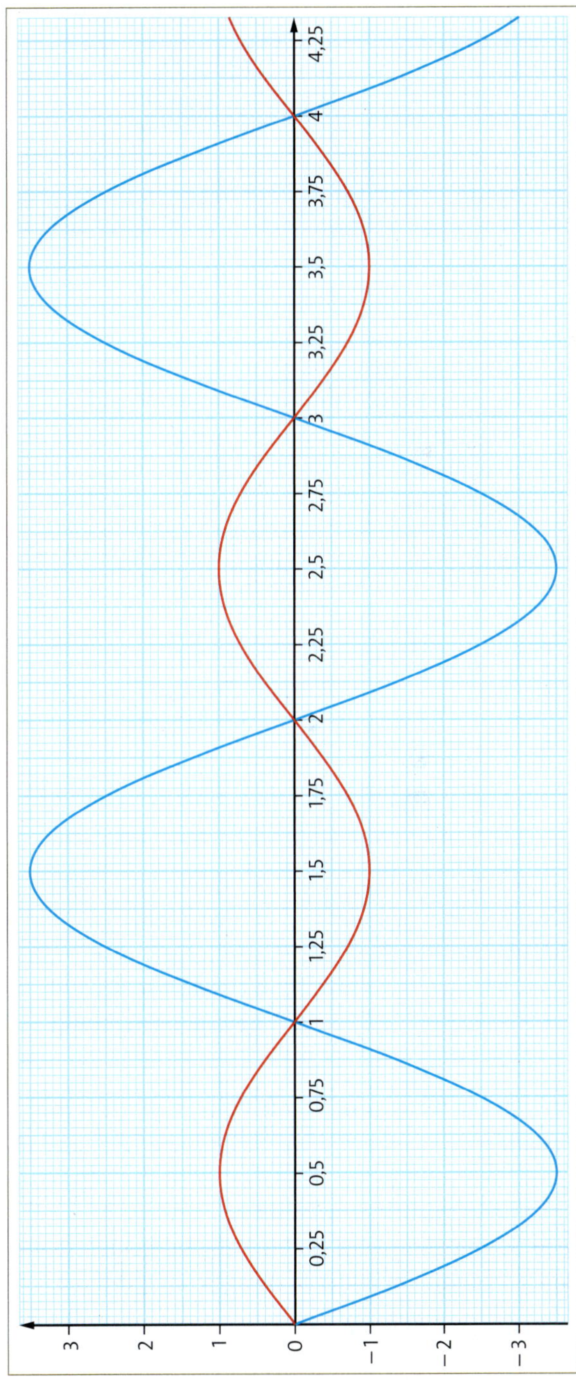

Kenngrößen einer Schwingung

1

Mithilfe einer Rüttelmaschine verdichten Bauarbeiter den Boden. Damit die erzeugten Schwingungen das gewünschte Ergebnis erzielen, sollte man einige Kenntnisse über die Physik und die Kenngrößen von Schwingungen haben.

Experiment

1 Schwingungen

Baue ein Faden- und ein Federpendel auf.
Versetze beide Pendel in Schwingung. Beobachte und versuche, Gemeinsamkeiten der Bewegungen herauszufinden und zu beschreiben.

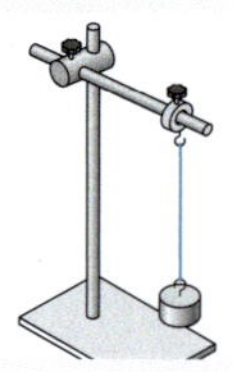

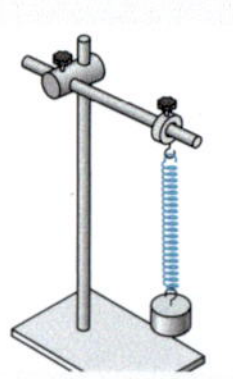

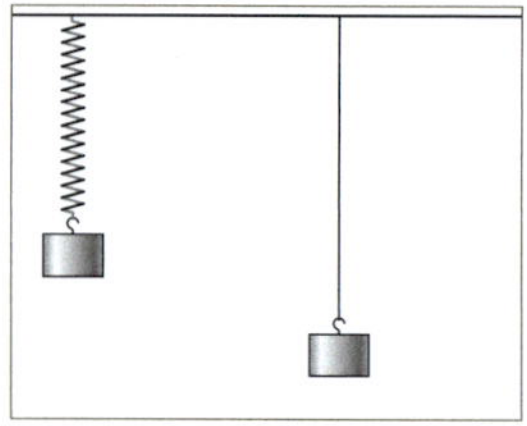

1. Ein schwingungsfähiger Körper befindet sich in einer Ruhelage.

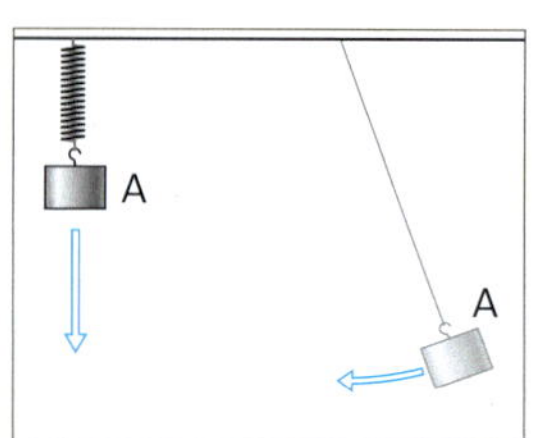

2. Er wird bis zum Punkt A bewegt und losgelassen. Er ändert seine Bewegungsrichtung.

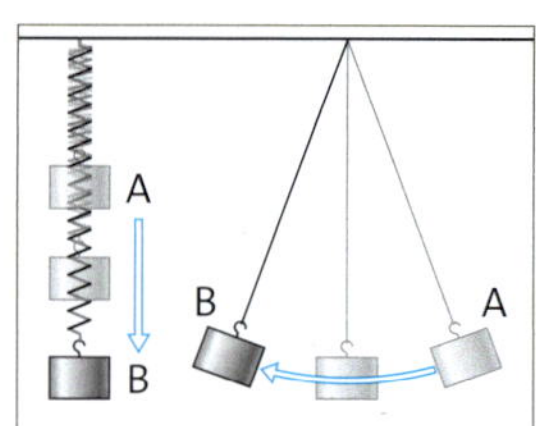

3. Mit zunehmender Geschwindigkeit bewegt er sich zur Ruhelage zurück und an dieser vorbei zum Punkt B.

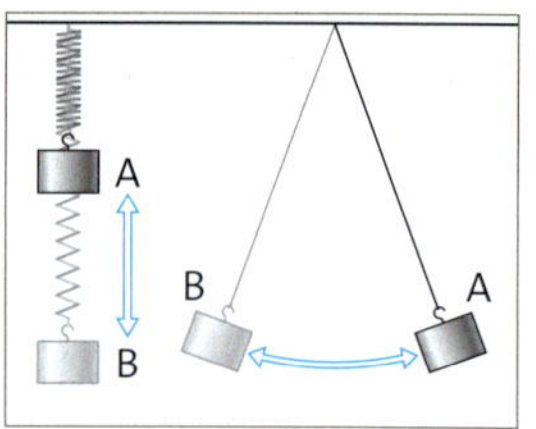

4. Dort ändert er wieder seine Bewegungsrichtung und kehrt zum Ausgangspunkt A zurück.

Periodische Bewegung Diese Bewegung wiederholt sich in gleichen Zeitabständen. Man nennt diese periodische Hin- und Herbewegung *Schwingung*. Eine vollständige Schwingung ist die Bewegung vom Punkt A zu B und wieder zurück zum Punkt A.
Jede Schwingung wird durch Reibung gebremst. Die Bewegung kommt daher irgendwann in der Ruhelage zum Stillstand.

> **Eine mechanische Schwingung ist eine periodische Bewegung eines Körpers um eine Ruhelage herum. Dabei bewegt er sich zwischen zwei Umkehrpunkten hin und her.**

Aufgabe

1 Beschreibe und skizziere die Bewegung eines Federpendels. Beziehe dabei die Begriffe Ruhelage, Umkehrpunkt und Geschwindigkeit ein.

Experiment

2 Pendel

a Baue ein Fadenpendel und ein Federpendel auf. Beobachte und beschreibe die Bewegung der Pendelkörper.

b Skizziere beide Pendel und zeichne alle Kräfte ein, die an den Pendeln angreifen.

c Entscheide, welche Kraft die beobachtete Bewegung hervorruft.

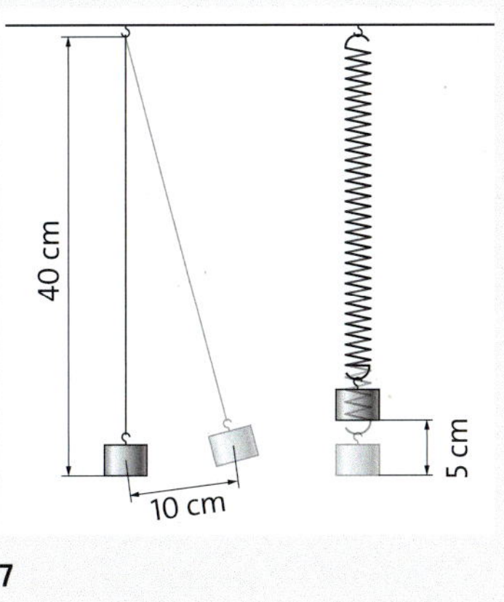

7

Auslenkung Der Pendelkörper wird durch eine einmalig wirkende Kraft von der Ruhelage zum Punkt A ausgelenkt. Nachdem er losgelassen wurde, bewegt er sich durch die Erdanziehungskraft (Gewichtskraft) zur Ruhelage zurück. Danach schwingt er durch seine Trägheit weiter zum Umkehrpunkt B. Dort erreicht er seine größte Auslenkung, die auch *Amplitude* y_{max} genannt wird. ▸ 8

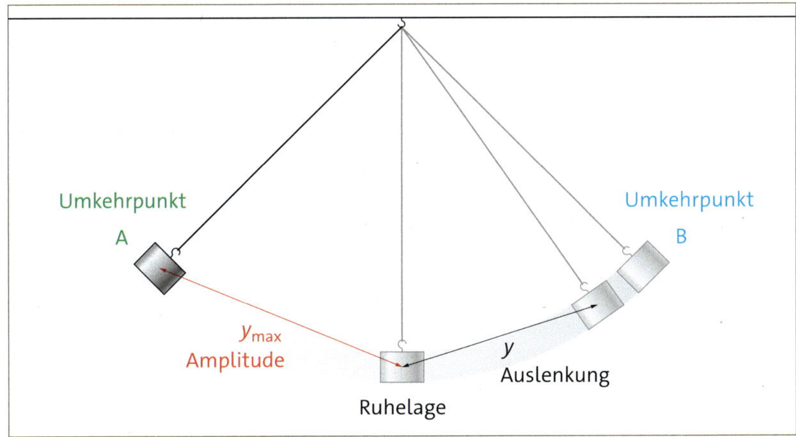

8

An den Umkehrpunkten ändert der Körper seine Bewegungsrichtung. Jetzt wiederholt sich der erste Teil der Bewegung durch Erdanziehungskraft und Trägheit des Körpers in umgekehrter Richtung. Schließlich erreicht der Pendelkörper wieder den Umkehrpunkt A. Eine vollständige Schwingung ist abgelaufen.

Die Auslenkung y gibt an, wie weit der schwingende Körper zu einem bestimmten Zeitpunkt von seiner Ruhelage entfernt ist.
Der größte Abstand des Körpers von der Ruhelage wird Amplitude genannt und mit y_{max} bezeichnet.

Schwingungen entstehen durch zur Gleichgewichtslage rücktreibende Kräfte und die Trägheit des schwingenden Körpers.

Übrigens

Die Auslenkung wird manchmal auch Elongation genannt. Beide Begriffe sind gleichbedeutend.

Aufgabe

1 Bei Fitnessübungen wird oft ein Flexistab eingesetzt. ▸ 9 Fertige eine Skizze der Schwingung an. Trage Umkehrpunkte und Amplitude ein. Welche Kräfte wirken?

9

Experiment

3 Dauer von Schwingungen

a Baue ein Fadenpendel mit einer Länge von 30 cm auf. Lenke den Pendelkörper 10 cm aus. Bestimme die Zeit, die das Pendel für eine Schwingung benötigt.

b Wiederhole das erste Experiment mehrfach. Stoppe die Zeiten für eine verschiedene Anzahl von Schwingungen.

c Trage die Werte von Aufgabenteil a und b im Heft in eine Tabelle ein. Bestimme aus den Messwerten jeweils die Dauer einer einzelnen Schwingung. Vergleiche deine Ergebnisse mit denen deiner Mitschüler. Was fällt euch auf?

Anzahl Schwingungen	1	10	15	...	...
Zeit in Sekunden	?	?	?	?	?

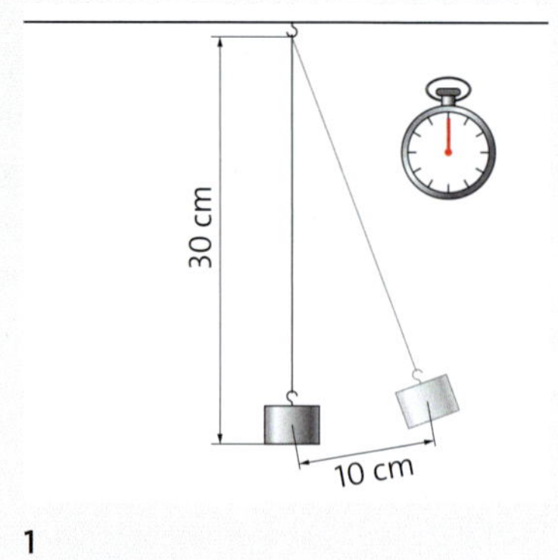

1

Schwingungsdauer Man stellt recht schnell fest, dass es sehr schwierig ist, die Zeit für eine einzige Schwingung zu messen. Unsere Reaktionszeit beim Stoppen der Zeit verfälscht das Ergebnis sehr stark.
Sehr gut ist eine Vorgehensweise geeignet, bei der die Zeit für 10 Schwingungen gestoppt wird. Anschließend dividiert man die gemessene Zeit durch die Anzahl der Schwingungen und hat schließlich die Schwingungsdauer für eine Schwingung ermittelt.

Diese Schwingungsdauer wird oft auch als *Periodendauer* bezeichnet, da eine Schwingung ein sich periodisch wiederholender Vorgang ist.

Die Schwingungs- oder Periodendauer gibt an, wie lange ein schwingender Körper für eine vollständige Hin-und-Herbewegung benötigt.
Formelzeichen: T
Einheit: Sekunde (s)

Es gilt: $\text{Schwingungsdauer} = \frac{\text{gemessene Zeit}}{\text{Anzahl der Schwingungen}}$; $T = \frac{t}{n}$.

Aus der Schwingungsdauer lässt sich eine weitere Größe – die *Frequenz* – berechnen.

Die Frequenz gibt an, wie viele Schwingungen ein Körper pro Sekunde ausführt.
Formelzeichen: f
Einheit: Hertz (Hz), Kilohertz (kHz), Megahertz (MHz)

$1\,\text{Hz} = \frac{1}{\text{s}}$; $1\,\text{MHz} = 1000\,\text{kHz} = 1\,000\,000\,\text{Hz}$

Es gilt: $\text{Frequenz} = \frac{1}{\text{Schwingungsdauer}}$; $f = \frac{1}{T}$.

Töne sind Luftdruck-Schwingungen. Sie haben eine sehr kurze Schwingungsdauer, also eine große Frequenz. Für Kammerton a gilt: $f = 440\,\text{Hz}$ und $T = 0{,}002\,\text{s}$. ▸ 2

2 Sichtbar wird die Schwingung der Stimmgabel, wenn man sie in Wasser hält.

Aufgabe

1 Ein Kind auf einer Schaukel benötigt für 20 Schwingungen eine Zeit von 50 s.
Berechne Schwingungsdauer und Frequenz der Schaukel.

Experiment

4 Schwingungsbilder

Fülle einen Luftballon mit Wasser, binde ihn zu und hänge ihn als Fadenpendel an einem etwa 1 m langen Faden auf. Bringe den Luftballon mit ungefähr 30 cm Auslenkung zum Schwingen. Fotografiere nun diese Schwingung mit der Serienbildfunktion einer Kamera oder eines Smartphones. Drucke die Bilder aus und klebe sie aneinander. Du kannst die Bilder auch mit einer geeigneten Software bearbeiten. Beschreibe, was zu sehen ist.

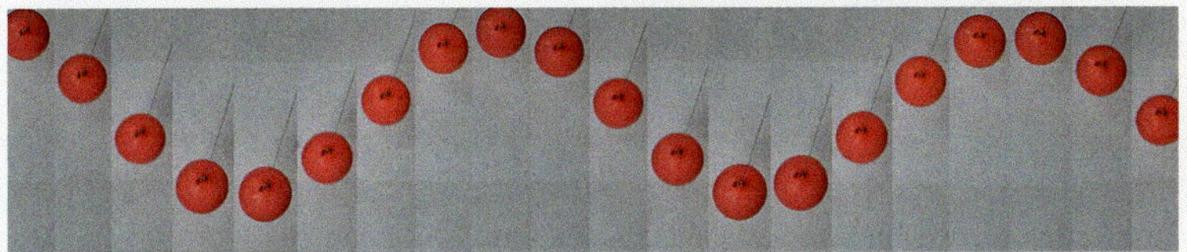

3 Schwingungsbild

4

Darstellung einer Schwingung Stellt man die Auslenkung einer Schwingung in Abhängigkeit von der Zeit grafisch dar, erhält man das Schwingungsbild – ein $y(t)$-Diagramm. Ein solches Bild erhält man auch, wenn man die Fotos verschiedener Schwingungszustände in zeitlich richtiger Reihenfolge aneinanderreiht und verbindet. ▸ 3 Aus dem $y(t)$-Diagramm kann man Amplitude und Schwingungsdauer der Schwingung bestimmen.

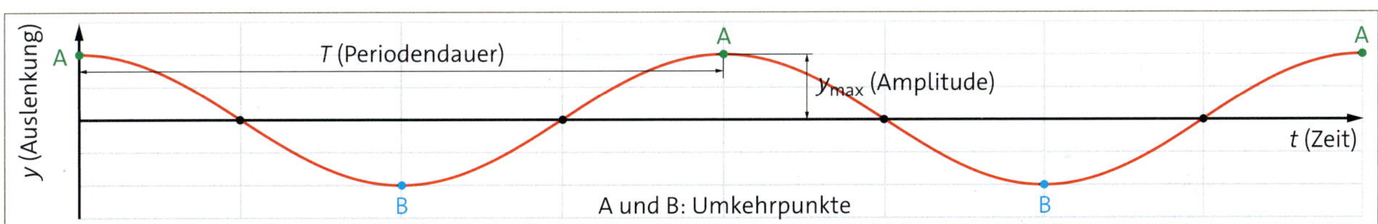

5 $y(t)$-Diagramm einer Schwingung

Das $y(t)$-Diagramm einer Schwingung kann sehr verschieden aussehen. Allen gemeinsam ist aber die periodische Wiederholung gleicher Bewegungsmuster.

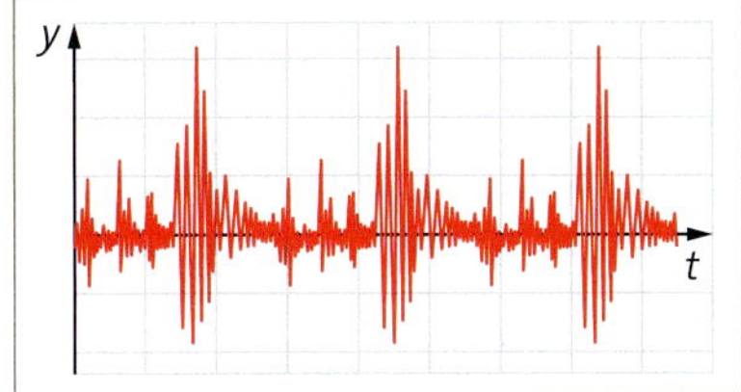

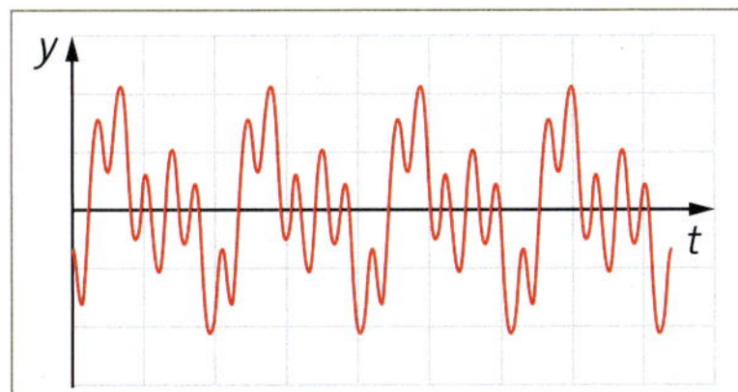

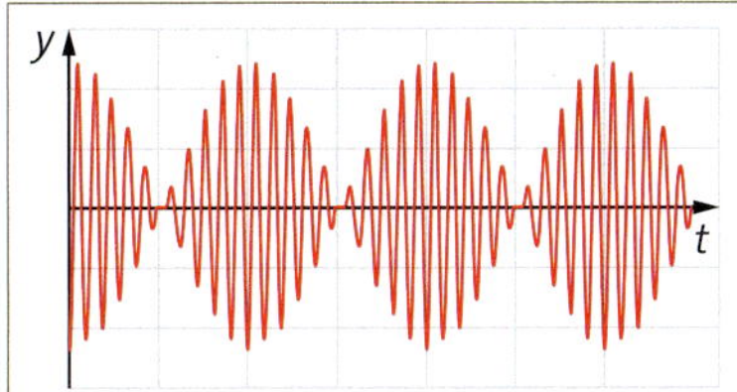

6 Unterschiedliche Schwingungen im $y(t)$-Diagramm

Aufgabe

1 Zeichne das $y(t)$-Diagramm für eine Schwingung mit $y_{max} = 2{,}5$ cm und $T = 0{,}5$ s. Berechne die Frequenz dieser Schwingung. Ermittle die Auslenkung nach 0,1 s.

Energieumwandlungen

1

Eine Pendeltür darf ihre Schwingung nicht wiederholen. Nach maximal einer Periode muss die Tür wieder still stehen. Andernfalls gäbe es Probleme für Personen, die die Tür passieren wollen.

Experiment

1 Veränderung der Amplitude
Versuche in einem Experiment das Schwingungsverhalten eines Fadenpendels so zu beeinflussen, dass es dem einer Pendeltür ähnelt. Nutze die abgebildeten Hilfsmittel.

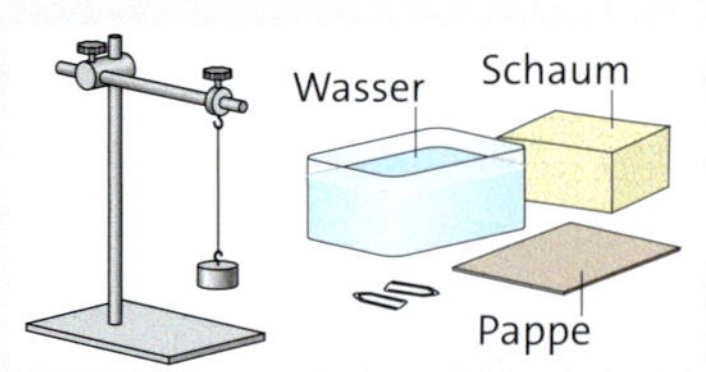

Ungedämpfte Schwingung Während einer mechanischen Schwingung werden verschiedene Energieformen ineinander umgewandelt. Im Idealfall findet ständig, d. h. periodisch, eine Umwandlung zwischen potenzieller und kinetischer Energie statt. Dabei bleibt die Amplitude unverändert, die Schwingung kommt nicht zum Stillstand. ▸ 3a

Gedämpfte Schwingung In der Praxis ist bei mechanischen Systemen immer auch Reibung vorhanden. Diese führt dazu, dass die mechanische Energie schrittweise in Wärme umgewandelt und an die Umwelt abgegeben wird. Die Schwingung kommt nach einer Weile zum Stillstand. ▸ 3b

Nimmt die Amplitude einer Schwingung ab, handelt es sich um eine gedämpfte Schwingung. Bei einer gedämpften Schwingung wird mechanische Energie in Wärme umgewandelt und abgegeben.

Eine große Dämpfung führt dazu, dass mechanische Energie sehr schnell in Wärme umgewandelt wird. Die Amplitude nimmt rasch ab, das Pendel bleibt nach kurzer Zeit stehen. Bei Türen übernehmen Schwingungsdämpfer diese Aufgabe. Sie sind oft in die Türscharniere eingebaut.

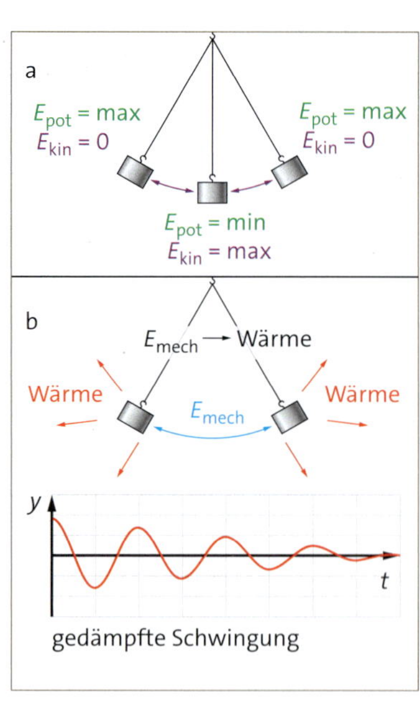

3

Aufgaben

1 Beschreibe die Energieumwandlungen bei einer ungedämpften und einer gedämpften Schwingung.

2 Verschaffe dir einen Überblick über Tür- und Schubladendämpfer und deren Funktionsweise.

Experiment

2 Konstante Amplitude

Ein Federpendel soll so ausgelenkt werden, dass die Amplitude gleich bleibt. Versuche diese Vorgabe in einem Experiment zu realisieren.

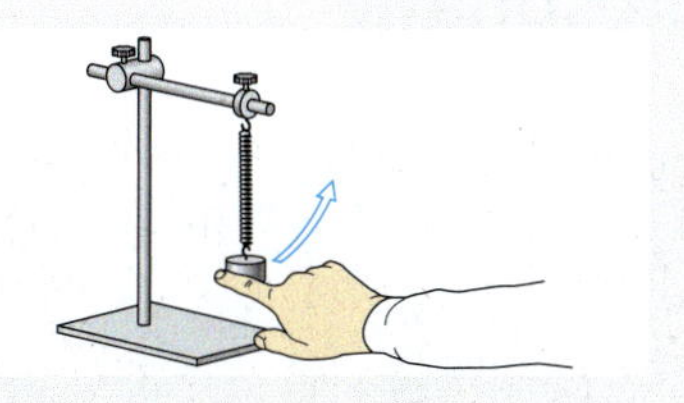

Ausgleich der Dämpfung Reibung führt zur Dämpfung einer Schwingung. Leider ist dieser Prozess in der Realität nicht zu verhindern. Man kann Reibung zwar durch geeignete Materialien verringern, ein kleiner Rest bleibt aber immer. Soll eine Schwingung ungedämpft verlaufen, ist es notwendig, die durch Reibung verloren gegangene Energie dem System periodisch wieder zuzuführen.
Im einfachsten Fall wird das Fadenpendel mit dem Finger regelmäßig angeschoben. In der Praxis geschieht das über geeignete Energiespeicher (z. B. Federn oder Batterien) und passende Antriebe. ▸ 5

Bleibt bei einer Schwingung die Amplitude konstant, handelt es sich um eine ungedämpfte Schwingung. Dabei muss periodisch Energie zugeführt werden, um die durch Reibung in Form von Wärme abgegebene Energie auszugleichen.

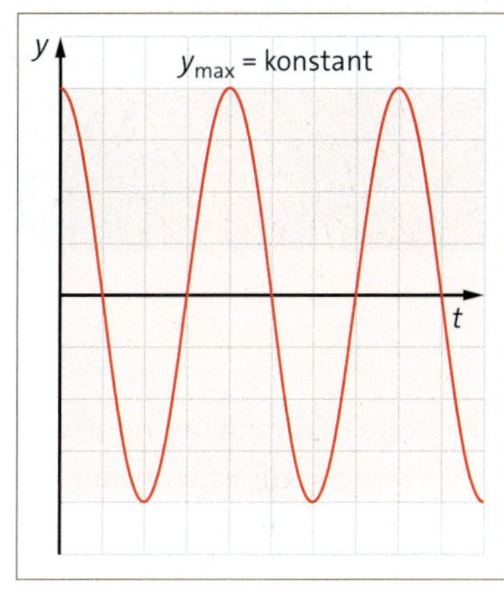

5 Ungedämpfte Schwingung

Stoßdämpfer Fahrsicherheit und Fahrkomfort erfordern die Verringerung von Schwingungen, die durch Unebenheiten der Fahrbahn entstehen. Diese Schwingungen werden im Stoßdämpfer absorbiert. Die Räder werden dadurch immer auf dem Boden gehalten, was die Fahrsicherheit verbessert.
Das Prinzip aller hydraulischen Stoßdämpfer ist, Bewegungsenergie aufzunehmen und in Form von Wärme an die Umwelt abzugeben. Dazu wird Öl im Stoßdämpfergehäuse durch enge Öffnungen und Ventile gepresst. Für das Pressen ist Energie nötig. Sie wird vor allem dem schwingenden Rad entzogen – die Schwingungen werden gedämpft.

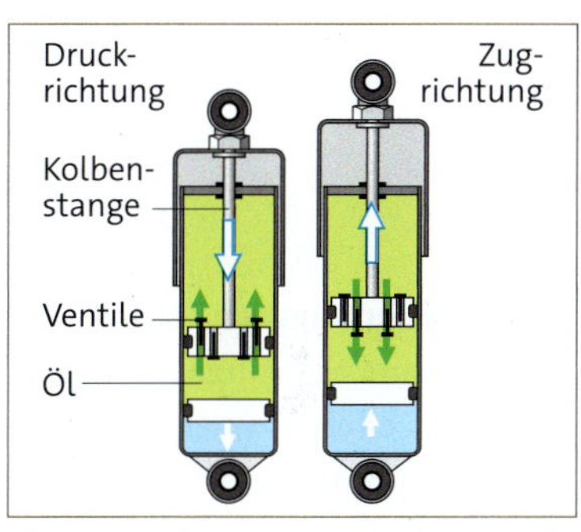

6

Aufgaben

1 Notiere Beispiele für ungedämpfte Schwingungen. Woher erhalten sie zusätzliche Energie?

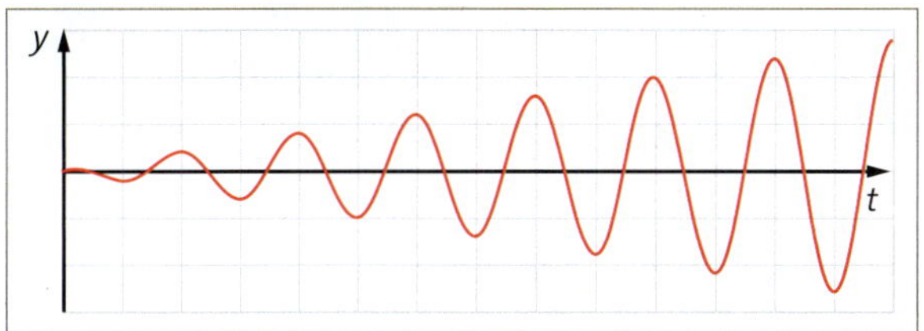

7

2 Begründe mit der Energieerhaltung, dass Stoßdämpfer beim Fahren heiß werden.

3 Interpretiere diese Schwingungsdiagramme: ▸ 7, 8.

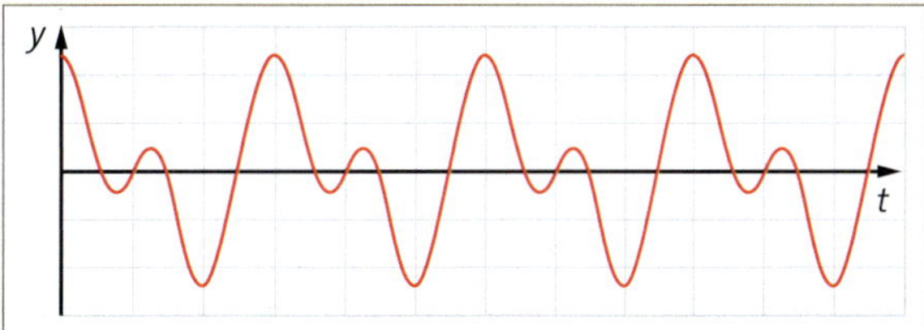

8

4 Nenne Gefahren, die durch defekte Stoßdämpfer auftreten können.

Resonanz

1

Auf dem Bild siehst du den Zusammenbruch der Tacoma-Narrows-Brücke im Nordwesten der USA. 1940 brachte ein starker Wind die Brücke zum Schwingen. Die Schwingungen wurden immer stärker, bis die Brücke zerbrach. Normalerweise hätte die Brücke noch weit stärkeren Wind aushalten müssen.

Experiment

1 Pendel zum Schwingen anregen

Versuche ein Fadenpendel zum Schwingen zu bringen, ohne es zu berühren. Du kannst es z. B. mit Anpusten versuchen. Beschreibe, unter welchen Bedingungen es dir besonders gut gelingt.

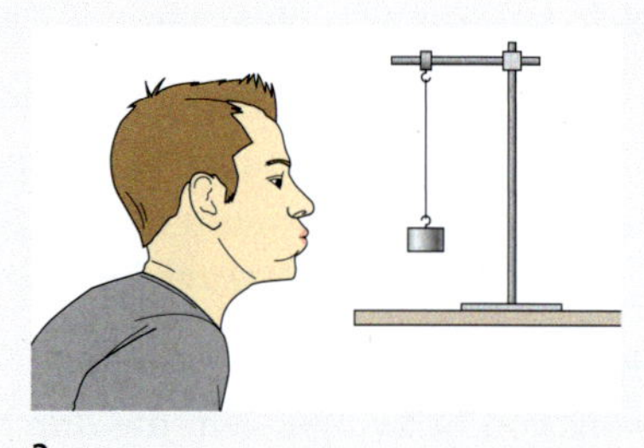
2

Energieübertragung Man kann Pendel und andere schwingungsfähige Systeme zum Schwingen anregen, indem man ihnen Energie zuführt. Um möglichst effektiv Energie zu übertragen und so z. B. beim Pendel eine große Amplitude zu erreichen, ist es entscheidend, die Energie immer zum richtigen Zeitpunkt zu übertragen.

Um einem schwingungsfähigen System effektiv Energie zuzuführen, muss die Energie zu geeigneten Zeitpunkten übertragen werden.

Im Experiment heißt das: Wenn es gelingt, regelmäßig und im richtigen Moment zu pusten, dann wird jedes Mal ein wenig Energie übertragen und die Amplitude des Pendels wird immer größer.

Eigenfrequenz und Erregerfrequenz Jedes schwingungsfähige System hat eine für das System typische Schwingungsdauer und damit auch eine typische Frequenz. Diese wird als Eigenfrequenz bezeichnet. Um die Amplitude zu erhöhen, muss das Anregen der Schwingung regelmäßig erfolgen. Damit kann man dieser Erregung ebenfalls eine Frequenz zuordnen. Diese nennt man Erregerfrequenz.
Im Experiment ist die Frequenz, mit der das Pendel schwingt, die Eigenfrequenz. Du hast dieses Pendel durch Pusten angeregt. Die Frequenz, mit der du gepustet hast, ist die Erregerfrequenz.

3

Aufgabe

1 Erkläre die Begriffe Erregerfrequenz und Eigenfrequenz am Beispiel eines schaukelnden Kindes.

Experiment

2 Resonanz beim Fadenpendel
Bestimme Schwingungsdauer und Eigenfrequenz eines Fadenpendels. Rege das Pendel dann wie im Bild zum Schwingen an. Bewege dabei die Hand zuerst sehr viel langsamer, dann sehr viel schneller und zuletzt möglichst genau mit der Eigenfrequenz des Pendels. Beschreibe die Amplitude. Erkläre deine Beobachtung.

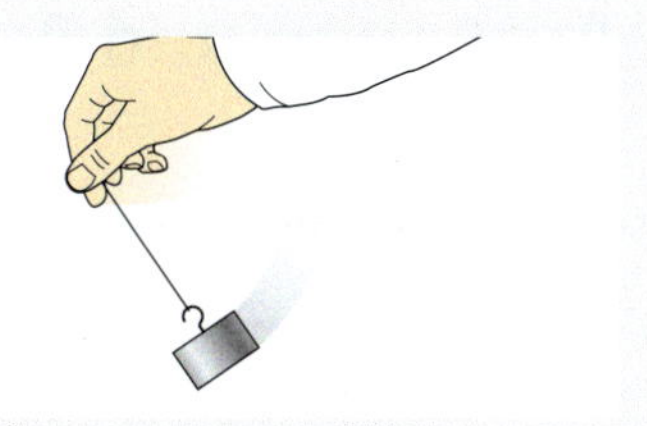

Resonanz Erfolgt die Anregung viel schneller oder langsamer als die Eigenfrequenz, bleibt die Amplitude des Pendels klein. Bewegt man die Hand mit der Eigenfrequenz des Pendels, wird die Amplitude immer größer. Man spricht von Resonanz. Die Amplitude kann so groß werden, dass sich das schwingungsfähige System selbst zerstört: eine Resonanzkatastrophe.

Resonanz tritt bei regelmäßiger Anregung ein, wenn gilt:
Erregerfrequenz = Eigenfrequenz.
Die Amplitude der Eigenschwingung wird dann maximal.

Unerwünschte Resonanz Bei der Tacoma-Narrows-Brücke sorgte Wind für Schwingungen in den Halteseilen. Diese hatten die Eigenfrequenz der Brücke, und die Amplitude verstärkte sich, bis die Brücke einstürzte.
Ein 50 m hohes Windrad schwingt etwa alle 3 s hin und her. Schwingungswächter regulieren die Drehzahl des Motors, um Resonanz zu vermeiden.

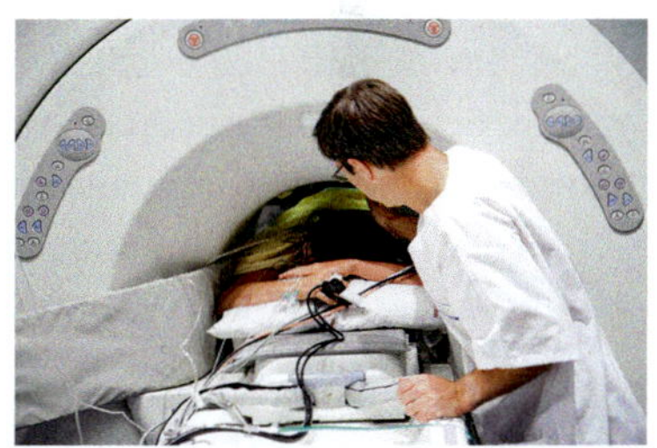

5

Erwünschte Resonanz Bei vielen Menschen entwickeln sich Tumore im Unterleib. Statt zu operieren kann man Resonanz nutzen, um das Tumorgewebe zu zerstören: Dazu sendet man passend hochfrequenten Schall durch die Haut, der die Teilchen im Tumor immer stärker zum Schwingen bringt. Dadurch heizt sich der Tumor auf und zerstört sich selbst.

Lenkerflattern Bei Zweirädern ist das Vorderrad gefedert. Dadurch kann es schwingen. Wird dieses Schwingen mit einer Frequenz angeregt, die der Eigenfrequenz nahekommt, schwingt der Lenker immer stärker mit.
Die Anregung kann durch den Straßenbelag oder den Motor erfolgen, z. B. bei einer bestimmten Geschwindigkeit oder Motordrehzahl. Gefährlich wird es, wenn die Federung nicht ausreichend gedämpft ist. Beim Fahrrad hilft es, zur Dämpfung die Ellenbogen an den Körper zu legen.

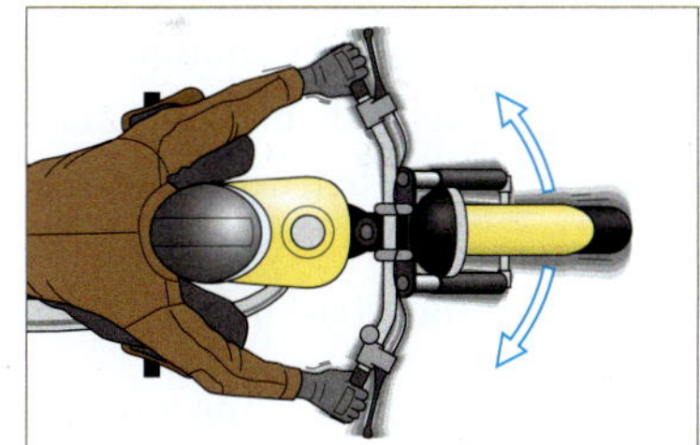

6

Aufgabe

1 Beobachte die rechte Stimmgabel, wenn die linke angeschlagen wird. Erkläre deine Beobachtung. Verändere die Eigenfrequenz einer Stimmgabel durch Gewichte und wiederhole das Experiment.

2 Beschreibe das Phänomen der Resonanz an einem Beispiel. Gib die Resonanzbedingung an. Nenne Beispiele für erwünschte und unerwünschte Resonanz.

7

Aufgaben und Aufträge

Kenngrößen einer Schwingung

1 Eine Schwingung ist eine periodische Bewegung. Erläutere den Begriff periodisch.

2 Finde die physikalischen Begriffe für die Buchstaben A–D.

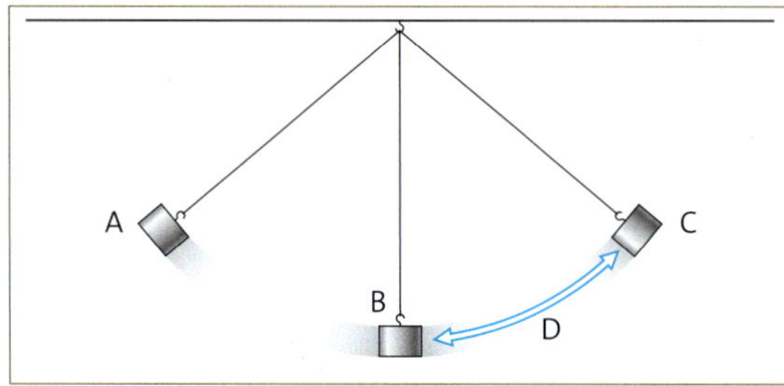

1

3 Zeichne in dein Heft ein Schwingungsdiagramm einer Schwingung mit einer Amplitude von 20 cm und einer Schwingungsdauer von 2 s. Markiere im Diagramm die Amplitude und die Schwingungsdauer.

4 Beschreibe die Vorgehensweise der Bestimmung der Schwingungsdauer in Experimenten. Gehe auch auf Fehlerquellen ein.

5 Ein Federpendel benötigt für 10 Perioden 11 s. Seine Amplitude beträgt 12 cm.
a Berechne die Schwingungsdauer des Pendels.
b Berechne seine Frequenz.
c Zeichne das $y(t)$-Diagramm für 2 Perioden.

6 Ermittle und berechne aus dem abgebildeten Diagramm Amplitude, Schwingungsdauer und Frequenz der Schwingung.

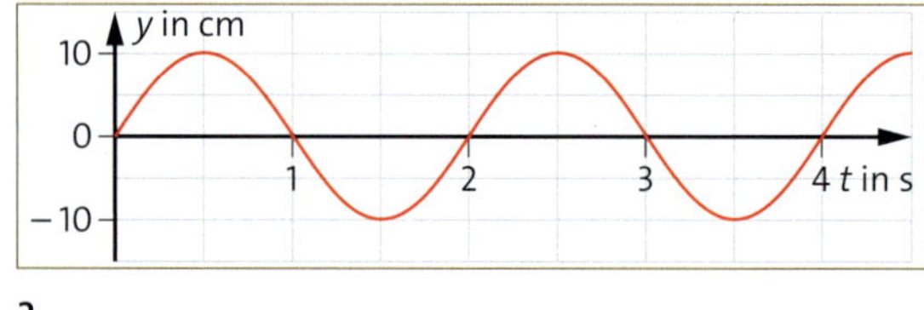

2

7 Rechne um:
a 2 MHz = … Hz
b 3 kHz = … Hz
c 220 Hz = … kHz
d 6550 Hz = … MHz
e 44,1 kHz = … MHz
f 10,7 MHz = … kHz

Fadenpendel

8 Baue in einem Experiment ein Fadenpendel auf. Wähle als Länge ca. 30 cm und einen Pendelkörper mit $m = 100$ g. Lenke das Pendel etwa 15 cm aus.
a Ermittle die Schwingungsdauer.
b Zeichne ein $y(t)$-Diagramm und kennzeichne im Diagramm die Periodendauer und die Amplitude.
c Berechne die Frequenz.

9 Informiere dich über das foucaultsche Pendel. Präsentiere die Ergebnisse in einem Vortrag.

10 Skizziere zu den abgebildeten Schwingungen ein $y(t)$-Diagramm. Erläutere den gezeichneten Graphen.

3

Energieumwandlungen

11 Beschreibe die Energieumwandlungen beim Bungeesprung.

12 Wie erfolgt die Dämpfung beim Fadenpendel?

13 Schwingt eine Schaukel, die regelmäßig angestoßen wird, gedämpft oder ungedämpft? Erläutere genauer.

14 Viele Musikinstrumente haben einen sogenannten „Resonanzkörper“. Recherchiere nach der Bedeutung von Resonanz bei Musikinstrumenten. Erläutere dabei den Begriff Resonanzkörper. Präsentiere deine Ergebnisse in einem kurzen Vortrag.

Überblick

Schwingungen Eine mechanische Schwingung ist die periodische Bewegung eines Körpers zwischen zwei Umkehrpunkten um eine Ruhelage herum. Ursachen dieser Bewegung sind verschiedene Kräfte. ▸ 4
Dabei unterscheidet man zwischen von der zur Ruhelage hinführenden (rücktreibenden) Kräften und der Trägheit des schwingenden Körpers.

Kenngrößen Die Auslenkung (auch: *Elongation*) y gibt an, wie weit der schwingende Körper zu einem bestimmten Zeitpunkt von seiner Ruhelage entfernt ist. ▸ 3, 4

Der größte Abstand des Körpers von der Ruhelage wird *Amplitude* genannt und mit y_{max} bezeichnet.

Die Schwingungsdauer (*Periodendauer*) T gibt an, wie lange ein schwingender Körper für eine Hin-und-Herbewegung benötigt. ▸ 5

Es gilt: $T = \frac{t}{n}$. Einheit: Sekunde (s)

Die *Frequenz* f gibt an, wie viele Schwingungen ein Körper in 1 s ausführt.

Es gilt $f = \frac{1}{T}$. Einheit: Hertz (Hz)

Energieumwandlungen Bei einer Schwingung werden verschiedene Energieformen ineinander umgewandelt. In den Umkehrpunkten ist die potenzielle Energie maximal. Beim Durchgang durch die Gleichgewichtslage ist sie null, die kinetische Energie erreicht den Maximalwert. ▸ 6
Nimmt die Amplitude einer Schwingung im Lauf der Zeit ab, handelt es sich um eine gedämpfte Schwingung. Bei einer gedämpften Schwingung wird mechanische Energie in Wärme umgewandelt und abgegeben. ▸ 7
Bleibt die Amplitude bei einer Schwingung konstant, so handelt es sich um eine ungedämpfte Schwingung. Es muss periodisch zum jeweils richtigen Zeitpunkt Energie zugeführt werden, um Reibungsverluste auszugleichen.

Resonanz Resonanz tritt bei regelmäßiger Anregung auf, wenn gilt:
Erregerfrequenz = Eigenfrequenz.
Die Amplitude der Eigenschwingung wird dann maximal.

4

5

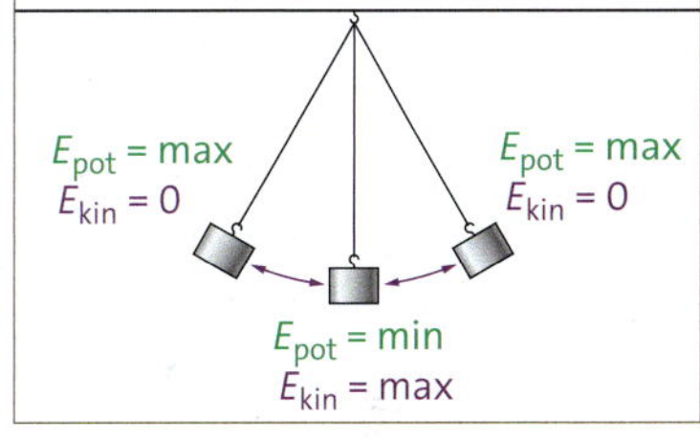

6

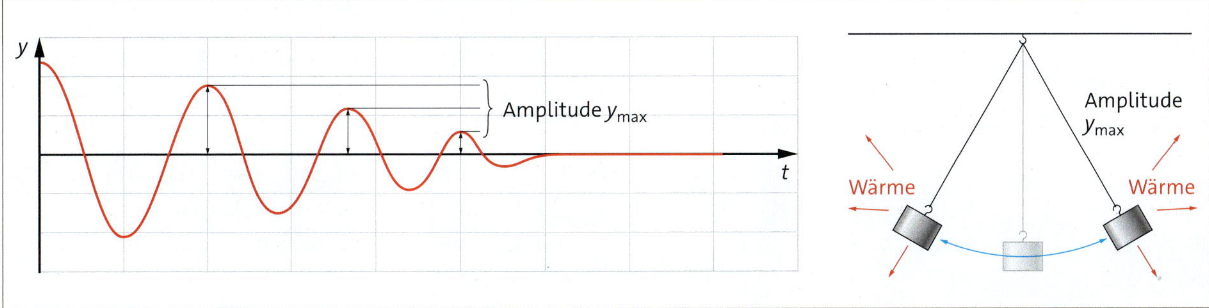

7 Gedämpfte Schwingung

Viele Menschen denken bei Wellen zuerst an Meereswellen. Erst wenn man weiter nachdenkt, fällt auf, dass es noch andere Arten von Wellen gibt.

Wellen

Meereswellen empfinden viele als schön und entspannend. Aber sie können auch sehr gefährlich sein: Tsunamis sind sehr gefürchtet, da sie große Schäden anrichten. Ein Tsunami war auch für die Nuklearkatastrophe in Fukushima 2011 mitverantwortlich. ▸ 1, 2
Ein Grund, warum Tsunamis so große Schäden anrichten, ist ihre hohe Ausbreitungsgeschwindigkeit auf dem offenen Meer. Normale Wasserwellen erreichen Geschwindigkeiten von maximal 100 km/h. Tsunamis hingegen bewegen sich mit etwa 800 km/h – so schnell wie Flugzeuge!
Um trotzdem vor solchen Wellen warnen zu können, muss man ihre Eigenschaften messen können und wissen, wie sie entstehen.

Auch in unserem Alltag treffen wir oft auf den Begriff Wellen:

- Wenn wir sprechen, erzeugen wir Schallwellen. ▸ 4
- Smartphones senden elektromagnetische Wellen aus. ▸ 5
- Als Fitnessübung kann man mit schweren Seilen sogenannte Seilwellen erzeugen. ▸ 6

Alle diese verschiedenen Wellen verhalten sich ähnlich und man kann bei ihnen die gleichen physikalischen Größen messen.

2

3

4

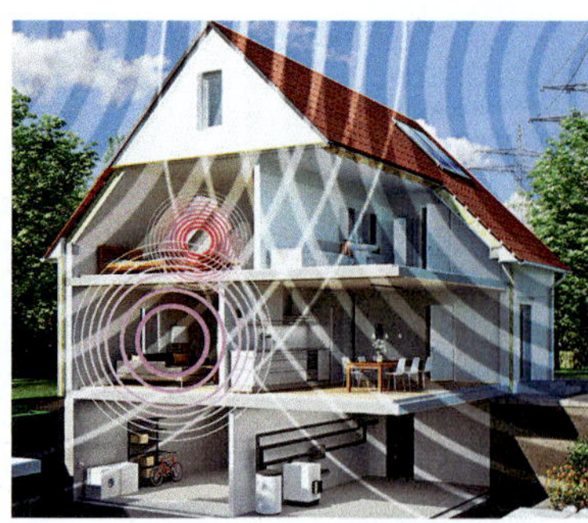

5

6

Weißt du's?

Löse die folgenden Aufgaben. Überprüfen kannst du deine Antworten, indem du schaust, wohin dich die Koordinaten hinter der Antwort führen. Die richtigen Antworten führen zu Surfern.

1 Bei einer Schwingung
- A bewegt sich immer ein Pendel hin und her. A3
- B wiederholt sich derselbe Vorgang immer wieder. C6
- C bewegt sich ein Körper gleichförmig. C10

2 Die Frequenz einer Schwingung gibt an,
- A wie viele Schwingungen in einer Sekunde ausgeführt werden. D4
- B wie lang eine Schwingung dauert. E1
- C wie stark ein Pendel aus der Ruhelage heraus schwingt. A8

3 Die Amplitude einer Schwingung ist:
- A der Abstand zwischen den Umkehrpunkten der Schwingung D8
- B die Zeitspanne, bis die Schwingung wieder den gleichen Umkehrpunkt erreicht E10
- C der Abstand zwischen Ruhelage und Umkehrpunkt E7

4 Schallwellen breiten sich in Luft aus mit:
- A 340 km/s B2
- B 340 m/s E9
- C 340 km/h B8

5 Zu einer Reflexion von Wasserwellen kommt es,
- A wenn sich zwei Wasserwellen überlagern. D3
- B wenn sich die Wellen auf dem Meer ausbreiten. E13
- C wenn die Wellen auf Hindernisse treffen. D5

6 Wenn zwei Schallwellen aufeinandertreffen,
- A können sich diese verstärken. C7
- B kann man niemals eine Verstärkung messen. F3
- C werden sie sich immer verstärken. H8

7 Die Abbildung zeigt einen Vorgang, der nur bei Wellen auftritt. Diese Erscheinung heißt:
- A Brechung A5
- B Beugung E8
- C Interferenz F7

	1	2	3	4	5	6	7	8	9	10	11	12	13	14
A														
B														
C														
D														
E														
F														
G														
H														

Mechanische Wellen

1

Im Jahr 2004 lösten Erdbebenwellen eine Serie von Tsunamis aus. Durch diese starben etwa 230 000 Menschen weltweit. Deutschland baute daraufhin zusammen mit Indonesien im Projekt GITEWS ein einzigartiges Frühwarnsystem auf. Dabei werden die Eigenschaften von Wellen zur Tsunami-Vorhersage genutzt.

Experiment

1 Entstehung von mechanischen Wellen

a Hänge mehrere gleich lange Pendel nebeneinander auf.
b Verbinde (kopple) die Pendel waagerecht mit einem Faden.
c Lenke das erste Pendel aus seiner Ruhelage aus.
d Beschreibe deine Beobachtungen.

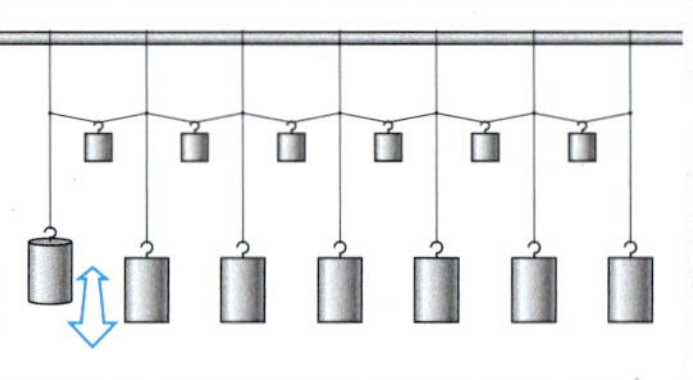

2

Wandernde Schwingung Lenkt man das erste Pendel aus, führt man ihm dadurch Energie zu. Lässt man das Pendel los, beginnt es zu schwingen. Der waagerechte Faden überträgt diese Energie nacheinander auf die anderen Pendel. Obwohl die Pendel an ihrem Ort schwingen, ohne sich von dort wegzubewegen, breitet sich die Schwingung aus: Es entsteht eine mechanische Welle.

Eine mechanische Welle ist die Ausbreitung einer mechanischen Schwingung im Raum.

Voraussetzungen für das Entstehen einer mechanischen Welle sind das Vorhandensein schwingungsfähiger Teilchen oder Körper und das Wirken von Kopplungskräften zwischen ihnen. Mechanische Wellen sind z. B. Seilwellen, Erdbebenwellen, Wasserwellen und Schallwellen.
Um eine Welle vollständig zu beschreiben, benötigt man neben den drei bekannten Größen einer Schwingung (Schwingungsdauer, Frequenz und Amplitude) zusätzlich die Ausbreitungsgeschwindigkeit sowie die Wellenlänge λ, also den Abstand zweier Wellenberge oder -täler.

Die Wellenlänge gibt den Abstand zwischen zwei Wellenbergen oder zwischen zwei Wellentälern an.
Formelzeichen: λ (Lambda) Einheit: 1 m

Übrigens

Wie bei der Beschreibung von Schwingungen werden auch zur Beschreibung von Wellen Kenngrößen verwendet:
- Auslenkung y in m (zu einem bestimmten Zeitpunkt)
- Amplitude y_{max} in m (maximale Auslenkung)
- Schwingungsdauer T in s (Zeit für eine volle Schwingung)
- Frequenz f in Hz (Anzahl der Schwingungen in einer Sekunde)

Experiment

2 Seilwellen

a Lege ein langes Seil gerade auf dem Boden aus.

b Nimm ein Ende des Seils in die Hand und bewege es schnell auf und ab.

c Beschreibe deine Beobachtungen.

Darstellung Die Schwingung, die durch die Auf- und Abbewegung des Seilendes erzeugt wird, breitet sich entlang des Seils aus. An jedem einzelnen Ort führt das Seilstück nur eine Schwingung aus, die in einem $y(t)$-Diagramm dargestellt werden kann. Der Schwingungszustand breitet sich aber im Lauf der Zeit entlang des Seils aus. ▸4 Um diese Ausbreitung der Welle im Raum darzustellen, nutzt man ein $y(s)$-Diagramm. Um eine Welle komplett zu beschreiben, benötigt man also zwei verschiedene Diagramme.

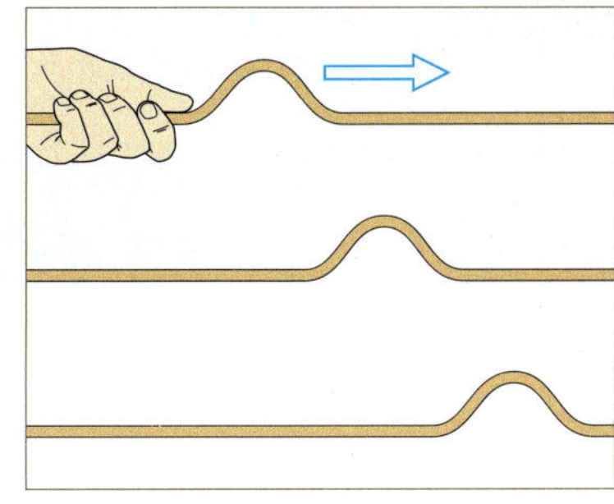

4 Ausbreitung eines Schwingungszustands im Seil

$y(t)$-Diagramm einer Welle

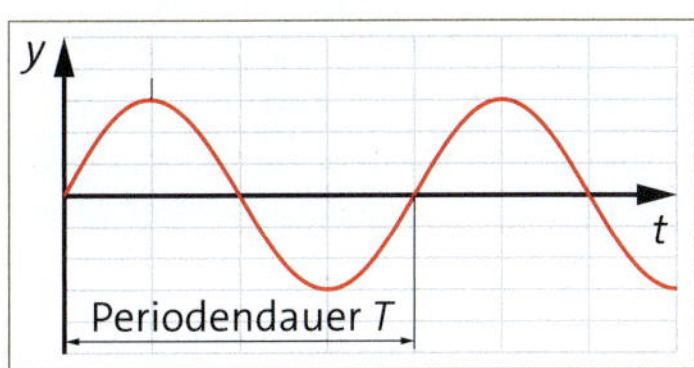

Veränderung des Schwingungszustands an einem bestimmten Ort in Abhängigkeit von der Zeit (zeitliche Veränderung des Schwingungszustands wie in einem Film)

$y(s)$-Diagramm einer Welle

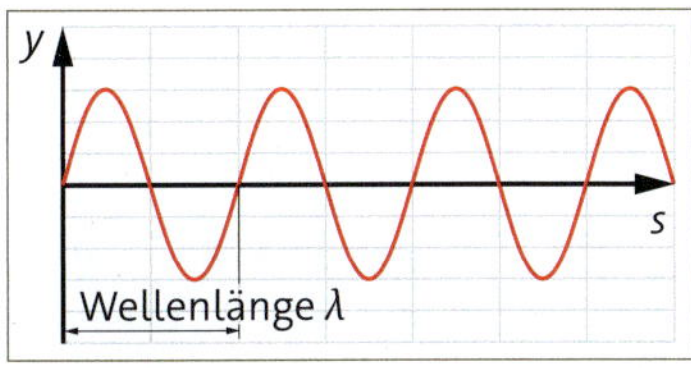

Darstellung aller Schwingungszustände zu einem bestimmten Zeitpunkt in Abhängigkeit vom Abstand vom Ausgangspunkt der Welle (Momentaufnahme/Augenblicksbild der Welle)

Wellenlängen mechanischer Wellen

Schallwellen bei 20 °C und 1000 Hz in Luft	0,34 m
Schallwellen bei 20 °C und 440 Hz in Luft	0,79 m
Schallwellen bei 20 °C und 1000 Hz in Wasser	1,48 m
Wasserwellen im flachen Wasser	einige cm
Wasserwellen im Meer bei Sturm	> 10 m

Aufgabe

1 Ermittle die Wellenlänge der im $y(s)$-Diagramm dargestellten mechanischen Welle. ▸7

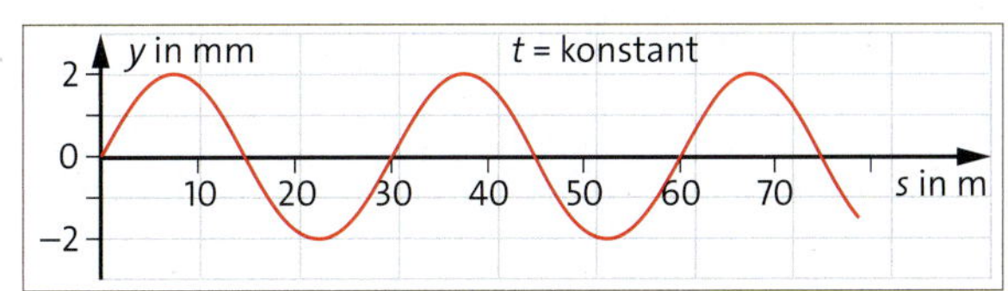

7

Eigenschaften mechanischer Wellen

1

Auf dem offenen Meer sind Wellen oft kaum zu sehen. Doch am Ufer werden sie plötzlich höher, überlagern sich teilweise und brechen.

Experiment

1 Wasserwellen

a Fülle Wasser in eine flache Schüssel.

b Lass auf die Mitte der Wasseroberfläche einen Tropfen fallen.

c Beschreibe deine Beobachtungen.

Von der Stelle, an der ein Tropfen auf die Wasseroberfläche trifft, breitet sich eine Wasserwelle kreisförmig aus. Man kann dabei Wellenberge und Wellentäler erkennen. Wellenberge und Wellentäler sind Linien gleicher maximaler Schwingungszustände.

Wellenberge und Wellentäler sind Linien gleicher Schwingungszustände.
Eine Welle breitet sich senkrecht zu den Wellenbergen und Wellentälern aus.

Die Ausbreitungsrichtung der Welle wird in Bild ▸ 2 durch rote Pfeile angegeben.

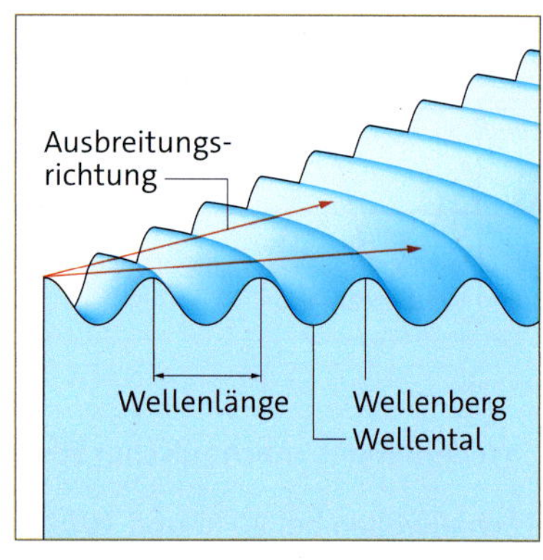

3

Aufgaben

1 Im Bild ▸ 4 ist eine durch einen Tropfen ausgelöste Wasserwelle dargestellt. Ordne den Orten A und B sowie dem roten Pfeil folgende Begriffe zu: Ausbreitungsrichtung, Wellenberg, Wellental.

2 Der abgebildete Seismograf zeichnet vertikale Erdbebenwellen auf. Beschreibe seine Wirkungsweise. ▸ 5

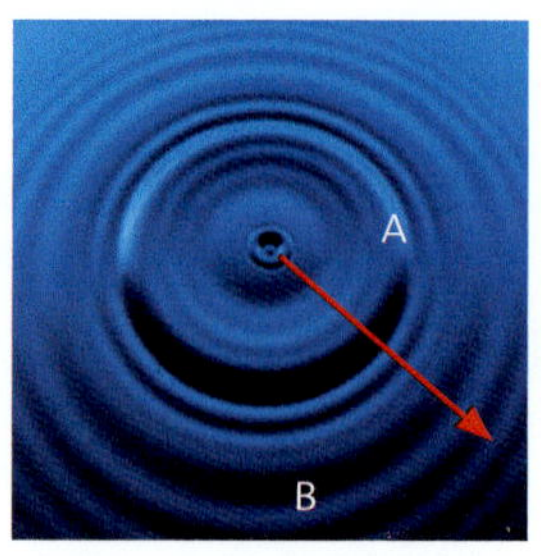

4

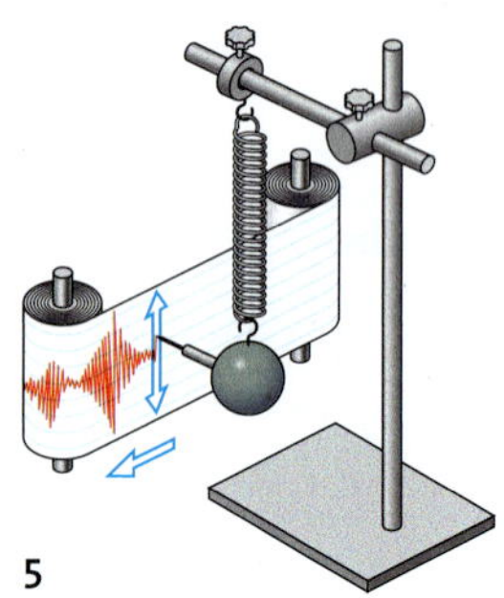

5

Experiment

2 Reflexion von Wellen

Lege eine lange Feder, z. B. einen Treppenläufer bzw. Slinky, auf eine lange Bank. Beobachte, was passiert, wenn das eine Ende schnell seitlich ausgelenkt wird, während das andere Ende festgemacht ist.

6

Reflexion von Wellen Die Welle scheint am Hindernis „abzuprallen". Diese Richtungsänderung an einem Hindernis nennt man Reflexion.
Auch Schallwellen können reflektiert werden. In solchen Fällen kann man oft ein Echo hören.

Wellen werden an Hindernissen reflektiert. Dabei gilt das Reflexionsgesetz. ▸ 9

Beugung von Wellen Man hört Stimmen in einem Raum, obwohl die Tür nur einen Spalt breit geöffnet ist. Auch Geräusche eines fahrenden Mopeds kann man hören, wenn dieses durch Hindernisse nicht sichtbar ist. ▸ 7

Trifft eine Welle auf ein Hindernis, so dringt sie auch in den Schattenbereich hinter dem Hindernis ein. Man sagt: Die Welle wird gebeugt. ▸ 8, 10

Hindernisse können Spalten, Kanten oder Ecken sein. Beugung tritt nur bei Wellen auf.

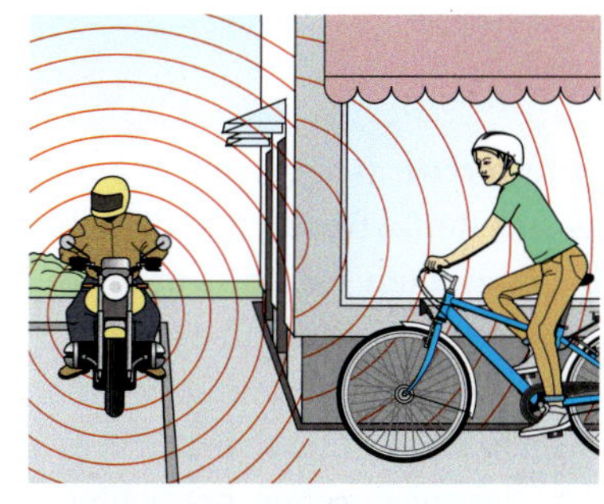
7 Beugung an einem Hindernis

8 Beugung einer Wasserwelle

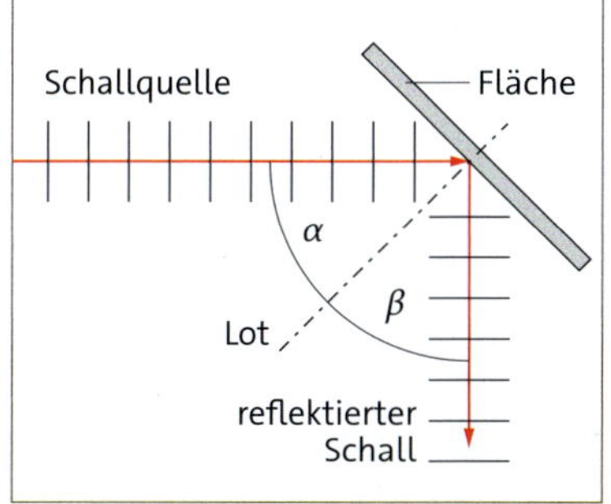

9 Reflexion von Wellen

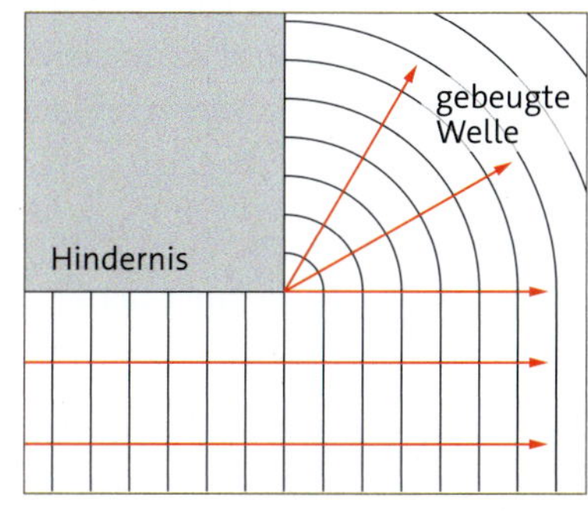

10 Beugung von Wellen

Aufgaben

1 Fledermäuse sind nachtaktive Tiere. Erläutere, wie es ihnen gelingt, sich auch bei völliger Dunkelheit perfekt zu orientieren und Beutetiere zu fangen.

11

2 Betrachte das Bild und beschreibe, welche Fehler in der Abbildung der Reflexion gemacht wurden.

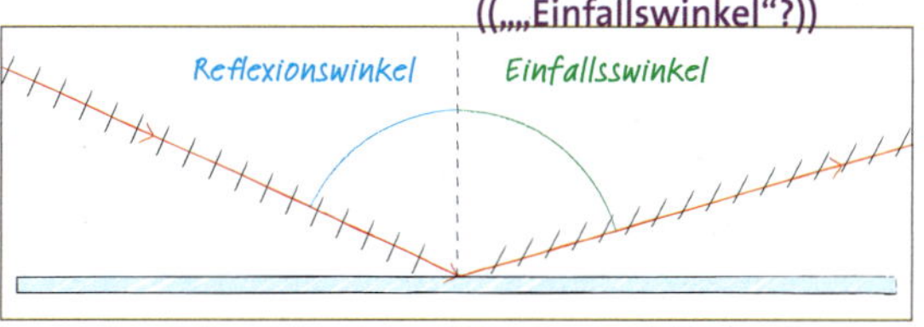

12

Experiment

3 Überlagerungen von Wellen

a Beobachtungen an einer Feder: Erzeugt mit der langen Feder an beiden Enden gleichzeitig eine Welle und beobachtet, was passiert, wenn die Wellen aufeinander zulaufen.

b Messen von Schallwellen: Erzeuge zwei gleiche Töne. Dazu können z. B. Stimmgabeln verwendet werden. Miss die Lautstärke an verschiedenen Punkten des Raumes. Dazu kannst du ein Oszilloskop oder eine geeignete App verwenden. Miss, wenn eine und wenn beide Stimmgabeln erklingen.

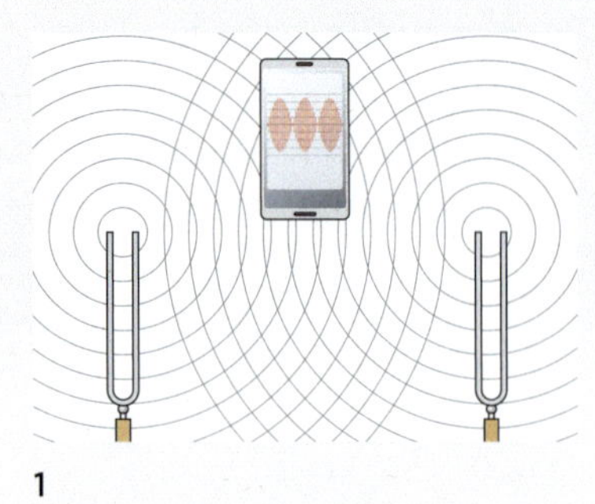

1

Interferenz Beim ersten Experiment erkennt man, dass sich die Wellen an einem Punkt treffen und dahinter unverändert weiterlaufen.
Beim zweiten Experiment erkennt man, dass sich die Lautstärke an verschiedenen Orten ändert. Mal ist der Ton der beiden Stimmgabeln lauter als bei nur einer Stimmgabel, mal viel leiser. Wenn sich Schallwellen überlagern, können sie sich also verstärken, aber auch abschwächen.
Um das zu verstehen, betrachten wir noch einmal ganz genau, was passiert, wenn die Wellen auf der langen Feder aufeinandertreffen. Es geht sehr schnell, aber je nachdem, wie die Wellen aufeinander zulaufen, vergrößert sich die Amplitude oder sie wird kleiner. Wenn die Amplituden genau gleich groß sind, können sich die Wellen sogar auslöschen. ▸ 2

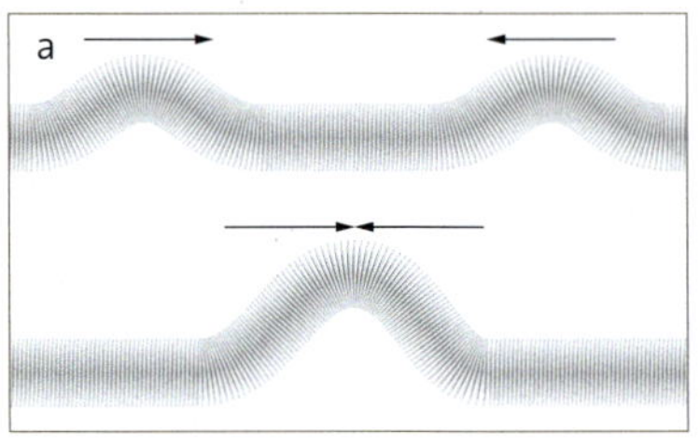

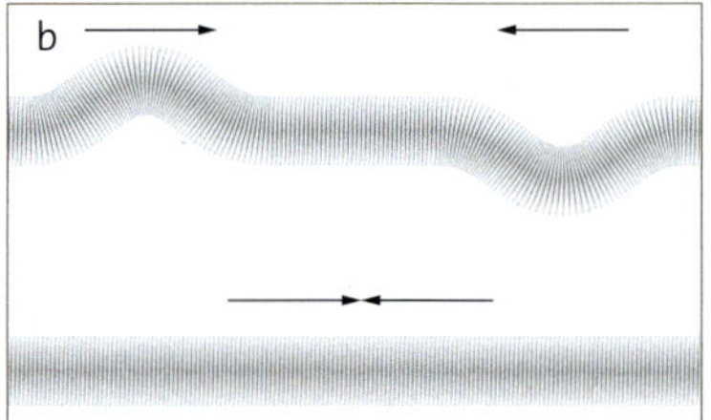

2 Verstärkung (a) und Auslöschung (b) beim Überlagern

Sieht man von oben auf zwei sich überlagernde Wasserwellen, erkennt man, dass sich Streifen bilden. ▸ 3 In den Bereichen, wo die Wellenberge und Wellentäler verschwimmen, sind die Amplituden klein. Dies sind die Zonen, in denen sich die Wellen durch die Überlagerung abschwächen. Dort wo Wellenberge und -täler besonders gut zu sehen sind, verstärken sich die Amplituden der einzelnen Wellen.

Überlagern sich mechanische Wellen, entstehen Bereiche der Verstärkung und der Abschwächung. Diese Erscheinung bezeichnet man als Interferenz.

Stehende Welle Eine besondere Form der Interferenz tritt auf, wenn sich Wellen mit ihrer Reflexion überlagern. Bewegst du ein Ende der langen Feder mit passender Geschwindigkeit hin und her, während das andere Ende festgehalten wird, siehst du: An einigen Stellen schwingt die Feder, an anderen dagegen nicht mehr. Weil die Welle auf der Stelle schwingt und sich nicht mehr fortbewegt, spricht man von einer stehenden Welle.

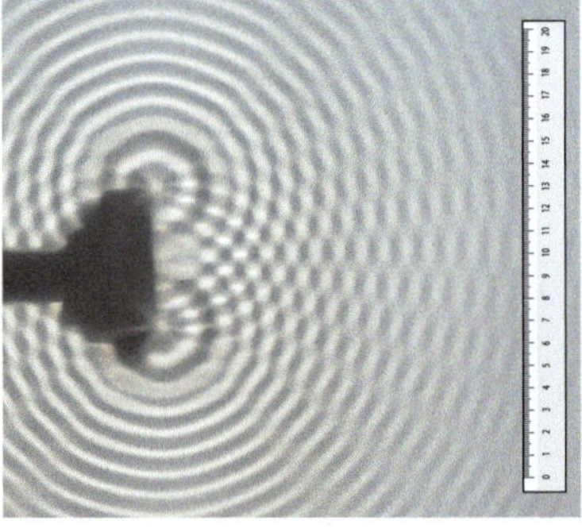

3

Aufgaben

1 Bei Bild ▸ 3 wurde ein Lineal eingefügt.

a Nenne zwei Stellen, an denen sich die Wellen abschwächen.

b Nenne zwei Stellen, an denen sich die Wellen verstärken.

2 Bei der Ultraschallreinigung erzeugen mehrere Lautsprecher Schallwellen. Diese übertragen sich auf den Gegenstand und durch die Schwingungen löst sich der Schmutz. Erkläre, welchen Einfluss die Interferenz bei der Reinigung hat.

Experiment

4 Das perfekte Dosentelefon

Baue Dosentelefone aus Konservendosen, Joghurtbechern oder Ähnlichem. Probiere sie aus und überlege, wie die Schwingung übertragen wird.
Teste, ob die Spannung der Schnur Einfluss auf die Übertragung hat. Kann man die Schnur um eine Ecke legen? Zupfe auch an der Schnur und beobachte.

Energieübertragung Du hast bemerkt, dass die Schnur gespannt sein muss und nichts berühren darf, um eine gute Gesprächsqualität zu erreichen. Die Schallwellen werden durch das Schwingen der Schnur übertragen. Das wird auch deutlich, wenn man an der Schnur zupft: Die Schnur schwingt gut sichtbar und an den Enden ist ein lauter Ton zu hören.
Wie beim Dosentelefon werden Gespräche auch in Luft durch Schallwellen übertragen. Bei der Schnur des Dosentelefons sieht man sofort, dass zwar der Schall, aber kein Stoff weitergeleitet wird. In Luft ist es ebenso: Die Energie der Schallwellen wird übertragen, mehr nicht.

Bei einer mechanischen Welle wird nur Energie, aber kein Stoff übertragen.

Die in einer Schallwelle enthaltene Energie kann man ermitteln. Sie spiegelt sich im Pegel des Schalldrucks wider. Der Schalldruckpegel wird in Dezibel [dB(A)] angegeben. Es gibt kostenlose Apps für dein Smartphone, die den Schalldruckpegel messen können.

Übrigens

Dass Wellen keinen Stoff übertragen, erkennt man z. B. an einem schwimmenden Ball. Wellen laufen darunter her, aber der Ball bleibt an Ort und Stelle. Wenn er an Land gespült wird, dann hat es andere Ursachen, z. B. Wind.

Gefährliche Riesenwellen An Hafenmauern kann man manchmal besonders hohe Wellen beobachten. Bei Stürmen können sie lebensgefährliche Höhen erreichen. Doch sind die Wellen nicht überall gleich hoch. An manchen Stellen spritzt das Wasser in einem Moment viel höher als an anderer Stelle.
Dass solche hohen Wellen entstehen, hängt mit verschiedenen Welleneigenschaften zusammen. An Hafenmauern werden Wellen reflektiert. Dabei überlagern sich ständig ankommende mit reflektierten Wellen. Durch diese Interferenz kann es zu hohen Amplituden kommen. Bei Wasserwellen kommt eine Besonderheit hinzu: Je größer die Wellenlänge ist, umso größer ist auch die Ausbreitungsgeschwindigkeit. So können sich Wellen überholen und dabei interferieren.

6

Aufgaben

1 Paul versucht, einen Ball, der in den Pool gefallen ist, an den Rand zu treiben, indem er Wellen erzeugt. Maria holt einen Föhn. Beurteile das jeweilige Vorgehen der beiden.

2 Recherchiere über die Echoortung der Delfine und erstelle eine Präsentation.

3 Ein Echolot ermittelt die Wassertiefe über die Laufzeitmessung eines Schallsignals, das vom Meeresgrund reflektiert wird.
Berechne die Meerestiefe, wenn das Echo nach 0,2 s registriert wird.

Schallwellen

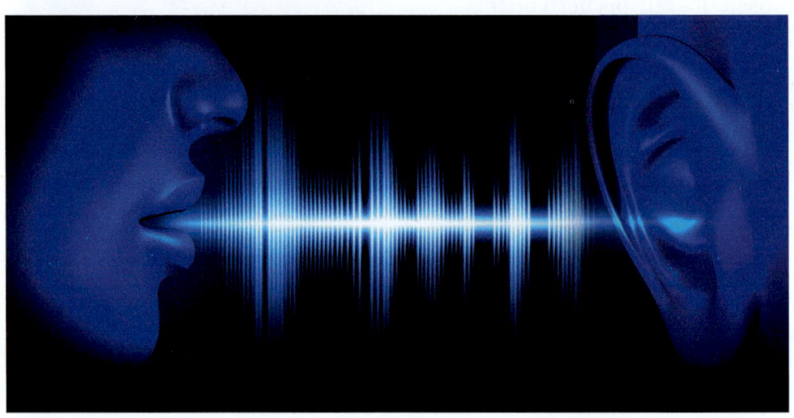

1

Schallwellen übertragen Informationen. Wie kann man Schallwellen erzeugen und empfangen? Welche Bedingungen sind für ihre Ausbreitung notwendig?

Experiment

1 Schallquellen

a Spanne einen Grashalm (Papierstreifen) zwischen beide Daumen und Daumenballen. Puste kräftig durch den entstandenen Spalt. ▸ 3

b Fülle zwei Flaschen unterschiedlich hoch mit Wasser. Puste jeweils über die Öffnung der Flasche. ▸ 2

c Spanne über eine leere Dose verschieden starke Gummibänder. Zupfe mit der Fingerspitze an den Gummis.
Beobachte und beschreibe, wie Schall erzeugt werden kann.

2 3

Schallquellen Wenn Körper mit einer Frequenz von über 16 Hz schwingen, dann entstehen für uns hörbare Schallwellen. Körper, die Schallwellen erzeugen, nennt man Schallquellen.

Schallausbreitung Wird die Schwingung einer Schallquelle auf die Teilchen des sie umgebenden Körpers übertragen, entstehen Schallwellen. So versetzen z. B. die Schwingungen einer Lautsprechermembran die Teilchen der sie umgebenden Luft in Schwingungen. Diese sich ausbreitenden Schwingungen kann man mithilfe einer Kerzenflamme sichtbar machen. ▸ 4

Legt man ein klingelndes Handy unter eine Vakuumglocke und pumpt die Luft aus der Glocke, dann wird das Klingeln immer leiser. Schließlich ist es nicht mehr zu hören. Im Vakuum sind keine schwingungsfähigen Teilchen vorhanden. Die Schwingung des Klingeltons kann sich nicht ausbreiten, es entsteht keine Schallwelle.

Schallwellen benötigen für ihre Ausbreitung einen Stoff. Im Vakuum kann sich Schall nicht ausbreiten.

Tatsächlich können sich Schallwellen in allen Stoffen ausbreiten, so auch in Wasser. Das beobachtet man z. B. beim Tauchen. Allerdings breiten sich Schallwellen in verschiedenen Stoffen unterschiedlich schnell aus.

4 Die Membran versetzt die Luft in Schwingungen.

Aufgabe

1 Benenne die schwingenden Teile folgender Schallquellen: menschliche Stimme, Lautsprecher, Trompete, surrende Mücke, klapperndes Fahrrad.

Experiment

2 Amplitude und Frequenz von Schallwellen

a Lege ein Lineal so auf den Tisch, dass der größte Teil über die Tischkante ragt, und drücke es fest.

b Biege das überstehende Ende verschieden weit nach unten und lass es los. Wiederhole das Experiment mit unterschiedlich weit überstehendem Lineal.

c Beschreibe jeweils deine Beobachtungen.

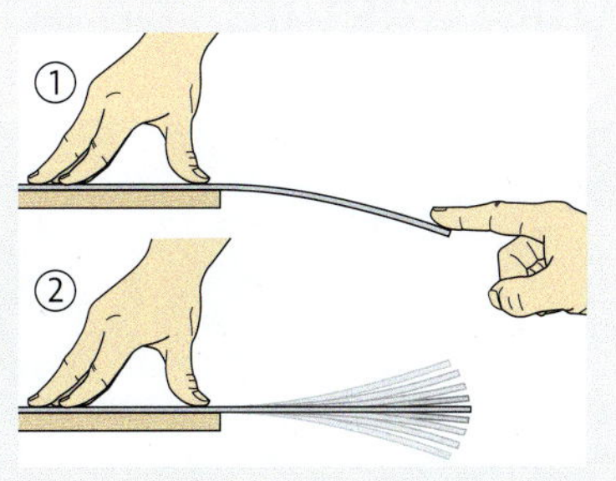

Amplitude Je weiter das Lineal gebogen wird, desto lauter ist der entstehende Ton, wenn das Lineal losgelassen wird. ▸ 6, 7 Beim Schall gilt:

Die Lautstärke einer Schallwelle ist umso größer, je größer die Amplitude der Schwingung ist.

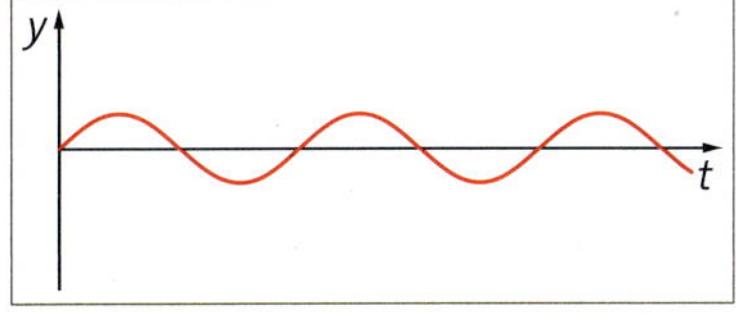

6 Kleine Amplitude – leiser Ton

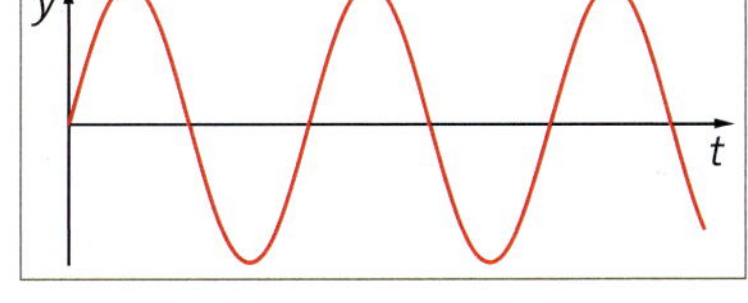

7 Große Amplitude – lauter Ton

Frequenz Je kürzer das überstehende Ende des Lineals ist, desto kürzer dauern seine Schwingungen. Von mechanischen Schwingungen wissen wir: Je kleiner die Schwingungsdauer ist, desto größer ist die Frequenz: $f = \frac{1}{T}$.
Der Ton klingt höher. ▸ 8

8 Hohe Frequenz – hoher Ton, niedrige Frequenz – tiefer Ton

Der Ton einer Schallwelle ist umso höher, je größer die Frequenz der Schwingung ist.

Arten von Schall Je nach Verlauf der erzeugten Schwingung unterscheidet man zwischen Ton, Klang, Geräusch und Knall. Bei einem Ton verläuft die Schwingung harmonisch, bei einem Klang periodisch, aber nicht harmonisch. ▸ 9, 10

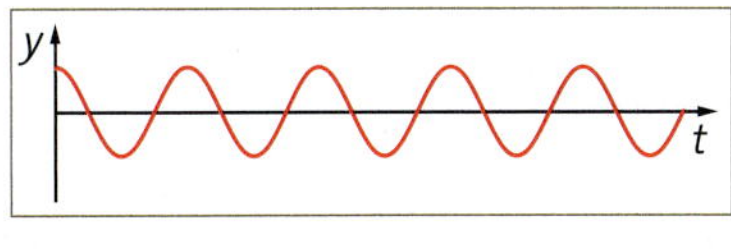

9 Ton

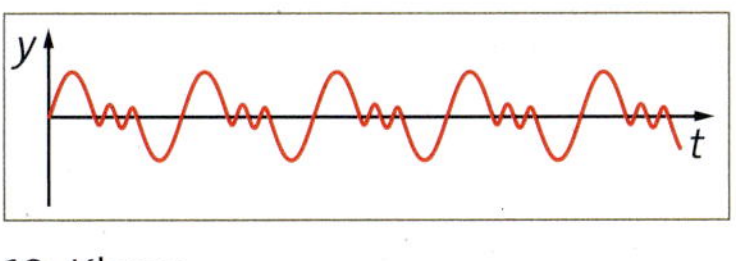

10 Klang

Bei einem Knall hat die Schwingung anfangs eine große Amplitude und klingt dann schnell ab. Ein Geräusch besteht aus nicht harmonischen, unregelmäßigen Schwingungen. ▸ 11, 12

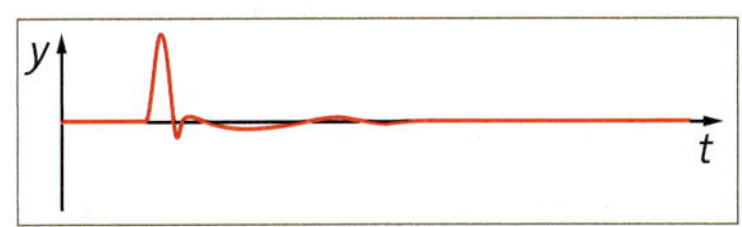

11 Knall

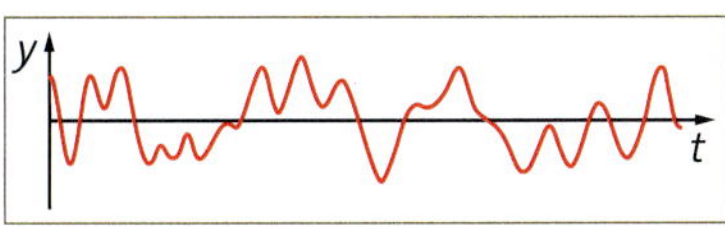

12 Geräusch

Übrigens

Die menschliche Stimme übertrifft in der Vielfalt der Töne, Klänge und Geräusche jedes Musikinstruments.

Aufgaben

1 Beschreibe die Kenngrößen eines hohen und lauten Tons.

2 In Science-Fiction-Filmen werden Explosionen von Raumschiffen oft mit entsprechendem Lärm unterlegt. Was würde ein entfernter Beobachter tatsächlich hören?

Übertragung von Schallwellen

1

Blauwale verständigen sich mit tiefen Tönen (10–40 Hz) unter Wasser über sehr große Entfernungen. Mit welcher Geschwindigkeit breiten sich ihre Schallwellen aus?

Experiment

1 Schallausbreitung beobachten

Ein Schüler erzeugt einen lauten Knall. Zehn oder mehr Schüler stehen mit dem Rücken zur Schallquelle und heben den Arm, sobald sie den Knall hören. Führt das Experiment in zwei Varianten durch:

a Stellt euch im gleichen Abstand rund um die Schallquelle auf.

b Stellt euch im Abstand von je 10 m in einer Reihe auf.

Beobachtet jeweils, z. B. indem jemand das Experiment filmt, wann der Knall wo registriert wird.

2

Schallgeschwindigkeit ▸Experiment 1a zeigt, dass sich Schallwellen in alle Richtungen gleich schnell ausbreiten. Mit ▸Experiment 1b lässt sich die Schallgeschwindigkeit *c* grob abschätzen. Einen genaueren Wert kann man durch aufwendigere Experimente oder Berechnungen ermitteln. Dazu muss man die Wellenlänge λ und entweder die Schwingungsdauer T oder ihren Kehrwert, die Frequenz f, bestimmen. Da sich die Welle mit konstanter Geschwindigkeit c ausbreitet, lassen sich diese Kenngrößen der Welle für s und t in die Bewegungsgleichung $s = v \cdot t$ bzw. $v = \frac{s}{t}$ einsetzen: $c = \frac{\lambda}{T} = \lambda \cdot f$.

Eine Welle breitet sich in einem Stoff mit konstanter Geschwindigkeit aus. Die Ausbreitungsgeschwindigkeit wird mit dem Formelzeichen c abgekürzt. Sie kann mit der Formel $c = \lambda \cdot f$ berechnet werden.

Musteraufgabe

Der Kammerton a′ hat bei 20 °C in Luft eine Frequenz von 440 Hz und eine Wellenlänge von 0,782 m. Berechne die Schallgeschwindigkeit.

Gegeben: $f = 440\,\text{Hz}$, $\lambda = 0{,}782\,\text{m}$ *Gesucht:* c

Lösung: $c = \lambda \cdot f = 0{,}782\,\text{m} \cdot 440\,\text{Hz} = 344\,\frac{\text{m}}{\text{s}}$

Bei 20 °C beträgt die Schallgeschwindigkeit in Luft 344 m/s.

Übrigens

Es gilt: $s = v \cdot t$ bzw. $v = \frac{s}{t}$.
Mit $s = \lambda$, $v = c$ und $t = T$ erhält man $c = \frac{\lambda}{T}$.
Mit $\frac{1}{T} = f$, erhält man: $c = \lambda \cdot f$.

Aufgaben

1 Suche im Tafelwerk jeweils das Gas und die Flüssigkeit mit der höchsten und der niedrigsten Schallgeschwindigkeit und vergleiche.

2 Ein 1200-Hz-Ton breitet sich bei 20 °C in Wasser aus. Wie schnell ist er, wenn seine Wellenlänge 1,23 m beträgt? Überprüfe mit dem Tafelwerk.

Experiment

2 Hörbereich

Untersuche mit einem Tongenerator (auch als Handy-App), in welchem Frequenzbereich du Schallwellen wahrnimmst.

Hören Schallwellen werden von der Ohrmuschel empfangen und durch den Gehörgang zum Trommelfell geleitet. Die Schwingungen des Trommelfells werden durch die Gehörknöchelchen verstärkt und in der Hörschnecke in elektrische Impulse umgewandelt. Über den Hörnerv werden diese Signale an das Gehirn weitergeleitet.

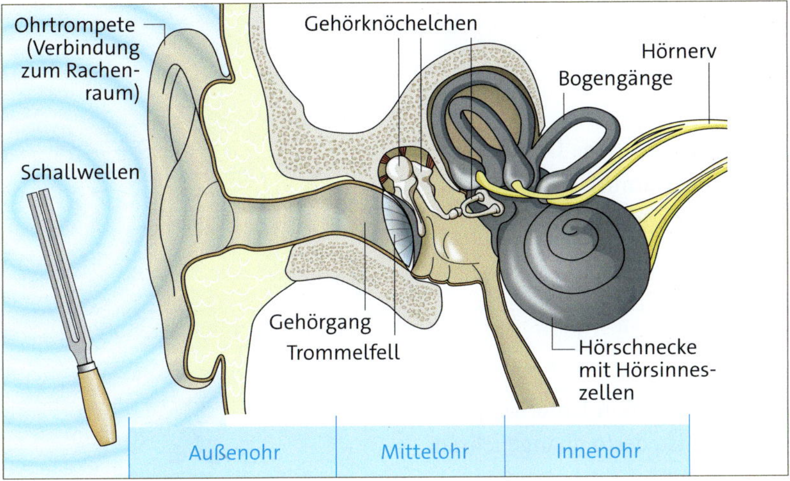

4 Aufbau des menschlichen Ohrs

Hörbereiche Wir können Schallwellen nur hören, wenn ihre Frequenz im Bereich von etwa 16 bis 20 000 Hz, dem Hörbereich, liegt. Die Frequenzwerte können für jede Person in Abhängigkeit vom Alter und anderen Einflüssen deutlich abweichen. Ursache dafür sind Veränderungen am Gehör. Im Gegensatz zu uns können viele Tiere auch Schall mit sehr hohen (Ultraschall) oder sehr tiefen Frequenzen (Infraschall) wahrnehmen und erzeugen. Elefanten und Wale verständigen sich z. B. über sehr große Entfernungen mit Frequenzen von ca. 10 Hz. Fledermäuse und Delfine nutzen Frequenzen von ca. 100 kHz zur Orientierung und Ortung von Beutetieren. ▸ 6

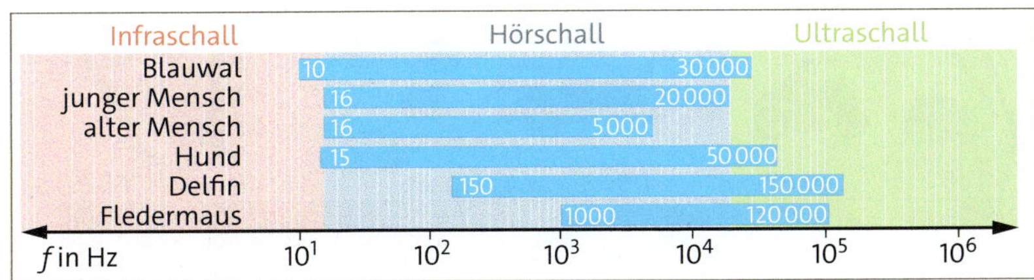

6 Hörbereiche

Übrigens

An den Wänden der Hörschnecke befinden sich haarähnliche Sinneszellen:

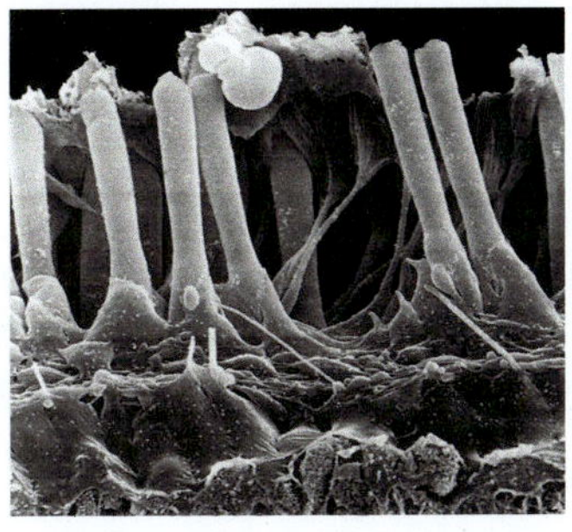

5

Bei länger anhaltendem, starkem Lärm werden sie zerstört und können sich nicht mehr erneuern. ▸ 7, S. 147

Aufgabe

1 „Die Hörschwelle steigt mit zunehmendem Alter an." Recherchiere den Begriff Hörschwelle und erläutere was mit dieser Aussage gemeint ist.

Lärm und Lärmschutz

1

Wirkungsvolle Lärmbekämpfung beginnt beim Vermeiden bzw. Vermindern von Lärm an der Geräuschquelle. Geschwindigkeitsbegrenzungen und die Verwendung von Flüsterasphalt können dazu beitragen.

Experiment

1 Schallschutz
Stelle einen tickenden Kurzzeitwecker auf verschiedene Unterlagen (Metallplatte, Tisch, Tuch, Styroporplatte, Schwamm).
Beschreibe deine Höreindrücke.

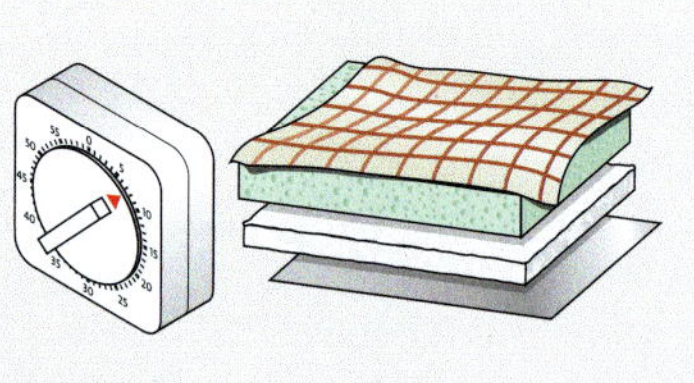
2

Lärm Das Ticken des Weckers ist auf den verschiedenen Unterlagen unterschiedlich laut zu hören. Je lauter das Geräusch ist, desto unangenehmer und störender empfinden wir es.

> **Als Lärm werden Schallereignisse bezeichnet, die von Menschen als störend empfunden werden, unser Wohlbefinden beeinträchtigen oder gesundheitsschädigend wirken.**

Um sich vor zu viel Lärm zu schützen, muss man sich erst mal einigen, was Lärm genau ist. Hier hilft es, Lautstärken zu messen und miteinander zu vergleichen. Das geschieht mithilfe eines Schallpegelmessers. ▸ 1, S. 154
Die Lautstärke wird in Dezibel A – dB(A) – gemessen. ▸ 4
Doppelte Lautstärke bedeutet eine Zunahme um 10 dB(A). ▸ 3
Man geht davon aus, dass eine echte nervliche Belastung erst ab einer andauernden Lautstärke von etwa 70 dB(A) einsetzt.

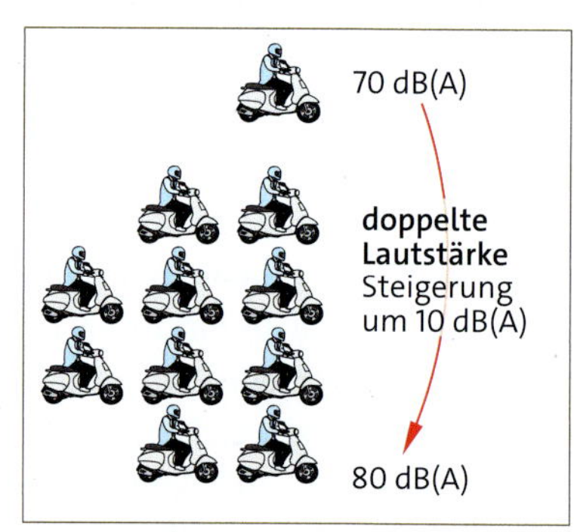

3 Zehn Mofas sind doppelt so laut wie eins.

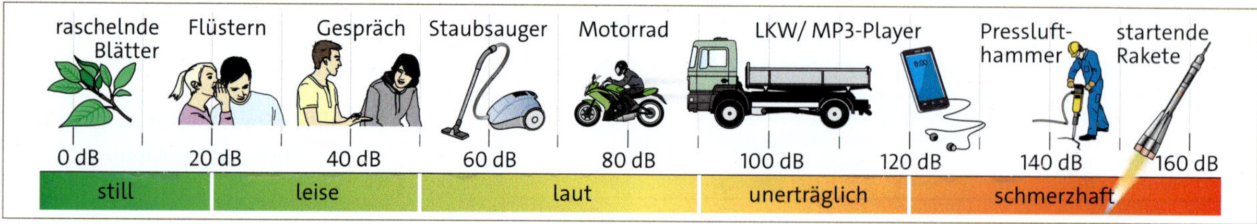

4 Dezibel-Skala

Experiment

2 Gehörschutz

Setze dich vor den Lautsprecher eines eingeschalteten Radios oder CD-Players. Stelle die Lautstärke auf Zimmerlautstärke ein. Setze einen Gehörschutz auf oder Gehörschutzstöpsel (Ohrstöpsel) ein.
Beschreibe deine verschiedenen Höreindrücke.

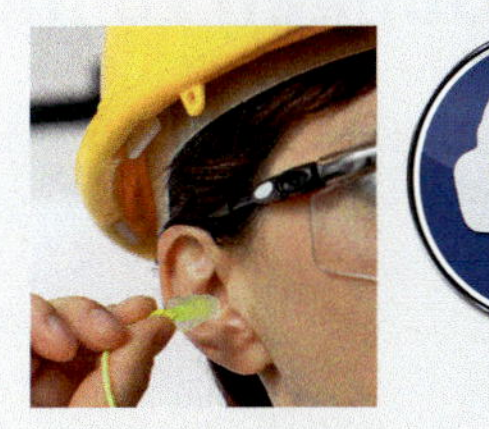

Gehörschutz Die Entstehung von Lärm lasst sich nicht immer vermeiden. Ein Gehörschutz verringert aber die wahrnehmbare Lautstärke der Geräusche durch Absorption und wiederholte Reflexion im verwendeten Material deutlich. Dadurch wird unser Innenohr vor Schäden geschützt. Gleichzeitig sind wir dadurch aber auch in der Wahrnehmung anderer akustischer Signale beeinträchtigt. Deswegen verwendet man heute Gehörschutz, in dem gezielt nur die störenden Frequenzen herausgefiltert werden, wichtige Informationen oder Signale jedoch noch wahrgenommen werden können.

In-Ear-Kopfhörer In unserer Freizeit setzen wir uns selbst manchmal bewusst einer hohen Lärmbelastung aus. In-Ohr-Kopfhörer werden direkt in den äußeren Gehörgang eingesetzt und verschließen diesen nach außen.
Die gesamte Energie der Schallwelle wird auf das Trommelfell und das Innenohr übertragen.
Bei hoher Lautstärke können die haarförmigen Sinneszellen in der Hörschnecke zerstört werden. Auf die Dauer wird dadurch das Hörvermögen stark beeinträchtigt. ▸ 6, 7

6 In-Ear-Kopfhörer

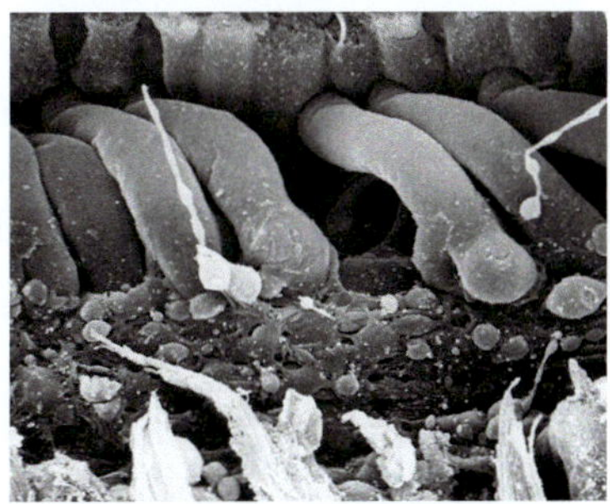

7 Zerstörte Sinneszellen

Schallschutz Straßenlärm durch Abrollgeräusche der Räder auf der Fahrbahn lässt sich durch Flüsterasphalt vermindern. Das ist ein offenporiger Asphalt, in dem sich viele kleine Hohlräume befinden. In diesen wird ein großer Teil des erzeugten Schalls absorbiert.
Ebenso tragen moderne Motoren mit effizienten Schalldämpfungsanlagen, verbesserte Reifen sowie Geschwindigkeitsbegrenzungen zum Schallschutz bei. Schallschutzwände oder -wälle verhindern die Ausbreitung von Lärm in Richtung von Wohngebieten. An Schallschutzwänden wird Schall reflektiert. ▸ 8
Schallschutzwälle sind im Vergleich dazu höher gebaut, um die gleiche Wirkung zu erreichen. Sie absorbieren den größten Teil des Schalls.
Weiche, luftige Materialien mit einer rauen Oberflache absorbieren Schall. Harte Körper mit einer glatten Oberfläche reflektieren ihn.

8 Schallschutzwand

Aufgaben

1 Ein gutes Schallschutzfenster vermindert den Lärm um 40 dB(A). Erläutere, was das bedeutet.

2 Das Summen einer Mücke, das Tropfen eines Wasserhahns, …
Finde weitere Beispiele für nervige Geräusche, die gar nicht unbedingt laut sein müssen.

3 Beschreibe Lärmschutzmaßnahmen in deiner Stadt/Gemeinde und beurteile diese.

4 Nenne Maßnahmen, mit denen du dich vor Lärm schützen kannst.

Anwendungen zu mechanischen Wellen

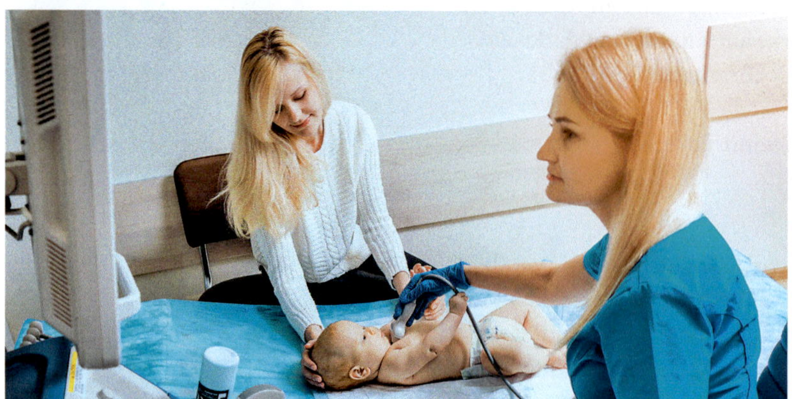
1

Auf dem Bild ist eine Sonografieuntersuchung zu sehen. Mithilfe von Schallwellen kann man in den Körper hineinsehen. Dabei legt der Arzt vorher fest, von welcher Tiefe im Körper das Bild entstehen soll.

Experiment

1 Einparkhilfe
Untersuche, was der Sensor einer Einparkhilfe beim Auto registrieren kann. Beobachte, in welcher Entfernung eine Person registriert wird und wie sich der Sensor bei Regen verhält oder wenn er verschmutzt ist.

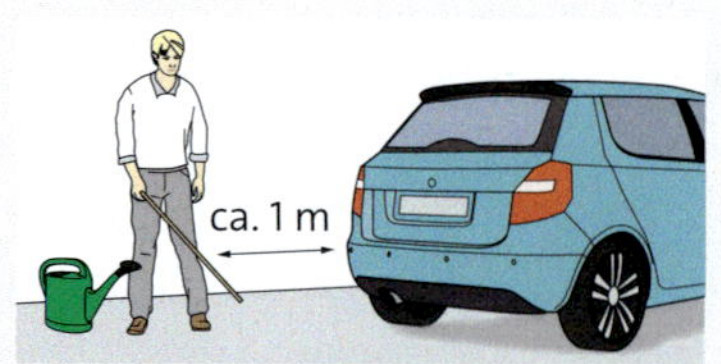

2

Einparkhilfe beim Auto Einparkhilfen nutzen häufig Schallsensoren. Schallsensoren sind unempfindlicher gegen Nebel, Regen und Schmutz als die optischen Sensoren einer Rückfahrkamera.
Der Sensor sendet und empfängt Schallimpulse. Er misst die Laufzeit zwischen gesendetem und reflektiertem Signal. Dabei durchläuft das Signal die Entfernung zwischen Sensor und Hindernis zweimal. Da die Schallgeschwindigkeit bekannt ist, kann die Einparkhilfe Hindernisse nicht nur registrieren, sondern auch ihre Entfernung bestimmen.

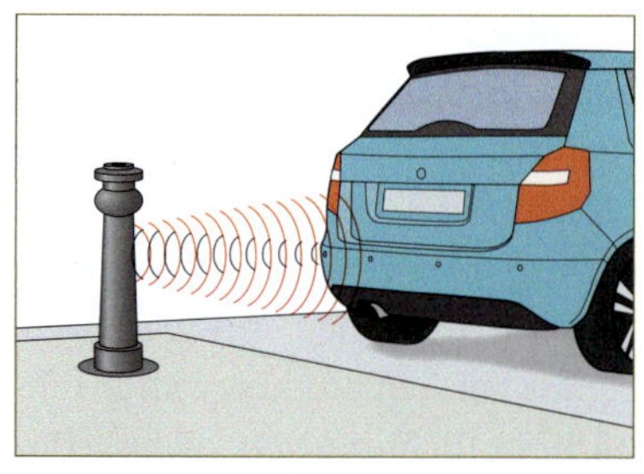
3

Musteraufgabe
Mit Echoloten bestimmt man die Wassertiefe. Sie funktionieren wie Einparkhilfen. Angenommen, zwischen Senden und Empfangen eines Signals vergehen 0,2 s: Berechne die Tiefe des 20 °C warmen Wassers.

Gegeben: $c = 1484\,\frac{\text{m}}{\text{s}}$, $t = 0{,}2\,\text{s}$ *Gesucht:* Wassertiefe h in m
Lösung: $s = c \cdot t = 1484\,\frac{\text{m}}{\text{s}} \cdot 0{,}2\,\text{s} = 296{,}8\,\text{m}$

$$h = \frac{s}{2} = \frac{296{,}8\,\text{m}}{2} = 148{,}4\,\text{m}$$

Sonografie Bei der Sonografie werden Schallwellen in den Körper gesendet und die reflektierten Signale ausgewertet. Da Schallwellen an verschiedenen Geweben unterschiedlich stark reflektiert werden, können Computer aus der Intensität der reflektierten Signale ein Bild errechnen.

Aufgaben

1 Angler nutzen spezielle Geräte, um Fische zu finden. Beschreibe, wie solch ein Gerät arbeiten könnte.

2 Berechne die Wassertiefe, wenn ein Echolot in Wasser bei 0 °C nach 0,5 s ein reflektiertes Signal empfängt.

Experiment

2 Lautsprecher ohne Strom

Erzeuge mit einer Stimmgabel oder einer Spieluhr Töne. Halte den Schallerzeuger zuerst in die Luft und dann an verschiedene Gegenstände, z. B. die Tür oder die Tafel. Beschreibe, wie sich die Lautstärke verändert.

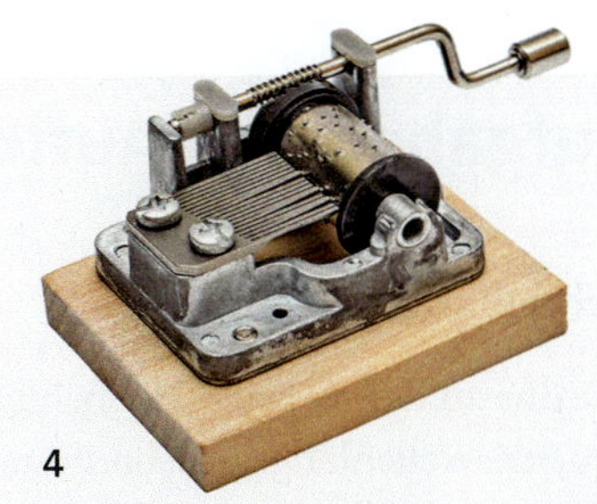

4

Wenn die Spieluhr an die Tafel gehalten wird, übertragen sich ihre Schwingungen auf die Tafel. Die Tafel wird zum Mitschwingen angeregt.

5

Gitarre Die Saiten einer Gitarre schwingen, wenn man sie anschlägt. Da sie fest eingespannt sind, werden die Schwingungen an den Enden der Saite reflektiert und überlagern sich. Durch Interferenz bildet sich dabei eine stehende Welle aus. Ihre Wellenlänge bestimmt die Tonhöhe.
Weil die Saiten dünn sind, stoßen sie nur wenige Luftteilchen an. Der entstehende Ton ist daher sehr leise. Doch übertragen die Saiten ihre Schwingungen auf den Gitarrenkörper. Dieser besteht meist aus Holz und hat eine viel größere Fläche. Wenn er mit der Saite mitschwingt, stößt er viel mehr Luftteilchen an als die Saite allein. Der Ton ist lauter.

6

Akustische Linsen Lautsprecher sollen Töne gleichmäßig im Raum verteilen. Dabei helfen akustische Linsen. Sie liegen vor dem Lautsprecher und beeinflussen die Schallverteilung durch Brechung und Interferenz.
Forscher haben auch akustische Linsen entwickelt, die Schallwellen derart bündeln, dass sie kleine Gegenstände zum Schweben bringen. Diese können dann berührungslos bearbeitet werden.

Stille durch Lärm Außengeräusche können stören, z. B. beim Musikhören. Lärm kann sogar gefährlich werden: Beim Motorradfahren mit hohen Geschwindigkeiten werden die Windgeräusche oft so laut, dass sie gesundheitliche Schäden verursachen können.
Motorradhelme zu dämmen ist nicht gut, da der Fahrer trotz Helm Sirenen hören und Sprache verstehen muss. Man kann jedoch die Interferenz nutzen, um genau die störenden Töne zu löschen. Dazu nehmen Mikrofone die Außengeräusche auf und Lautsprecher erzeugen passende „Gegengeräusche“. Die Gegengeräusche überlagern die Außengeräusche, sodass sie sich gegenseitig auslöschen (Noise Cancelling).

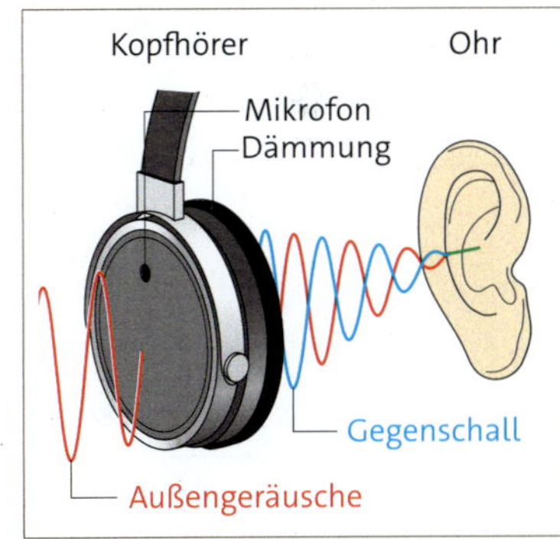

7 Noise-Cancelling-Kopfhörer

Aufgaben

1 Recherchiere, was man unter Ultraschallschweißen versteht. Bereite eine kurze Präsentation zum Thema vor.

2 Hält man eine Spielwalze in der Hand, ist die Melodie nur sehr leise zu hören. Stellt man sie aber auf eine Holzplatte (z. B. einen Tisch), so hört man die Melodie laut und deutlich. Erkläre. ▸ 4

3 Bei Konzerten hat der Hörer an verschiedenen Stellen des Konzertsaals verschiedene Höreindrücke. Finde Gründe dafür.

4 Das Ohr kann Schallsignale nur dann deutlich trennen, wenn ihr zeitlicher Abstand nicht unter 0,1 s liegt. Berechne die Entfernung einer Felswand, damit man ein deutliches Echo hören kann.

Aufgaben und Aufträge

Beschreibung von Wellen

1 Ordne zu den Begriffen Schwingungsdauer, Frequenz, Wellenlänge, Ausbreitungsgeschwindigkeit und Amplitude die passenden Beschreibungen, Einheiten, Formelzeichen und Formeln zu:
- y_{max}, f, T, c, λ
- $\lambda \cdot f$, $\frac{1}{T}$, $\frac{1}{f}$, $\frac{c}{f}$
- Hz, s, m, $\frac{\text{m}}{\text{s}}$
- Zeit für eine vollständige Schwingung, Abstand zweier Wellenberge, Höhe eines Wellenbergs, Anzahl der Schwingungen in einer Sekunde

2 Schall einer Trommel

a Bild ▸ 1a zeigt die Schwingung einer Trommelmembran. Ermittle aus dem Diagramm die Amplitude und die Schwingungsdauer. Berechne außerdem die Frequenz des entstehenden Tons.

b Bild ▸ 1b zeigt, wie sich der entstehende Ton in Luft bei 20 °C ausbreitet. Berechne die Wellenlänge.

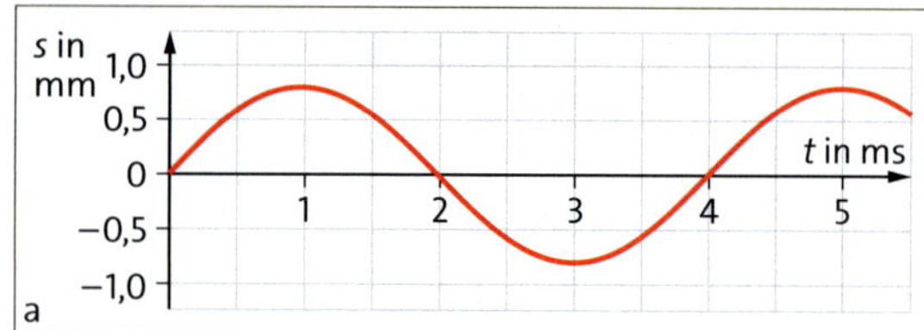

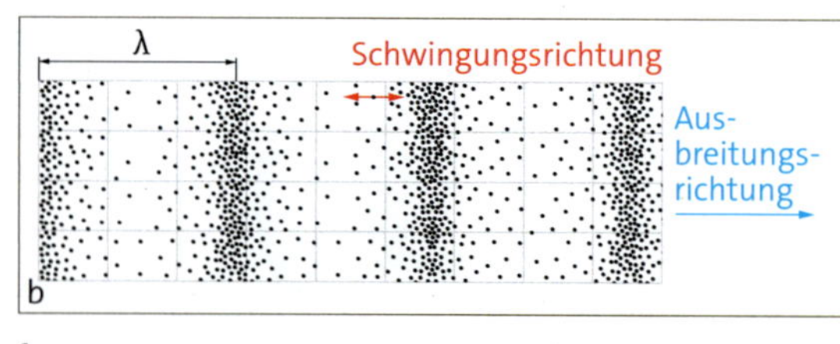

1

Eigenschaften von Wellen

3 Eine Welle kann gebrochen werden. Fertige eine beschriftete Skizze zur Brechung an und beschreibe sie kurz.

4 Erläutere, warum der Radfahrer das Motorrad hören kann, obwohl er es nicht sieht. Skizziere die Situation in der Ansicht von oben. ▸ 2

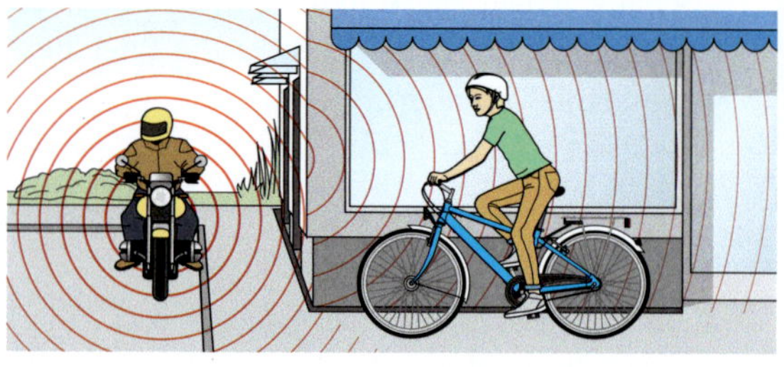

2

5 Bild ▸ 3 veranschaulicht eine Welleneigenschaft. Benenne und beschreibe diese Eigenschaft. Beschreibe den Höreindruck, wenn sich der Zuhörer in Pfeilrichtung bewegt.

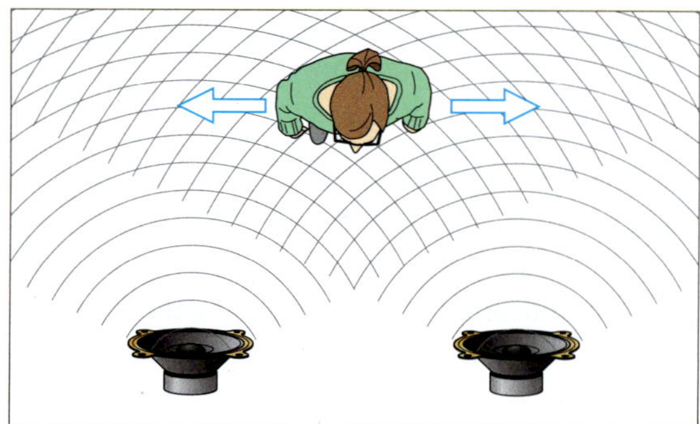

3

Schall

6 Martin vermutet, dass es irgendwann einen Schallwellenantrieb für Raumschiffe geben wird. Finde Gründe, die für oder gegen diese Vermutung sprechen.

7 Mit einem Oszillografen wurden verschiedene Schallschwingungen dargestellt. Vergleiche die Töne bezüglich ihrer Tonhöhe und ihrer Lautstärke. Begründe deine Aussagen.

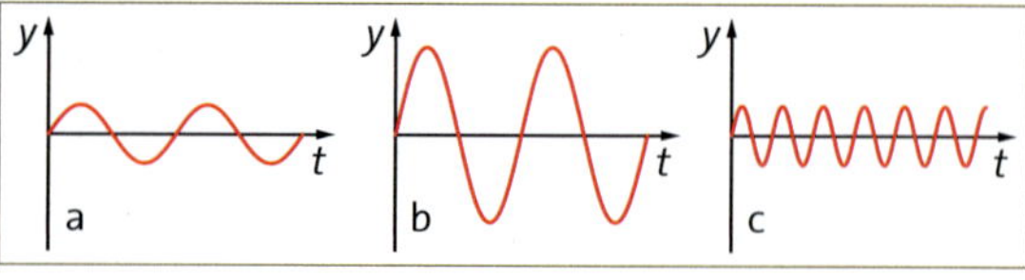

4

8 Nenne die Formel zur Berechnung der Ausbreitungsgeschwindigkeit sowie Einheiten, in denen die enthaltenen Größen angegeben sein können.

9 Blauwale verständigen sich mit Lauten um 20 Hz. Mit diesen Walgesängen können sich die Tiere im Ozean über enorme Entfernungen „unterhalten". Berechne, wie lange es dauert, bis ein 500 km entfernter Wal bei 0 °C eine Nachricht hört.

10 Recherchiere die Schallpegel von Baulärm und Musik aus In-Ear-Kopfhörern. Vergleiche die Werte und ziehe Schlussfolgerungen.

Überblick

Beschreibung von Wellen Eine Welle ist eine Schwingung, die sich im Raum ausbreitet. Jede Welle kann man durch die folgenden Kenngrößen beschreiben:

- Schwingungsdauer T in s
- Frequenz f in Hz
- Amplitude y_{max} in m
- Wellenlänge λ in m
- Ausbreitungsgeschwindigkeit c in m/s

Eine Welle lässt sich mithilfe von zwei Diagrammen beschreiben:
Das $y(t)$-Diagramm beschreibt die Schwingung an einem festen Ort. ▸ 6
Das $y(s)$-Diagramm zeigt die gesamte Welle zu einem festen Zeitpunkt. ▸ 7

Reflexion Treffen Wellen auf ein Hindernis, werden sie reflektiert. Dabei gilt das Reflexionsgesetz: Einfallswinkel = Reflexionswinkel. ▸ 8

Beugung Treffen Wellen auf einen Spalt oder eine Kante, so dringen sie in den Schattenraum hinter dem Hindernis ein. Das nennt man Beugung. ▸ 9

Interferenz Überlagern sich Wellen, entstehen Bereiche der Verstärkung und der Abschwächung. Das bezeichnet man als Interferenz. ▸ 10

Ausbreitung von Wellen
Entlang der Ausbreitungsrichtung wird Energie, kein Stoff weitergegeben. Eine Welle breitet sich in einem Stoff mit konstanter Geschwindigkeit aus. Die Ausbreitungsgeschwindigkeit kann mit $c = \lambda \cdot f$ berechnet werden.

Lärm Als Lärm wird Schall bezeichnet, der von Menschen als störend empfunden wird, unser Wohlbefinden beeinträchtigt oder gesundheitsschädigend wirkt.
Schallschutz erreicht man durch Reflexion und Absorption von Schall.

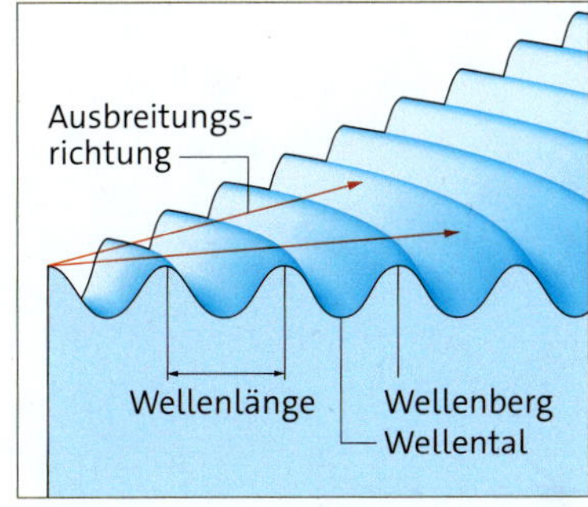

5

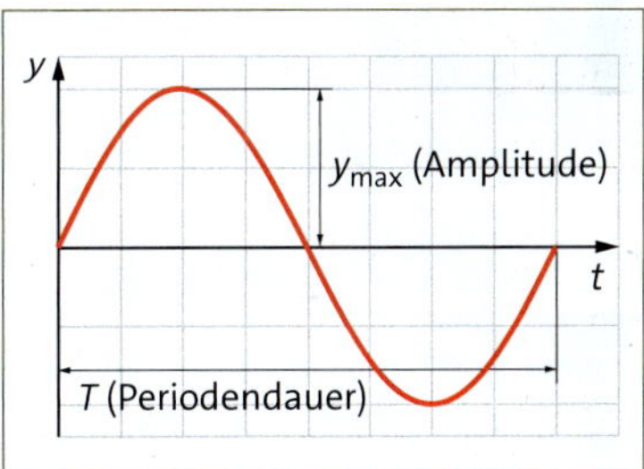

6

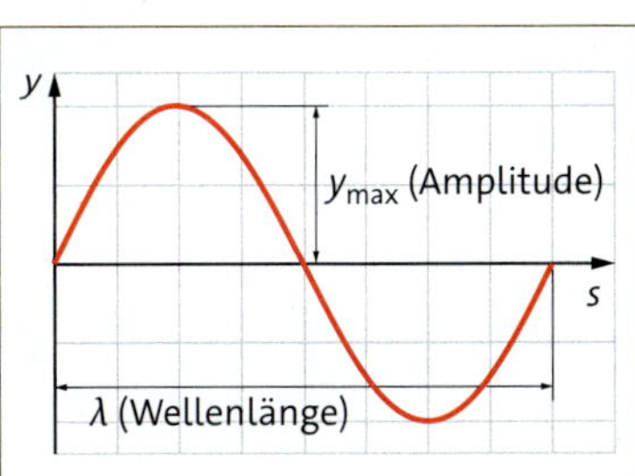

7

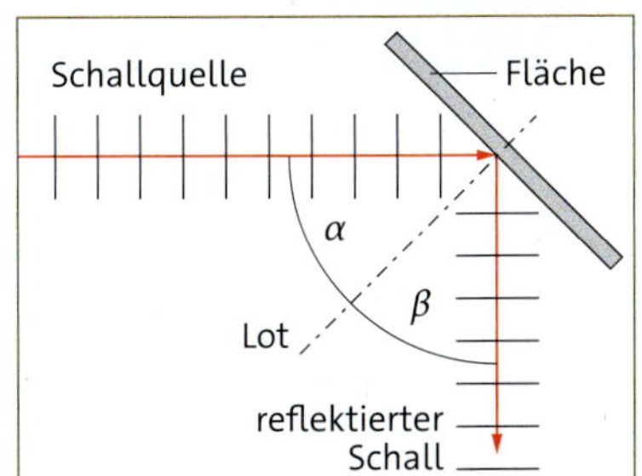

8 Reflexion

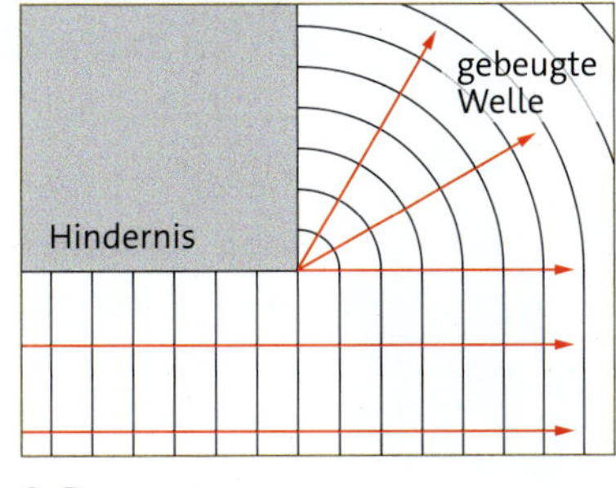

9 Beugung

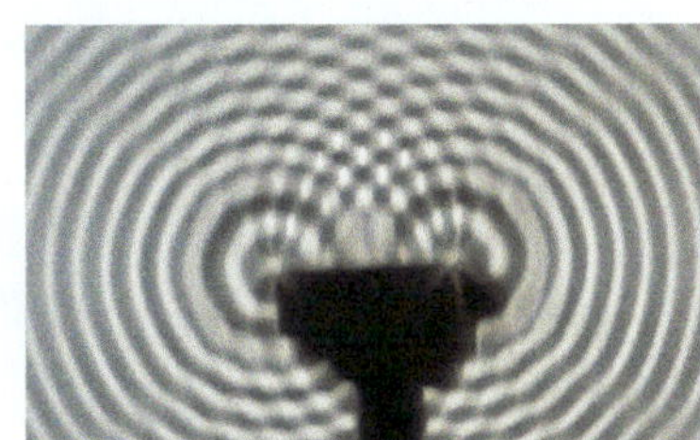
10 Interferenz

1 Aufbau einer Bohrinsel

2 Aufbau eines Off-Shore-Windparks

Lärm unter Wasser

3 Tanker warten auf die Beladung.

Auch das Meer ist schon lange kein stiller Ort mehr. In den letzten Jahrzehnten hat sich der Lärm in den Ozeanen durch uns Menschen vervielfacht. Viele Meerestiere reagieren gestresst, verlieren die Orientierung und können sogar sterben.
Vermehrter Schiffsverkehr, der Aufbau von Bohrinseln oder Off-Shore-Windparks sind Beispiele für extremen Lärm unter Wasser. ▸ 1–3

4 U-Boot

5 Untersuchung des Meeresbodens mit Schallwellen

Zur Ortung von Atom-U-Booten, aber auch zum Aufspüren von Bodenschätzen werden besonders starke Schallwellen mit bis zu 270 dB (A) verwendet. Sie sind auch noch in Tausenden von Kilometern Entfernung zu hören. ▸ 4, 5
Bei Meeressäugern, die sich in der direkten Umgebung befinden, kann sogar das Trommelfell platzen.

Inzwischen gibt es viele Ideen, wie man den Lärm unter Wasser vermindern kann. Schiffe bleiben auf festen Routen, weite Gebiete werden nicht befahren. Beim Rammen von Fundamenten soll ein Vorhang aus Luftblasen als Schalldämmung dienen. ▸ 6, 7

6 Baustelle mit Blasenvorhang

7 Blasenvorhang zur Schalldämmung

Lärm selbst überprüft – Lärmschutz selbst erdacht

Der Lärm gehört zu den größten Belastungen der Menschen besonders in den Städten, aber auch auf dem Land in der Nähe von Autobahnen, Eisenbahnlinien und Flughäfen. Manche Lärmbelästigung ist ständig vorhanden, weil beispielsweise eine Lüftung auf dem Nachbargebäude ununterbrochen läuft. Manchmal gibt es nur hin und wieder großen Lärm, z. B. an einer Eisenbahnstrecke. Oft erzeugen wir den „Lärm" sogar freiwillig: Auf dem Sportplatz geht es laut zu, in der Disco dröhnen die Lautsprecher und mit den Ohrhörern am MP3-Player holen wir den Lärm direkt in den Kopf.

Auftrag

1 Erstellt eine Lärmkarte der Schule und ihrer Umgebung.

Für Lärmmessungen ist ein Schallpegelmesser erforderlich. ▸ 1 Falls kein Schallpegelmesser zur Verfügung steht, könnt ihr euch auch eine App zur Messung des Schallpegels auf euer Smartphone laden.

1

2

Teilt eure Klasse in Teams auf. Begebt euch an verschiedene Stellen rund um eure Schule. Wählt die Stellen so aus, dass ihr denkt, dass dort viel Lärm ist. Messt eine halbe Stunde lang alle 5 min den Schallpegel und tragt ihn in eine Tabelle ein. Berechnet dann den Mittelwert der Messungen.

Uhrzeit	09:30	09:35	…	Mittelwert
Schallpegel in dB				

3

Zum Schluss solltet ihr noch ein Foto der Messstelle und ihrer Umgebung machen. ▸ 2
Zeichnet jetzt euren Messort und euren Schallpegelmittelwert in eine vorbereitete Karte ein. ▸ 3
Jetzt könnt ihr recht gut einschätzen, wo der Lärm zu groß ist. Macht nun eigene Vorschläge für Lärmschutzmaßnahmen.

Ihr könnt eure Vorschläge zur Lärmminderung oder Lärmvermeidung auch gleich in das ausgedruckte Foto einzeichnen.

Besprecht anschließend innerhalb der Klasse eure Maßnahmen. Eine Jury kann die geeignetsten Ideen auswählen.

Testaufgaben zu „Schall – Entstehung und Ausbreitung“

1 Übernimm die Tabelle und ergänze die Angaben für ein Fadenpendel.

Name	Formelzeichen	Einheit	Bedeutung
Amplitude			
	T		
		Hz	

2 Bei mechanischen Uhren wird die Zeit durch die Schwingungen eines Bauteils („Anker“) gemessen. Man hört das Schwingen als Ticken.

a Erläutere den Unterschied zwischen gedämpfter und ungedämpfter Schwingung am Beispiel einer mechanischen Aufziehuhr.

b Die Schwingung des Ankers ist durch folgendes Diagramm gegeben. Ermittle aus dem Diagramm die Kenngrößen seiner Schwingung.

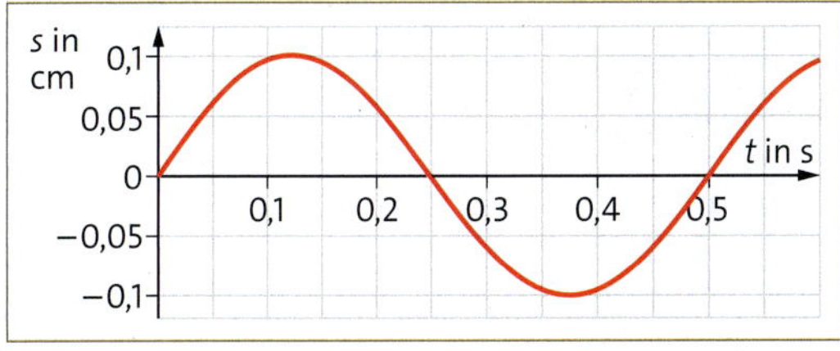

4

3 Stellt man einen Teller mit Suppe auf den Tisch, dann schwappt die Suppe noch kurz hin und her. Entscheide und begründe, ob es sich um eine gedämpfte oder ungedämpfte Schwingung handelt. Beschreibe, wie man die Frequenz der Schwingung messen könnte.

4 Ein Fadenpendel wird so angestoßen, dass es zur Resonanz kommt. Gib die Bedingung dafür an und beschreibe die Auswirkungen.

5 Eine Schallwelle breitet sich in Luft bei 20 °C aus. Ermittle ihre Ausbreitungsgeschwindigkeit. Die Ausbreitung wird durch folgendes Diagramm beschrieben. Ermittle aus dem Diagramm die Wellenlänge und berechne die Frequenz des Tons.

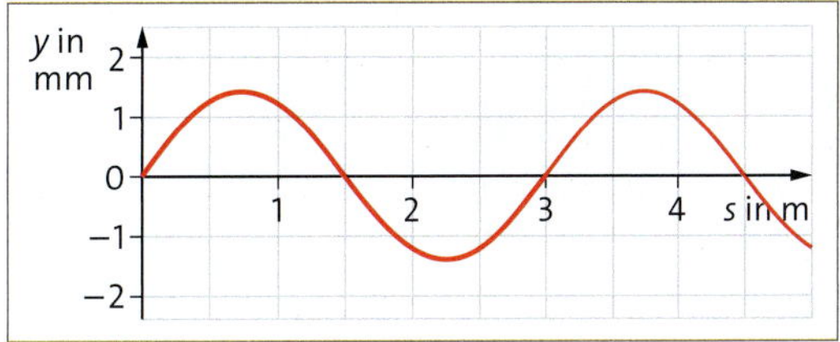

5

6 Bild ▸ 6 veranschaulicht eine seismische Untersuchung. Nenne die Welleneigenschaften, die ausgenutzt wurden, und erkläre, wie man damit z. B. Erdöllagerstätten findet.

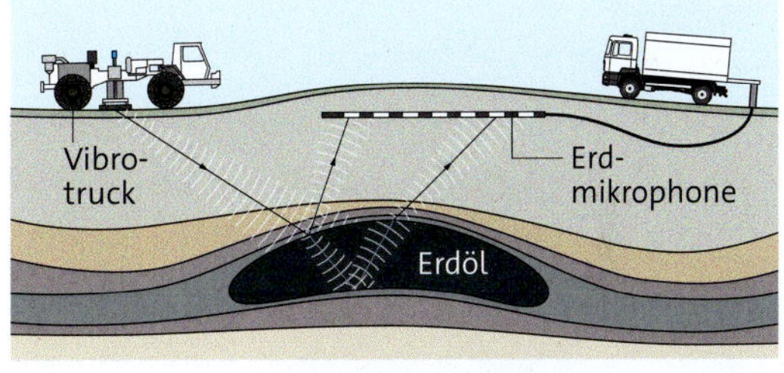

6

7 Beschreibe, was man unter Brechung, Beugung und Interferenz mechanischer Wellen versteht, und fertige zu jeder Erscheinung eine Skizze an.

Aufgabe	Fähigkeit	Hilfe auf Seite …
1, 2, 7	Mechanische Schwingungen und Wellen mit ihren Eigenschaften beschreiben.	124 ff., 136 ff.
3, 4	Entstehung mechanischer Schwingungen erläutern.	128 f., 130 f.
5, 6	Entstehung und Ausbreitung von Schallwellen beschreiben.	142 ff.
6	Anwendungen mechanischer Wellen beschreiben.	148 f.

▸ Die Lösungen findest du auf Seite 214.

Optische Phänomene

Ohne Licht in vielen Farben und mit Effekten ist ein Aufritt einer Band unvorstellbar. Musik und Bilder werden eine Einheit und wecken Emotionen. Dabei wird gezielt mit der Wirkung der Farben gearbeitet: Rot-Orange-Töne als sich bewegende Flammen bewirken Wärme. Blaues Licht wirkt kalt und wird mit lauter Musik verbunden. Entscheidend ist auch, ob Licht langsam auf- und abgeblendet wird oder schlagartig aufblitzt. Hat man Gelegenheit, den Ort ohne Lichteffekte, bei Tageslicht, zu betrachten, sieht er nicht mehr spektakulär aus, und der Zauber ist dahin.

Die Farben des Himmels sind beeindruckend. Wir sehen gleißendes Licht der Sonne am azurblauen Himmel oder leuchtendes Abend- oder Morgenrot.

Licht als Welle

Schon vor vielen Jahrhunderten interessierte Menschen die Frage, was Licht ist und welche Eigenschaften es hat.
Isaac Newton (1643–1717) betrachtete Licht als Menge von Teilchen (Korpuskeln), die sich geradlinig nach allen Seiten und schnell ausbreiten. Das Modell Lichtstrahl beruht auf Newtons Korpuskulartheorie. Die Entstehung von Schatten kann mit dem Modell Lichtstrahl beschrieben und erklärt werden. Die Entstehung eines Regenbogens lässt sich mit dem Modell Lichtstrahl nicht erklären, sondern nur, wenn man annimmt, dass Licht Wellencharakter hat. Die Wellentheorie geht auf Christiaan Huygens (1629–1695) zurück. ▸ 2, 4
Beide Theorien lassen Fragen offen. Da Newton durch wichtige physikalische und astronomische Erkenntnisse berühmt war, galten seine Vorstellungen bis Anfang des 19. Jahrhunderts als allgemein gültig. Huygens Theorie konnte sich erst mit der Entdeckung von Interferenz und Beugung durchsetzen.
Thomas Young (1773–1829) fand nicht nur Erklärungen für das Sehen im Auge, sondern auch für die Entstehung der schillernden Farben an dünnen Schichten wie Seifenblasen. ▸ 3

2 Christiaan Huygens

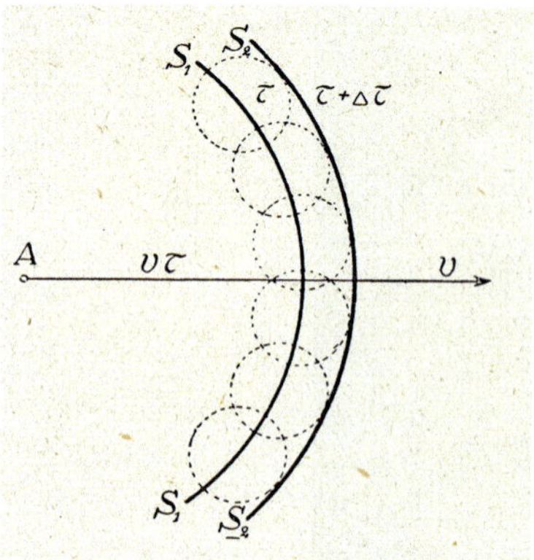

4 Huygens Originalzeichnung zu Elementarwellen

3 Schillernde Farben an Seifenblasen

Weißt du's?

Beantworte die Fragen. So kannst du deine Lösungen überprüfen: Der Regenbogen besteht aus sechs Farben. Nur hinter der richtigen Antwort steht jeweils eine dieser Farben. Wenn du sie kennst, findest du schnell die richtige Antwort.

1 Wenn Licht schräg auf eine glatte Wasseroberfläche fällt, dann

A setzt es seinen Weg ungehindert fort. A

B ändert es so seine Richtung: B

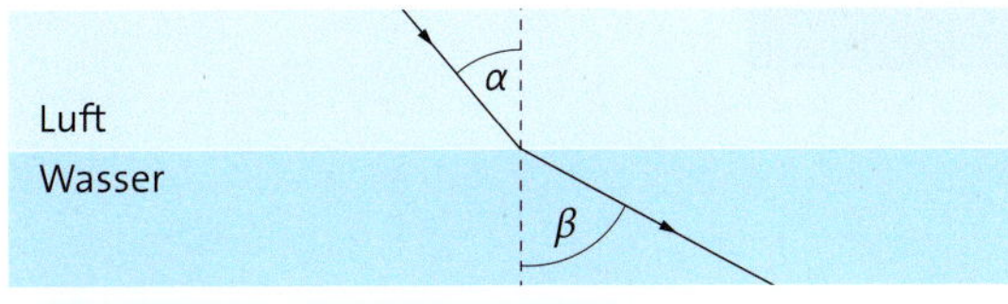

C ändert es so seine Richtung: C

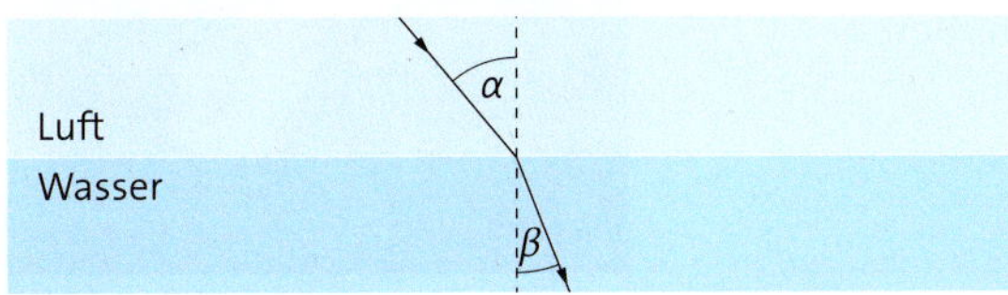

2 Licht fällt senkrecht auf eine dicke Glasplatte. Man beobachtet: Das Licht

A wird wieder zurückgeworfen. D

B geht ungehindert hindurch. E

C ändert seine Richtung. F

3 Ein Regenbogen zeigt sich am Himmel. Die Reihenfolge der Farben ist:

A Violett, Blau, Gelb, Grün, Orange, Rot G

B Braun, Orange, Weiß, Grün, Blau, Violett H

C Violett, Blau, Grün, Gelb, Orange, Rot I

4 Wenn sich ein Wellenberg und ein Wellental überlagern, wird die Welle an dieser Stelle

A nicht verändert. J

B verstärkt. K

C ausgelöscht. L

5 Den Mond kann man sehen, weil

A von unseren Augen Lichtstrahlen ausgehen. M

B vom Mond Licht ausgesendet wird. N

C der Mond Licht reflektiert. O

6 Das farbige Bild auf dem Bildschirm eines Fernsehapparats entsteht durch eine Farbmischung aus:

A Magenta, Yellow und Cyan P

B Rot, Grün und Blau Q

C Schwarz, Weiß und Blau R

A	Weiß	
B	Karminrot	
C	Rot	
D	Grau	
E	Orange	
F	Hellbraun	
G	Lila	
H	Himbeere	
I	Gelb	

J	Braun	
K	Beige	
L	Grün	
M	Lindgrün	
N	Rosa	
O	Blau	
P	Türkis	
Q	Violett	
R	Schwarz	

Entstehung von Licht

1

Ein Blitz erhellt schlagartig die dunkle Gewitternacht. Kurzzeitig ist die Umgebung in gleißendem Licht zu sehen. Dann versinkt alles wieder in undurchdringlicher Dunkelheit, irgendwann grollt ein Donner.

Experiment

1 Historische Lichtquellen
Recherchiere nach Lichtquellen, die die Menschen in der Vergangenheit entwickelt und benutzt haben, um Licht zu erzeugen. Bereite dazu eine Präsentation vor.

Die Sonne bestimmte jahrtausendelang den Tagesrhythmus der Menschen. Blitze und durch Blitzeinschläge ausgelöste Feuer erhellten den Nachhimmel und spendeten neben der Sonne Licht. Mit dem Einfangen und Behüten des Feuers, brachten die Menschen Licht in ihre Höhlen. Heute zünden wir selbstverständlich mit Streichhölzern und Feuerzeugen nicht nur Holz zur Beleuchtung an.
Seit mehr als hundert Jahren erhalten wir durch Elektrizität das gewünschte Licht – nun ohne den Umweg über das Feuer.
In jedem Fall muss aber für die Erzeugung von Licht Energie zugeführt werden. Auch das Erwärmen eines Körpers ist eine Energiezufuhr.
Wird z. B. Metall erhitzt, so beginnt es bei hohen Temperaturen zu glühen. Die Teilchen, aus denen das Metall besteht, bewegen sich durch die Energiezufuhr immer heftiger und senden dann, wenn sie durch Energieabgabe langsamer werden, auch Licht aus. ▸ 3

Licht kann durch Abbremsvorgänge bei Wärmebewegung von Atomen, Molekülen und geladenen Teilchen entstehen.

3 Glühendes Metall bei unterschiedlichen Temperaturen

Aufgaben

1 Nenne natürliche und künstliche Lichtquellen.

2 Recherchiere über den Zusammenhang von Temperatur und Anlassfarben von Metallen.

Experiment

2 Fluoreszenz

Beleuchte in einem abgedunkelten Raum Leitungswasser und chininhaltige Limonade (Tonic-Wasser) mit verschiedenen Lichtquellen:
Taschenlampe, Laserpointer, verschiedene LEDs, UV-Lampe.
Beobachte und beschreibe das Aussehen der Flüssigkeiten.

Licht entsteht im Atom. Wir wissen, dass alle Atome aus einem Atomkern und der Atomhülle bestehen. In der Hülle bewegen sich die Elektronen in verschiedenen Abständen vom Kern. Dafür steht ihnen eine bestimmte Energiemenge zur Verfügung. Die Elektronen, die dem Kern am nächsten sind, haben nur eine kleine Energiemenge. Je weiter entfernt sich das Elektron vom Kern befindet, umso größer ist seine Energie.
Befindet sich das Elektron in einem festen Abstand vom Atomkern, spricht man auch vom Grundzustand. Erhält ein Elektron eine zusätzliche Energiemenge, so kann es einen weiter vom Kern entfernten Platz einnehmen. Die Forschenden sprechen vom angeregten Zustand. Fällt das Elektron wieder auf seinen Ausgangsplatz zurück, so gibt es die Energie in Form von Strahlung ab. Ein Teil dieser Strahlung ist sichtbar, das ist das Licht. Die abgegebene Energie Portion nennt man *Photon*. ▸ 6–8

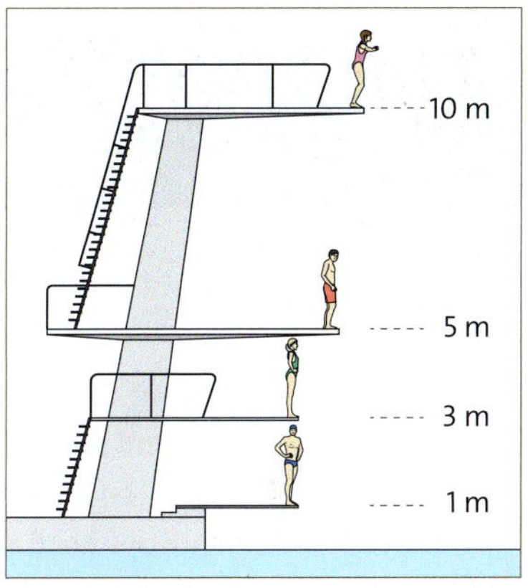

5 Energieniveaus des Turmspringers

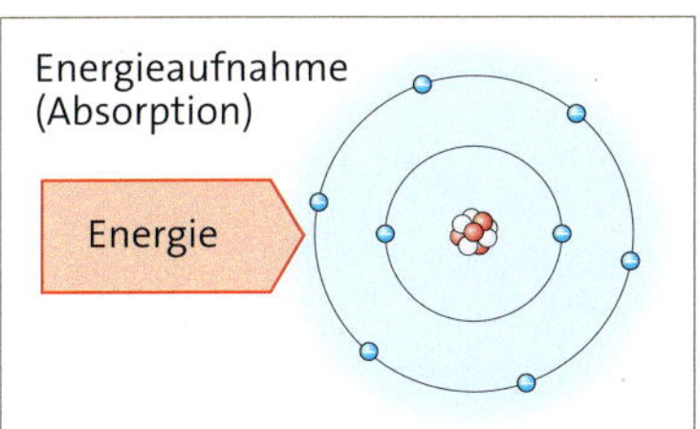

6 Grundzustand

7 Angeregter Zustand

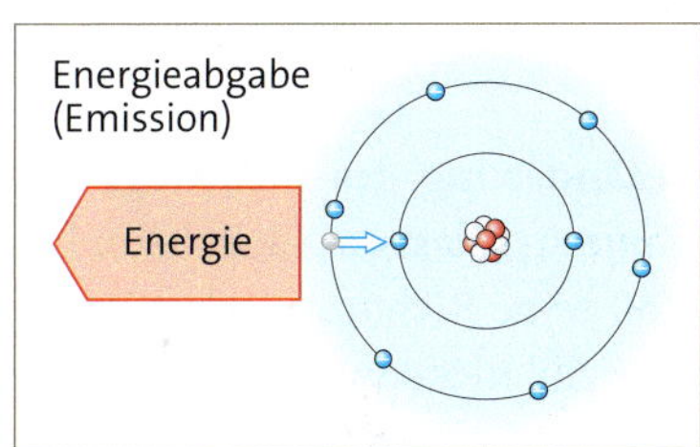

8 Grundzustand

Vergleichbar ist diese Vorstellung mit Springern auf einem Turm im Schwimmbad. Der Springer auf dem 1-m-Brett hat eine niedrigere potenzielle Energie als der Springer auf dem 3-m-Brett oder der Springer auf dem 5-m-Brett. Springen sie ins Wasser, dann geben sie ihre potenzielle Energie an das Wasser ab. ▸ 5

Atome können nach Energiezufuhr Licht aussenden.
Licht entsteht durch Abbremsprozesse bei Wärmebewegung und Energiesprünge in den Atomen.

Aufgabe

1 Leuchtstreifen auf Fußböden, Leuchtziffern auf Armbanduhren oder Verkehrsschilder sind unter bestimmten Bedingungen sichtbar. ▸ 9
Auch manche Tiere leuchten in der Dunkelheit.
Recherchiere über verschiedene Arten der Lumineszenz bzw. Fluoreszenz und informiere deine Mitschüler.

9

Brechungsgesetz

1

Steht man am Rand eines klaren Gewässers, kann man zwar den Grund sehen, aber nie sagen, wie tief das Wasser ist. Der Boden erscheint angehoben, das Wasser scheint gar nicht so tief zu sein.

Experiment

1 Licht und Brechung

Nimm eine Tasse und lege ein Geldstück hinein. Schaue schräg über den Rand der Tasse, sodass du das Geldstück gerade noch siehst. Bewege jetzt den Kopf nach unten, bis das Geldstück verschwindet. Bitte jemanden, Wasser in die Tasse zu gießen. Was beobachtest du?

Veränderung des Lichtwegs Ursache für das scheinbare Anheben der Münze ist, dass das Licht beim Übergang von einem Stoff in einen anderen Stoff seine Richtung ändert. Man spricht von Brechung. Auch das scheinbare Abknicken von Gegenständen, die sich teilweise in einer Flüssigkeit befinden, entsteht durch Brechung.

Ein Lichtstrahl ändert seine Ausbreitungsrichtung, wenn er von einem Stoff in einen anderen Stoff übergeht. Das bedeutet, dass der Lichtstrahl an der Grenzfläche zweier lichtdurchlässiger Stoffe abgeknickt wird.
Beim Übergang in ein optisch dichteres Medium (kleinere Lichtgeschwindigkeit) wird ein Lichtstrahl an der Grenzfläche zum Lot hin gebrochen. ▸ 4
Beim Übergang in ein optisch dünneres Medium (höhere Lichtgeschwindigkeit) wird ein Lichtstrahl vom Lot weg gebrochen. ▸ 5

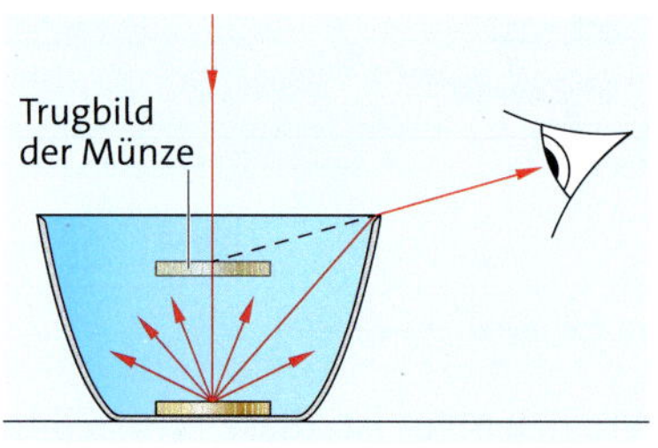

3

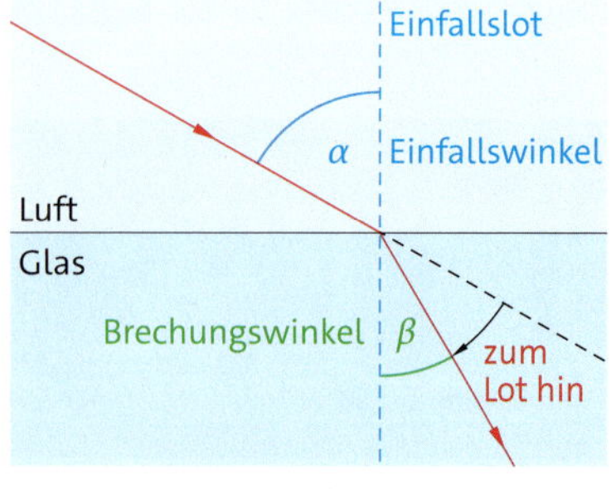

4 Glas ist optisch dichter …

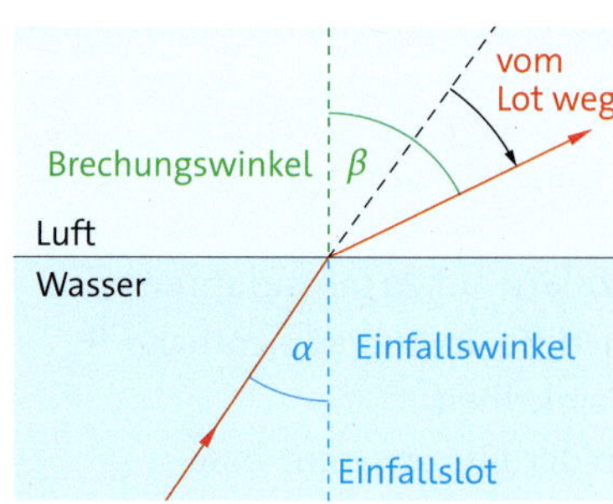

5 … als Luft.

Aufgabe

1 Übertrage die Skizzen in dein Heft und ergänze die Lote sowie die fehlenden Strahlen.

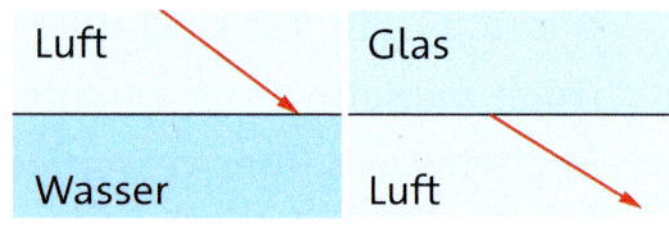

6

Experiment

2 Brechungsgesetz

a Ermittle die Brechungswinkel beim Übergang des Lichts von Luft in Glas für verschiedene Einfallswinkel von 0 bis 90°. ▸ 7a

b Übertrage die Tabelle in deinen Hefter und ergänze die Werte.

c Vergleiche die Quotienten und formuliere ein Ergebnis.

d Wiederhole das Experiment für den Übergang von Glas in Luft. ▸ 7b

α in °	β in °	$\sin\alpha$	$\sin\beta$	$\frac{\sin\alpha}{\sin\beta}$

Die Quotienten der Sinuswerte der jeweiligen Einfalls- und Brechungswinkel sind im Experiment annähernd gleich groß. Sie entsprechen dem Quotienten der Lichtgeschwindigkeiten in den beiden Stoffen, durch die das Licht hindurchgeht.

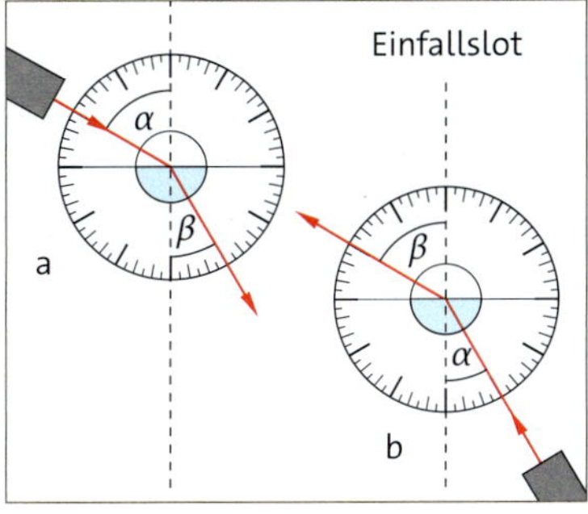

7

Für die Brechung des Lichts gilt das Brechungsgesetz:

$$\frac{\sin\alpha}{\sin\beta} = \frac{c_1}{c_2}.$$

Musteraufgabe

Berechne den Brechungswinkel für den Übergang des Lichts von Luft in Flintglas, wenn der Einfallswinkel 54,0° beträgt.

Gegeben: $c_1 = 299\,711\ \text{km/s}$, $c_2 = 186\,000\ \text{km/s}$, $\alpha = 54{,}0°$ ***Gesucht:*** β in °

Lösung: $\frac{\sin\alpha}{\sin\beta} = \frac{c_1}{c_2}$

$$\sin\beta = \sin\alpha \cdot \frac{c_2}{c_1} = \sin 54° \cdot \frac{186\,000\ \text{km/s}}{299\,711\ \text{km/s}}$$

$$\beta = 30{,}1°$$

Der Brechungswinkel beträgt 30,1°.

Übrigens

c_1 Lichtgeschwindigkeit im Stoff, aus dem das Licht kommt

c_2 Lichtgeschwindigkeit im Stoff, in den das Licht übergeht

Fata Morgana Vom Strand aus kann man manchmal Schiffe beobachten, die scheinbar über dem Meer schweben. Solche als Fata Morgana bezeichneten Bilder entstehen, wenn sich über der kalten Luft an der Wasseroberfläche wärmere Luftschichten befinden.

Auf dem Weg durch die unterschiedlich warmen Luftschichten wird das Licht in Richtung Wasseroberfläche gebrochen. Für den Beobachter entsteht dadurch der Eindruck, dass sich das beobachtete Objekt oberhalb der Wasseroberfläche befindet.

8 „Fliegender Holländer“

Aufgaben

1 Beim Übergang des Lichts von Wasser in Luft wird ein Brechungswinkel von 83° gemessen. Berechne den Einfallswinkel.

2 Beim Übergang von Luft in einen unbekannten Stoff wurde ein Einfallswinkel von 68° und ein Brechungswinkel von 38° gemessen. Um welchen Stoff könnte es sich handeln?

3 Licht geht unter einem Einfallswinkel von 55° von Luft in einen Körper aus Kronglas über. Berechne den Brechungswinkel.

4 Licht trifft unter einem Einfallswinkel von 40° auf Wasser, Glas bzw. Diamant. Berechne die Brechungswinkel in den einzelnen Stoffen.

Totalreflexion

1

Schaut man unter Wasser schräg nach oben, sieht man nicht, was sich oberhalb der Wasseroberfläche befindet. Man sieht nur Spiegelbilder der Dinge unter Wasser.

Experiment

1 Totalreflexion

a Ermittle die Brechungswinkel für verschiedene Einfallswinkel beim Übergang des Lichts von Glas in Luft.

b Bestimme den Einfallswinkel, ab dem keine Brechung mehr erfolgt.

c Beschreibe, was bei größeren Einfallswinkeln geschieht.

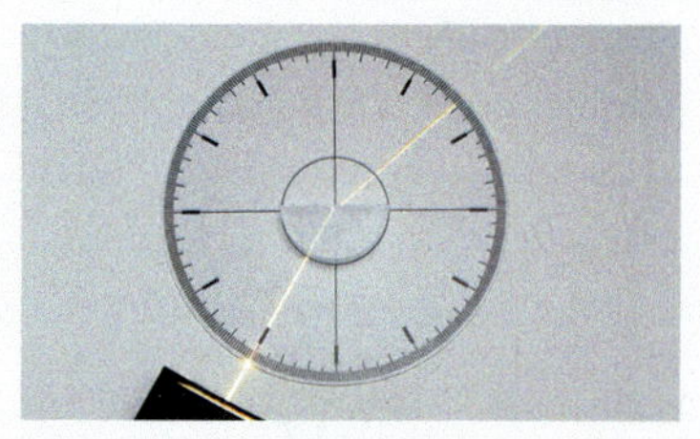

Geht Licht von Glas in Luft über, so wird es vom Lot weg gebrochen. Ab einem bestimmten Einfallswinkel geht es nicht mehr in Luft über, sondern wird reflektiert.

Beim Übergang des Lichts von einem optisch dichteren in ein optisch dünneres Medium wird es ab einem bestimmten Winkel an der Grenzschicht vollständig reflektiert. Man spricht von Totalreflexion.

Grenzwinkel der Totalreflexion α_G So wird der Einfallswinkel genannt, ab dem sämtliches Licht reflektiert wird.
Für $\alpha = \alpha_G$ gilt $\beta = 90°$.

Aus $\frac{\sin \alpha}{\sin \beta} = \frac{c_1}{c_2}$ und $\sin 90° = 1$ folgt: $\alpha_G = \frac{c_1}{c_2}$.

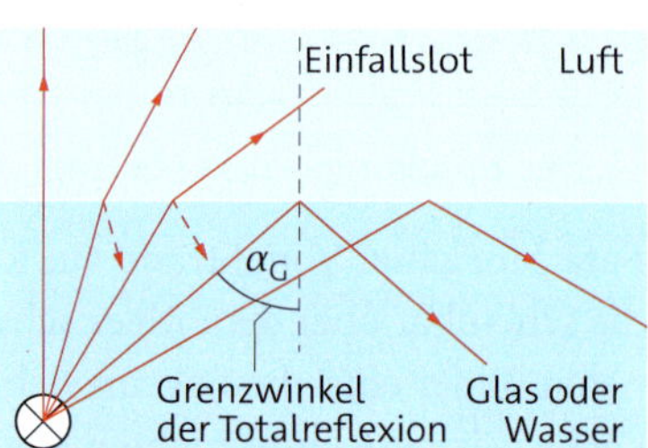

3 Brechung und Totalreflexion

Musteraufgabe

Berechne den Grenzwinkel der Totalreflexion für den Übergang des Lichts von Wasser in Luft. ▸ 4

Gegeben: $c_1 = 225\,000\ \text{km/s}$, $c_2 = 299\,711\ \text{km/s}$ *Gesucht:* α_G in °

Lösung:

$$\sin \alpha_G = \frac{c_1}{c_2}$$

$$\sin \alpha_G = \frac{225\,000\ \text{km/s}}{299\,711\ \text{km/s}} = 0{,}7507$$

$$\alpha_G = 48{,}6°$$

Aufgabe

1 Berechne den Grenzwinkel der Totalreflexion beim Übergang des Lichts von einem Diamanten in Luft.

Experiment

2 Grenzwinkel

Demonstriere Totalreflexion bei verschiedenen Stoffkombinationen.

4

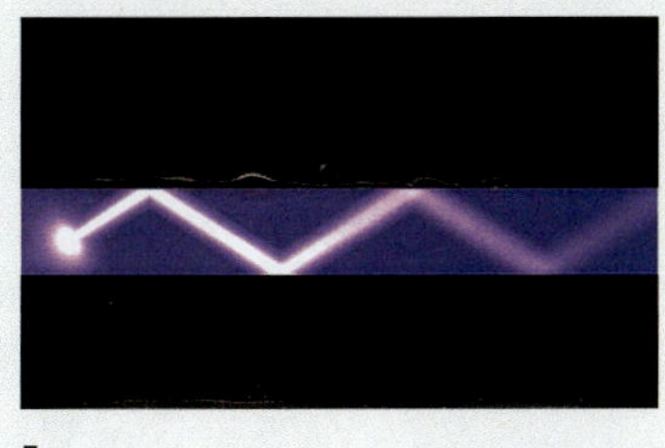

5

6

Glasfaserkabel Eine wichtige Anwendung der Totalreflexion ist die Informationsübertragung durch Licht in Glasfaserkabeln, auch Lichtleiter genannt. Durch wiederholte Totalreflexion an der Grenzschicht zwischen Glasfaserkern und Mantel breitet sich das Licht im Lichtleiter aus. ▸ 5, 7

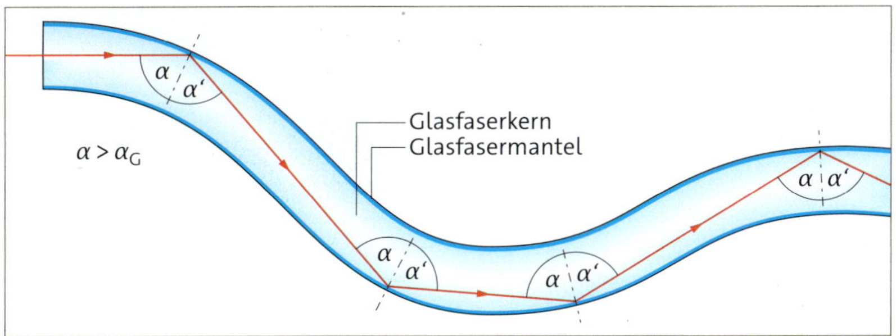

7 In einem Glasfaserkabel wird Licht immer wieder total reflektiert.

Übrigens

Mit Lichtleitern werden Signale von Computern, Fernsehkameras oder Mikrofonen übertragen. In der Medizin verwendet man sie in Endoskopen zur Untersuchung innerer Organe, in der Technik zur Inspektion von Hohlräumen in Maschinen.

ENDOSCOPY

8

Lichtleitkabel Um Informationen in einem Lichtleitkabel zu übertragen, werden elektrische Signale in Lichtsignale umgewandelt und in den Lichtleiter eingekoppelt. Diese Lichtsignale werden am anderen Ende des Lichtleiters wieder in elektrische Signale umgewandelt.
Elektrooptische Wandler sind z. B. LEDs, optoelektrische Wandler sind z. B. Fotodioden.
Vorteile dieser Informationsübertragung sind große Übertragungsgeschwindigkeiten und die hohe Dichte der übertragenen Informationen.

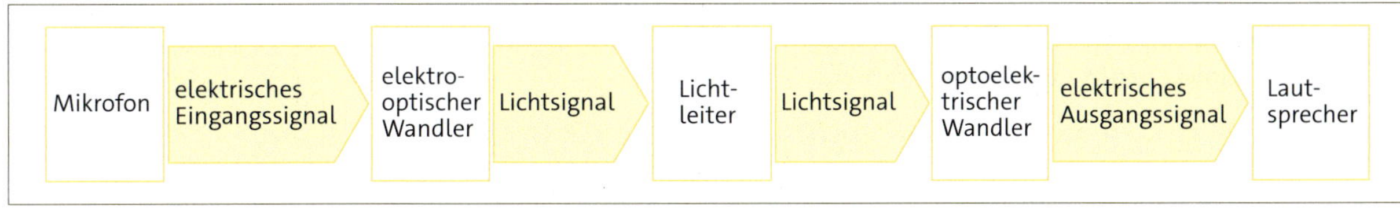

9 Informationsübertragung und Signalwandler im Lichtleitkabel

Aufgaben

1 Informiere dich über die Anwendung von Lichtleitkabeln in der Technik.

2 Lichtleiter werden auch in Endoskopen eingesetzt. Wie sind diese aufgebaut? Wie funktionieren sie?

Zerlegung des Lichts durch Brechung

1

Weißes Licht trifft auf einen durchsichtigen Körper und erzeugt farbige Erscheinungen. Wie ist das möglich?

Experiment

1 Brechung am Prisma

a Erzeuge mit einem schmalen weißen Lichtbündel an einem Prisma ein Farbband.

b Zeichne den Strahlenverlauf des farbigen Lichts mit einem Lineal auf dem Blatt nach.

3 Für unser Auge sichtbares kontinuierliches Spektrum des Sonnenlichts

An einem Prisma wird das Licht zweimal gebrochen: beim Eintritt in das Glas und auch beim Austritt. Weißes Licht wird dabei in farbiges Licht zerlegt. Als auffälligste Farben wurden Rot, Orange, Gelb, Grün, Blau und Violett festgelegt. Dazwischen gibt es weitere farbliche Abstufungen.
Die verschiedenen Farben des Lichts werden beim Durchgang durch das Prisma unterschiedlich stark gebrochen.

Bei der Brechung an einem Prisma wird weißes Licht in seine farbigen Anteile zerlegt. Die auffallendsten Farben Rot, Orange, Gelb, Grün, Blau und Violett nennt man Spektralfarben.

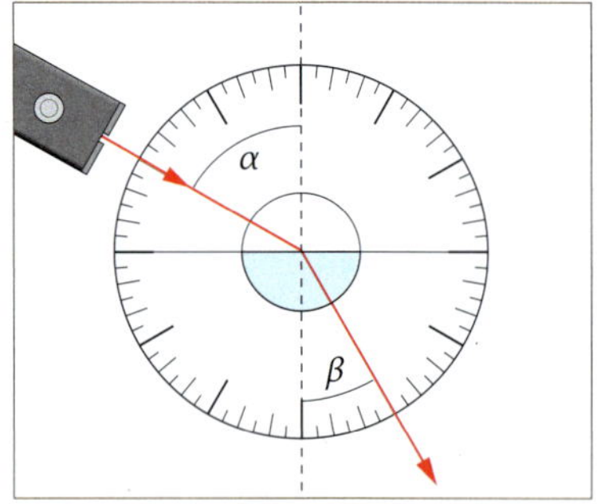

4 Brechung von rotem Licht

Aufgaben

1 Notiere das Brechungsgesetz. Sage den Verlauf des Lichts bei folgenden Übergängen vorher:

a Wasser in Luft

b Wasser in Glas

c Glas in Luft

2 Rotes Licht wird weniger gebrochen als blaues. Bestätige diese Aussage. Lass jeweils ein dünnes rotes und ein dünnes blaues Lichtbündel unter einem Winkel von 65° auf Glas treffen. Vergleiche die Brechungswinkel. ► 4

Experiment

2 Spektralfarben

a Erzeuge mit einem Prisma ein breites Spektrum. Schiebe in dieses Spektrum ein weiteres Prisma. ▸ 5, 6
Beschreibe deine Beobachtungen.

b Ersetze das zweite Prisma durch eine Sammellinse und betrachte den weiteren Verlauf des Lichts. ▸ 7

5

6

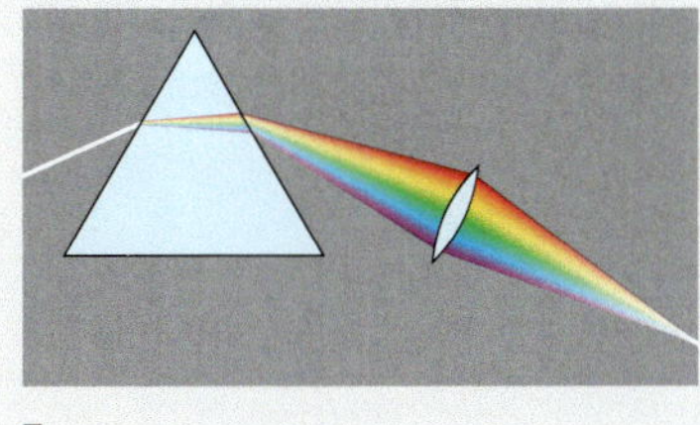
7

Wird ein zweites Prisma in ein Spektrum gebracht, dann entstehen keine neuen Farben. Spektralfarben lassen sich nicht nicht weiter zerlegen.
Mit einer Sammellinse kann das Farbband eines Spektrums wieder zu weißem Licht in einem Punkt zusammengeführt werden. Danach fächert sich der Lichtstrahl wieder in die bekannten Farben auf. Die Reihenfolge der Farben ist aber umgekehrt.

Spektralfarben lassen sich nicht weiter zerlegen. Eine Sammellinse setzt die Spektralfarben wieder zu weißem Licht zusammen.

Unsichtbares Licht Jeden Tag verwenden wir Fernbedienungen. Betrachtet man die Lichtquelle durch die Kamera eines Smartphones, dann ist beim Schalten ein Licht zu sehen. Fernbedienungen senden ihre Signale also mit für uns unsichtbarem Licht aus, mit infrarotem Licht (IR-Licht). Dieses Infrarotlicht liegt im Spektrum neben dem sichtbaren roten Licht. Wärmebildkameras arbeiten auch mit diesem Licht.
Auch am anderen Ende des sichtbaren Spektrums, neben dem violetten Licht, gibt es für uns unsichtbares Licht. Das ultraviolette Licht (UV-Licht) lässt fluoreszierende Stoffe leuchten, wird bei Hauterkrankungen eingesetzt und tötet Keime ab. Der ultraviolette Anteil des Sonnenlichts bräunt die Haut. Auch die Echtheit von Banknoten, Pässen oder Dokumenten prüft man mit UV-Licht.

8

9

Aufgaben

1 Blende mit Pappe oder Bleistift aus einem Spektrum eine oder mehrere Farben aus. Führe das restliche Licht anschließend mit einer Sammellinse zusammen. Beschreibe deine Beobachtungen.

2 Recherchiere mindestens drei Sicherheitsmerkmale der Euro-Banknoten, die man unter infrarotem oder ultraviolettem Licht sehen kann.

Beugung und Interferenz

1

Wie kommen diese Erscheinungen zustande? Ein Prisma ist dabei nicht beteiligt.
Ähnliches kann man beim Blick durch sehr feine Stoffe erkennen.

1 Beugung am Spalt

Lenke das Licht einer Optikleuchte so durch eine Sammellinse auf einen Schirm, dass der Lichtfleck die Größe der Linse hat. Bringe einen engen Spalt hinter die Sammellinse und stelle das Bild scharf. Vergleiche die Helligkeit in der Mitte und am Rand. Rücke den Schirm langsam immer weiter weg und beobachte den Lichtstreifen.

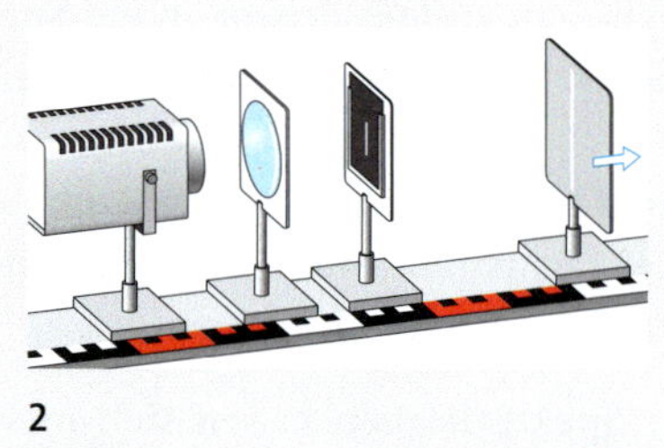
2

Der Lichtfleck ist größer, als nach der Strahlenoptik zu erwarten ist. Man beobachtet Licht, wo es eigentlich nicht sein kann. Je weiter entfernt das Bild aufgefangen wird, umso deutlicher ist die Abweichung.
Von Schallwellen kennen wir ein ähnliches Verhalten. Schall ist hinter Mauern zu hören, in Bereichen, die im sogenannten „Schattenraum" liegen. Das nennt man *Beugung*. Beugung ist eine Welleneigenschaft. Da Licht Welleneigenschaften zeigt, muss man es auch als Welle betrachten.

Licht wird an engen Spalten und Kanten gebeugt.
Beugung ist eine Welleneigenschaft des Lichts.

Ein enger Spalt, aber auch eine Kante wirken wie eine Lichtquelle, von der kreisförmige Wellen ausgehen.

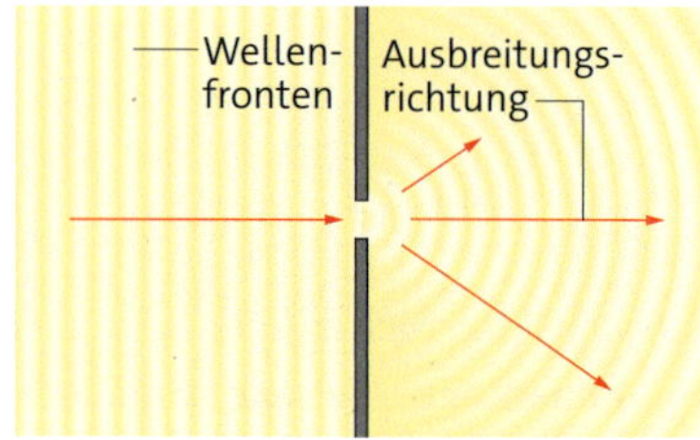

3 Beugung von Licht an einem Spalt

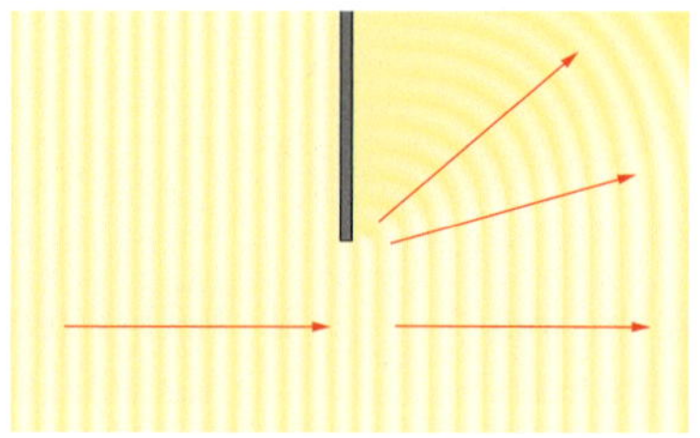
4 Beugung von Licht an einer Kante

Aufgaben

1 Wiederhole das ▸ Experiment 1 mit einfarbigem Licht.

2 Vergleiche die Ausbreitung des Lichts mit der Ausbreitung von Schall.

3 Wiederhole Eigenschaften von mechanischen Wellen.

Experiment

2 Beugung von Licht am Doppelspalt

Ersetzte den Spalt aus ▸ Experiment 1 durch einen Doppelspalt.

a Richte einen Laserstrahl auf den Doppelspalt.

b Lenke das Licht der Optikleuchte auf den Doppelspalt.

Beobachte jeweils das Bild auf dem Schirm und beschreibe deine Beobachtungen.

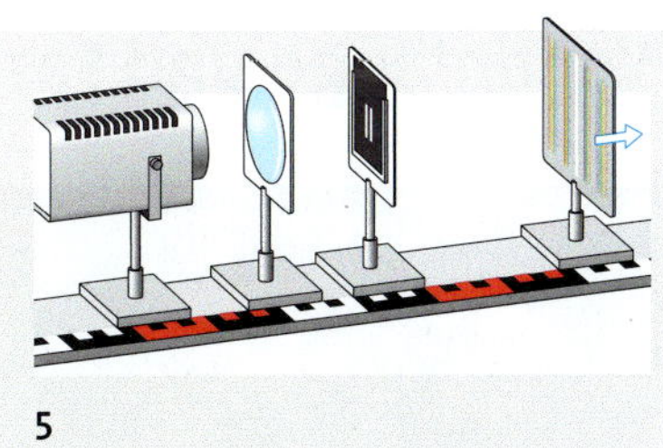

5

Auf dem Schirm erscheinen nicht nur die erwarteten zwei Lichtstreifen. Der Laser erzeugt viele Streifen in der Farbe des Laserlichts. ▸ 6 Wieso? An den schmalen Spalten wird das Licht gebeugt. Von jedem Spalt gehen kreisförmige Wellen aus, die sich – wie Schallwellen – überlagern. Es tritt *Interferenz* auf. Die dunklen Stellen auf dem Schirm sind Orte der Auslöschung. Die hellen Streifen erstehen durch Verstärkung.

6

Wird weißes Licht der Optikleuchte verwendet, so entstehen an den Stellen der Verstärkung Streifen in Regenbogenfarben. ▸ 7 Denn die einzelnen Farbanteile des Lichts werden unterschiedlich stark gebeugt und verstärken sich daher an verschiedenen Stellen des Schirms. So kann auch durch Beugung und Interferenz weißes Licht in seine farbigen Anteile zerlegt werden. Der mittlere Streifen bleibt aber weiß, weil dort alle Farben ihr Maximum haben.

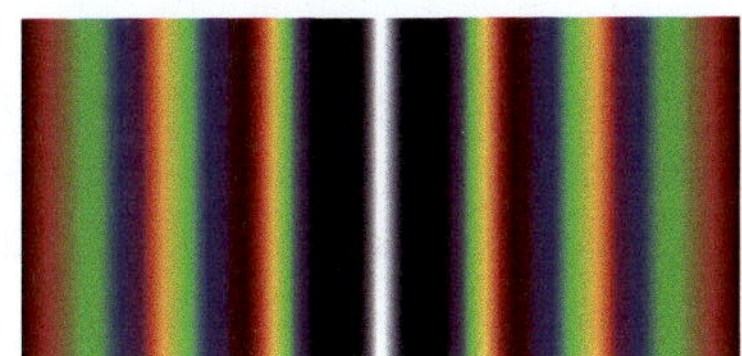

7

Tritt das Licht einer Quelle durch Spalte, können auf einem Schirm Interferenzmuster beobachtet werden: Helle und dunkle Bereiche wechseln einander ab. Sie entstehen durch die Interferenz des Lichts. Interferenz ist eine Welleneigenschaft des Lichts.

Beugungsgitter Anders als bei Schall- oder Wasserwellen beobachtet man im Alltag jedoch nicht, dass Licht um eine Ecke gebeugt wird. Erst wenn die Abmessungen der Versuchsanordnung genügend klein gewählt werden, lassen sich Beugungs- und Interferenzphänomene bei Licht erkennen. Die Interferenz wird noch deutlicher, wenn anstelle des Doppelspalts ein optisches Gitter, auch Beugungsgitter genannt, verwendet wird. Gitter bestehen aus sehr vielen eng nebeneinanderliegenden Spalten. Sie können mehr als 300 Spalte je Millimeter haben. Der Abstand der Spalte wird als Gitterkonstante bezeichnet. Üblich sind Gitter mit einer Gitterkonstanten von 0,5 bis 10 µm. ▸ 8

Bei sehr feinen Stoffen oder Vogelfedern wirken die einzelnen Zwischenräume wie enge Spalte. Betrachtet man durch sie eine Lichtquelle, sieht man viele einzelne Spektren.

8 Hat ein Gitter auf 1 mm 200 Striche, so beträgt die Gitterkonstante 1 mm/200 = 0,002 mm = 2 µm.

Aufgaben

1 Beschreibe und erkläre jeweils an einem Beispiel, wie sich Beugung und Interferenz bei Schallwellen zeigen. Nutze Skizzen zur Veranschaulichung.

2 Betrachte im abgedunkelten Raum durch einen Doppelspalt oder ein Gitter (Vogelfeder, Tüllstoff) einen beleuchteten Stativstab vor einem dunklen Hintergrund. Beschreibe und erkläre.

Wellenlänge und Farbe

1

Die Bundesbank führt immer wieder neue Geldscheine ein, um uns vor Falschgeld zu schützen. Man unterscheidet zwischen sichtbaren und nicht sichtbaren Sicherheitsmerkmalen.

Experiment

1 Wellenlängen einzelner Farben

Ersetze im ▸ Experiment, S. 169, den Doppelspalt durch ein Gitter.

a Setze einen roten Filter vor die Lichtquelle und bestätige das Bild ▸ 2.

b Untersuche das Bild mit andersfarbigem Licht.

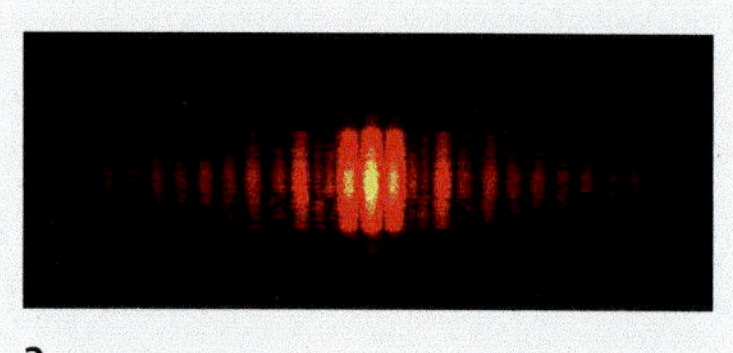
2

Verwendet man einfarbiges Licht, dann erscheinen rechts und links neben dem kräftigen Farbstreifen in der Mitte weitere Lichtstreifen in der Farbe des durchgelassenen Lichts. Es sind die Maxima. ▸ 2 Bei andersfarbigem Licht treten diese Maxima an anderen Stellen auf. Ursache dafür sind die unterschiedlichen Wellenlängen. ▸ Tabelle

Da Licht Wellencharakter hat, kann es durch Wellenlänge und Frequenz beschrieben werden. Es gilt die Wellengleichung $c = \lambda \cdot f$.

Unterschiedliche Farben haben damit verschiedene Wellenlängen und Frequenzen. Die Frequenz des Lichts hängt nur von seiner Entstehung ab. Sie bleibt immer gleich. Die Lichtgeschwindigkeit und damit auch die Wellenlänge hängen dagegen vom Stoff ab, in dem sich das Licht ausbreitet.

Für Licht gilt die Wellengleichung $c = \lambda \cdot f$.
Sie stellt den Zusammenhang zwischen Lichtgeschwindigkeit, Wellenlänge und Frequenz des Lichts her.

3

Art des Lichts	f in 10^{14} Hz	λ in nm	Art des Lichts	f in 10^{14} Hz	λ in nm
infrarot	0,1–3,8	30 000–780	grün	5,3–6,1	570–490
rot	3,8–4,8	780–620	blau	6,1–7,0	490–430
orange	4,8–5,0	620–600	violett	7,0–7,7	430–390
gelb	5,0–5,3	600–570	ultra-violett	7,7–300	390–10

Aufgabe

1 Interpretiere die Wellengleichung für Licht. Nutze auch die Angaben in der Tabelle.

Experiment

2 Fernbedienungen

Betrachte die Lichtquelle verschiedener Fernbedienungen bei Betätigung.
Blicke durch die Kamera eines Smartphones auf die Lichtquelle und betätige die Tasten erneut. Nimm einen kurzen Film auf oder fotografiere die Lichtquelle.

Infrarot Die Fernbedienung sendet Licht aus, das für uns unsichtbar ist. Sensoren einer Kamera können es erkennen. Fernbedienungen arbeiten mit infrarotem Licht, kurz IR-Licht. Dieses Licht liegt im Spektrum neben dem sichtbaren roten Licht. Es hat eine größere Wellenlänge, aber wegen seiner kleineren Frequenz auch eine kleinere Energie. ▸ 5

Ultraviolett Auch am anderen Ende des sichtbaren Spektrums gibt es Licht, das für uns ebenfalls unsichtbar ist. Neben Violett existiert das ultraviolette Licht, kurz UV-Licht. Diese Strahlung hat mit ihrer größeren Frequenz auch eine höhere Energie.

Schutz vor UV-Strahlung In der Haut stellen besondere Zellen dunkle Farbstoffe, die Pigmente, her. Diese Farbstoffe verteilen sich in der Oberhaut und bestimmen die Hautfarbe eines Menschen. Die Pigmente schützen tiefere Hautschichten vor der Schädigung durch UV-Strahlung.
Nach der Menge der Pigmente, die die Haut bildet, unterscheidet man verschiedene Hauttypen. Je nach Hauttyp verträgt man Sonne unterschiedlich lange. Die Zeit, die man ungeschützt in starker Mittagssonne verbringen kann, ohne Schaden zu nehmen, heißt Eigenschutzzeit. Diese kann man mithilfe eines Sonnenschutzmittels verlängern.

5 Fernbedienung, bei Betätigung durch eine Kamera gesehen

Übrigens

Licht ist nur ein kleiner Teil des elektromagnetischen Spektrums. Radiowellen, Mikrowellen, Röntgenstrahlung und Kernstrahlung gehören ebenfalls dazu. Je größer die Frequenz der Strahlung ist, umso mehr Energie hat sie.

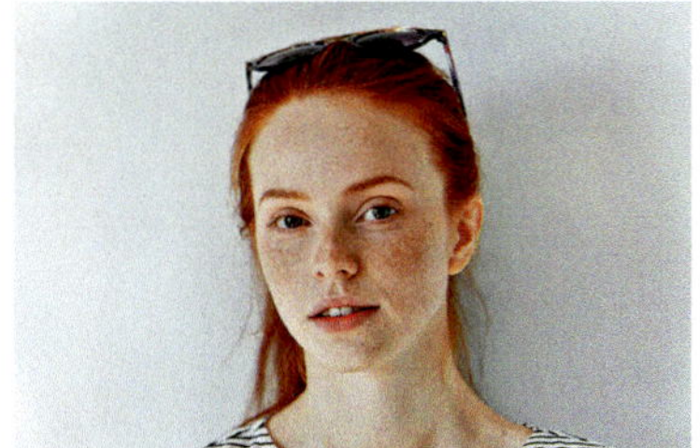

Hauttyp 1

Hauttyp 2

Hauttyp 3

Hauttyp 4

Aufgaben

1 Gelbes Licht mit der Wellenlänge $\lambda = 590$ nm breitet sich in Luft aus. Berechne seine Frequenz.

2 Berechne die Wellenlänge von einfarbigem Licht ($f = 4{,}9 \cdot 10^{14}$ Hz). Gib seine Farbe an.

Farbige Erscheinungen in der Natur

1

Naturerscheinungen wie ein Regenbogen faszinieren. Sie entstehen, wenn Sonnenlicht von einer weit entfernten Regenwand zurückgeworfen wird.

Experiment

1 Regenbogen im Physikraum
Untersuche, wie Licht von einem Wassertropfen (einem Rundkolben mit Wasser) zurückgeworfen wird. Was siehst du auf dem Schirm? Bewege den Schirm dicht vor dem Rundkolben durch das einfallende Licht. Welcher Teil des Lichts erzeugt den farbigen Ring? ► 2

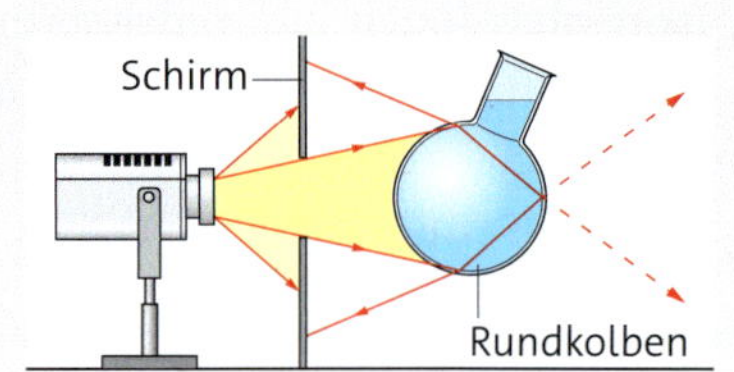

2

Beim Eintritt des Sonnenlichts in einen Tropfen wird es gebrochen, zum Teil an der Rückwand reflektiert und beim Verlassen des Tropfens noch einmal gebrochen. Durch die Brechung wird das Licht in seine Spektralfarben aufgefächert. Rotes Licht wird um 42° und blaues Licht um 40° gegenüber seinem Eintrittswinkel umgelenkt. ► 3
Wegen der kugelförmigen Gestalt der Tropfen befindet sich das reflektierte Licht auf einem Lichtkegel. Ein Beobachter sieht nur die Tropfen farbig, in deren verlängerter Mantellinie er sich befindet. Dadurch entsteht ein Kreisbogen. Das rote Licht verlässt den Tropfen mit dem größten Öffnungswinkel und befindet sich außen. Der Beobachter kann nur das reflektierte Licht sehen, das genau in diesem Bereich liegt. Alle anderen Lichtbündel sieht er nicht. ► 4

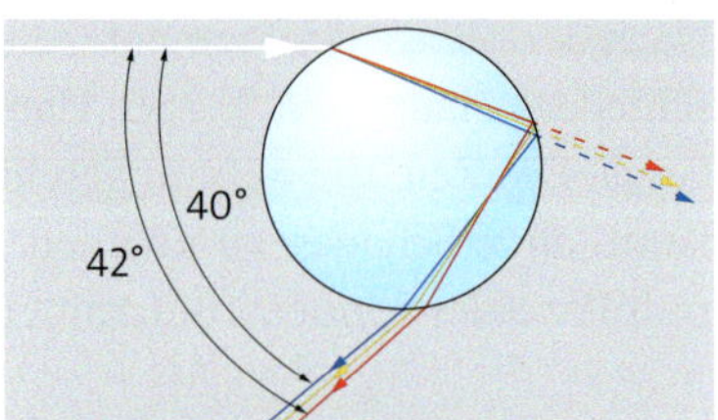

3 Brechung und Reflexion an einem Regentropfen

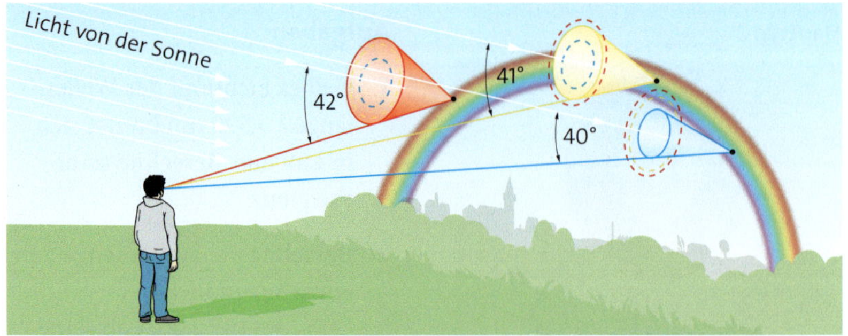

4 Entstehung der Form eines Regenbogens

Aufgaben

1 Wie kannst du mit einem Gartenschlauch einen Regenbogen erzeugen? Skizziere die Orte von Sonne, „Regen“ und Beobachter.

2 Manchmal sind doppelte Regenbögen zu sehen. Beschreibe ihr Aussehen und vergleiche mit einem einfachen Regenbogen.

Experiment

2 Himmelsblau und Abendrot im Wasserglas
Gib in ein Glas mit Wasser einige Tropfen Milch. Richte das Licht einer Taschenlampe seitlich auf das Glas. Betrachte das Lichtbündel seitlich (A) und von vorn (B). Beschreibe deine Beobachtungen.

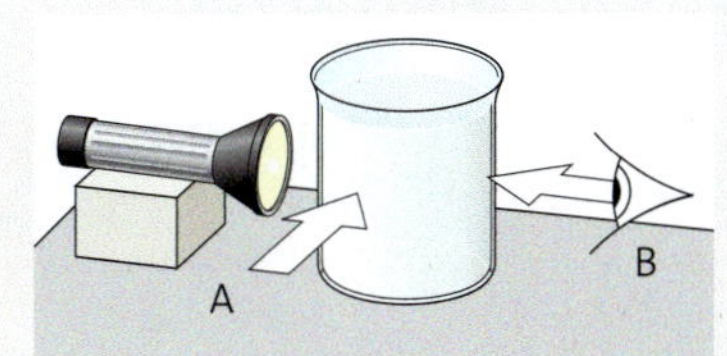

Im Experiment übernimmt die Taschenlampe die Rolle der Sonne. Mit Wasser, dem ganz wenig Milch hinzugefügt wird, wird die Atmosphäre der Erde modelliert. Betrachtet man das Lichtbündel seitlich, dann bemerkt man ein Hellblau. Sieht man das Licht von vorn durch die Flüssigkeit hindurch, dann ist aus dem weißen Licht ein rötlicher Lichtfleck geworden, ähnlich dem Abendrot. Das Licht trifft auf die Fettkügelchen der Milch und wird an der Oberfläche der Wölbung der Kügelchen in viele Richtungen gestreut.

Ursache von Abendrot und Himmelsblau ist die Atmosphäre der Erde, denn das Sonnenlicht ist immer das gleiche. Wenn Licht auf Luft trifft, wird ein Teil hindurchgelassen, ein Teil wird gestreut. Blaues Licht hat von allen sichtbaren Farben die kürzeste Wellenlänge. Es wird am stärksten gestreut und dominiert, wenn wir tagsüber in einen fast wolkenleeren Himmel schauen. Wir sehen einen blauen Himmel. ► 6

6

Das Himmelsblau entsteht durch die Wechselwirkung von Licht und kleinsten Teilchen in der Atmosphäre. Dabei kommt es zur Streuung.

Wenn die Sonne untergeht, dann ist der Weg des Lichts schräg durch die Atmosphäre besonders lang, etwa 30-mal länger. Wegen der stärkeren Streuung des kurzwelligen blauen Lichts gelangt nur wenig blaues Licht auf die Erdoberfläche. Es überwiegen die langwelligen orangenen und roten Anteile. Sie geben dem Abendrot die charakteristische Färbung. Ist besonders viel feiner Staub in der Atmosphäre, dann ist das Farbenspiel sehr intensiv. Nach Vulkanausbrüchen ist das monatelang zu beobachten. ► 7

7

Farben des Meeres Im Meer spiegelt sich der Himmel. Ist er blau, dann nehmen wir auch das Meer blau wahr. Ist der Himmel aber grau, sehen wir ein graues Meer.
Schwebeteilchen im Wasser können den Farbeindruck beeinflussen.
Chlorophyllhaltige Organismen des Phytoplanktons bewirken eine Grünfärbung. In flachen Lagunen wird das Licht auf dem hellen Sandboden reflektiert. Dabei werden die Rotanteile des Lichts absorbiert und nur die Komplementärfarbe Blaugrün (Türkis) ist sichtbar. Wird das Wasser tiefer, dann weicht das Türkis dem Blau.

8

Aufgaben

1 Beschreibe mithilfe von ► Experiment 2 die Entstehung von Himmelsblau.

2 Beschreibe mit eigenen Worten, wie Abendrot entsteht.

Spektralanalyse

1

Sterne sind selbstleuchtende Gaskugeln. Unsere Sonne besteht aus Wasserstoff und Helium. Woher wissen das die Wissenschaftler?

Experiment

1 Spektrometer

Beschreibe den Aufbau eines einfachen Spektrometers.

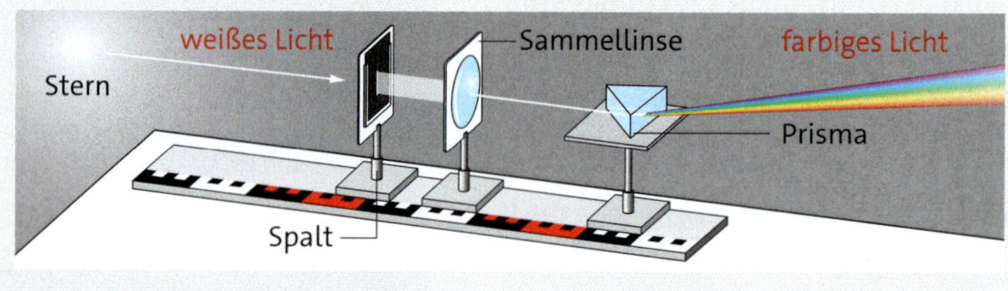

2

3

In einem Spektrometer wird das zu untersuchende Licht gebündelt auf ein Prisma gelenkt und in seine Bestandteile zerlegt. Durch ein Okular kann das Spektrum beobachtet und vermessen werden. ▸ 3

Kontinuierliches Spektrum Es wird von Gasen unter hohem Druck ausgesendet. Die Farben fächern sich lückenlos auf. ▸ 3, S. 166

Linienspektrum Es ist zu beobachten, wenn statt einer Glühlampe das Licht einer Neonröhre, einer Quecksilberdampflampe oder einer Natriumdampflampe mit einem besser auflösenden Spektrometer untersucht wird. Es sind nur noch einzelne farbige Linien zu sehen. ▸ 4

Jeder Stoff sendet sein charakteristisches Spektrum aus. Dadurch kann man aus dem Spektrum auf die Stoffe der Lichtquelle schließen. Das macht man bei der Spektralanalyse.

> **Bei der Spektralanalyse wird aus dem Vergleich eines aufgenommenen Spektrums mit Linienspektren bekannter Elemente auf die Elemente in der Lichtquelle geschlossen.**

Die Spektralanalyse geht auf den Physiker Gustav Kirchhoff (1824 bis 1896) und den Chemiker Robert Bunsen (1811–1899) zurück.

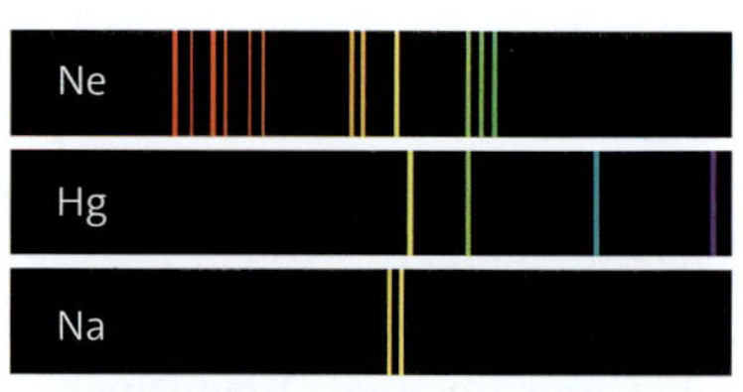

4 Linienspektren von leuchtenden Gasen: Jeder Linie kann eine bestimmte Wellenlänge zugeordnet werden.

Aufgabe

1 In welchem Wellenlängenbereich zeigt das kontinuierliche Spektrum Gelb an?

Experiment

2 Emissionsspektrum – Absorptionsspektrum

Betrachte das Spektrum, wenn das Licht einer Glühlampe durch Natriumdampf auf ein Prisma gelangt (oben). Vergleiche es mit dem Linienspektrum von Natrium (unten). ▸ 5

5

Emissionsspektrum Es wird das Licht zerlegt, das von einer Lichtquelle ausgesendet (emittiert) wird. Ein Emissionsspektrum kann ein kontinuierliches Spektrum sein oder wie im Beispiel der Natriumdampflampe ein Linienspektrum. Das Emissionsspektrum der Natriumlampe zeigt nur an einer Stelle eine gelbe Doppellinie. Dort existiert im kontinuierlichen Spektrum Gelb. Natriumdampf sendet nur gelbes Licht aus. Andere Gase zeigen an anderen Stellen farbige Linien. ▸ 5a

Absorptionsspektrum Geht weißes Licht durch ein kühleres Gas hindurch, z. B. Natriumdampf, dann entsteht ein Absorptionsspektrum. Dabei absorbiert das Gas genau das Licht, das der Wellenlänge des Natriums entspricht. Die Natrium-Linien haben die gleichen Wellenlängen wie im Emissionsspektrum; sie sind hier allerdings schwarz. ▸ 5b

Ein Emissionsspektrum kennzeichnet den Stoff, der Licht aussendet. Ein Absorptionsspektrum kennzeichnet den Stoff, durch den das Licht hindurchgeht.

JOSEPH VON FRAUNHOFER (1787–1826) beobachtete 1814 im Spektrum der Sonne dunkle Linien. Er ordnete den Linien verschiedene Elemente zu, die Sonnenlicht bereits auf der Sonne absorbieren.

Farbe der Sterne In mondlosen Nächten kann man besonders gut beobachten, dass Sterne in unterschiedlichen Farben funkeln. Im Sternbild Orion sieht man oben links den roten Stern Beteigeuze. Seine Oberflächentemperatur beträgt 3450 K. Unten rechts kann man den blauen Stern Rigel sehen. Seine Oberflächentemperatur ist mit 12 300 K erheblich größer.
Aus der Farbe der Sterne kann man auf ihre Oberflächentemperatur schließen. Die Farbe gilt auch als Anhaltspunkt für das Alter der Sterne: Junge Sterne leuchten bläulich. Sie bestehen größtenteils aus Wasserstoff. Die Spektralanalyse liefert Informationen über die chemische Zusammensetzung der Sternoberfläche.
In der Astronomie nutzt man nicht nur sichtbares Licht. Radiowellenlängen durchdringen Staubwolken (anders als das sichtbare Licht) im Kosmos und können auf der Erde untersucht werden. Ähnliche Vorteile bieten der infrarote und ultraviolette Bereich.

Übrigens

Nach einer totalen Sonnenfinsternis 1868 entdeckten JULES JANSEN und NORMAN LOCKYER etwa zeitgleich mithilfe der Spektralanalyse im Sonnenlicht ein Element, das auf der Erde bisher nicht bekannt war. Es wurde Helium genannt, was so viel wie Sonnenmetall heißt. Erst 1894 konnte Helium auf der Erde nachgewiesen werden.

6

Aufgabe

1 Beschreibe, wie die dunklen Linien im Absorptionsspektrum der Sonne zustande kommen.

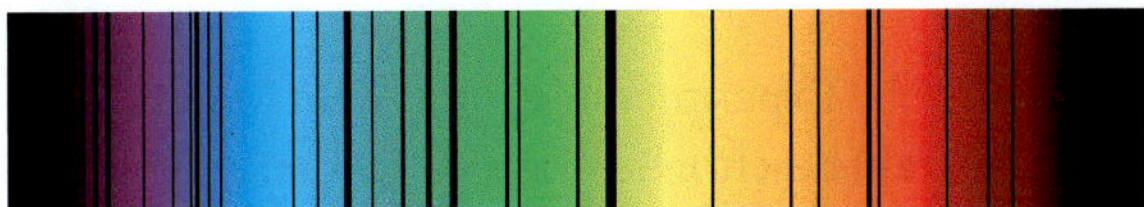

Modelle des Lichts

1

Wie breitet sich Licht aus? Über diese Frage haben die Wissenschaftler viele Jahrhunderte diskutiert und gestritten. Und wer hat im 21. Jahrhundert recht?

Experiment

1 Überraschung

Lege eine Münze auf den Tisch und stelle ein leeres Glas darauf. Gieße nun langsam Wasser in das Glas und beobachte. Beschreibe deine Beobachtung und erkläre mit dem Modell Lichtstrahl.

Im 17. Jahrhundert beobachtete der Holländer Willebrord Snellius, dass ein dünnes Lichtbündel beim Durchgang durch einem Glasquader seine Richtung ändern konnte. Er stellte fest, dass der Lichtstrahl geradlinig verlief, aber an den Kanten gebrochen wurde. ▸ 3

Auch Isaac Newton untersuchte ab 1661 die Ausbreitung des Lichts. Er bohrte in seinen Fensterladen ein kleines Loch und brachte in den dünnen Lichtstrahl ein dreieckiges Prisma. Dahinter fächerte sich das weiße Sonnenlicht in buntes Licht auf. Die Zerlegung des Lichts in seine Spektralfarben erklärte Newton genau wie Snellius mit einem Strom kleiner Teilchen, die aneinander aufgereiht sind. Auch Reflexion und Schattenbildung ließ sich mit diesem *Teilchenmodell* erklären. Das Teilchenmodell bildet auch die Grundlage für das Modell „Lichtstrahl".

Christian Huygens beschrieb 1678 die Natur des Lichts mit Wellen, die sich in einem Äther fortbewegen. Mit der *Wellentheorie* konnten auch Brechung und Reflexion erklärt werden.

Die Entdeckung der Beugung 1801 durch Thomas Young war ein Beleg für Huygens Wellentheorie.

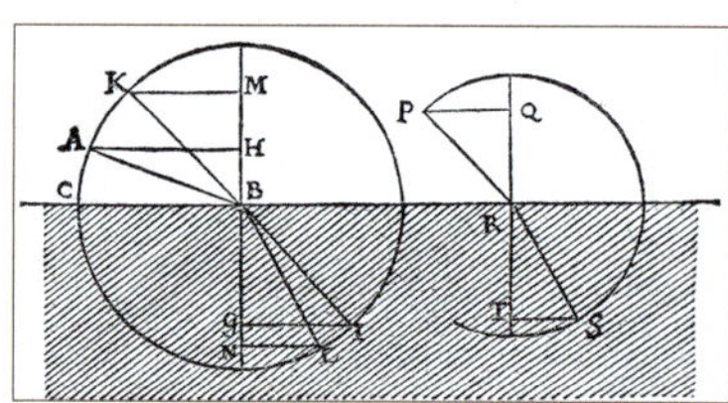

3

HINWEIS

Ein Lichtstrahl ist eine idealisierte Vorstellung eines Lichtbündels. Dabei wird angenommen, dass viele kleine Teilchen, hintereinander angeordnet, den Lichtstrahl bilden. Isaac Newton nannte diese Teilchen Korpuskel.

Aufgaben

1 Beschreibe Experimente, die mit dem Modell Lichtstrahl beschrieben werden können.

2 Nenne Eigenschaften des Lichts, die nur mit dem Wellenmodell erklärt werden können.

Experiment

2 Polarisation

Betrachte einen beleuchteten Körper durch zwei Polarisationsfilter. Drehe die Filter so, dass der Lichteinfall durch beide Filter gleich stark erscheint. Schiebe die Filter nun langsam übereinander. Drehe einen Filter langsam um 90°. Bewege die Filter dann, ohne sie zu drehen, wieder auseinander.
Beschreibe deine Beobachtungen. Entscheide, mit welchem Modell man diese Eigenschaft erklären kann.

4

In Kameras der Smartphones sind sie eingebaut, für Fotoapparate können sie zusätzlich angebaut werden, gute Sonnenbrillen enthalten sie auch – die Polarisationsfilter. ▸ 5
Polarisationsfilter sind dünne, schmale Gitter, die Licht nur zum Teil durchlassen. Wird ein zweiter Polarisationsfilter, dessen Gitter um 90° gedreht ist, davor gebaut, so gelangt kein Licht hindurch. Die Polarisation kann nur mit dem Wellenmodell erklärt werden. Wenn man das Licht als räumliche Welle ansieht, dann wird vom ersten Filter nur eine zweidimensionale Welle durchgelassen. Man nennt es linear polarisiertes Licht. Der um 90° gedrehte zweite Filter löscht das Licht aus. ▸ 6–7

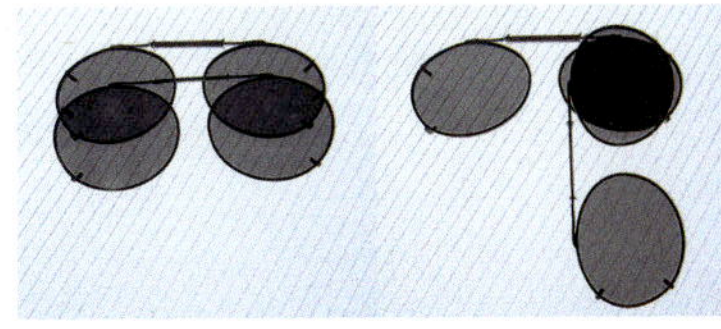
5

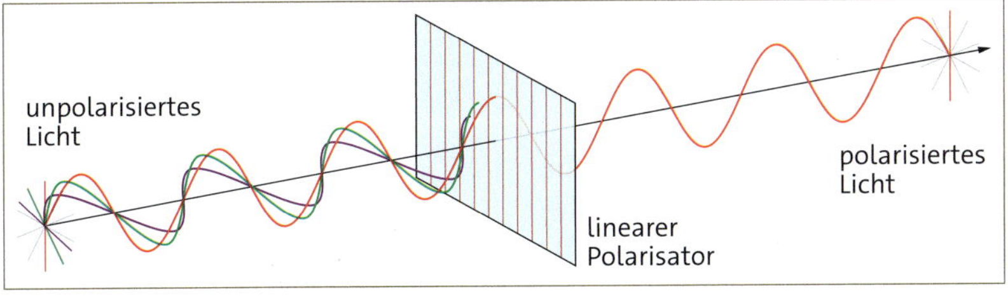

6

7

Bei der Ausbreitung zeigt das Licht viele Eigenschaften. Es wird reflektiert, gebrochen, gebeugt, verstärkt sich und löscht sich gleichzeitig aus und im weißen Licht verbergen sich viele Farben. Für die Beschreibung gibt es mehrere Modelle: Wellenmodell und Teilchenmodell. Mit keinem Modell kann man aber alle Eigenschaften erklären.

Licht ist nicht mit einem einzigen Modell zu erklären. Manche Eigenschaften können mit dem Strahlenmodell, anderer müssen mit dem Wellenmodell erklärt werden.

Aufgabe

1 Trage in deinem Heft in einer Tabelle alle Eigenschaften des Lichts zusammen. Ordne den Eigenschaften das passende Modell zu. Füge auch geeignete Grafiken ein.

Eigenschaft des Lichts	Teilchenmodell	Wellenmodell
Reflexion		
Brechung		
...		

Farbaddition

1

Betrachtet man einen Bildschirm mit einer starken Lupe, so kann man ein regelmäßiges farbiges Muster entdecken.

Experiment

1 Mischung von farbigem Licht

Erzeuge mit Experimentierleuchten je ein rotes, blaues und grünes Bild auf einem weißen Schirm. Drehe die Leuchten so, dass sich zuerst nur zwei Farben teilweise überlagern und dann alle drei. Welche Farben entstehen? ▸ 2, 3

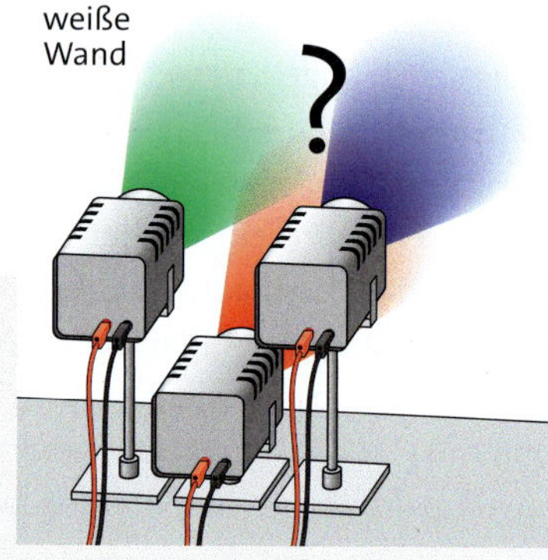

2

Additive Farbmischung Wird das Licht verschiedener Farben auf dieselbe Stelle gelenkt, dann addiert es sich. Welche Farben man wahrnimmt, hängt nicht nur von den Lichtfarben ab, sondern auch von der Farbintensität. Rot, Grün und Blau sind die Grundfarben der additiven Farbmischung. Haben sie die gleiche Intensität, entstehen die Mischfarben Cyan (Blaugrün), Magenta (Purpur) und Yellow (Gelb). Ändert man die Intensität einer Farbe, kann es zu weiteren Farben wie Braun kommen.
Die additive Mischung von Rot, Grün und Blau ergibt Weiß.

Rot + Grün = ?
Rot + Blau = ?
Grün + Blau = ?
Rot + Grün + Blau = ?

3 Auswertung von Experiment 1

Wird verschiedenfarbiges Licht auf die gleiche Stelle gelenkt, kommt es zur additiven Farbmischung. Aus den Grundfarben Rot, Grün und Blau können alle anderen Farben entstehen.

Körperfarbe heißt die Farbe, in der wir Körper bei Beleuchtung mit weißem Licht sehen. Undurchsichtige Körper haben die Farbe, die sich nach den Regeln der additiven Farbmischung des von ihnen reflektierten Lichts ergibt. Eine Zitrone sieht gelb aus, weil sie alle farbigen Anteile außer Gelb absorbiert. Sie reflektiert grünes und rotes Licht. Wir nehmen es als gelbes Mischlicht der Zitrone wahr.

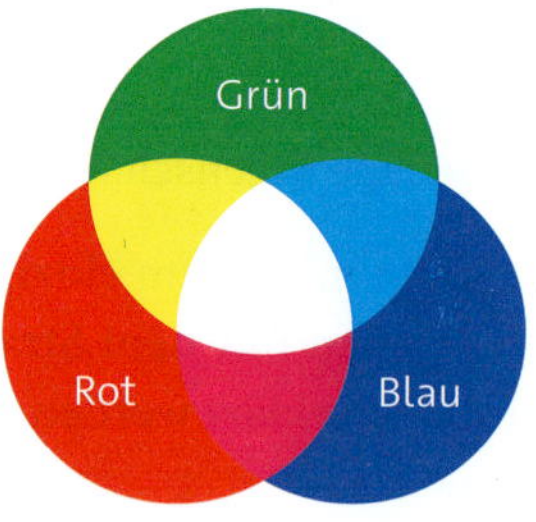

4 Grundfarben der additiven Farbmischung: Sie können nicht aus anderen Lichtfarben entstehen.

Aufgabe

1 Erkäre das Zustandekommen der Körperfarbe von grünem, rotem und gelbem Paprika.

Experiment

2 Farbkreisel

Zeichne Kreise mit einem Durchmesser von mindestens 10 cm auf stabilem Papier (Pappe). Unterteile die Kreise in mehrere Sektoren und male sie mit verschiedenen Farben aus. Stecke die Kreise auf einen spitzen Bleistift und versetze sie in Rotation. Wie kann man einen bestimmten Farbeindruck bekommen?

6 Farbkreisel

Rot, Grün und Blau und ihre jeweiligen Mischfarben Gelb, Cyan und Magenta kann man in einem Farbkreis darstellen. Zwischen den Grundfarben liegen ihre durch Addition entstehenden Mischfarben.
Zwei Farben, die durch Addition Weiß ergeben, nennt man Komplementärfarben. Am Farbkreis kann man sie ablesen: Blau und die Mischfarbe Gelb liegen sich gegenüber. Sie sind Komplementärfarben. Im Bild ▸ 4, S. 178, liegen sich Blau und Gelb auch gegenüber. Zwischen ihnen ist ein weißer Bereich.
Jeder Grundfarbe liegt ihre Komplementärfarbe gegenüber.
Durch Mischung können weitere Mischfarben entstehen.

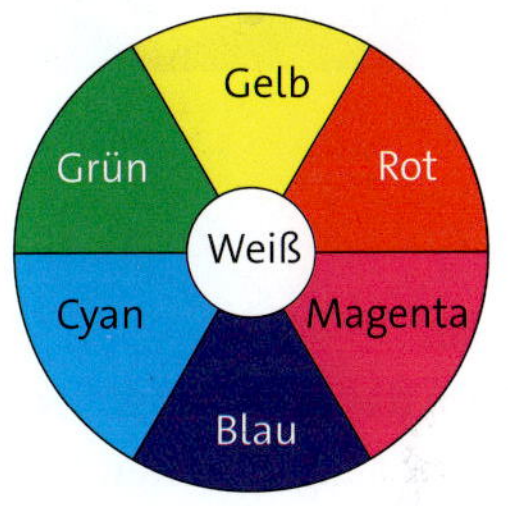

7 Farbkreis mit Grundfarben und Mischfarben

Farbfernsehen Betrachtet man einen Bildschirm mit einer starken Lupe, so sieht man winzige schmale Farbstreifen in Rot, Grün und Blau. Auf einem Bildschirm sind es etwa 1,2 Millionen. Sie liegen so dicht beieinander, dass unser Auge sie nicht getrennt wahrnehmen kann.
Wenn alle drei Farben gleich hell leuchten, nehmen wir Weiß wahr. Auch die dunklen Stellen zwischen den Farbstreifen beeinflussen unsere Wahrnehmung. Leuchtet keiner der Streifen, ist der Bildschirm schwarz.
Alle Farben werden durch die additive Mischung von Rot, Grün und Blau erzeugt. Sie können ein- und ausgeschaltet werden und in ihrer Intensität variieren. Die Abkürzung der Farbnamen Rot (R), Grün (G) und Blau (B) – RGB – kennzeichnet die Art der Farbentstehung.
Sie gilt nicht nur für Fernseher, sondern auch für Computermonitore und manche Handys.

8

Aufgaben

1 Welche Farbe hat das Licht, wenn Magenta und Gelb additiv gemischt werden?

2 Stelle Paare von Komplementärfarben zusammen.

3 Entwickle eine Experimentieranordnung, um farbige Schatten zu erzeugen. ▸ 9

4 Nenne die Farben, die du am PC mischen musst, um Schwarz oder Weiß zu erhalten.

9 Mischen farbiger Lichter

Farbsubtraktion

1

Warum heißen die Druckerfarben nicht Rot, Grün und Blau, sondern Magenta, Cyan und Yellow? Und was ist ein „Vierfarbendruck“?

Experiment

1 Farbfilter
Betrachte das Bild durch verschiedene Farbfilter. Verwende auch Cyan- und Magentafilter. Welche Farben sind nach dem Auflegen eines Filters noch zu erkennen? Wiederhole das Experiment mit anderen Filtern.

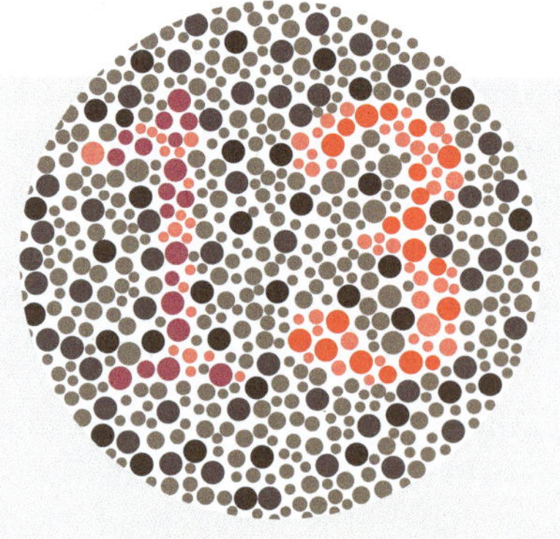

Farbfilter lassen die eigene Farbe durch und sperren einige andere Farben. Dieses Wegnehmen nennt man Subtraktion – wir sprechen von subtraktiver Farbmischung.
Die restlichen Farben vereinigen sich zu einer Mischfarbe.
Aus dem Spektrum des weißen Lichts werden von den Farbfiltern verschiedene Farben entfernt (subtrahiert):

- Cyan subtrahiert Rot, Orange und Gelb.
- Magenta subtrahiert Gelb, Grün und Blau.
- Gelb subtrahiert Blau und Violett.

Farbfilter lassen die eigene Farbe durch und sperren die Komplementärfarbe.

Wenn alle Farbfilter übereinanderliegen, gelangt kein Bereich des Spektrums von weißem Licht zum Schirm und es entsteht Schwarz. ▸ 3

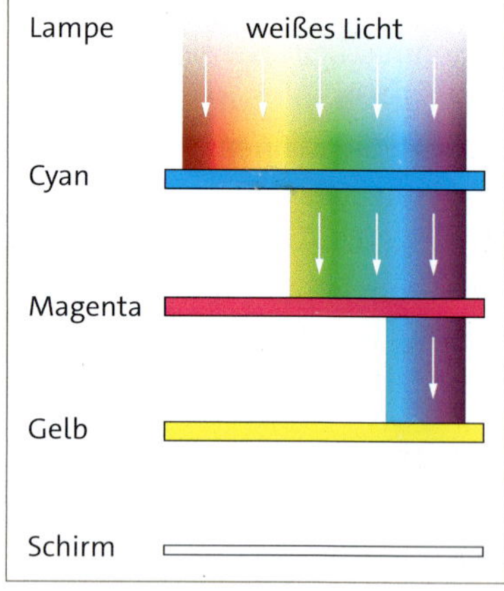

3

Aufgaben

1 Welche Farben lässt ein Gelbfilter durch?

2 Rotes Licht tritt durch einen Magentafilter. Welche Farbanteile kann man dahinter sehen?

3 Welche Farbe sieht man, wenn rotes Licht durch einen Cyanfilter geht?

4 Ergänze den Satz: Der blaue Filter subtrahiert …

Experiment

2 Subtraktive Farbmischung

Führe die einzelnen Experimente durch. Beobachte und beschreibe die Mischfarben, die jeweils entstehen.

a Lege auf eine Lichtquelle (Overheadprojektor) Farbfilter von Magenta und Gelb teilweise übereinander.

b Wiederhole den Versuch mit Gelb und Cyan bzw. mit Magenta und Cyan.

c Lege alle drei Farbfolien teilweise übereinander.

4

Werden mehrere Farbfilter benutzt, dann werden weitere Farben gesperrt. Im Ergebnis der Farbmischung entstehen die Grundfarben der additiven Farbmischung, nämlich Rot, Grün und Blau. Die Mischung aller drei Farbfilter ergibt Schwarz. Cyan, Magenta und Gelb sind die Grundfarben der subtraktiven Farbmischung.

Magenta + Gelb = ?
Gelb + Cyan = ?
Magenta + Cyan = ?
Gelb + Magenta + Cyan = ?

5 Auswertung von Experiment 2

Bei der subtraktiven Farbmischung werden durch die Grundfarben Gelb, Magenta und Cyan Teile des weißen Lichts gesperrt. Die Restfarben ergeben eine neue Mischfarbe.

Lichtdurchlässige Körper haben die Farbe, die sich aus der Mischung des farbigen Lichts ergibt, das von ihnen durchgelassen wird. Lässt ein Körper Gelb und Blau durch, so erscheint er Grün.

Körperfarbe Schwarz: Ein Körper, der sämtliches Licht absorbiert, das auf ihn fällt, erscheint schwarz.

Körperfarbe Weiß: Ein Körper, der mit weißem Licht beleuchtet wird und alle Spektralfarben annähernd gleich stark reflektiert, erscheint weiß.

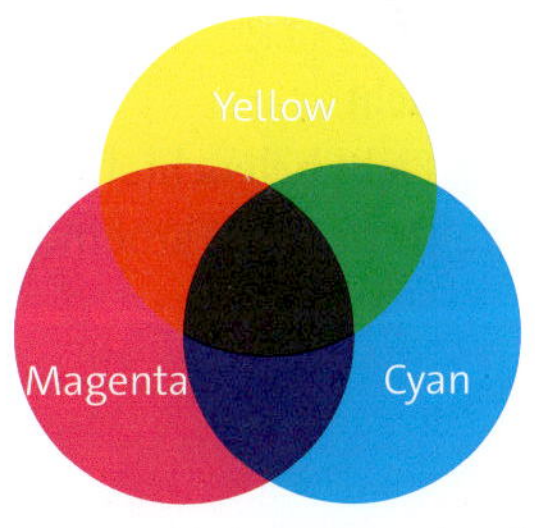

6 Grundfarben der subtraktiven Farbmischung

Vierfarbendruck Die subtraktive Farbmischung wird bei Druckerzeugnissen (Zeitschriften, Bücher, Fotos) angewendet. Die Abkürzung der Farbnamen von Cyan (C), Magenta (M) und Yellow (Y) – CMY – kennzeichnet auch hier die Art der Farbentstehung. ▸ 7

Beim Betrachten eines farbigen Bilds werden durch die aufgetragenen Farben bestimmte Farben des weißen Lichts weggenommen. Der Farbeindruck entsteht durch die übrigen Mischfarben. Schwarz als vierte Farbe betont die Kontraste noch stärker. Man spricht daher vom Vierfarbendruck.

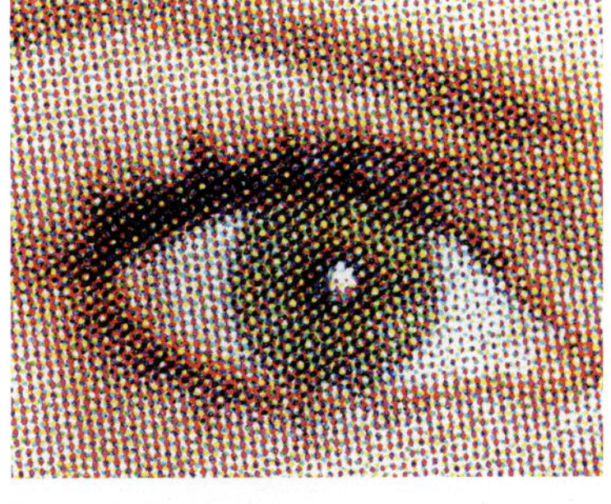

7

Aufgaben

1 Zerreibe gleich große Stücke farbiger Kreide. Wie erhältst du Rot?

2 Beschreibe die Art von Farbmischung, die beim Druck von Zeitschriften, Büchern und Fotos zur Anwendung kommt. Erläutere dabei den Begriff „Vierfarbendruck".

3 Beschreibe, wie die Körperfarbe Grün entstehen könnte.

4 Erläutere den Unterschied zwischen additiver und subtraktiver Farbmischung!

5 Erläutere den Begriff „Komplementärfarben".

Farben der Körper

1

Ein Chamäleon kann in Sekundenschnelle seine Hautfarbe ändern. Den Artgenossen zeigt es damit an, ob es entspannt, oder aufgeregt ist. Wie entstehen unterschiedliche Farben?

Experiment

1 Beleuchtung und Körperfarbe

Betrachte eine rote Erdbeere oder eine rote Tomate, wenn sie mit ...

A weißem Licht
B rotem Licht
C blauem Licht
D grünem Licht beleuchtet wird.

Beschreibe deinen Farbeindruck vom Gegenstand.

Wir sehen beleuchtete Körper, weil sie reflektiertes Licht in unsere Augen streuen. Ein roter Körper absorbiert alle Farbanteile des weißen Lichts und reflektiert nur die roten Anteile. Wir sehen ihn in der Farbe Rot. ▸ 3
Blaues Licht hat keine Rotanteile, daher wird es vom roten Körper vollständig absorbiert, die rote Frucht sieht in diesem Licht grau aus. ▸ 4

3 Roter Apfel im weißen Licht

4 Roter Apfel im blauen Licht

Körper, die mit weißem Licht bestrahlt werden, absorbieren einen Teil des Spektrums und reflektieren den Rest. Der absorbierte Teil fehlt im Licht, das vom Körper gestreut wird. Deshalb ist der Körper nicht mehr weiß, sondern farbig. Die Farbe ergibt sich aus der Farbmischung der reflektierten Farben.

Aufgaben

1 Experiment 1 wird mit einer grünen Paprika wiederholt. Sage den Farbeindruck vorher, den du sehen wirst. Überprüfe es im Experiment.

2 Erkunde, welche Tiere auch ihre Farben ändern können und welchem Zweck dies dient.

Experiment

2 Ist die Zitrone wirklich gelb?

Wiederhole das Experiment 1 mit einem gelben Körper, zum Beispiel einer Zitrone.

Fällt weißes Licht auf die Zitrone oder Banane, so werden von den Pigmenten der Schale die blauen Farbanteile absorbiert. Rotes und grünes Licht werden reflektiert, sie ergeben den Farbeindruck Gelb. ▸ 6, 7
Wird die Zitrone mit rotem und blauem Licht beleuchte, so erscheint sie rot, weil das blaue Licht absorbiert wird. ▸ 7
Wird die Zitronen nur mit rotem Licht beleuchtet, so erscheint sie rot.
Wird die Zitrone mit blauem Licht beleuchtet, so wird es vollständig absorbiert und die Zitrone erscheint schwarz. ▸ 8

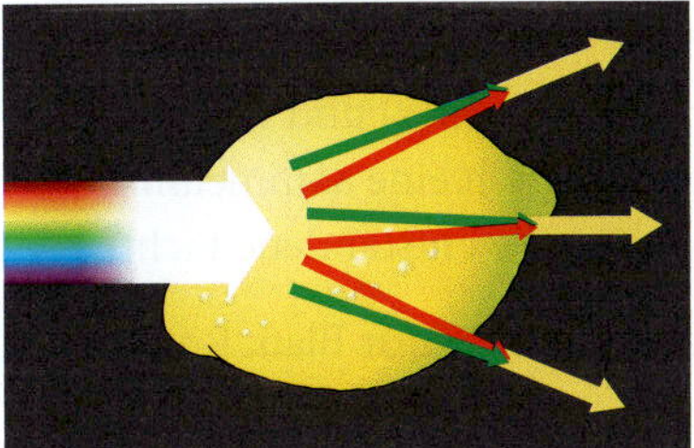

6 Rot und Grün ergeben Gelb

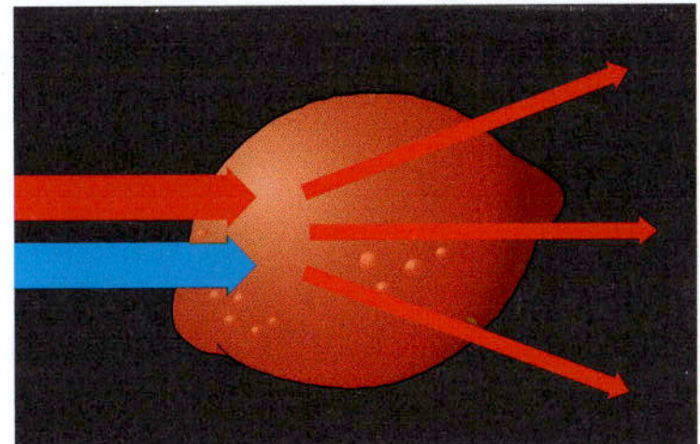

7 Eine rote Zitrone

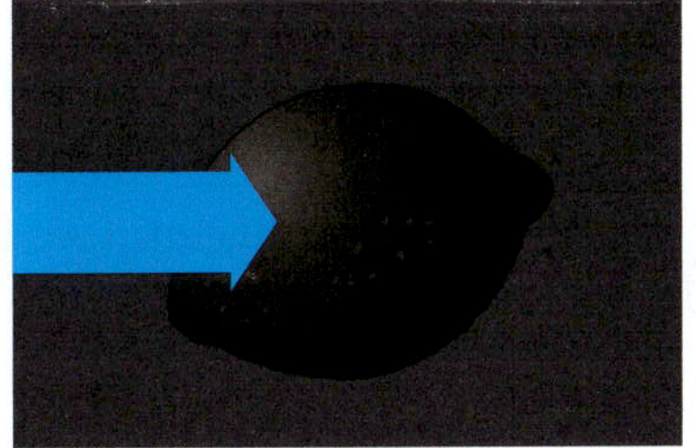

8 Blau wird absorbiert.

Werden farbigen Körper mit farbigem Licht beleuchtet, dann verändert sich ihr Aussehen. Diese Tatsache nutzt vor allem der Handel in der Werbung aus. Fleisch sieht unter rotem Licht leckerer und Salat oder grüne Gurken wirken in grünem Licht frischer. Die braune Kartoffel sollte aber nicht daneben liegen. Beim Kauf von Bekleidung betrachtet man die Farben besser bei Tageslicht, um keine bösen Überraschungen zu erleben.

Aufgaben

1 Der Gartenzaun vom Kindergarten „Knirpsenland unterm Regenbogen" ist besonders farbenfroh bemalt. ▸ 9

a Erkennst du einen physikalischen Hintergrund? Sind die Farben in der richtigen Reihenfolge dargestellt?

b Beschreibe den Farbeindruck bei hellem Mittagslicht und im Schein der untergehenden Sonne.

2 Erik und Simon fahren auf dem Rummel im Autoscooter. Erik trägt ein weißes T-Shirt und Simon ein grünes. Im Takt der Musik sendet die Lichtanlage weißes und rotes Scheinwerferlicht aus. Beschreibe die jeweiligen Farbeindrücke von beiden T-Shirts.

3 Recherchiere, wie ein Chamäleon seine Farben wechselt. Bereite darüber einen Vortrag vor.

9

Aufgaben und Aufträge

Brechung, Beugung und Interferenz

1 Blicke durch ein Prisma auf Gegenstände im Raum. Beschreibe deine Beobachtung und finde eine Erklärung dafür.

2 Erläutere die Aussage: Die Vereinigung aller Spektralfarben ergibt Weiß. Nutze die Abbildung.

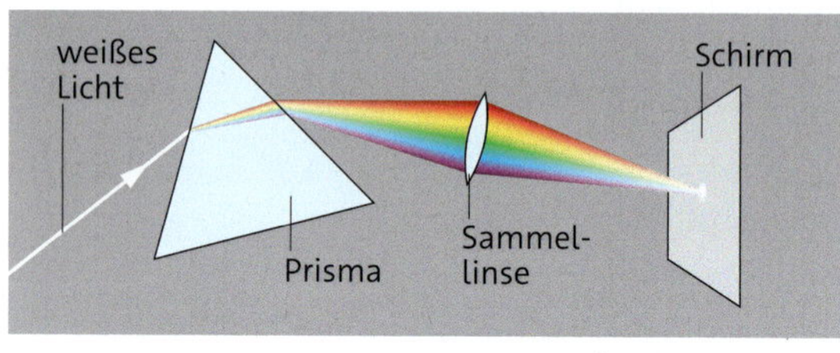

1

3 Vergleiche die Beugung von Schall und Licht.

4 Beschreibe, wie bei der Interferenz von einfarbigem Licht am Doppelspalt Auslöschung und Verstärkung zustande kommen.

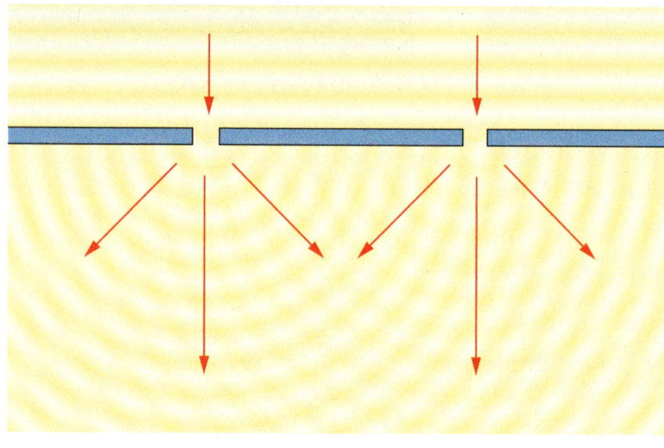

2

Wellenlänge und Farbe

5 Laserlicht der Frequenz $f = 440\,\text{THz}$ dringt in Wasser ein. Berechne seine Wellenlänge. Beachte die Ausbreitungsgeschwindigkeit des Lichts in Wasser.

6 Vergleiche Frequenzen und Wellenlängen des für uns sichtbaren Lichts mit den Frequenzen und Wellenlängen des für uns unsichtbaren Lichts.

a Beschreibe Anwendungen von infrarotem und ultraviolettem Licht.

b Warum muss man sich vor den schädlichen Auswirkungen eines Sonnenbrands schützen?

7 Beschreibe, mit welcher Experimentieranordnung dieses Spektrum erzeugt worden sein könnte.

3

8 Welche Informationen kann man dem Sonnenspektrum entnehmen?

9 Beschreibe die Spektralanalyse und erläutere ihre Bedeutung für die Naturwissenschaften.

Farbmischungen

10 Blende aus dem Spektrum eine Farbe aus (z. B. mit dem Draht einer Büroklammer) und führe das restliche Licht wieder durch eine Sammellinse zusammen. Beschreibe die entstandene Lichtfarbe.

11 Gib die Komplementärfarben für Blau, Rot und Grün an.

12 Mische verschiedene Lichtfarben additiv und stelle deine Ergebnisse in einer Tabelle zusammen.

13 Gib drei Beispiele für das additive Mischen zweier Farben an, um Weiß zu erhalten.

14 Welche Farbe hat ein Farbfilter, der einen weißen Körper in Blau erscheinen lässt?

15 Nenne die Grundfarben der subtraktiven Farbmischung. In welchen Farben können lichtdurchlässige Körper erscheinen? Gib Beispiele an, nutze die Abbildung.

16 Im Spektrum des Lichts sucht man die Farbe Magenta vergeblich. Aber für den Vierfarbendruck braucht man sie. Recherchiere über die Entstehung und die Besonderheiten der Farbe Magenta. Präsentiere die Ergebnisse deiner Recherche.

17 Recherchiere, wie man Farbblindheit testen kann. Probiere es aus.

18 Welche Art der Farbmischung kommt beim Druck von Zeitschriften, Büchern und Fotos zur Anwendung. Erläutere.

Farbige Erscheinungen in der Natur

19 Unter welchen Bedingungen kann man einen Regenbogen sehen?

20 Erkläre, wie es zu Abendrot kommen kann. ▸ 5

5

Überblick

Brechung Bei der Brechung an einem Prisma wird weißes Licht in seine farbigen Anteile zerlegt. Es entsteht ein kontinuierliches Spektrum. Die auffallendsten Farben Rot, Orange, Gelb, Grün, Blau und Violett nennt man Spektralfarben.

Licht als Welle Bei Licht treten Beugung und Interferenz auf. Das zeigt: Licht hat Welleneigenschaften. Es kann mit dem Modell Lichtwelle beschrieben werden. ▸ 6

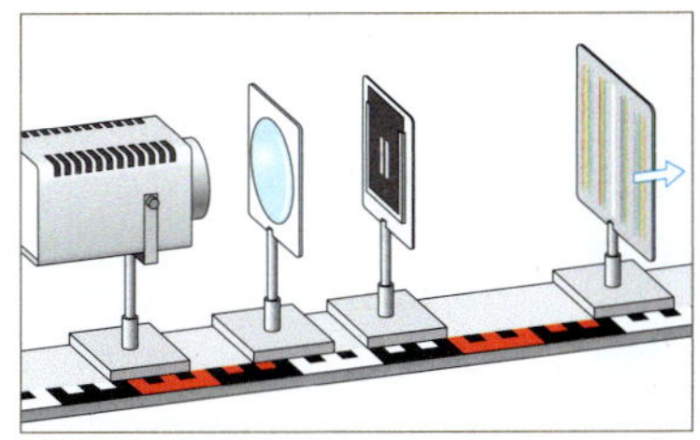

6

Für Licht gilt die Wellengleichung $c = \lambda \cdot f$.
Sie stellt den Zusammenhang zwischen Lichtgeschwindigkeit, Wellenlänge und Frequenz des Lichts her.

Spektrum Röntgenwellen, Radiowellen aller Längenbereiche, Kernstrahlung, Mikrowellen und Licht gehören zum elektromagnetischen Spektrum.

Emissionsspektrum, Absorptionsspektrum Emissionsspektren kennzeichnen den Stoff, der Licht aussendet. Absorptionsspektren kennzeichnen den Stoff, der vom Licht durchdrungen wird. ▸ 7

7

Spektralanalyse Bei der Spektralanalyse wird aus dem Vergleich von Linienspektren bekannter Elemente mit unbekannten Spektren auf die Elemente in der Lichtquelle geschlossen.

Farbmischungen Wird farbiges Licht gemischt, dann tritt additive Farbmischung auf. Aus den Grundfarben Rot, Grün und Blau können alle anderen Farben entstehen.
Bei der subtraktiven Farbmischung werden durch die Farben Gelb, Magenta und Cyan Teile des Lichts gesperrt. Die restlichen Farben ergeben eine neue Mischfarbe. Farbfilter lassen die eigene Farbe durch und sperren die Komplementärfarbe.

8

Sehen unter Wasser

Ein Tauchgang in subtropischen oder tropischen Gewässern ist ein tolles Erlebnis. Neben der großen Vielfalt an Lebewesen gibt es eine unvorstellbare Fülle von Farben. Nirgendwo auf der Erde ändern sie sich aber so schnell wie im Wasser. Gleich unter der Oberfläche breitet sich ein farbenfrohes Riff aus. ▸1 Taucht man tiefer, dann werden es weniger Farben. Zuerst verschwindet das Rot. Gelbe Flossen kann man aber noch gut sehen. ▸2

Ab 25 m Tiefe fehlt auch diese Farbe. Pflanzen, Steine und Fische wirken nur noch grünlich oder bläulich. ▸3 Wo sind die Farben hin? Leuchtet man mit einer Unterwasserlampe, sind plötzlich alle Farben wieder sichtbar. ▸4 Aber nur an Stellen, wo der Lichtkegel hinfällt, ist es bunt. Neben dem Lichtfleck bleibt alles dunkelgrün und -blau.

Ab 40 m Tiefe wird es dämmrig. Dunkles Wasser umschließt Taucher wie Nebel – nur in Blau. Wohin man schaut, überall baut sich eine blaue Wasserwand auf. Das Sichtfeld beträgt nur wenige Meter. ▸5 Würde man noch tiefer tauchen, dann käme nach der Dämmerung die absolute Dunkelheit.

1 Unter der Wasseroberfläche

2 Gelbe Flossen sind in 12 m Tiefe noch gut sichtbar.

4 Drachenkopf, mit Lampe in 20 m Tiefe

3 Drachenkopf, ohne Lampe in 20 m Tiefe fotografiert

5 Etwa in 40 m Tiefe

Die einzelnen Farbanteile des Lichts werden im Wasser also unterschiedlich schnell absorbiert. Rotes Licht wird am schnellsten absorbiert. Deshalb kann man Rot schon in 5 bis 10 m Tiefe nicht mehr sehen. Blaues Licht kann am tiefsten in das Wasser eindringen, bevor es vollständig absorbiert wird. Das geschieht ab einer Tiefe von etwa 60 m. Alle anderen Farben liegen dazwischen und werden entsprechend nacheinander absorbiert. ▸ 6

Aber nicht nur die Farben ändern sich. Durch die Tauchermaske betrachtet erscheint zusätzlich alles um ein Drittel größer bzw. ein Viertel näher. Dieser Eindruck entsteht durch die Brechung an der Tauchermaske. Ohne schützende Maske können wir Menschen im Wasser aber nicht scharf sehen. ▸ 7

Blickt ein Taucher nach oben, tritt noch ein weiterer überraschender Effekt auf: Wie durch ein kreisförmiges „Fenster" kann man sehen, was sich über dem Wasser abspielt. Außerhalb des Kreises tritt Totalreflexion auf und die Wasseroberfläche spiegelt nur noch die Unterwasserwelt. ▸ 8, 9

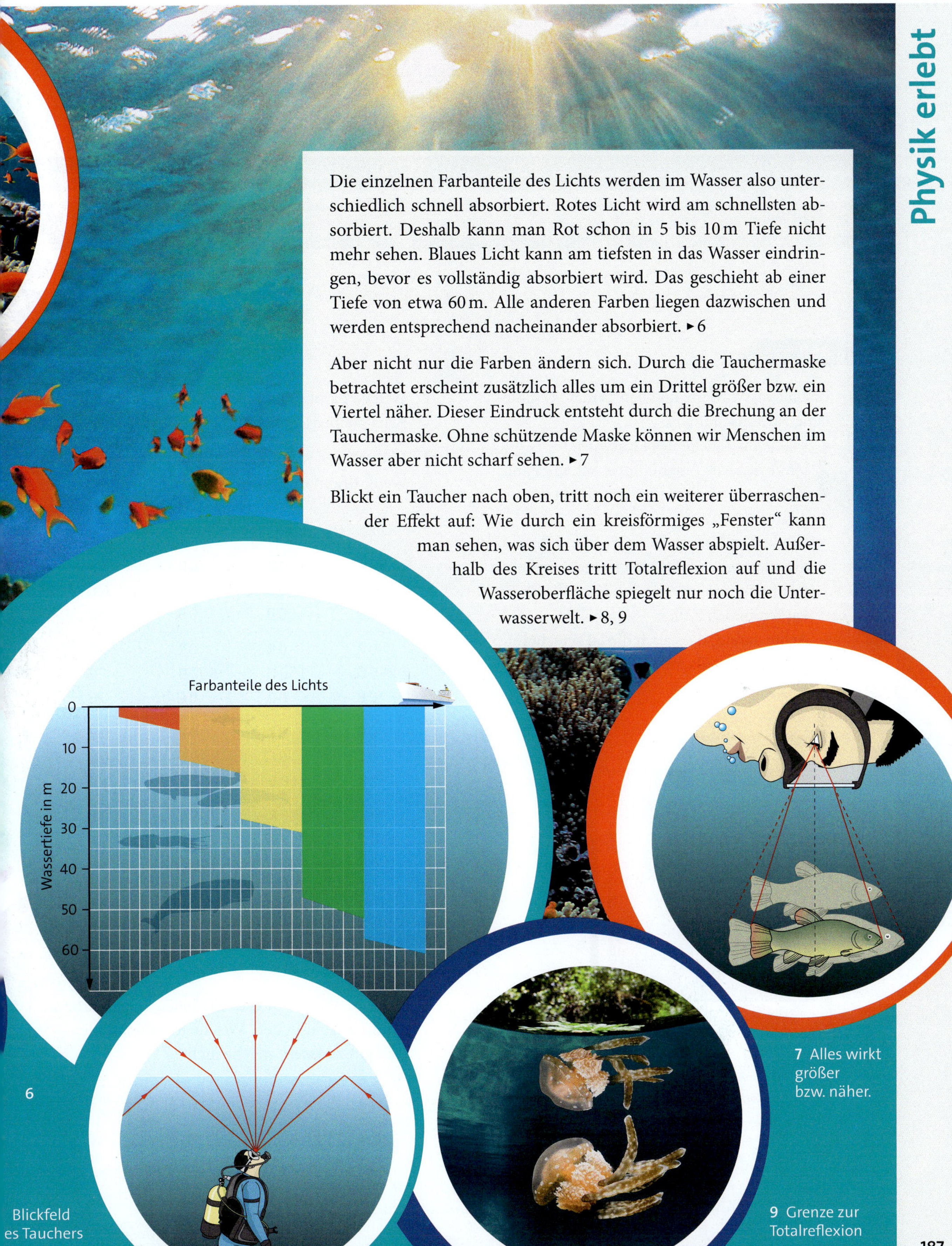

6

7 Alles wirkt größer bzw. näher.

Blickfeld es Tauchers

9 Grenze zur Totalreflexion

Mischen von Farben am PC

Für eine Teamarbeit wollen mehrere Schüler die gleichen Farben verwenden. Sie wollen sich nicht auf ihren persönlichen Farbeindruck verlassen, sondern das Mischungsverhältnis vorher am Computer verabreden.

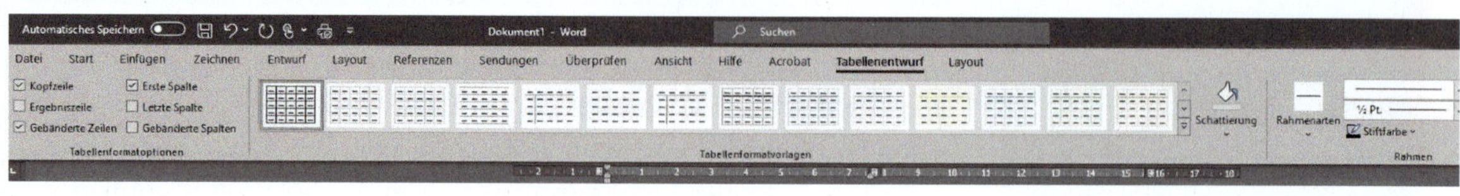

1

Aufträge

1 Erstelle in Word im Tabellenformat verschiedene Farbmischungen.
- Wähle im Tabellentool Entwurf.
- Öffne das Klappmenü unter Schattierung.
- Wähle weitere Farben, dann Benutzerdefiniert.
- Gib in den Feldern Rot, Grün und Blau die vorgegebenen Zahlen in der Tabelle rechts ein und erzeuge auf diese Weise die Farben in den Zellen.
- Achte darauf, dass auch die „0“ erscheint.
- Bestätige jeweils mit OK. ▸2

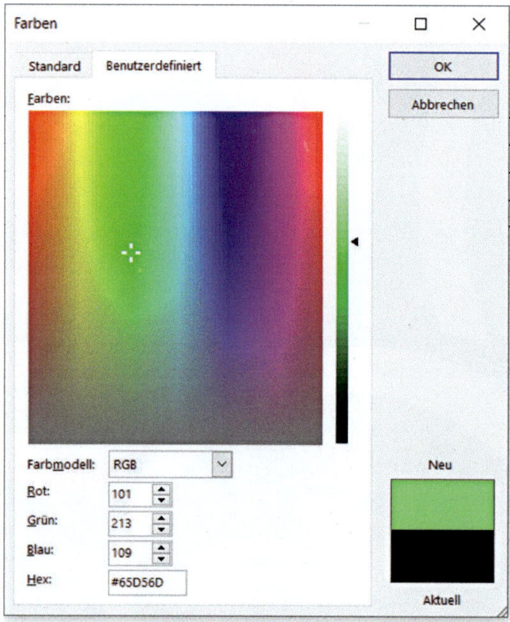

2

2 Welche Farbkombinationen ergeben Rot, Grün, Blau, Gelb, Magenta und Cyan?

3 Mit welcher Kombination erhält man Schwarz, Weiß, Braun und Grau? ▸Tabelle

Farbmischungen			
255 R 0 G 0 B	150 R 0 G 0 B	50 R 0 G 0 B	1 R 0 G 0 B
0 R 255 G 0 B	0 R 150 G 0 B	0 R 500 B 0 G	0 R 1 G 0 B
0 R 0 G 255 B	0 R 0 G 150 B	0 R 0 G 50 B	0 R 0 G 1 B
150 R 150 G 150 B	155 R 255 G 0 B	255 R 0 G 255 B	0 R 255 G 255 B

4 Mische deine Lieblingsfarbe zusammen und teile die Bestandteile deinen Mitschülern mit. Überprüft das Ergebnis.

5 Schreibe Wörter in verschiedenen Schriftfarben auf die Farbkästchen. Welche Kombinationen sind gut zu lesen, welche nicht?

Check-up

Testaufgaben zu „Optische Phänomene“

1 Beschreibe ein Experiment, mit dem du die Zerlegung des Lichts der Sonne oder einer Glühlampe zeigen kannst. Notiere die Reihenfolge der Spektralfarben, beginne bei Violett.

2 Licht ist nicht gleich Licht.

a Ergänze das Spektrum, das beim Zerlegen des weißen Lichts entsteht, durch die Bereiche des Lichts, die für uns Menschen unsichtbar sind.

b Welche positiven und negativen Wirkungen kann die unsichtbare Strahlung für Menschen haben?

c Mit welcher Art der unsichtbaren Strahlung haben die beiden Fotos zu tun?

3

4

3 Erläutere, warum die Beugung des Lichts nicht mit dem Strahlenmodell, sondern mit dem Wellenmodell des Lichts erklärt werden kann.

4 Für Licht gilt die Wellengleichung $c = \lambda \cdot f$. Interpretiere den Zusammenhang von Wellenlänge und Frequenz von Licht in Luft.

5 Nenne die Bereiche des elektromagnetischen Spektrums. Ordne sie nach ihrer Frequenz. Beginne mit der größten Frequenz. Was sagt die Frequenz über die Energie der verschiedenen Strahlungen aus?

6 Licht mit der Frequenz $f = 600\,\text{THz}$ breitet sich in Luft aus. Berechne die Wellenlänge und gib die Farbe an. Wie ändert sich die Wellenlänge, wenn sich dieses Licht in Wasser ausbreitet?

7 Welche Informationen liefert die Spektralanalyse? Erläutere, was man aus Spektren wie diesem ableiten kann.

5

8 Stelle Emissionsspektrum und Absorptionsspektrum gegenüber. Gib jeweils zwei typische Beispiele für diese Spektren an.

9 Beschreibe die additive Farbmischung an einem Beispiel. Welche Farben ergeben bei der additiven Farbmischung Weiß?

10 Beschreibe, wie die gelbe Körperfarbe einer reifen Banane zustande kommt.

11 Erkläre, wie die Reihenfolge der Farben bei einem Regenbogen zustande kommt.

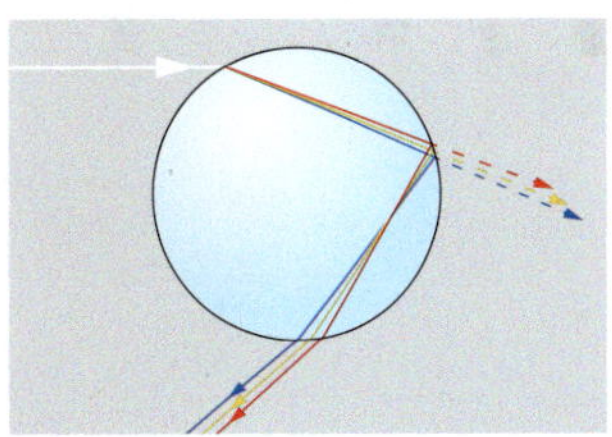
6

Aufgabe	Fähigkeit	Hilfe auf Seite ...
3, 4, 5	Eigenschaften von Licht mit geeigneten Modellen erklären.	166 f., 168 f.
1, 7, 8	Wechselwirkungen zwischen Licht und Materie erläutern.	162 ff., 166 f., 174 f., 182 f.
11	Das Brechungsgesetz anwenden.	162 f.
2, 6, 11	Ausgewählte optische Phänomene beschreiben.	166 f., 172 f.
9, 10	Additive und subtraktive Farbmischung beschreiben.	178 ff.

▸ Die Lösungen findest du auf Seite 214.

Praktikum

Im Praktikum kannst du zeigen, was du gelernt hast und wie es dir gelingt, physikalische Kenntnisse und praktische Fähigkeiten miteinander zu verknüpfen. In diesem Kapitel werden das Vorgehen beim Experimentieren, die Planung, Durchführung und Auswertung von Experimenten sowie das Erstellen von Protokollen wiederholt und vertieft.

Experimente mit großem Showwert sind beliebt. Das Experimentieren gehört zu den grundlegenden Tätigkeiten eines Physikers und spielt auch im Physikunterricht eine wichtige Rolle.

Einführung ins Praktikum

Wenn in Museen oder wissenschaftlichen Einrichtungen Experimente mit Starkstrom vorgeführt werden, dann hat das immer auch mit dem faradayschen Käfig zu tun, der auf MICHAEL FARADAY zurückgeht. Er soll im Laufe seines Lebens mehr als 20 000 Experimente durchgeführt haben, die er akribisch protokollierte und veröffentlichte. ▸ 2

Experimente, ob in der Physik oder in anderen Wissenschaften, wurden schon sehr früh genutzt, um Zusammenhänge zu erkunden. Als praktische Variante der Erkenntnisgewinnung begann das Experimentieren noch vor der Nutzung von Sprache. Erfahrungen und genaue Beschreibungen der Vorgehensweise führten zu dem, was wir heute ein Protokoll nennen.

Aufgaben eines Experiments Experimente dienen dazu, physikalische Gesetze zu erkennen, ihre Geltungsbereiche zu erkunden und Zusammenhänge zwischen physikalischen Größen zu ermitteln. Die Bedingungen, unter denen das Experiment durchgeführt wird, müssen im Protokoll nachzulesen sein, damit es entsprechend wiederholt werden kann.

2 Steckbrief zu MICHAEL FARADAY (1791–1867)

Aufgabe

1 Ordne den Aufgaben A–C des Experiments die Beispiele a–e zu.

A Untersuchen von Zusammenhängen zwischen physikalischen Größen

B Bestimmen des Wertes einer physikalischen Größe

C Überprüfen von Vermutungen

a Ermittle, aus welchem Stoff der Körper besteht. Bestimme dazu die Dichte des Stoffs.

b Überprüfe, ob Wasser bei niedrigem Druck auch bei 100 °C siedet.

c Untersuche den Zusammenhang zwischen Weg und Zeit bei einer gleichförmigen Bewegung.

d Weise nach, dass es einen Zusammenhang zwischen Temperaturänderung und Längenänderung bei festen Stoffen gibt.

e Wärmestrahlung wird an glatten Oberflächen reflektiert. Überprüfe diese Aussage.

Weißt du's?

Deine Antworten kannst du überprüfen, indem du die zusammengehörigen Teile des Puzzles findest.

1 Beim Experimentieren spielt die Sicherheit eine große Rolle. Wenn du wichtige Regeln einhältst, kannst du dich und andere vor Gefahren schützen. Ergänze die Sätze.

Experimentieren

1

Wie in vielen Sportarten kommt es beim Seifenkistenrennen auf den Start an. Die Organisatoren eines solchen Rennens dachten sich, eine doppelt so steile Startrampe ergibt die doppelte Startgeschwindigkeit. Sicherheitshalber wollten sie das vorher im Experiment untersuchen.

1. Ein Problem	
Das Problem, das experimentell untersucht werden soll, ergibt sich meist aus einer Beobachtung im Alltag. Physiker versuchen, das Problem in einer oder mehreren Fragen zusammenzufassen.	*Beispiel:* Ergibt sich eine doppelte Startgeschwindigkeit, wenn die Startrampe doppelt so hoch ist?
2. Eine Vermutung	
Die Fragestellung führt zu einer Vermutung (Hypothese), die man mit einem Experiment überprüfen kann.	*Beispiel:* Bei doppelter Höhe der Startrampe ist die Startgeschwindigkeit am Ende der Rampe doppelt so hoch.
3. Die Versuchsplanung	
Welche physikalischen Größen muss ich messen? Wie kann ich dabei vorgehen? Welche Geräte und Materialien benötigt man? Wie sieht die Experimentieranordnung aus? Wie erfasse ich die Messwerte und mit welchen Methoden kann ich diese auswerten?	*Beispiel:* Länge der Startrampe messen (bleibt konstant). Höhe der Startrampe messen. Messung der Zeit, die eine Kugel benötigt, um die Startrampe hinabzurollen. Wiederholung der Messung für die doppelte Höhe der Startrampe.
4. Durchführung des Experiments	
Alle geplanten Messungen werden durchgeführt. Die Messwerte werden aufgenommen und in einer geeigneten Form (Tabelle) erfasst.	*Beispiel:* Länge $l = 0{,}5\,\text{m}$; Höhe $h_1 = 5\,\text{cm}$; Zeit $t_1 = 1{,}2\,\text{s}$ Länge $l = 0{,}5\,\text{m}$; Höhe $h_2 = 10\,\text{cm}$; Zeit $t_2 = 0{,}8\,\text{s}$
5. Die Auswertung	
Das Ergebnis wird in einer Aussage formuliert und mit der Ausgangsfrage/Hypothese verglichen.	Berechnung der Geschwindigkeit am Ende der Rampe. $v_1 = \frac{2 \cdot s}{t_1} = \frac{2 \cdot 0{,}5\,\text{m}}{1{,}2\,\text{s}} = 0{,}8\,\frac{\text{m}}{\text{s}}$ $v_2 = \frac{2 \cdot s}{t_2} = \frac{2 \cdot 0{,}5\,\text{m}}{0{,}8\,\text{s}} = 1{,}2\,\frac{\text{m}}{\text{s}}$ Ist die Startrampe doppelt so hoch, ist die Geschwindigkeit am Ende der Rampe nicht doppelt so hoch.

Protokoll (Muster)

Experiment	**Thema:**	Gleichmäßig beschleunigte Bewegung	**Datum:**	01.04.2024
	Name:	Max Mustermann	**Klasse:**	10c

Aufgabe	Untersuche experimentell den Zusammenhang zwischen der Höhe einer geneigten Ebene und der Bahngeschwindigkeit am Ende der Strecke.
Vorbereitung	
Vorbetrachtung	1. Notiere Formelzeichen und Einheiten für Strecke, Zeit und Geschwindigkeit. s in m, t in s, v in $\frac{m}{s}$ 2. Berechne die Geschwindigkeit einer gleichmäßig beschleunigten Kugel, wenn die Strecke 200 cm und die dafür benötigte Zeit 2,5 s betragen. 200 cm = 2,0 m; $v = \frac{2 \cdot s}{t} = \frac{2 \cdot 2{,}0\text{ m}}{2{,}5\text{ s}} = 1{,}6\,\frac{m}{s}$
Geräte und Hilfsmittel	geneigte Ebene, Stativmaterial, Lineal, Stoppuhr, Kugel
Experimentier-aufbau	
Durchführung	– geneigte Ebene mit Stativmaterial aufbauen – Messstrecke festlegen und messen (z. B. s = 0,5 m) – Höhe der Ebene einstellen (z. B. h_1 = 5 cm) – Zeit t_1 am Ende der geneigten Ebene stoppen – Höhe h_2 der Ebene einstellen – Zeit t_2 am Ende der geneigten Ebene stoppen

Messwerte	Höhe h in cm	Zeit t in s
1.	*5,0*	*1,25*
2.	*10,0*	*0,82*
3.	...	...
4.	...	...

Auswertung:	v_1 für h_1 (s = 0,5 m) berechnen: $v_1 = \frac{2 \cdot s}{t} = \frac{2 \cdot 0{,}5\text{ m}}{1{,}25\text{ s}} = 0{,}8\,\frac{m}{s}$ v_2 für h_2 (s = 0,5 m) berechnen: $v_2 = \frac{2 \cdot s}{t} = \frac{2 \cdot 0{,}5\text{ m}}{0{,}82\text{ s}} = 1{,}2\,\frac{m}{s}$ v_3 = ... Die Höhe einer geneigten Ebene und die Geschwindigkeit eines Körpers sind ...

Messung und Messfehler

Für Messungen werden unterschiedliche Genauigkeiten verlangt. ▸ 1
Es ist nicht sinnvoll, die Ladefähigkeit eines Lkws auf ein Gramm genau anzugeben. Bei der Wägung von Medikamenten hingegen benötigt man Bruchteile (Milligramm) dieser Einheit.
Die Zahlenwerte physikalischer Größen, die bei Messungen und Berechnungen ermittelt werden, sind Näherungswerte. Messwerte weichen immer vom „wahren" Wert der Messgröße ab.

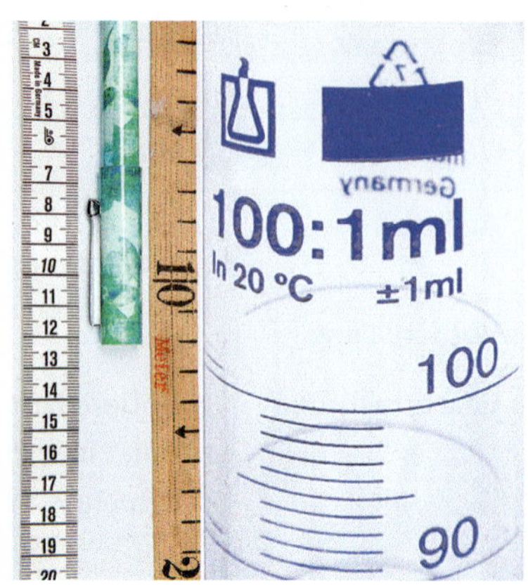

1 Messgeräte mit unterschiedlicher Genauigkeit

Bei jeder Messung treten Fehler auf. Wenn man dann die gemessenen physikalischen Größen in eine Gleichung einsetzt und damit die gesuchte Größe berechnet, so wird das Ergebnis nie ganz genau sein. Deshalb ist es nützlich, über die Ursachen der Fehler nachzudenken und ihren vermuteten Einfluss anzugeben. Das nennt man *Fehlerabschätzung*.
So kann man z. B. abschätzen, dass mit einem Lineal die Länge eines Stabes bis auf etwa 1 mm genau bestimmt werden kann.

Im Wesentlichen unterscheidet man drei Arten von Fehlern:

1 *Gerätefehler*: Die Genauigkeit von Messgeräten findest du oft auf deren Kennzeichnung. Zusätzlich können noch Abweichungen durch beschädigte Geräte entstehen. ▸ 1

2 *Persönliche Fehler*: Bei vielen Geräten (z. B. Messzylinder, Zeigerinstrumente …) ist es wichtig senkrecht auf die Skala zu blicken. ▸ 2

3 *Ungenügende Messvoraussetzungen*: Wählt man ein ungeeignetes Messgerät, einen ungünstigen Messbereich oder sind die Bedingungen (z. B. der Temperaturbereich bei Längen- oder Volumenmessungen) nicht optimal, können große Messfehler auftreten. So sollte man z. B. für die Temperaturbestimmung einer Flüssigkeit mit kleinem Volumen kein sehr großes Thermometer benutzen.

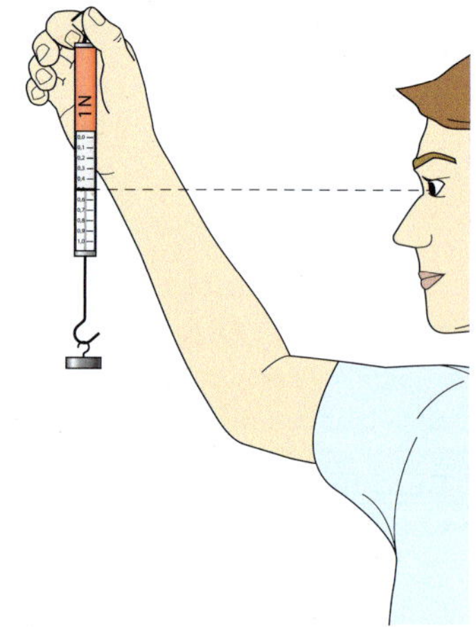
2 Immer senkrecht auf die Skala schauen.

So kannst du Messfehler minimieren:

Wähle ein geeignetes Messgerät aus.	Mache dich mit der Messvorschrift vertraut.	Mache dich mit der Skala des Messgeräts vertraut.	Beachte Besonderheiten
Beispiel: Schätze vorher das Volumen ab und wähle keinen zu großen oder zu kleinen Messzylinder aus.	*Beispiel*: Blicke beim Ablesen immer senkrecht auf die Skala.	*Beispiel*: Die Skala zeigt dir, welchen größten und welchen kleinsten Messwert du ablesen kannst. Ermittle immer auch, welchen Wert ein Teilstrich anzeigt.	*Beispiel*: Nicht an der Randkrümmung, sondern in der Mitte der Flüssigkeitsoberfläche ablesen.

Praktikumsexperimente

7

Ein Flummi springt nicht wieder in seine Ausgangshöhe zurück. Solche physikalischen Probleme können hinter den Aufgabenstellungen des Praktikums stecken. Auf dieser Seite findest du eine Auswahl an Aufgabestellungen zu verschiedenen Themengebieten der Physik.

Experiment

1 Dichtebestimmung

a Bestimme die Dichte der Stoffe, aus denen alle vorgegebenen Körper bestehen: ein Würfel, ein Quader, ein unregelmäßiger Körper, eine Flüssigkeit. Finde heraus, aus welchem Stoff die jeweiligen Körper bestehen.

b Bestimme die Dichte der Stoffe, aus denen alle vorgegebenen Körper bestehen: Körper mit sehr großen Ausdehnungen wie Styroporwürfel, sehr kleine Körper wie Metallkugeln oder Liebesperlen. ▸8 Finde heraus, aus welchem Stoff die jeweiligen Körper bestehen.

8

Experiment

2 Wirkungsgrad

a Bestimme experimentell den Wirkungsgrad, wenn Wasser mittels einer Kochplatte zum Sieden gebracht wird.

b Bestimme experimentell den Wirkungsgrad eines Wasserkochers.

c Bestimme experimentell den Wirkungsgrad eines Flummis.

d Bestimme experimentell den Wirkungsgrad eines Transformators.

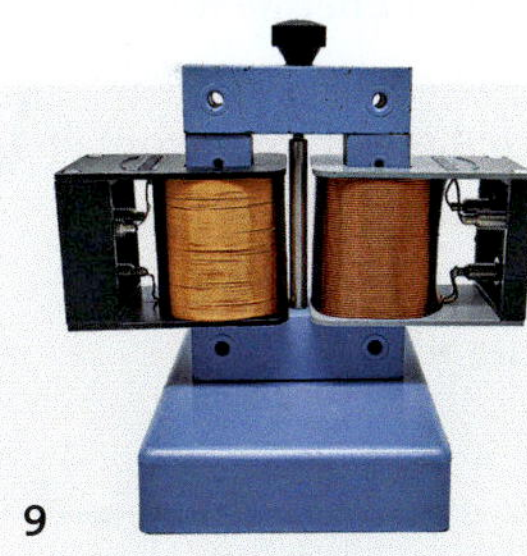
9

Experiment

3 Blackbox

a Finde experimentell heraus, welches elektrische Gerät sich in welcher Blackbox befindet: Konstantandraht, Glühlampe, Halbleiterdiode, Isolator.

b Finde experimentell heraus, welches elektrische Gerät sich in welcher Blackbox befindet: Glühlampe, metallischer Leiter, Isolator.

10

Vorüberlegungen zu den Praktikumsexperimenten

1

Um dich auf die Praktikumsexperimente vorzubereiten, ist es wichtig, dass du über das nötige Grundlagenwissen verfügst. Bearbeite daher in der Phase der Vorbereitung alle Aufgaben unter „Physikalische Grundlagen".

Aufgaben zu physikalischen Grundlagen der Dichtebestimmung

1 Erstelle einen „Steckbrief" zur physikalischen Größe „Dichte":
Definition, Formelzeichen, Einheit, Messgerät, Formel.

2 Was bedeutet die Angabe: Aluminium: 2,7 g/cm³?

3 Welche physikalischen Größen müssen bestimmt werden, um die Dichte zu berechnen? Benenne die Messgeräte, die erforderlich sind, um das Volumen von Flüssigkeiten und die Masse von festen Körpern zu ermitteln. ▸ 2, 3

2

3

4 Berechne das Volumen eines Holzquaders mit folgenden Kantenlängen: $a = 15\,\text{cm}$; $b = 370\,\text{mm}$; $c = 0{,}08\,\text{m}$.

5 Rechne um: $3{,}1\,\text{g/cm}^3$ in g/ml, kg/l, kg/dm³.

6 Beschreibe, wie mit dem Differenzverfahren und dem Überlaufverfahren das Volumen von unregelmäßig geformten Körpern bestimmt werden kann. Welche Geräte werden jeweils benötigt?

7 Ein Körper hat eine Masse von 73,5 g und ein Volumen von $7\,\text{cm}^3$. Ermittle rechnerisch, um welchen Stoff es sich handeln könnte.

8 Um welche Stoffe handelt es sich im Bild ▸ 4? Sortiere die Würfel bezüglich ihrer Masse unter der Annahme, dass das Volumen aller Würfel gleich groß ist.

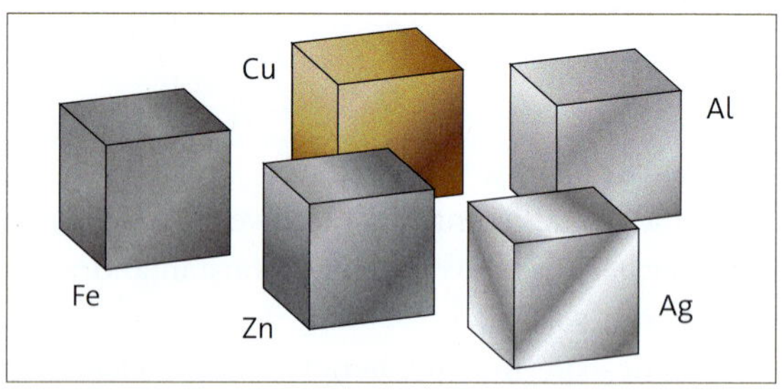

4

Aufgaben zu physikalischen Grundlagen zur Blackbox

1 Was bezeichnet man als „Blackbox-Versuch“? ▸ 5

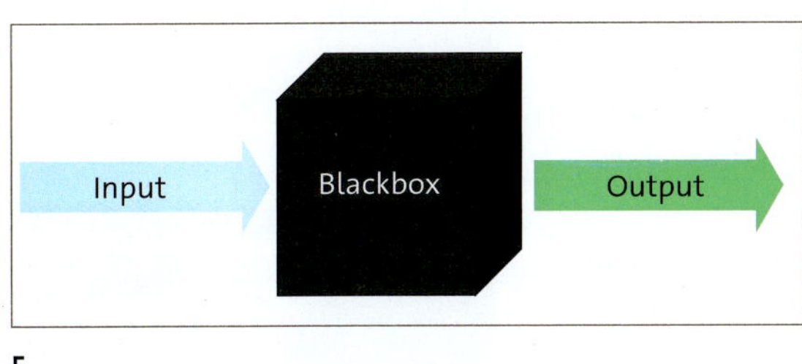

5

2 Erstelle einen „Steckbrief“ zu den physikalischen Größen „Spannung“, „Stromstärke“ und „Widerstand“: Definition, Formelzeichen, Einheit, Messgerät, wenn möglich Formel.

3 Zeichne die Kennlinien eines Konstantandrahts und einer Glühlampe. Begründe den unterschiedlichen Verlauf.

4 Nenne je drei Leiter, Isolatoren und Halbleiter.

5 Beschreibe den Leitungsvorgang in metallischen Leitern, Isolatoren und Halbleitern.

6 Berechne den elektrischen Widerstand eines Geräts, wenn bei einer anliegenden Spannung von $U = 230\,\text{V}$ ein Strom der Stärke $I = 300\,\text{mA}$ fließt.

7 Bild ▸ 6 zeigt die Kennlinien verschiedener Leiter. Interpretiere den Verlauf der einzelnen Graphen. Begründe, welcher der beiden Konstantandrähte den größeren Widerstand hat.

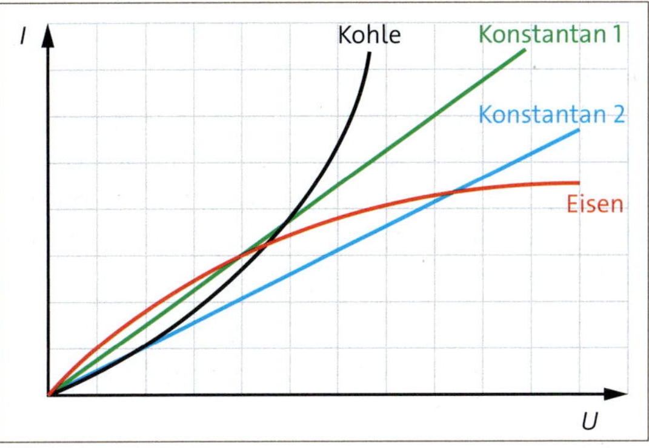

6

8 Zeichne den Schaltplan einer Diode in Durchlassrichtung. Welche Veränderung muss vorgenommen werden, um die Diode in Sperrrichtung zu schalten? Begründe.

9 Wie müssen Spannungsmesser bzw. Strommesser in einen Stromkreis zum jeweiligen Gerät geschaltet werden?

Aufgaben zu physikalischen Grundlagen des Wirkungsgrads

1 Erstelle einen „Steckbrief“ zur physikalischen Größe „Wirkungsgrad“. ▸ 7

2 Begründe, warum der Wirkungsgrad nicht größer als 1 sein kann.

3 Warum könnte es wichtig sein, den Wirkungsgrad eines Geräts oder eines Vorgangs zu kennen?

WANTED

Wirkungsgrad

Definition:

Formelzeichen:

Einheit:

Formel:

7

4 Was versteht man unter der spezifischen Wärmekapazität eines Stoffs?

5 Rechne um: 100 °C in K; 44 K in °C.

6 Nenne den Energieerhaltungssatz.

7 Berechne die Wärme, die benötigt wird, um 50 g Kupfer von 30 °C auf 125 °C zu erwärmen.

8 Berechne den Wirkungsgrad einer Glühlampe, bei der von 200 J elektrischer Energie 180 J in Wärme und 20 J in Licht umgewandelt werden. Warum wurden Glühlampen in den letzten Jahren durch LEDs ersetzt?

9 Beschreibe die Energieumwandlungen an einem springenden Ball. ▸ 8

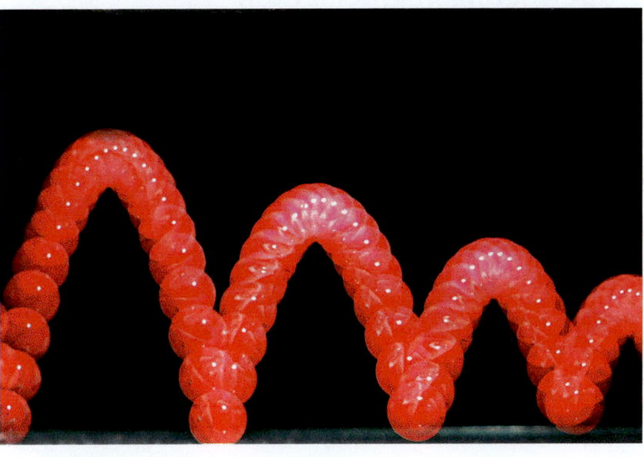

8

Einbeziehung von digitalen Hilfsmitteln in den Experimentierprozess

Die Messung physikalischer Größen gehört zu den vielfältigen Einsatzmöglichkeiten eines Computers. In der Regel werden dem Computer digitale Signale zugeführt. Das erfordert eine Anpassung des Messprozesses. Messwerte werden durch spezielle Sensoren aufgenommen. ▸ 1
So werden in bestimmten Materialien, z. B. in Quarzkristallen, elektrische Ladungen getrennt, wenn es zu einer mechanischen Verformung kommt. Piezoelektrische Kraftmesser nutzen diesen Effekt.
Weit verbreitet ist die Temperaturmessung mithilfe veränderlicher elektrischer Widerstände. Bei konstant gehaltener Spannung verändert sich die elektrische Stromstärke mit der Temperatur des elektrischen Leiters. Dies zeigt man dann als Temperaturwert an.
Bei einem Feuchtigkeitsmesser dagegen wird mit zwei Elektroden eine elektrische Spannung an den Baustoff angelegt. Da sich die elektrische Leitfähigkeit des Baustoffs mit der Feuchte verändert, lassen sich die Feuchtigkeitswerte als digitaler Zahlenwert ablesen.
Die digitalen Signale der Sensoren verarbeitet der PC dann mithilfe unterschiedlicher Software. Er stellt Zusammenhänge als Diagramme dar oder berechnet automatisch geforderte Werte.

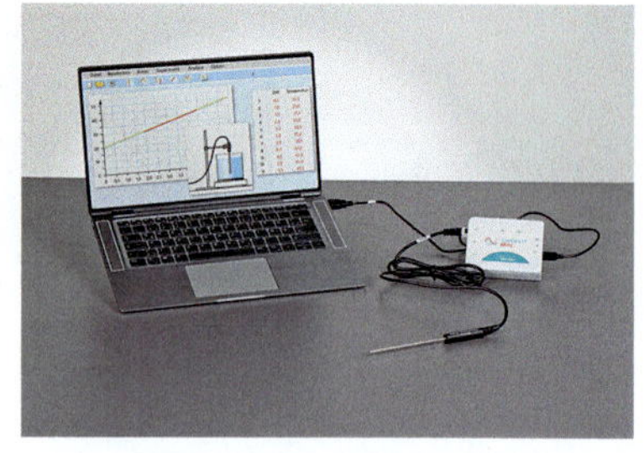

1 Computer mit Sensoren

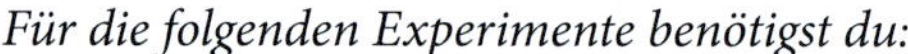

Für die folgenden Experimente benötigst du:
- PC, Software, USB-Verbindungskabel
- Datenlogger, Interface
- Verschiedene Sensoren (Schall, Temperatur, Licht)
- Stativmaterial, Lineal, Bechergläser, Stoppuhr

1 Schallgeschwindigkeit

Ermittle mithilfe von zwei Schallsensoren die Schallgeschwindigkeit.

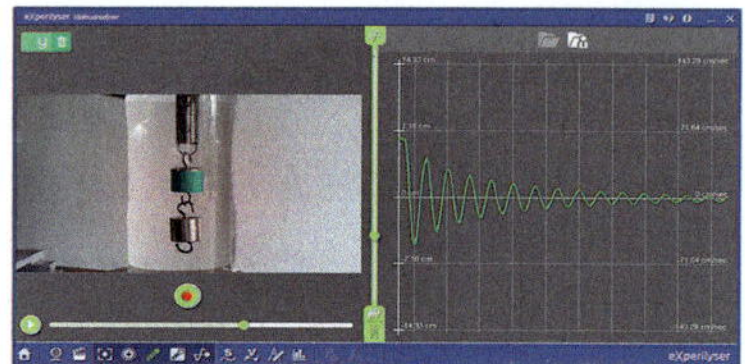

2 Videoanalyse einer Schwingung

2 Temperaturverläufe

Untersuche den Temperaturverlauf beim Abkühlen oder Erwärmen einer Flüssigkeit. Wähle dazu eines der folgenden Experimente aus. ▸ 3

a Wie lange dauert es, bis sich ein heißes Getränk auf Umgebungstemperatur abgekühlt hat?

b Wie lange dauert es, bis Eis vollständig geschmolzen ist?

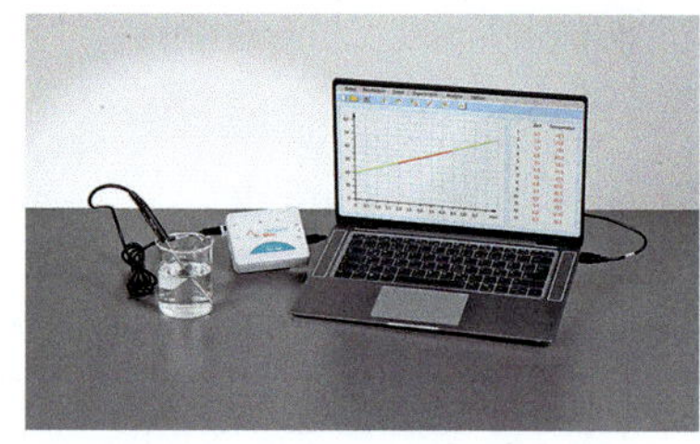

3 Temperaturverläufe aufnehmen

3 Bewegungen untersuchen

Untersuche mit einer Lichtschrankenanordnung und dem Interface/PC für unterschiedliche Bewegungen den Zusammenhang von Weg und Zeit sowie Geschwindigkeit und Zeit. ▸ 4, 5

4 Experimentieranordnung

5 Sensor zur Messdatenaufnahme

Aufgaben zur Wiederholung und Prüfungsvorbereitung

Bewegungen

Experiment

1 Bewegungsart
Markiere an einer geneigten Ebene verschiedene Streckenabschnitte. Lass eine Stahlkugel hinabrollen und miss die entsprechenden Zeiten. Trage deine Messwerte in eine Tabelle ein und zeichne das Weg-Zeit-Diagramm. Um welche Bewegungsart handelt es sich?

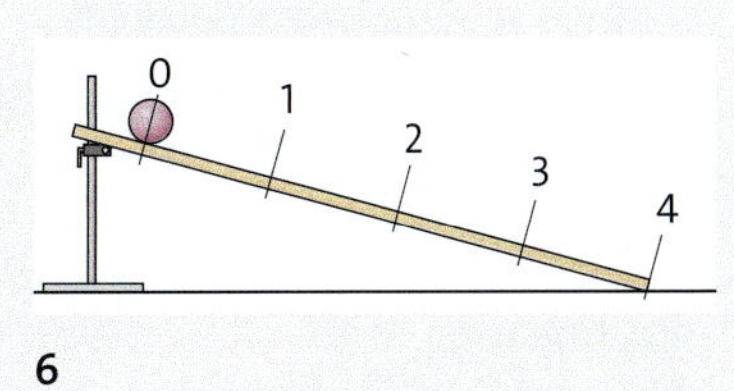

6

1 Halte einen Vortrag über die Bedingungen (Absprunghöhe, Fluggeschwindigkeit …), die Bewegungsabläufe und die Probleme beim Fallschirmspringen.

7

2 Eine Bergbahn legt in zehn Minuten drei Kilometer mit konstanter Geschwindigkeit zurück.
a Um welche Bewegungsart handelt es sich?
b Berechne die Geschwindigkeit in m/s und km/h.
c Zeichne das $s(t)$-Diagramm.

3 Ein Pkw beschleunigt aus dem Stand gleichmäßig mit $1{,}5\,\text{m/s}^2$. Die Gesamtmasse beträgt 900 kg.
a Welche Geschwindigkeit erreicht er nach 8 s?
b Wie groß ist der in dieser Zeit zurückgelegte Weg?
c Berechne die Kraft, die während des Beschleunigens wirken muss.
d Begründe die Notwendigkeit, Sicherheitsgurte in Kraftfahrzeugen anzulegen.
e Was bedeutet die von Isaac Newton gewählte Abkürzung „actio = reactio“?

4 Interpretiere das Diagramm, das den vereinfachten Bewegungsablauf eines Motorradfahrers zeigt.
a Berechne die Beschleunigung im Abschnitt A.
b Berechne den zurückgelegten Weg in den ersten 15 s.

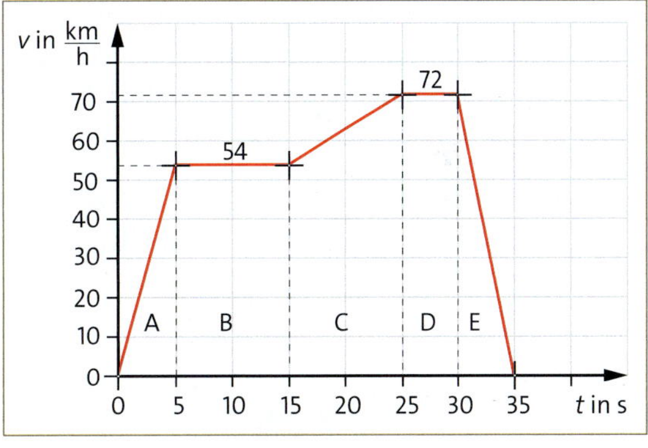

8

5 Im Wassersport ist das Turmspringen eine olympische Disziplin. Bei Berechnungen kann der Luftwiderstand vernachlässigt werden.
a Wie lange dauert der Fall aus 10 Meter Höhe?
b Welche Geschwindigkeit erreicht ein Turmspringer kurz vor der Wasseroberfläche?

6 Die Fallbeschleunigung an der Mondoberfläche beträgt $1{,}62\,\text{m/s}^2$. Berechne die Gewichtskraft eines Astronauten ($m = 72\,\text{kg}$) auf dem Mond und vergleiche sie mit der Gewichtskraft auf der Erde.

Kräfte

Experiment

1 Dichte und Schwimmen

a Berechne durch die Bestimmung von Masse und Volumen die Dichten folgender Körper:
quaderförmiger Radiergummi
zylinderförmige Kerze
unregelmäßiger Körper

b Vergleiche die ermittelten Dichten mit denen von Aluminium, Eis, Holz, Benzin und Quecksilber.

c Beurteile das Schwimmverhalten dieser Körper und begründe.

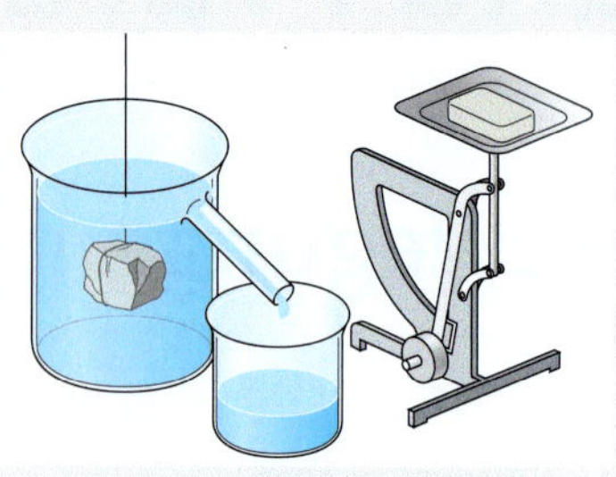

1

1 Rechne um.

a 25 kg = ... g
b 0,05 kg = ... g
c 0,002 dt = ... g
d 2,007 kg = ... g
e 3,03 l = ... ml
f 0,004 l = ... ml
g 0,5 dm³ = ... cm³
h 4,68 ml = ... cm³

2 Informiere dich, welches Material für einen Fahrradrahmen am geeignetsten ist. Suche zu diesem Material den Dichtewert heraus. Begründe damit den Einsatz dieses Materials.

3 Übernimm die Skizze in dein Heft und zeichne die angreifenden Kräfte ein. Benenne die Kräfte.

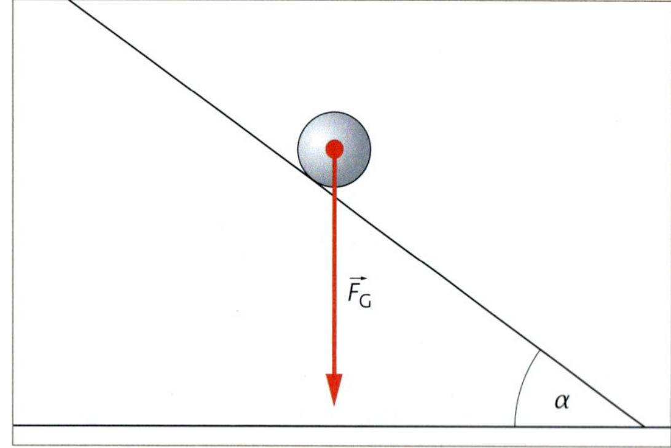

2

4 Ermittle die Gewichtskraft eines Menschen (80 kg) auf der Erde und auf dem Mond.

5 Erkläre den Begriff schwerelos physikalisch.

6 Ein Pkw bremst an einer Ampel.

a Notiere die auftretende Energieumwandlung.

b Vergleiche die bei dieser Bewegung auftretenden Kräfte miteinander.

c Vervollständige die folgenden Sätze.
Beim Bremsen wird ...verrichtet.
Diese ist um so größer, je ... der Pkw ist.

7 Übertrage die Kraftpfeile in dein Heft und konstruiere jeweils die resultierende Kraft. Ermittle den Betrag der resultierenden Kraft.

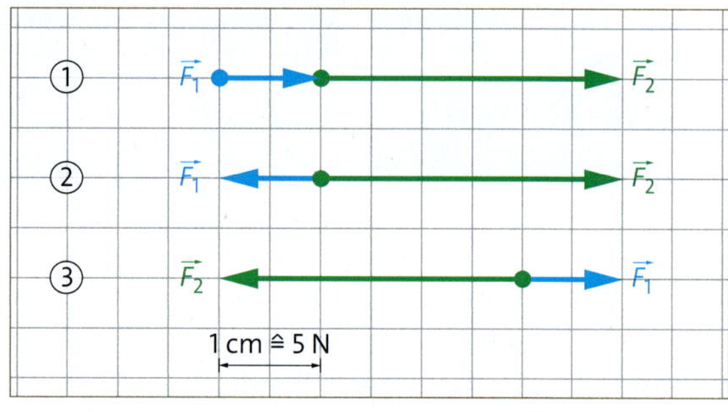

3

8 Stelle den physikalischen Zusammenhang zwischen den Begriffen Kraft, Arbeit und Energie dar.

9 Übertrage das Energieflussdiagramm in dein Heft und vervollständige es.

4

Mechanik der Flüssigkeiten und Gase

Experiment

1 Auftrieb

Dir stehen zwei unterschiedliche Gefäße zur Verfügung: ein großes, offenes und ein kleines, verschließbares.
Fülle das große Gefäß zu ¾ mit Wasser. In das kleine Gefäß können verschiedene Mengen Sand eingefüllt werden.

a Versuche das kleine Gefäß zum Sinken, Schweben und Schwimmen zu bringen. Vergleiche dabei die Volumen und die jeweiligen Massen miteinander.

b Formuliere einen Zusammenhang zwischen Dichte und Auftrieb.

5

1 Die 64 000 t schwere Plattform der Bohrinsel „Goliat“ wurde mit dem Frachtschiff „Dockwise Vanguard“ schwimmend transportiert. Erkunde die Umstände dieses oder eines ähnlichen Schwertransports. Mache plausibel, wie es möglich ist, dass solche gigantischen Stahlkonstruktionen schwimmen.

6

2 Begründe die Kompressibilität von Flüssigkeiten und Gasen mithilfe des Teilchenmodells.

3 Vergleiche den Druck in einem Autoreifen an den Stellen A, B und C.

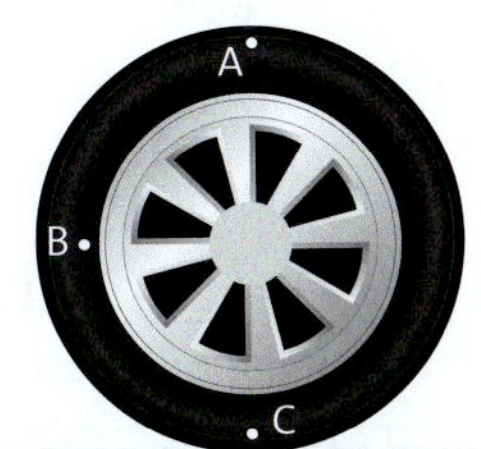

7

4 Rechne um:

a 1 bar = … Pa

b 0,5 bar = … kPa

c 1 hPa = … Pa

d 1 bar = … hPa

5 Berechne den Auflagedruck einer 70 kg schweren Person, die auf einer Schuhsohlenfläche von 280 cm² steht.

8

6 Bei einer hydraulischen Anlage ist die Querschnittsfläche des Arbeitskolbens 12-mal so groß, wie die des Pumpenkolbens. Triff eine Aussage über die wirkenden Kräfte und begründe.

7 Formuliere das archimedische Gesetz.

8 Interpretiere das Diagramm.

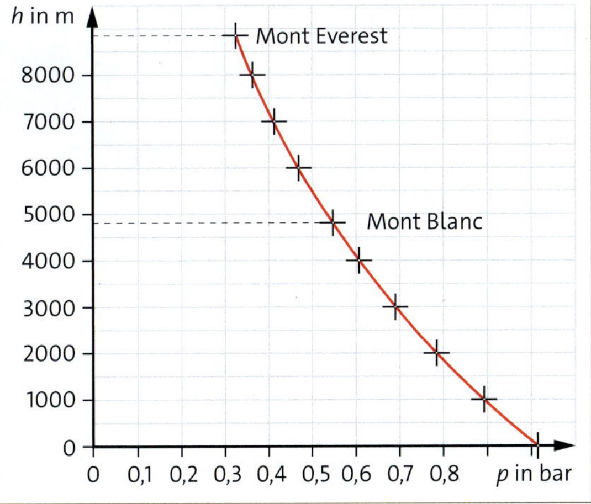

9

Aggregatzustandsänderungen und Wärme

Experiment

1 Wärme

Erwärme 150 ml Wasser von 20 °C auf 80 °C mithilfe einer elektrischen Heizplatte. Bestimme die dafür notwendige Zeit.

a Berechne die Wärme, die dem Wasser zugeführt werden muss.

b Bestimme die Wärme, die die Heizplatte in der gemessenen Zeit abgegeben hat.

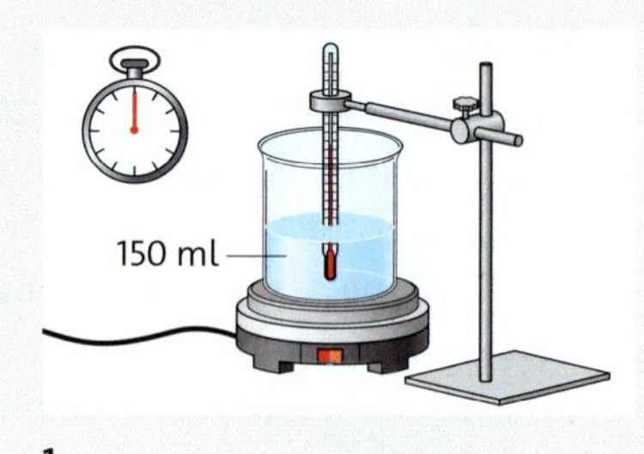

1

1 Mit Schneekanonen werden feine Wassertröpfchen versprüht, die an der kalten Luft zu Schneekristallen gefrieren. Halte einen Vortrag über die Änderung von Aggregatzuständen.

2

2 Die Schmelzwärme ist eine Umwandlungswärme.

a Vergleiche die Schmelztemperaturen und die spezifischen Schmelzwärmen von Aluminium, Blei und Gold.

b Berechne die Wärme, die benötigt wird, um 500 g Blei zu schmelzen.

3

3 Übernimm die Tabelle in dein Heft und ergänze.

ϑ in °C	0	20		1000
T in K			0	
ϑ in °C	−185			15 Millionen
T in K		630	−13	

4 In einem Becherglas befindet sich Wasser mit kleinen Eisstücken. Nun wird dem Wasser gleichmäßig Wärme zugeführt und jeweils nach einer Minute die Temperatur gemessen.

t in min	0	1	2	3	4
ϑ in °C	0	0	0	0	0,6
t in min	5	6	7	8	9
ϑ in °C	2,0	5,4	8,8	12,2	15,6

a Zeichne das $\vartheta(t)$-Diagramm.

b Beschreibe und erkläre den Temperaturverlauf.

5 Bei diesem Diagramm handelt es sich um einen Stoff, dem gleichmäßig Wärme zugeführt wird. Interpretiere.

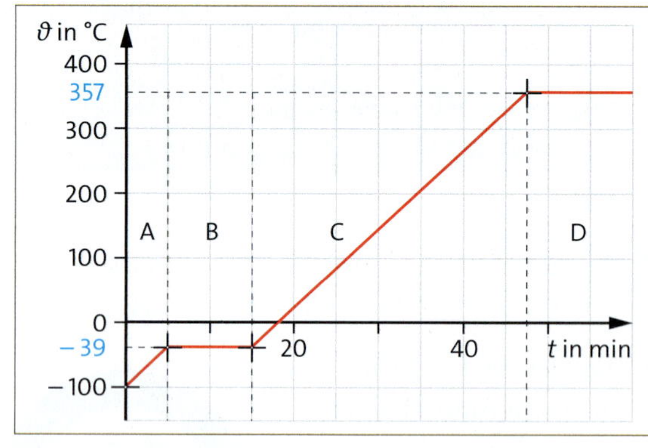

4

6 Die Erhaltung der Energie gilt universell.

a Formuliere den Energieerhaltungssatz und erläutere ihn am Beispiel eines Verbrennungsmotors.

b Was versteht man unter einem perpetuum mobile?

Wärmeverhalten von Körpern

Experiment

1 Ausdehnung
Verschließe ein Glasgefäß so, dass durch ein Röhrchen Luft ein- und austreten kann. Halte das Ende des Rohrs ins Wasser und erwärme das Gefäß mit den Händen. Kühle dieses anschließend mit einem nassen Lappen ab, ohne das Röhrchen aus dem Wasser zu nehmen. Beschreibe deine Beobachtungen und erkläre die Vorgänge.

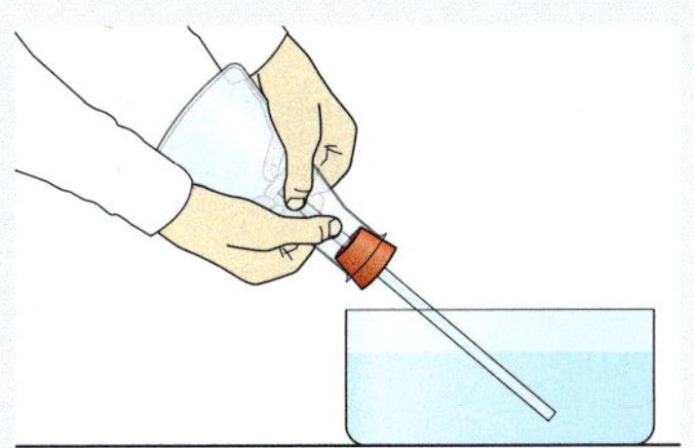
5

1 Halte einen Vortrag zur Wärmedämmung im Bauwesen (z. B. Isolierung beim Hausbau).

6

2 Wärmeübertragung ist von praktischer Bedeutung.
a Nenne die drei Arten der Wärmeübertragung und finde Beispiele aus Natur, Technik und Haushalt.
b Beschreibe an einem einfachen Thermosgefäß, wie man Wärmeübertragung verhindert.

3 Beschreibe die Funktionsweise eines Flüssigkeitsthermometers.

4 Erläutere den Zusammenhang zwischen Teilchenaufbau der Stoffe und Ausdehnung der Stoffe beim Erwärmen.

5 Sprinkleranlagen sind automatische Löscheinrichtungen. In ihnen sind Wasserleitungen mit vielen Düsen verlegt, die durch Glasröhrchen verschlossen sind, in denen sich eine Flüssigkeit befindet. Begründe das Platzen des Röhrchens bei einem Feuerausbruch.

7

6 Bei festen Körpern wie Brücken oder Eisenbahnschienen hat nur die Längenänderung eine praktische Bedeutung. In der Tabelle sind die Längenänderungen für drei Stoffe angegeben.

Längenänderung eines Körpers von 10 m Länge, wenn sich seine Temperatur um 10 K ändert	
Stoff	**Längenänderung**
Beton	1,2 mm
Stahl	1,2 mm
Kupfer	1,6 mm

a Welche Schlussfolgerungen sind daraus beim Bau von Brücken zu ziehen?
b Um wie viele Millimeter ändert sich die Länge eines 40 m langen Kupferdrahts bei einer Temperaturänderung um 10 K.
c Berechne die Längenänderung des 300 m hohen Eiffelturms, wenn sich seine Temperatur um 30 K ändert.

8

Strahlung

Experiment

1 Würfeln

Würfle mit möglichst sehr vielen Würfeln gleichzeitig. Entferne nach jedem Wurf die Einsen. Beschreibe die Analogie dieses Modellexperiments mit dem Spontanzerfall und dem Begriff Halbwertszeit.

1

1 Halte einen Vortrag über die Anwendung radioaktiver Nuklide.

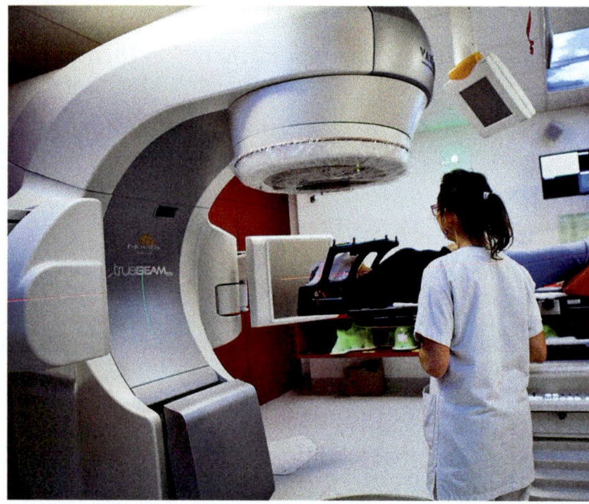

2

2 Beschreibe den Aufbau eines Atoms und die Eigenschaften (Ladung, Masse) der Bestandteile.

3 Erläutere die Begriffe Massenzahl, Kernladungzahl und Isotope an folgenden Atomkernen:

a $^{2}_{1}\text{H}, ^{3}_{1}\text{H}$ **b** $^{12}_{\square}\text{C}, ^{14}_{\square}\text{C}$ **c** U-235, U-238

4 Beim radioaktiven Zerfall unterscheidet man: $^{4}_{2}\alpha$-Strahlung, $^{0}_{-1}\beta$-Strahlung und γ-Strahlung. In dieser Reihenfolge nimmt deren Reichweite in Luft zu.

a Woraus besteht jeweils die Strahlung?

b Äußere dich zum Durchdringungsvermögen in Papier, Metallschicht, Stahlbeton.

5 Übertrage die Gleichung in dein Heft, ergänze sie und beschreibe den Vorgang in Worten.
Spontanzerfall
$^{226}_{\square}\text{Ra} \rightarrow ^{222}_{86}\square + ^{\square}_{\square}\alpha$

6 Interpretiere das Diagramm.

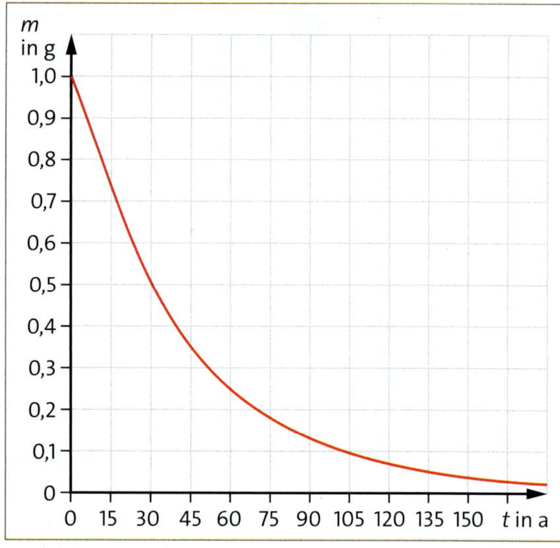

3

7 Strahlungen sind elektromagnetische Wellen und somit Strahlungsenergie. Beschreibe an zwei selbst gewählten Beispielen die Energieumwandlungen, wenn Strahlung mit Materie wechselwirkt.

8 Verschaffe dir einen Überblick über alle Bereiche elektromagnetischer Strahlung und ihre Nutzung in der Praxis. Erstelle eine digitale Präsentation.

Optik

Experiment

1 Brechung von Licht

a Baue ein Experiment zur Lichtbrechung auf.

b Miss für einige selbst gewählte Einfallswinkel die zugehörigen Brechungswinkel.

c Vergleiche Einfalls- und Brechungswinkel.

d Notiere das dazugehörige Gesetz.

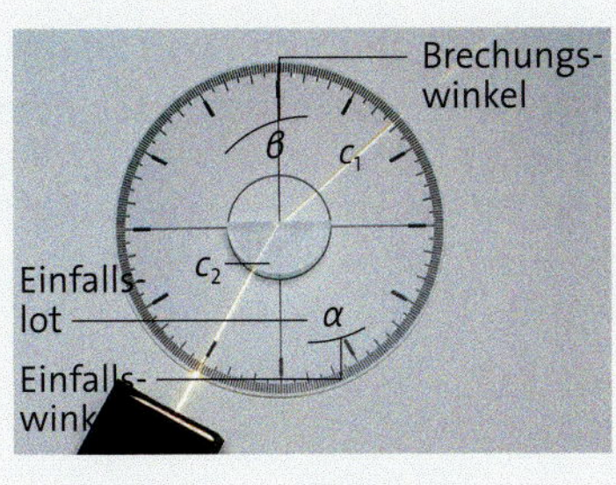

1 Gestalte einen Vortrag zum Thema Mondphasen. Beziehe Grafiken, Bilder oder Animationen mit ein.

5

2 Ergänze in deinem Hefter:
Licht wird von ______ ausgesendet. Es breitet sich ______ aus. Wir zeichnen es als ______.

3 Fällt Licht auf lichtundurchlässige Körper, entsteht ein Schatten.
Übernimm die Zeichnungen in deinen Hefter und ergänze die Schatten.

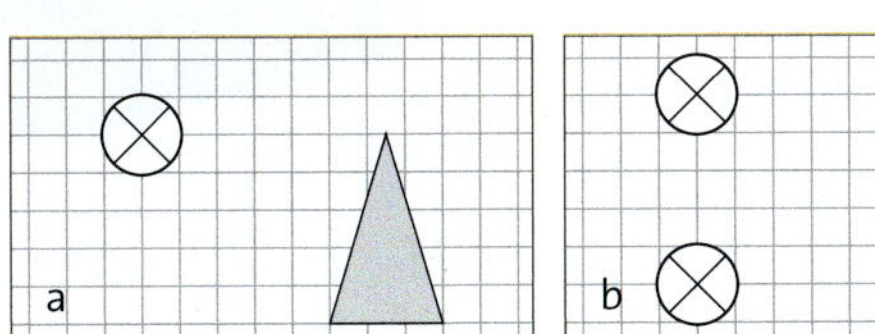

6

4 Erläutere den Begriff der Brechung. Nenne das Brechungsgesetz. Übernimm die Abbildung in deinen Hefter und zeichne die fehlenden Lichtstrahlen ein.

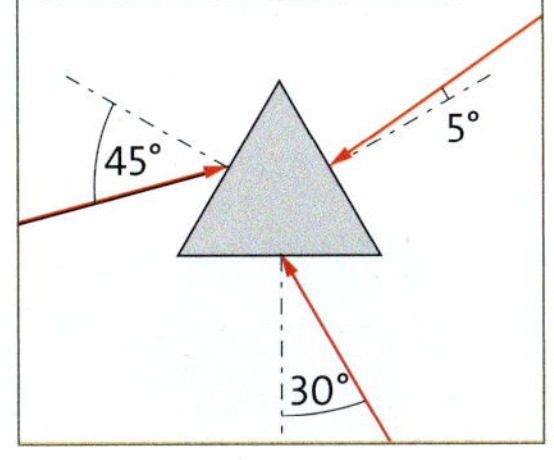

7

5 Zeichne in deinem Hefter den Verlauf von drei parallelen Strahlen beim Durchgang durch eine Sammellinse.

6 Linsen werden in optische Geräten zur Bildentstehung eingesetzt. Übernimm die Zeichnung in deinen Hefter und ergänze fehlende Strahlen und Begriffe sowie das entstehende Bild des Originals.

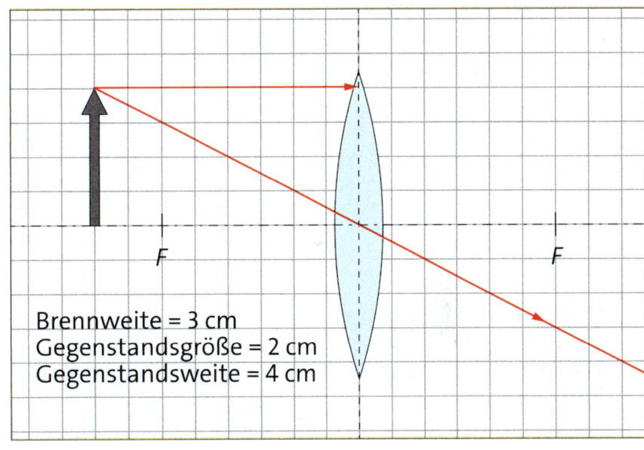

8

7 Wie verändert sich das Bild an einer Sammellinse, wenn man die Linse dem Objekt nähert? In welcher Entfernung treten Probleme auf? Begründe.

8 Die an Linsen genutzte Brechung des Lichts folgt bestimmten Gesetzmäßigkeiten. Erläutere diese für den Übergang des Lichts von Luft in Glas und von Glas in Luft. Zeichne jeweils den Lichtweg.

9 Vergleiche die Lichtgeschwindigkeit in Gasen, Flüssigkeiten und festen Stoffen. Formuliere eine physikalische Aussage.

Elektrische Größen

Experiment

1 Zusammenhang von Spannung und Stromstärke

Baue einen Versuch nach dem abgebildeten Schaltplan auf.
Miss die Spannung, die am Bauelement anliegt, und die Stromstärke.

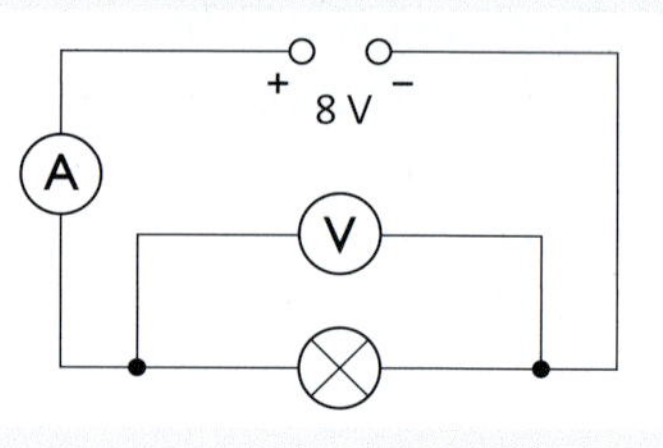

1

1 Stelle in einem Vortrag die Größe „elektrischer Widerstand“ vor.

2 Notiere Definition, Formelzeichen, Einheit und Messgerät der elektrischen Größen „Spannung“ und „Stromstärke“.

3 Berechne die fehlenden Werte.

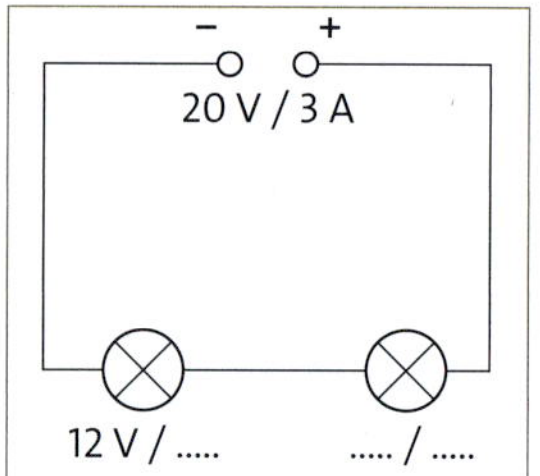

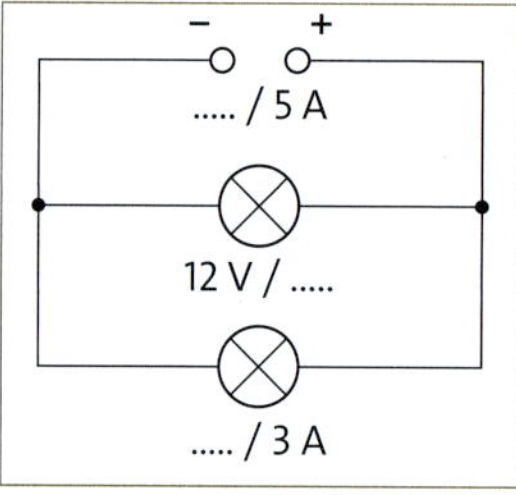

2

4 Welche Schaltungsart wird bei den Steckdosen einer Wohnung eingesetzt? Begründe.

5 Auf dem Typenschild eines elektrischen Geräts findet man die Angaben 230 V und 1330 W.

3

a Erläutere die Angaben.
b Darf man dieses Gerät an einer Steckdose betreiben, die mit 5 A abgesichert ist? Begründe mit einer Rechnung.

6 Eine LED (2,4 V; 0,2 A) soll an eine Gleichspannungsquelle mit 24 V angeschlossen werden. Die Grafik und der Schaltplan zeigen ein zusätzliches Bauteil.
Welches Bauteil wird verwendet? Berechne die Größenangaben, die zum Einkauf des Bauteils notwendig sind.

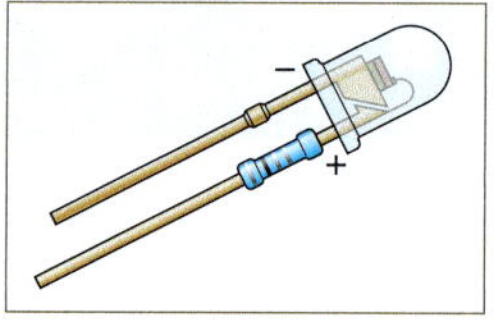

4

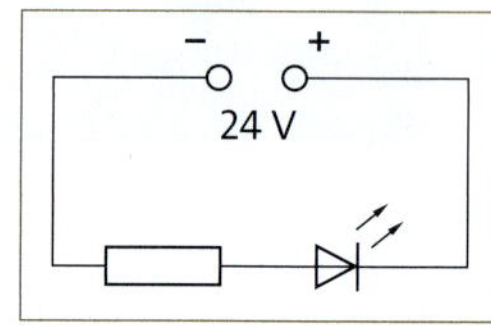

5

7 Messfühler in Thermometern sind Halbleiterbauelemente.
Beschreibe Aufbau und Funktion eines Halbleiters.
Nenne weitere Anwendungsgebiete.

6

8 Solarzellen wandeln Sonnenlicht in elektrische Energie um. Notiere Vor- und Nachteile von Solarzellen.

7

Magnetismus und Induktion

Experiment

1 Spannungsübersetzung

Weise in einem Experiment die Gleichung zur Spannungsübersetzung eines Transformators nach. Wähle dazu die Windungszahlen von Primär- und Sekundärspule passend aus.

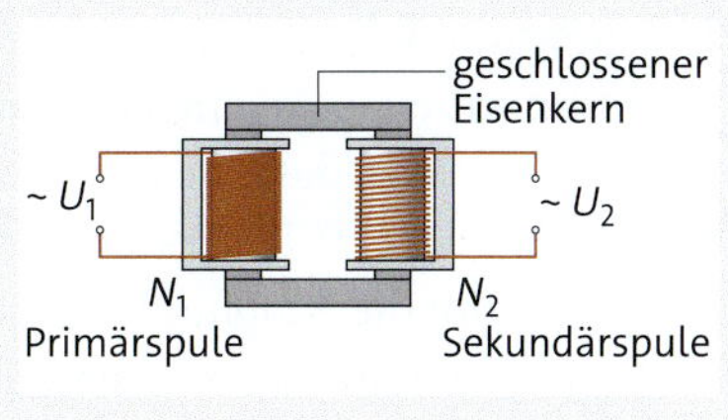

8

1 Stelle in einem Vortrag die Bedeutung der Begriffe Gleich- und Wechselstrom gegenüber. Beschreibe auch den Transport elektrischer Energie und das Fließen des elektrischen Stroms über große Entfernungen.

2 Übernimm die Skizzen in dein Heft und zeichne die Magnetfelder ein. Mache Aussagen über die Stärke des Magnetfelds an den gekennzeichneten Stellen.

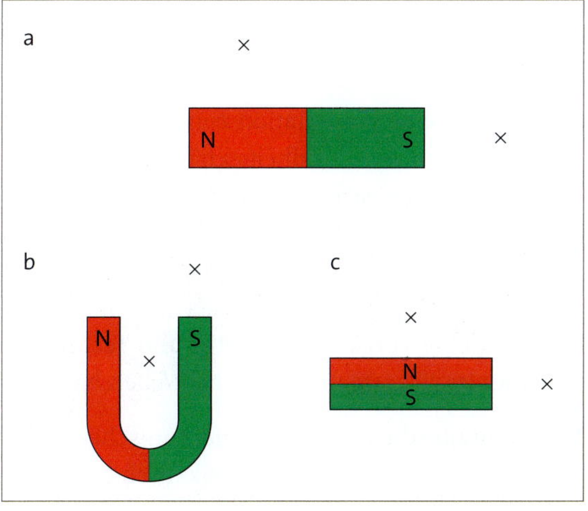

9

3 Fertige eine Skizze des Erdmagnetfelds an. Kennzeichne die Lage der magnetischen und geografischen Pole. Äußere dich zur Bedeutung des Erdmagnetfelds.

4 Beschreibe den Zusammenhang zwischen elektrischem Strom und Magnetismus. Gehe dabei auch auf das Anwendungsbeispiel „Elektromagnet" ein.

5 Zur Verfügung stehen die abgebildeten Bauteile. Erläutere, wie man damit eine Wechselspannung erzeugen kann. Gehe auch auf das physikalische Gesetz ein, das der Erzeugung der Wechselspannung zugrunde liegt.

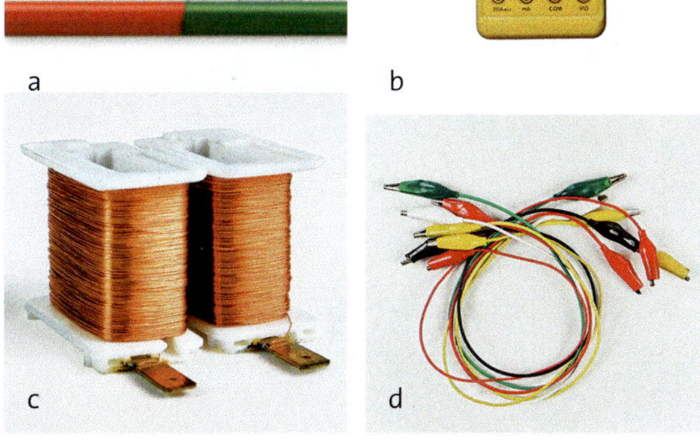

10

6 Skizziere den Aufbau eines Gleichstrommotors. Benenne die Teile und beschreibe auftretende Energieumwandlungen.

7 Vergleiche den Aufbau eines Gleichstrommotors und eines Wechselstromgenerators. Beschreibe die Energieumwandlungen.

8 In einem Computernetzteil befindet sich ein Transformator mit einer Primärwindungszahl von 4000 und einer Sekundärwindungszahl von 200. Es wird an die Netzwechselspannung angeschlossen. Berechne die Sekundärspannung.

Schwingungen und Wellen

Experiment

1 Fadenpendel

a Bestimme experimentell die Periodendauer und die Frequenz eines Fadenpendels, das eine Länge von 30 cm hat.

b Zeichne das $y(t)$-Diagramm dieser Schwingung. Kennzeichne im Diagramm die Amplitude und die Periodendauer.

c Nenne die Voraussetzungen für das Entstehen einer mechanischen Schwingung.

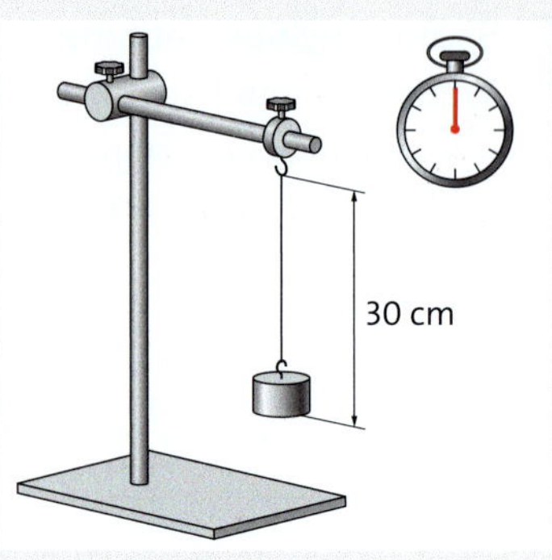

1 Notiere Beispiel für positive und negative Wirkungen von schwingenden Systemen.

2 Mechanische Schwingungen

a Ergänze die Definition: Eine Schwingung ist eine ______.

b Finde die physikalischen Begriffe für die Buchstaben A–D.

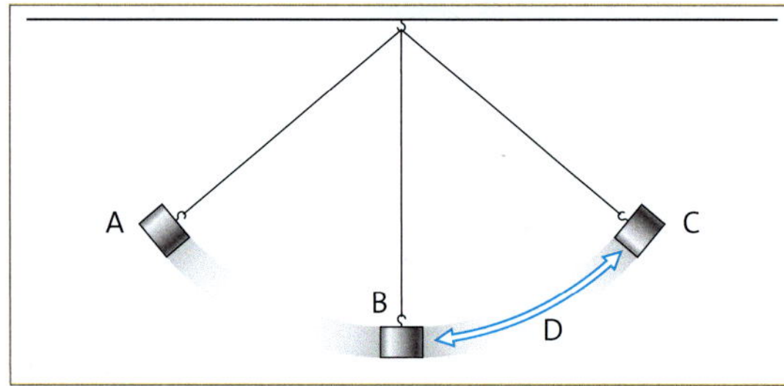

2

3 Ermittle und berechne aus dem abgebildeten Diagramm Amplitude, Periodendauer und Frequenz der Schwingung.

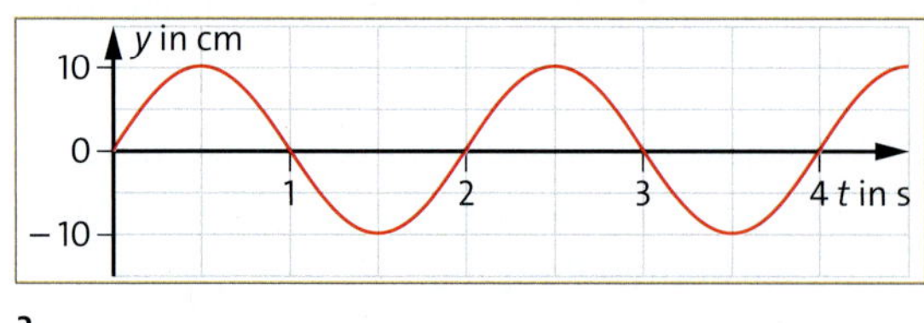

3

4 Beschreibe die Energieumwandlungen, die an einer Schaukel bzw. an einem vertikalen Federschwinger auftreten, wenn diese jeweils nur einmal angestoßen werden.

5 Welche Art von Schwingung führt eine Pendeltür aus? Mache Aussagen zur Energieumwandlung und gib dafür weitere Beispiele an.

6 Erläutere den Begriff „Resonanz“ am Beispiel eines Musikinstruments.

7 Ergänze: Eine Schallwelle ist ______.

Voraussetzungen für das Entstehen einer Schallwelle sind ______.

8 Erarbeite eine Präsentation zum Thema „Mögliche Gefahren und Gesundheitsschäden durch Lärm – Wie kann man sich schützen?“

9 Wie tief ist ein Brunnen, wenn man das Echo 2 s nach dem Hineinrufen hört?

10 Beschreibe Vorgänge aus Natur und Technik, bei denen es sich um mechanische Wellen handelt.

11 Beschreibe die Entstehung mechanischer Wellen und wie kann man diese physikalisch beschreiben?

12 Im Wellenkanal wird eine Welle mit einer Frequenz von 1 Hz und einer Wellenlänge von 20 cm erzeugt. Berechne die Ausbreitungsgeschwindigkeit.

13 Ein Wellenerreger schwingt im Wasser mit einer Frequenz von 6 Hz. Die entstehende Wasserwelle hat eine Ausbreitungsgeschwindigkeit von 40 cm/s. Berechne die Wellenlänge der Wasserwelle.

Hertzsche Wellen, Licht und Farben

Experiment

1 Eigenschaften hertzscher Wellen
Wickle ein Smartphone mehrfach in Alufolie ein. Verschließe dabei gut alle offenen Stellen, indem du die Folie faltest. Rufe anschließend das Smartphone an. Notiere deine Beobachtung und begründe physikalisch.

4

1 Stelle in einem Vortrag den physikalischen Begriff hertzsche Welle vor. Mache einige Aussagen zum Senden und Empfangen dieser Wellen. Zeige verschiedene praktische Einsatzgebiete auf.

2 Auf dem Typenschild einer Mikrowelle findest du den Wert 2,45 GHz.
a Welche physikalische Aussage macht dieser Wert?
b Beschreibe, wie durch Mikrowellen Lebensmittel erwärmt werden. Nenne die auftretenden Energieumwandlungen.

5

3 Benenne die Eigenschaften hertzscher Wellen, die einen guten Fernsehempfang garantieren.

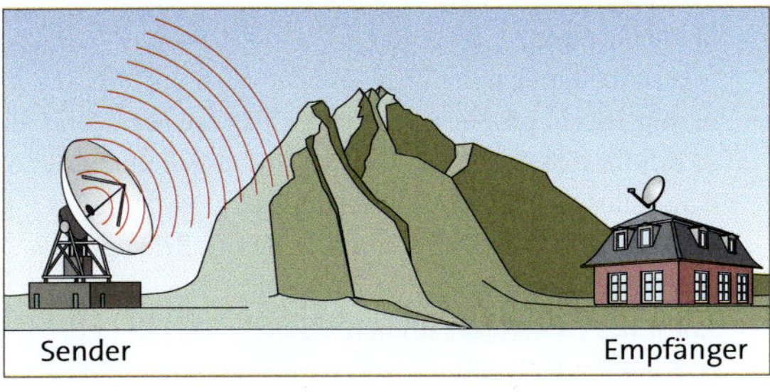

6

4 Unter welchen Bedingungen entsteht ein Regenbogen? Fertige eine Skizze an und notiere die Reihenfolge der Farben.

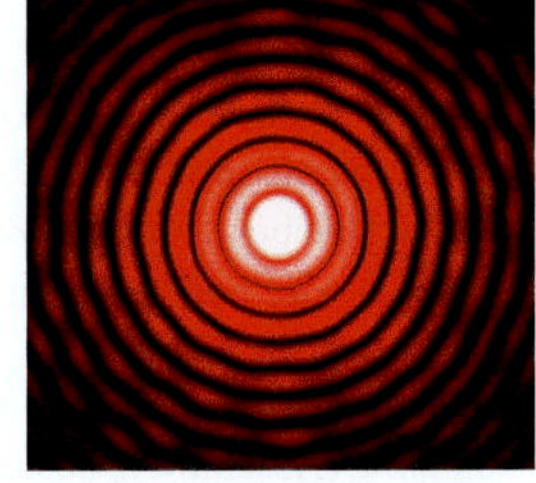

7

5 Erkläre das Zustandekommen der Erscheinung in Bild ▸ 7.

6 Benenne dieses Spektrum und beschreibe sein Zustandekommen.

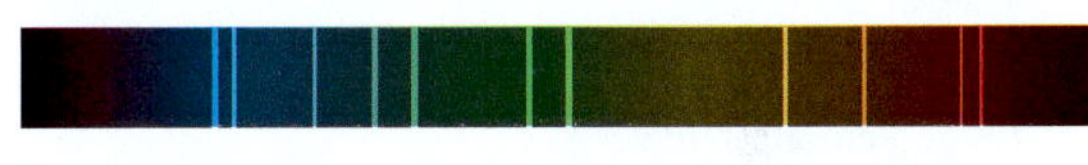

8

7 Man hört immer wieder die Aussagen über unsichtbares Licht. Erläutere das näher. Gehe dabei auch auf die Anwendungen dieses „Lichts" ein.

8 Vergleiche Farbaddition und -subtraktion.

9 Entscheide, welche der folgenden Sätze richtig bzw. falsch sind. Korrigiere die falschen.
- Das Spektrum von weißem Licht sieht immer gleich aus.
- Bei der Farbaddition kann man aus Rot, Grün und Blau alle anderen Farben mischen.
- Ein Drucker besitzt die Farbpatronen Rot, Grün und Blau.
- Je mehr Farben man bei der Farbaddition mischt, desto heller wird das Mischlicht.
- Je mehr Farben man bei der Farbsubtraktion absorbiert, desto heller wird das Mischlicht.

Anhang

Lösungen der Testaufgaben

Bewegung von Körpern (Seite 45)

1 **a** geradlinig und gleichförmig
b Schwingung und ungleichförmig
c Kreisbewegung und gleichförmig

2 **a** *Gegeben*: $s = 303\,\text{km}$; $t = 3\,\text{h}$
Gesucht: v in km/h
Lösung: $v = \frac{s}{t} = \frac{303\,\text{km}}{3\,\text{h}}$
$v = 101\,\text{km/h}$
b *Gegeben*: $s = 6\,\text{km}$; $v = 24\,\text{km/h}$
Gesucht: t in min
Lösung: $t = \frac{s}{v} = \frac{6\,\text{km}}{24\,\text{km/h}}$
$t = 0{,}25\,\text{h} = 15\,\text{min}$

3 $s(t)$-Diagramm: Jemand oder etwas beschleunigt gleichmäßig (Abschnitt a, Parabelast), bewegt sich dann mit gleichbleibender Geschwindigkeit (Abschnitt b, ansteigende Gerade) und bleibt dann abrupt stehen (Abschnitt c, waagerechte Gerade).
$v(t)$-Diagramm: Jemand oder etwas beschleunigt gleichmäßig (Abschnitt d, ansteigende Gerade), bewegt sich dann mit gleichbleibender Geschwindigkeit (Abschnitt d, waagerechte Gerade) und bremst dann gleichmäßig ab (Abschnitt e, abfallender Gerade).

4 *Gegeben*: $s = 27\,\text{m}$; $g = 9{,}81\,\text{m/s}^2$
Gesucht: v in km/h
Lösung:
Aus $v = g \cdot t$ und $s = \frac{1}{2} g \cdot t^2$ folgt:
$t = \sqrt{2\frac{s}{g}}$ einsetzen in $v = g \cdot t$
$v = g \cdot \sqrt{\frac{2s}{g}} = \sqrt{\frac{2s \cdot g^2}{g}} = \sqrt{2s \cdot g}$
$v = \sqrt{2 \cdot 9{,}81\frac{m}{s^2} \cdot 27\,m} = \sqrt{529{,}74\,\frac{\text{m}^2}{\text{s}^2}}$
$v = 23\,\frac{\text{m}}{\text{s}} = 82{,}8\,\frac{\text{km}}{\text{h}}$

5

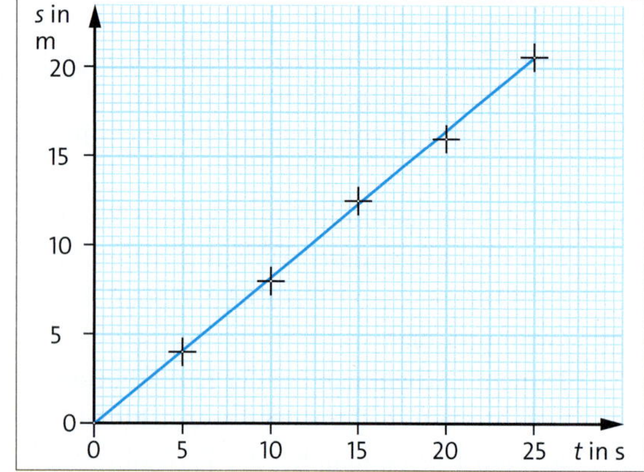

Es handelt sich um eine gleichförmige Bewegung. Alle Wertepaare liegen auf einer Geraden durch den Ursprung. Es gilt: $s \sim t$.

6 Tennisball und -schläger wirken wechselseitig aufeinander ein. Beide Körper werden durch diese Wechselwirkung verformt, außerdem kommt es auch zu einer Bewegungsänderung.

7 **a** Eine Änderung der Bewegung liegt vor, wenn sich die Geschwindigkeit und/oder die Bewegungsrichtung ändert.
b **A** Keine Änderung der Bewegung
B Änderung der Bewegung
C Änderung der Bewegung

8 *Gegeben*: $F = 200\,\text{kN} = 200\,000\,\text{N}$
$m = 200\,\text{t} + 8 \cdot 40\,\text{t} = 520\,\text{t}$
$m = 520\,000\,\text{kg}$
Gesucht: a in m/s^2
Lösung: $a = \frac{F}{m} = \frac{200\,000\,\text{N}}{520\,000\,\text{kg}} = 0{,}4\,\frac{\text{kg} \cdot \text{m}}{\text{s}^2 \cdot \text{kg}}$
$a = 0{,}4\,\frac{\text{m}}{\text{s}^2}$

9 *Gegeben*: $v = 80\,\text{km/h} = 22{,}2\,\text{m/s}$
$s = 25\,\text{cm} = 0{,}25\,\text{m}$
$m = 80\,\text{kg}$
Gesucht: F in N
Lösung: $v = a \cdot t$ und $s = \frac{a}{2} \cdot t^2$
$t = \frac{v}{a}$ und $t = \sqrt{\frac{2s}{a}}$
gleichsetzen: $\frac{v}{a} = \sqrt{\frac{2s}{a}}$
quadrieren: $\frac{v^2}{a^2} = \frac{2s}{a}$
daraus folgt: $a = \frac{v^2}{2s}$
$a = \frac{(22{,}2\,\text{m/s})^2}{2 \cdot 0{,}25\,\text{m}} = 988\,\text{m/s}^2$
$F = m \cdot a = 85\,\text{kg} \cdot 988\,\text{m/s}^2$
$F = 83\,951\,\text{N} = 84\,\text{kN}$

Erzeugung und Umformung elektrischer Energie (Seite 87)

1 **a** Man benötigt eine Spule, einen Magneten und ein Messgerät zum Nachweis. Der Magnet wird möglichst schnell in die Spule hinein- und herausbewegt. Man kann auch die Spule bewegen.
b Je schneller sich der Magnet oder die Spule hin und her bewegt, desto größer ist der Ausschlag am Messgerät. Ebenso erhöht eine Spule mit vielen Windungen und ein möglichst starker Magnet den Ausschlag.
c Kraftwerke funktionieren nach diesem Prinzip. Z. B. bringt Wasserdampf große Turbinen in Bewegung, die den Rotor des Generators drehen. Es dreht sich also ein Magnet in einer Spule. Dadurch wird eine Spannung induziert.

2 Ein einfacher Wechselstromgenerator ähnelt einem Elektromotor: Er besteht aus Rotor, Statur und Kommutator. Wenn dann der Rotor von außen in Drehung versetzt wird, ändert sich das Magnetfeld, das die Rotorspulen durchsetzt, ständig und in den Rotorspulen wird eine Wechselspannung induziert. In der Praxis wird der Aufbau allerdings meist umgedreht: Der Rotor ist dann ein Magnet, der Stator besteht aus Spulen und die Wechselspannung wird in den Statorspulen induziert.

3 Eine Wechselspannung liegt vor, wenn sich der Betrag der Spannung und die Polarität zeitlich ändern. Das ist bei den Spannungen im den Bildern a und c der Fall.

4 **a** Ein Transformator besteht aus der Primärspule und der Sekundärspule, die auf einem Eisenkern sitzen. Elektrisch sind die Spulen nicht verbunden.
b Die Windungszahl der Sekundärspule berechnet sich so:

$$N_2 = N_1 \cdot \frac{U_2}{U_1} = 4600 \cdot \frac{12\ \text{V}}{230\ \text{V}} = 240$$

5 Bei Verwendung einer Wechselspannung, kann man die Spannung hoch- und heruntertransformieren und die Energieverluste bei der Energieübertragung verringern.

6 **a** Fossile Energieträger haben sich über einen sehr großen Zeitraum durch Ablagerung organischer Stoffe gebildet. Ihr Vorrat ist begrenzt. Regenerative Energieträger sind immer wieder erneuerbar. Sie stehen zeitlich unbegrenzt zur Verfügung. fossile Energieträger: Erdöl, Erdgas, Kohle regenerative Energieträger: Wasser, Wind
b Der Vorrat an fossilen Energieträgern ist zeitlich begrenzt. Um den wachsenden Energiebedarf der Menschen zu decken, muss man neue, regenerative Energieträger erschließen und nutzen.

7 Der Unterschied besteht lediglich in der Dampferzeugung. Während in einem konventionellen Wärmekraftwerk der Wasserdampf durch Verbrennung von fossilen Brennstoffen erzeugt wird, wird der Dampf in solarthermischen Kraftwerken direkt aus der Strahlungsenergie der Sonne gewonnen, die mit geeigneten Spiegeln fokussiert wird. Alles andere, die Turbinen und die Generatoren bleiben unverändert. Man kann also hier auf eine bewährte Technik zurückgreifen. Der wesentliche Unterschied besteht darin, dass die Energieentwertung durch Verbrennung von hochwertigen Rohstoffen bei der Solarthermie entfällt.

8 Bei schönem Wetter, wenn die Sonne scheint, weht meist kein starker Wind. Daher ist dann die Energiegewinnung durch Windkraftanlagen eingeschränkt. Sonnenschein versorgt aber Solarzellen mit reichlich Energie, die wiederum bei schlechtem Wetter, wenn der Wind weht, nur wenig elektrische Energie ins Netz einspeisen.

9 Durch den Einbau des 6-wertigen Elements werden zusätzliche Elektronen bereitgestellt. Das Silicium ist dann n-dotiert.

10 Die Diode wurde in Durchlassrichtung geschaltet.

Wirkungen von Strahlung (Seite 119)

1 Die Aussagen A, C, D treffen auf die infrarote Strahlung zu.

2 Die Aussagen B und C treffen auf die ultraviolette Strahlung nicht zu.

3 radioaktive Strahlung; Röntgenstrahlung; UV-Strahlung; IR-Strahlung; hertzsche Wellen
Die energiereichste Strahlung birgt die größten Risiken für die Gesundheit des Menschen.

4 **a** Ein Atom besteht aus einem Atomkern und einer Atomhülle. In der Hülle halten sich die Elektronen auf. Im Kern befinden sich Protonen und Neutronen.
b Die Kernladungszahl gibt die Anzahl der Protonen bzw. bei einem neutralen Atom auch die Anzahl der Elektronen an. Die Massenzahl gibt die Anzahl der Protonen plus die Anzahl der Neutronen im Kern an.

5 Protonen sind positiv geladen. Elektronen sind negativ geladen. Neutronen besitzen keine Ladung.
Im neutralen Atom sind genauso viele Elektronen wie Protonen vorhanden. Die Anzahl der Neutronen richtet sich nach dem jeweiligen Isotop.

6

Symbol	Element	Anzahl	
		Protonen	Neutronen
$^{1}_{1}H$	Wasserstoff	1	0
$^{4}_{2}He$	Helium	2	2
$^{16}_{8}O$	Sauerstoff	8	8
$^{56}_{26}Fe$	Eisen	26	30
$^{57}_{26}Fe$	Eisen	26	31
$^{198}_{80}Hg$	Quecksilber	80	118

7 Atomkerne mit gleicher Anzahl von Protonen, aber unterschiedlicher Anzahl von Neutronen werden als Isotope bezeichnet.

8 *Spontanzerfall:* Atomkerne zerfallen ohne äußeren Einfluss und senden dabei Strahlung aus. Dabei verändern sich diese Atomkerne.
Halbwertszeit: So nennt man die Zeit, in der die Hälfte des radioaktiven Nuklids zerfällt.

9

Zeit	Masse
0 h	1 g
2 h	0,5 g
4 h	0,25 g
6 h	0,125 g

10 **a** Blei-210 zerfällt unter Aussendung von Alphastrahlung in Quecksilber-206.
b Blei-212 zerfällt unter Aussendung von Betastrahlung (Elektron) in Bismut-212.
c Xenon-131 sendet beim radioaktiven Zerfall Gammastrahlung aus.

11 **a** Terrestrische Strahlung ist die natürliche radioaktive Strahlung aus bodennahen Schichten der Erdkruste. Kosmische Strahlung trifft vom Weltall auf die Erdoberfläche.
b Kaum. Die Abwehr- bzw. Reparaturmechanismen unserer Körperzellen sind auf die natürliche Radioaktivität eingestellt.
c Beim Röntgen trifft zusätzliche ionisierende Strahlung auf unseren Körper. Um Schädigungen zu vermeiden, sollte deren Häufigkeit, Intensität auch im Hinblick auf besonders gefährdete Körperteile kontrolliert werden.

12 Die Reichweite von Alphastrahlung beträgt in Luft nur wenige Zentimeter. Schon durch ein Blatt Papier kann sie gestoppt werden. Eine Aluminiumschicht von wenigen Millimetern genügt, um Betastrahlung zu absorbieren. Will man Gammastrahlung ausreichend schwächen, sind dicke Bleiplatten notwendig.

13 Die eingesetzten radioaktiven Materialien oder Strahler dürfen das gesunde Gewebe oder empfindliche Organe nicht schädigen.

Schall – Entstehung und Ausbreitung (Seite 155)

1

Name	Formelzeichen	Einheit	Bedeutung
Amplitude	y_{max}	m, cm	maximaler Abstand zwischen Ruhelage und Pendel
Schwingungsdauer	T	s	Zeitdauer für eine komplette Schwingung
Frequenz	f	Hz	Anzahl der Schwingungen in einer Sekunde

2 **a** Ohne Energiezufuhr würde die Uhr nach wenigen Schwingungen stehen bleiben. Denn die Energie, die in der Schwingung steckt, wandelt sich durch Reibung nach und nach in Wärme um und wird an die Umwelt abgegeben. Dann spricht man von einer gedämpften Schwingung. Durch das Aufziehen wird Energie zugeführt, die bei jeder Schwingung die abgegebene Energie ausgleicht. Somit läuft die Uhr mit konstanter Frequenz und Amplitude der Ankerschwingung weiter. Man erhält also nur dann eine ungedämpfte mechanische Schwingung, wenn man immer wieder Energie zuführt (die Uhr aufzieht).
b $y_{max} = 0{,}1$ cm; $T = 0{,}5$ s; $f = 2$ Hz

3 Da sich die Amplitude, mit der die Suppe schwingt, mit jeder Wiederholung verkleinert, handelt es sich um eine gedämpfte Schwingung.
Ermittlung der Schwingungsdauer T: Man misst die Zeit für mehrere Perioden. Diese Gesamtzeit wird durch die Anzahl der Perioden geteilt. (Mit der Messung sollte bei y_{max} begonnen werden.)
Ermittlung der Frequenz f: Die Frequenz kann mit $f = 1/T$ aus der Schwingungsdauer errechnet werden.

4 Damit es zur Resonanz kommt, muss dem Fadenpendel periodisch Energie zugeführt werden. Dabei muss die Erregerfrequenz gleich der Eigenfrequenz des Pendels sein. Kommt es zur Resonanz, nimmt die Amplitude der Schwingung immer weiter zu, bis keine normale Schwingung mehr möglich ist.

5 Die Ausbreitungsgeschwindigkeit bei 20 °C beträgt $c = 344\,\frac{\text{m}}{\text{s}}$.
Aus dem Diagramm lässt sich die Wellenlänge ablesen: $\lambda = 3$ m.
Aus $c = \lambda \cdot f$ folgt:

$$f = \frac{c}{\lambda} = \frac{344\ \text{m}}{3\ \text{m} \cdot \text{s}} = 115\ \text{Hz}$$

Die Frequenz des Tons beträgt 115 Hz. (Das entspricht in etwa einem B.)

6 Um Erdöllagerstätten zu finden, nutzt man Seismik. Dabei werden mechanische Wellen von Vibro-Trucks in Form von Vibrationen in den Boden gesendet. An den Grenzflächen zwischen verschiedenen Stoffen wie Gestein und Erdöl werden Teile der Welle reflektiert, der Rest gebrochen. Auf diese Weise kehren Echos der Welle zur Erdoberfläche zurück, wo sie von Erdmikrofonen (Geophonen) empfangen werden. Die Auswertung der Signallaufzeiten ermöglicht, ein Bild vom Untergrund zu gewinnen und z. B. Erdöllagerstätten zu identifizieren.

7 *Brechung:* Wenn Wellen von einem Stoff in einen anderen Stoff übergehen, dann verändern sich alle Kenngrößen und die Ausbreitungsrichtung der Welle. Die Skizze müsste den Darstellungen auf Seite 162 entsprechen.
Beugung: Treffen Wellen auf einen Spalt oder eine Kante, dann dringen sie auch in den Schattenraum hinter dem Hindernis ein. Die Skizze müsste den Darstellungen auf Seite 139 entsprechen.
Interferenz: Überlagern sich Wellen, dann entstehen Bereiche der Verstärkung und Abschwächung. Die Skizze müsste den Darstellungen auf Seite 150 entsprechen.

Optische Phänomene (Seite 189)

1 Man lässt ein schmales Lichtbündel durch ein Prisma gehen. Dabei wird das Licht gebrochen und in seine Bestandteile zerlegt. Rotes Licht wird am wenigsten gebrochen, violettes am stärksten. Die Reihenfolge der einzelnen Spektralfarben ist Violett, Blau, Grün, Gelb, Orange und Rot.

2 **a** Neben dem sichtbaren Licht enthält das Spektrum auch für uns unsichtbare Bestandteile. An das violette Licht schließt sich das ultraviolette Licht an. Auf der anderen Seite des sichtbaren Lichts folgt dem roten Licht das infrarote Licht.

b *Positive Wirkungen:* Wärme und Wohlfühlen (IR), Lichttherapie bei Hauterkrankungen, tötet Keime, hilft dem Körper bei der Bildung von Vitamin D (UV)
Negative Wirkungen: schädigt die Haut und kann zu Hautkrebs führen (UV)

c Die Schlange spürt mit dem Grubenorgan über den Augen IR-Strahlung auf. Mit einer Sonnenbrille schützen wir Menschen uns vor UV-Strahlung.

3 Die Erscheinung, dass sich Licht in den Schattenraum hinter Hindernissen ausbreitet, kann nur erklärt werden, wenn man davon ausgeht, dass diese Hindernisse wie eine Lichtquelle wirken, von der kreisförmige Wellen ausgehen. Das bedeutet: Licht hat Eigenschaften, die sich nur mit dem Wellenmodell beschreiben lassen. Mit dem Strahlenmodell lässt sich nur eine geradlinige Ausbreitung des Lichts beschreiben.

4 In der Gleichung $c = \lambda \cdot f$ bedeuten: c die Ausbreitungsgeschwindigkeit des Lichts, λ die Wellenlänge und f die Frequenz. Das Produkt aus λ und f ergibt die Ausbreitungsgeschwindigkeit des Lichts in einem bestimmten Medium, z. B. in Luft. Unter der Bedingung, dass c konstant ist, sind Wellenlänge λ und Frequenz f umgekehrt proportional zueinander. Je größer die Frequenz des Lichts ist, desto kleiner ist seine Wellenlänge und umgekehrt.

5 γ-Strahlung, kosmische Strahlung $f > 10^{18}$ Hz
Röntgenstrahlung $10^{21} > f > 10^{16}$ Hz
Lichtwellen 10^{12} Hz $> f > 10^{16}$ Hz
Mikrowellenstrahlung $10^{13} > f > 10^{9}$ Hz
hertzsche Wellen 10^{9} Hz $> f > 10^{4}$ Hz
Je höher die Frequenz der Strahlung ist, umso energiereicher ist die Strahlung.

6 $\lambda = 500$ nm, Farbe: Grün
Im Wasser hat das Licht eine kleinere Wellenlänge:
$\lambda = 375$ nm.

7 Die Spektralanalyse liefert Informationen über die chemische Zusammensetzung der Gase, durch die das aufgefangene Licht gegangen ist. Dabei vergleicht man die Linienspektren bekannter Elemente mit dem aufgenommenen Spektrum.

8 Ein Emissionsspektrum kennzeichnet den Stoff, der das Licht ausgesendet hat.
Ein Absorptionsspektrum liefert Informationen über den Stoff, durch den das Licht ging.

9 Bei der additiven Farbmischung wird Licht gemischt. Die Grundfarben der additiven Farbmischung sind Rot, Grün und Blau. In der gleichen Intensität ergeben diese drei Farben Weiß. Mischt man z. B. rotes und grünes Licht, so erhält man gelbes Licht.

10 Eine Banane sieht gelb aus, weil sie außer Gelb alle farbigen Anteile des Lichts absorbiert. Sie reflektiert grünes und rotes Licht. Wir nehmen es als gelbes Licht wahr.

11 In einem Wassertropfen wird das Licht der Sonne zweimal gebrochen: beim Eintritt in den Tropfen und nach der Reflexion an der Rückwand des Tropfens ein weiteres Mal beim Austritt. Dabei kommt es wie in einem Prisma zur Zerlegung des Lichts. Blaues Licht wird stärker gebrochen als rotes und tritt daher unter einem größeren Winkel aus dem Wassertropfen aus. Der Betrachter sieht nur die reflektierten Lichtstrahlen, in deren verlängerter Mantellinie er steht. Er nimmt daher einen Teil eines Kreisbogens wahr.

Auswahl physikalischer Größen und ihrer Einheiten

Größe	Formelzeichen	Einheit		Weitere Einheiten		Beziehung	
Temperatur	ϑ T	Grad Celsius Kelvin	°C K				0 °C = 273 K 100 °C = 373 K
Länge Weg	l s	Meter	m	Seemeile Zoll	sm	1 sm 1 Zoll	= 1852 m = 2,54 cm
Volumen	V	Kubikmeter	m^3	Liter	ℓ	1 ℓ	= 1 dm^3 = 0,001 m^3
Masse	m	Kilogramm	kg	Tonne	t	1 t	= 1000 kg
Dichte	ρ	Kilogramm durch (pro) Kubikmeter	$\frac{kg}{m^3}$	Gramm durch Kubikzentimeter	$\frac{g}{cm^3}$	$1\frac{g}{cm^3}$	$= 1000\frac{kg}{m^3}$
Zeit	t	Sekunde	s	Minute Stunde Tag Jahr	min h d a	1 min 1 h 1 d 1 a	= 60 s = 60 min = 3600 s = 24 h = 86400 s = 365 d
Geschwindigkeit	v	Meter je Sekunde	$\frac{m}{s}$	Kilometer je Stunde	$\frac{km}{h}$	$1\frac{km}{h}$	$= \frac{1}{3{,}6}\frac{m}{s}$
Kraft	F	Newton	N	Kilonewton	kN	1 kN	= 1000 N
Arbeit	W	Joule	J	Newtonmeter Kilojoule	Nm kJ	1 N · m 1 kJ	= 1 J = 1000 J
Leistung	P	Watt	W	 Kilowatt Megawatt Pferdestärke	 kW MW PS	1 W 1 kW 1 MW 1 PS	$= 1\frac{J}{s} = 1\frac{N \cdot m}{s}$ = 1000 W = 1000000 W = 735,5 W
Spannung	U	Volt	V	Kilovolt Millivolt	kV mV	1 kV 1 mV	= 1000 V = 0,001 V
Stromstärke	I	Ampere	A	Milliampere	mA	1 mA	= 0,001 A
Energie	E	Joule	J	Wattsekunde Kilowattstunde Kilokalorie	W · s kW · h kcal	1 W · s 1 kW · h 1 kcal	= 1 J = 3,6 MJ = 4186,6 J
elektrischer Widerstand	R	Ohm	Ω	 Kiloohm Megaohm	Ω kΩ MΩ	1 Ω 1 kΩ 1 MΩ	$1\,\Omega = \frac{1\,V}{1\,A}$ = 1000 Ω = 1000000 Ω
Druck	p	Pascal	Pa	 Kilopascal Hektopascal Megapascal Bar	 kPa hPa MPa bar	1 Pa 1 kPa 1 hPa 1 MPa 1 bar	$= 1\frac{N}{m^2}$ = 1000 Pa = 100 Pa = 1000000 Pa $= 10\frac{N}{cm^2}$
Wärme	Q	Joule	J	Kilojoule Megajoule	kJ MJ	1 kJ 1 MJ	= 1000 J = 1000000 J
thermische Energie	E_{therm}	Joule	J	Kilojoule Megajoule	kJ MJ	1 kJ 1 MJ	= 1000 J = 1000000 J

Größe	Begriffserklärung	Messgerät
Temperatur	Die Temperatur gibt an, wie warm oder wie kalt ein Körper ist.	Thermometer
Länge Weg	Die Länge gibt die Entfernung zwischen zwei Punkten an.	Lineal
Volumen	Das Volumen gibt an, wie groß der Raum ist, den ein Körper einnimmt.	Messzylinder für Flüssigkeiten
Masse	Die Masse gibt an, wie schwer ein Körper ist.	Waage
Dichte	Der Quotient aus Masse und Volumen eines Körpers ist die Dichte. Die Dichte gibt an, welche Masse $1\,m^3$ eines Stoffs hat.	
Zeit	Die Zeit gibt an, wie lange ein Vorgang dauert.	Uhr
Geschwindigkeit	Die Geschwindigkeit gibt an, wie schnell oder langsam sich ein Körper bewegt.	Tachometer
Kraft	Die Kraft gibt an, wie stark zwei Körper aufeinander einwirken.	Federkraftmesser
Arbeit	Mechanische Arbeit wird verrichtet, wenn ein Körper durch eine Kraft entlang eines Weges bewegt oder verformt wird.	
Leistung	Die mechanische Leistung gibt an, wie schnell die mechanische Arbeit verrichtet wird. Die elektrische Leistung gibt an, wie viel Arbeit der elektrische Strom in einer Sekunde verrichtet bzw. wie viel elektrische Energie in andere Energieformen umgewandelt wird.	
Spannung	Die elektrische Spannung gibt die Stärke des Antriebs der elektrischen Ladungen an.	Spannungsmesser
Stromstärke	Die elektrische Stromstärke gibt an, wie viele Ladungen in einer Sekunde durch den Querschnitt eines Leiters fließen.	Stromstärkemesser
Energie	Energie ist die Fähigkeit, eine Maschine anzutreiben, Wärme abzugeben oder Licht auszusenden.	
elektrischer Widerstand	Der elektrische Widerstand gibt an, wie stark der elektrische Strom von einem Bauelement gehemmt wird.	
Druck	Der Druck ist ein Zustand, der das Gepresstsein eines Gases oder einer Flüssigkeit kennzeichnet. Der Auflagedruck gibt an, wie groß die Kraft ist, die senkrecht auf eine bestimmte Fläche wirkt.	Manometer Barometer
Wärme	Die Wärme gibt an, wie viel thermische Energie von einem Körper auf einen anderen übertragen wird.	
thermische Energie	Thermische Energie ist die Fähigkeit eines Körpers, Wärme an die kältere Umgebung abzugeben.	

Schallgeschwindigkeit *c*

Feste Stoffe (bei 20 °C)		Flüssigkeiten (bei 20 °C)		Gase (bei 0 °C und 101,3 kPa)	
Stoff	***c* in m · s⁻¹**	**Stoff**	***c* in m · s⁻¹**	**Stoff**	***c* in m · s⁻¹**
Aluminium	5 100	Benzol (Benzen)	1 330	Ammoniak	415
Beton	3 800	Ethanol	1 190	Helium	981
Holz (Eiche)	3 380	Propantriol (Glyzerin)	1 920	Kohlenstoffdioxid	258
Eis bei – 4 °C	3 250	Quecksilber	1 430	Luft bei –20 °C	320
Stahl	4 900	Toluol (Toluen)	1 350	bei 0 °C	332
Ziegelstein	3 500	Wasser bei 0 °C	1 407	bei +20 °C	344
		bei 20 °C	1 484	Sauerstoff	316
				Wasserstoff	1 280

Lichtgeschwindigkeit *c*

Stoff	***c* in km · s⁻¹**	**Stoff**	***c* in km · s⁻¹**
Vakuum	299 792	Kalkspat	181 000
Diamant	124 000	Luft	299 711
Eis	229 000	Wasser	225 000
Flintglas leicht	186 000	Kronglas leicht	199 000
schwer	171 000	schwer	186 000
Flussspat	210 000	Plexiglas	201 000
Glimmer	190 000	Quarzglas	205 000

Dichte von Stoffen

Stoff	ρ **in** $\frac{g}{cm^3}$	**Stoff**	ρ **in** $\frac{g}{cm^3}$
Styropor	0,015	Eisen, Stahl	7,8–7,9
Balsaholz	0,1	Kupfer	8,96
Kork	0,2–0,4	Messing	8,1–8,6
Holz	0,4–0,8	Silber	10,5
Eis (0 °C)	0,9	Blei	11,3
Sand	ca. 1,5	Gold	19,3
Kohlenstoff		Benzin	ca. 0,7
Graphit	2,25	Ethanol	0,79
Diamant	3,52	Wasser (4 °C)	1,00
Glas	ca. 2,6	Salzwasser	1,03
Aluminium	2,70	Quecksilber	13,55

Spektrum elektromagnetischer Wellen

Art der Wellen	Frequenz f in Hz	Wellenlänge λ in m	Eigenschaften und Anwendungen
Technischer Wechselstrom	10 ... 300	$3 \cdot 10^7$ ... 10^6	Nutzung zum Antrieb elektrischer Maschinen und Anlagen
Tonfrequenter Wechselstrom (Niederfrequenz)	$3 \cdot 10^2$ ... $3 \cdot 10^4$	10^6 ... 10^4	Übertragung von Sprache mit Leitungen (Telefonie)
Hertzsche Wellen			
Langwelle (LF)	$3 \cdot 10^4$ ... $3 \cdot 10^5$	10^4 ... 10^3	Nutzung für Rundfunk, Fernsehen, Radar, Mobilfunk
Mittelwelle (MF)	$3 \cdot 10^5$ ... $3 \cdot 10^6$	10^3 ... 10^2	
Kurzwelle (HF)	$3 \cdot 10^6$ ... $3 \cdot 10^7$	10^2 ... 10	
Ultrakurzwellen (UKW, VHF, UHF)	$3 \cdot 10^7$ ... $3 \cdot 10^9$	10 ... 0,1	
Mikrowellen	$3 \cdot 10^9$ ... 10^{12}	0,1 ... $3 \cdot 10^{-4}$	Absorption durch viele Stoffe (Mikrowellenherd, Mikrowellentherapie)
Infrarotes Licht	10^{12} ... $3{,}8 \cdot 10^{14}$	$3 \cdot 10^{-4}$ ... $7{,}8 \cdot 10^{-7}$	Wärmestrahlung
Sichtbares Licht	3,8 ... $7{,}7 \cdot 10^{14}$	780–390 nm	vom Menschen mit den Augen wahrnehmbar
Rotes Licht	3,8 ... $4{,}8 \cdot 10^{14}$	780 ... $620 \cdot 10^{-9}$	
Oranges Licht	4,8 ... $5{,}0 \cdot 10^{14}$	620 ... $600 \cdot 10^{-9}$	
Gelbes Licht	5,0 ... $5{,}3 \cdot 10^{14}$	600 ... $570 \cdot 10^{-9}$	
Grünes Licht	5,3 ... $6{,}1 \cdot 10^{14}$	570 ... $490 \cdot 10^{-9}$	
Blaues Licht	6,1 ... $7{,}0 \cdot 10^{14}$	490 ... $430 \cdot 10^{-9}$	
Violettes Licht	7,0 ... $7{,}7 \cdot 10^{14}$	430 ... $390 \cdot 10^{-9}$	780 nm, 700 nm, 600 nm, 500 nm, 400 nm, 390 nm
Ultraviolettes Licht	$7{,}7 \cdot 10^{14}$ ... $3 \cdot 10^{16}$	$3{,}9 \cdot 10^{-7}$ ... 10^{-8}	ruft Bräunung und Sonnenbrand hervor
Röntgenstrahlung	$3 \cdot 10^{16}$ ... $5 \cdot 10^{21}$	10^{-8} ... $6 \cdot 10^{-14}$	Nutzung im medizinischen Bereich und zur Werkstoffprüfung
Gammastrahlung und kosmische Strahlung	größer als $3 \cdot 10^{18}$	kleiner als 10^{-10}	großes Durchdringungsvermögen von massiven Körpern, ruft Schäden bei Körperzellen hervor

Periodensystem der Elemente

Farbe	Bedeutung
blau	Metall
grün	Halbmetall
gelb	Nichtmetall

schwarz = Feststoff
weiß = Flüssigkeit
rot = Gas
hellblau = künstliches Element
* = radioaktives Element
[1] = Gruppennummerierung IUPAC (1989): Gruppennummern 1 bis 18

Periode	1[1] I. Hauptgruppe	2 II. Hauptgruppe	3 III. Nebengruppe	4 IV. Nebengruppe	5 V. Nebengruppe	6 VI. Nebengruppe	7 VII. Nebengruppe	8 VIII. Nebengruppe	9 VIII. Nebengruppe
1	1 1,008 2,1 H Wasserstoff $1s^1$								
2	3 6,94 1,0 Li Lithium [He]$2s^1$	4 9,01 1,5 Be Beryllium [He]$2s^2$							
3	11 22,99 0,9 Na Natrium [Ne]$3s^1$	12 24,31 1,2 Mg Magnesium [Ne]$3s^2$							
4	19 39,10 0,8 K Kalium [Ar]$4s^1$	20 40,08 1,0 Ca Calcium [Ar]$4s^2$	21 44,96 1,3 Sc Scandium [Ar]$3d^14s^2$	22 47,88 1,5 Ti Titan [Ar]$3d^24s^2$	23 50,94 1,6 V Vanadium [Ar]$3d^34s^2$	24 51,996 1,6 Cr Chrom [Ar]$3d^54s^1$	25 54,94 1,5 Mn Mangan [Ar]$3d^54s^2$	26 55,85 1,8 Fe Eisen [Ar]$3d^64s^2$	27 58,93 1,8 Co Cobalt [Ar]$3d^74s^2$
5	37 85,47 0,8 Rb Rubidium [Kr]$5s^1$	38 87,62 1,0 Sr Strontium [Kr]$5s^2$	39 88,91 1,3 Y Yttrium [Kr]$4d^15s^2$	40 91,22 1,6 Zr Zirconium [Kr]$4d^25s^2$	41 92,91 1,6 Nb Niob [Kr]$4d^45s^1$	42 95,94 1,8 Mo Molybdän [Kr]$4d^55s^1$	43 [98] 1,9 Tc* Technetium [Kr]$4d^65s^1$	44 101,07 2,2 Ru Ruthenium [Kr]$4d^75s^1$	45 102,91 2,2 Rh Rhodium [Kr]$4d^85s^1$
6	55 132,91 0,7 Cs Caesium [Xe]$6s^1$	56 137,33 0,9 Ba Barium [Xe]$6s^2$	57 138,91 1,1 La Lanthan ● [Xe]$5d^16s^2$	72 178,49 1,3 Hf Hafnium [Xe]$4f^{14}5d^26s^2$	73 180,95 1,5 Ta Tantal [Xe]$4f^{14}5d^36s^2$	74 183,84 1,7 W Wolfram [Xe]$4f^{14}5d^46s^2$	75 186,21 1,9 Re Rhenium [Xe]$4f^{14}5d^56s^2$	76 190,23 2,2 Os Osmium [Xe]$4f^{14}5d^66s^2$	77 192,22 2,2 Ir Iridium [Xe]$4f^{14}5d^76s^2$
7	87 [223] 0,7 Fr* Francium [Rn]$7s^1$	88 226,03 0,9 Ra* Radium [Rn]$7s^2$	89 227,03 1,1 Ac* Actinium ●● [Rn]$6d^17s^2$	104 [261] Rf* Rutherfordium [Rn]$5f^{14}6d^27s^2$	105 [262] Db* Dubnium [Rn]$5f^{14}6d^37s^2$	106 [266] Sg* Seaborgium [Rn]$5f^{14}6d^47s^2$	107 [264] Bh* Bohrium [Rn]$5f^{14}6d^57s^2$	108 [267] Hs* Hassium [Rn]$5f^{14}6d^67s^2$	109 [268] Mt* Meitnerium [Rn]$5f^{14}6d^77s^2$

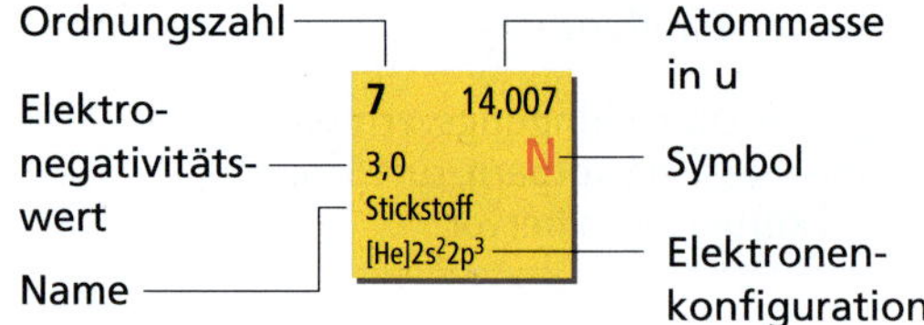

Die Atommassen in eckigen Klammern beziehen sich auf das längstlebige gegenwärtig bekannte Isotop des betreffenden Elements.

● Elemente der Lanthanreihe (Lanthanoide)

58	59	60	61	62
140,12 1,1 Ce Cer [Xe]$4f^26s^2$	140,91 1,1 Pr Praseodym [Xe]$4f^36s^2$	144,24 1,2 Nd Neodym [Xe]$4f^46s^2$	[145] 1,2 Pm* Promethium [Xe]$4f^56s^2$	150,36 1,2 Sm Samarium [Xe]$4f^66s^2$

●● Elemente der Actiniumreihe (Actinoide)

90	91	92	93	94
232,04 1,3 Th* Thorium [Rn]$6d^27s^2$	231,04 1,5 Pa* Protactinium [Rn]$5f^26d^17s^2$	238,03 1,7 U* Uran [Rn]$5f^36d^17s^2$	[237] 1,2 Np* Neptunium [Rn]$5f^46d^17s^2$	[244] 1,3 Pu* Plutonium [Rn]$5f^67s^2$

10 VIII. Nebengruppe	11 I. Nebengruppe	12 II. Nebengruppe	13 III. Hauptgruppe	14 IV. Hauptgruppe	15 V. Hauptgruppe	16 VI. Hauptgruppe	17 VII. Hauptgruppe	18 VIII. Hauptgruppe
								2 4,003 **He** Helium $1s^2$
			5 10,81 2,0 **B** Bor $[He]2s^2 2p^1$	6 12,01 2,5 **C** Kohlenstoff $[He]2s^2 2p^2$	7 14,007 3,0 **N** Stickstoff $[He]2s^2 2p^3$	8 15,999 3,5 **O** Sauerstoff $[He]2s^2 2p^4$	9 18,998 4,0 **F** Fluor $[He]2s^2 2p^5$	10 20,18 **Ne** Neon $[He]2s^2 2p^6$
			13 26,98 1,5 **Al** Aluminium $[Ne]3s^2 3p^1$	14 28,09 1,8 **Si** Silicium $[Ne]3s^2 3p^2$	15 30,97 2,1 **P** Phosphor $[Ne]3s^2 3p^3$	16 32,07 2,5 **S** Schwefel $[Ne]3s^2 3p^4$	17 35,45 3,0 **Cl** Chlor $[Ne]3s^2 3p^5$	18 39,95 **Ar** Argon $[Ne]3s^2 3p^6$
28 58,69 1,8 **Ni** Nickel $[Ar]3d^8 4s^2$	29 63,55 1,9 **Cu** Kupfer $[Ar]3d^{10} 4s^1$	30 65,39 1,6 **Zn** Zink $[Ar]3d^{10} 4s^2$	31 69,72 1,6 **Ga** Gallium $[Ar]3d^{10} 4s^2 4p^1$	32 72,61 1,8 **Ge** Germanium $[Ar]3d^{10} 4s^2 4p^2$	33 74,92 2,0 **As** Arsen $[Ar]3d^{10} 4s^2 4p^3$	34 78,96 2,4 **Se** Selen $[Ar]3d^{10} 4s^2 4p^4$	35 79,90 2,8 **Br** Brom $[Ar]3d^{10} 4s^2 4p^5$	36 83,80 **Kr** Krypton $[Ar]3d^{10} 4s^2 4p^6$
46 106,42 2,2 **Pd** Palladium $[Kr]4d^{10}$	47 107,87 1,9 **Ag** Silber $[Kr]4d^{10} 5s^1$	48 112,41 1,7 **Cd** Cadmium $[Kr]4d^{10} 5s^2$	49 114,82 1,7 **In** Indium $[Kr]4d^{10} 5s^2 5p^1$	50 118,71 1,8 **Sn** Zinn $[Kr]4d^{10} 5s^2 5p^2$	51 121,76 1,9 **Sb** Antimon $[Kr]4d^{10} 5s^2 5p^3$	52 127,60 2,1 **Te** Tellur $[Kr]4d^{10} 5s^2 5p^4$	53 126,90 2,5 **I** Iod $[Kr]4d^{10} 5s^2 5p^5$	54 131,29 **Xe** Xenon $[Kr]4d^{10} 5s^2 5p^6$
78 195,08 2,2 **Pt** Platin $[Xe]4f^{14} 5d^9 6s^1$	79 196,97 2,4 **Au** Gold $[Xe]4f^{14} 5d^{10} 6s^1$	80 200,59 1,9 **Hg** Quecksilber $[Xe]4f^{14} 5d^{10} 6s^2$	81 204,38 1,8 **Tl** Thallium $[Xe]4f^{14} 5d^{10} 6s^2 6p^1$	82 207,2 1,8 **Pb** Blei $[Xe]4f^{14} 5d^{10} 6s^2 6p^2$	83 208,98 1,9 **Bi** Bismut $[Xe]4f^{14} 5d^{10} 6s^2 6p^3$	84 [209] 2,0 **Po** Polonium $[Xe]4f^{14} 5d^{10} 6s^2 6p^4$	85 [210] 2,2 **At*** Astat $[Xe]4f^{14} 5d^{10} 6s^2 6p^5$	86 [222] **Rn*** Radon $[Xe]4f^{14} 5d^{10} 6s^2 6p^6$
110 [271] **Ds*** Darmstadtium $[Rn]5f^{14} 6d^9 7s^1$	111 [272] **Rg*** Roentgenium $[Rn]5f^{14} 6d^{10} 7s^1$	112 [272] **Cn*** Copernicium $[Rn]5f^{14} 6d^{10} 7s^2$	113 [284] **Nh*** Nihonium $[Rn]5f^{14} 6d^{10} 7s^2 7p^1$	114 [289] **Fl*** Flerovium $[Rn]5f^{14} 6d^{10} 7s^2 7p^2$	115 [288] **Mc*** Moscovium $[Rn]5f^{14} 6d^{10} 7s^2 7p^3$	116 [293] **Lv*** Livermorium $[Rn]5f^{14} 6d^{10} 7s^2 7p^4$	117 [293] **Ts*** Tennessine $[Rn]5f^{14} 6d^{10} 7s^2 7p^5$	118 [294] **Og*** Oganesson $[Rn]5f^{14} 6d^{10} 7s^2 7p^6$

63 151,97 1,2 **Eu** Europium $[Xe]4f^7 6s^2$	64 157,25 1,1 **Gd** Gadolinium $[Xe]4f^7 5d^1 6s^2$	65 158,93 1,2 **Tb** Terbium $[Xe]4f^9 6s^2$	66 162,50 1,2 **Dy** Dysprosium $[Xe]4f^{10} 6s^2$	67 164,93 1,2 **Ho** Holmium $[Xe]4f^{11} 6s^2$	68 167,26 1,2 **Er** Erbium $[Xe]4f^{12} 6s^2$	69 168,93 1,2 **Tm** Thulium $[Xe]4f^{13} 6s^2$	70 173,04 1,1 **Yb** Ytterbium $[Xe]4f^{14} 6s^2$	71 174,97 1,2 **Lu** Lutetium $[Xe]4f^{14} 5d^1 6s^2$
95 [243] 1,3 **Am*** Americium $[Rn]5f^7 7s^2$	96 [247] 1,3 **Cm*** Curium $[Rn]5f^7 6d^1 7s^2$	97 [247] 1,3 **Bk*** Berkelium $[Rn]5f^9 7s^2$	98 [251] 1,3 **Cf*** Californium $[Rn]5f^{10} 7s^2$	99 [252] 1,3 **Es*** Einsteinium $[Rn]5f^{11} 7s^2$	100 [257] 1,3 **Fm*** Fermium $[Rn]5f^{12} 7s^2$	101 [258] 1,3 **Md*** Mendelevium $[Rn]5f^{13} 7s^2$	102 [259] 1,3 **No*** Nobelium $[Rn]5f^{14} 7s^2$	103 [262] 1,3 **Lr*** Lawrencium $[Rn]5f^{14} 6d^1 7s^2$

Diagramme mit dem Computer zeichnen

Karim ist für den Physikunterricht Fahrrad gefahren. Seine Bewegung ist mit einem Computer genau aufgezeichnet worden. Nun soll der Computer auch das Diagramm zeichnen und die Geschwindigkeit berechnen. Karim braucht ein Tabellenkalkulationsprogramm.
Ein weitverbreitetes Tabellenkalkulationsprogramm heißt „Excel". Du lernst es in den folgenden Schritten kennen. Die grundsätzlichen Überlegungen gelten aber auch für ähnliche Programme. Die Befehle können dort allerdings anders heißen und an anderer Stelle im Menü stehen.

t in s	*s* in m
0,00	0,00
0,42	2,50
0,92	5,00
1,63	7,50
1,98	10,00
2,46	12,50
3,06	15,00
3,53	17,50
3,98	20,00
4,44	22,50
4,95	25,00

① Erste Schritte

Starte das Programm. Es öffnet sich ein Tabellenblatt. Speichere die Datei unter einem sinnvollen Namen. Du siehst eine Tabelle mit vielen einzelnen Zellen. Sie sind in Zeilen und Spalten angeordnet. Spalten sind mit Buchstaben bezeichnet, Zeilen mit Zahlen. *Beispiel:* Die Zelle „B4" befindet sich in Spalte B, Zeile 4. ▸ 1
In jede Zelle kannst du Texte, Zahlen oder Formeln eintragen. Wähle die gewünschte Zelle dazu durch Anklicken aus. Du kannst auch mehrere Zeilen und Spalten zugleich auswählen: Klicke in die linke obere Zelle des gewünschten Bereichs. Es erscheint ein „+"-Zeichen in der Zelle. Ziehe die Maus mit gedrückter Taste z. B. nach rechts und unten."

B4 | fx

	A	B	C
1			
2			
3			
4			
5			
6			
7			

1

② Messwerte eintragen

Zuerst kommt der „Tabellenkopf": Trage die gemessenen physikalischen Größen und ihre Einheiten ein. Trage die Messwerte in die Zellen darunter ein. ▸ 2

	A	B	C
1	Messung 1 Fahrrad		
2	t in s	s in m	Tabellenkopf
3	0	0	
4	0,42	2,5	
5	0,92	5	
6	1,63	7,5	
7	1,98	10	
8	2,46	12,5	
9	3,06	15	
10	3,58	17,5	
11	3,98	20	
12	4,44	22,5	
13	4,95	25	

2

③ Das Diagramm zeichnen

Wähle die Messwerte in der Tabelle aus. Damit sie als Punkte in einem Diagramm erscheinen, musst du mehrere Schritte im Menü gehen. Wir wählen den Diagrammtyp „Punkt (X,Y)": Einfügen → Diagramm → Punkt (X,Y) → Weiter. ▸ 3
In den nächsten Schritten kannst du dein Diagramm benennen, die Achsen beschriften und ein Gitternetz einfügen. Zuletzt entscheidest du, ob das Diagramm in der Tabelle angezeigt werden soll. ▸ 4

3

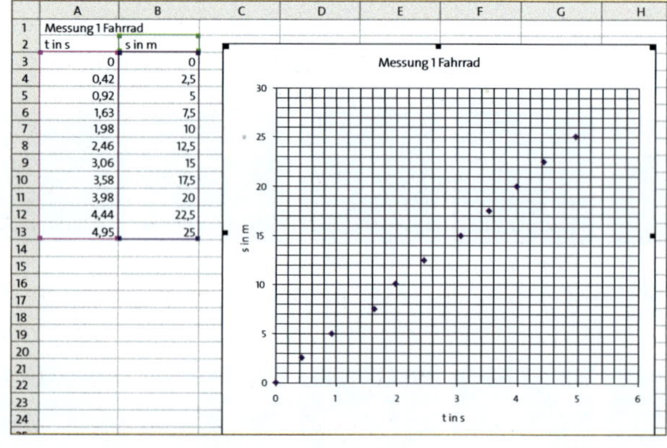

4

Messkurve zeichnen

Bei konstanter Geschwindigkeit sollten alle Punkte im Diagramm auf einer Geraden liegen. Natürlich tun sie das nicht – jede Messung ist mit Fehlern versehen. Per Hand zeichnet man in solchen Fällen eine Ausgleichsgerade, die den „wahren" Zusammenhang zwischen Weg und Zeit beschreibt. Sie soll so zwischen den Punkten liegen, dass die Abstände nach oben und unten sich insgesamt ausgleichen. Das Programm zeichnet dir eine Ausgleichsgerade auf diese Weise:

a) Klicke im Diagramm mit der rechten Maustaste auf einen der Messpunkte. Es öffnet sich ein Menü. Wähle „Trendlinie hinzufügen" aus. ▸ 5

b) Wähle im Fenster „Trendlinie" den Typ „Linear". Setze bei den Optionen einen Haken in das Kästchen „Gleichung im Diagramm darstellen".

c) Die Ausgleichsgerade soll im Punkt (0|0) starten. Setze bei den Optionen einen Haken in das Kästchen „Schnittpunkt" und setze in das Feld daneben den Wert 0 ein.

d) Wenn du auf „OK" drückst, erscheint die Ausgleichsgerade. ▸ 6
Zusätzlich wird ihre Funktionsgleichung angezeigt (hier: oben rechts). Die Steigung gibt die Geschwindigkeit des Radfahrers an.
Hinweis: Auch im entsprechenden Programm von OpenOffice kannst du eine Ausgleichsgerade zeichnen lassen. Wähle dazu das Diagramm mit einem Doppelklick aus und führe dann folgende Schritte aus: Einfügen → Trendlinien → linear → OK.

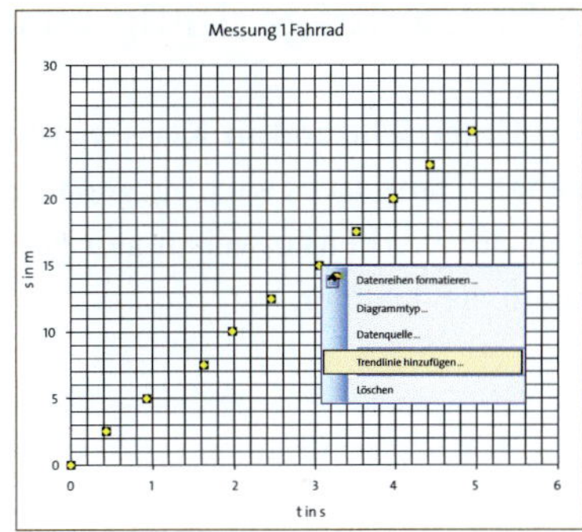

5

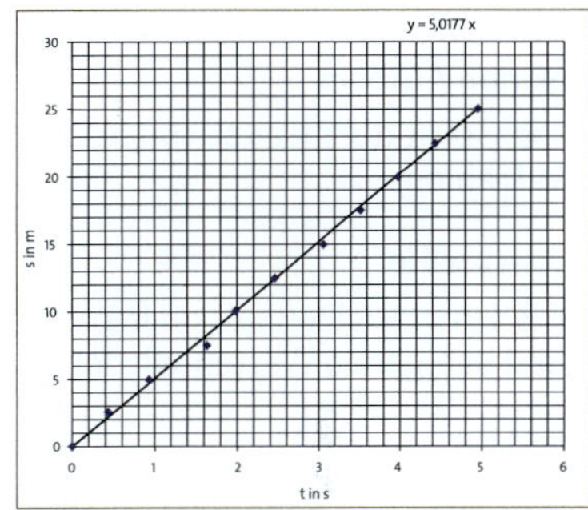

6

Berechnungen ausführen

Wie weit kommt das Fahrrad in 1, 2, 3 … Sekunden? Für die Berechnung nehmen wir die Gleichung $s = v \cdot t$. Als Geschwindigkeit setzen wir $v = 5{,}0177\,\frac{\text{m}}{\text{s}}$ ein. Du könntest jetzt den Weg für jede Sekunde einzeln berechnen. Mit dem Programm geht es einfacher:

a) Ergänze zunächst den Tabellenkopf (Zeile 2). ▸ 7

b) Trage in die Zelle E3 die Zahl 1 für die Zeit $t = 1$ s ein. „Greife" die rechte untere Ecke der Zelle und ziehe sie mit gedrückter Maustaste nach unten. Wähle die Option „Datenreihe ausfüllen". Das Programm füllt dann die Zellen automatisch aus und zählt dabei mit jeder weiteren Zeile um 1 hoch.

c) Schreibe in die Zelle F3 die Rechenvorschrift: =D$3*E3. ▸ 8
- Das „=" sagt dem Programm, dass es um eine Berechnung geht. Das „*" zeigt an, dass es sich um eine Multiplikation handelt.
- „D$3" zeigt dem Programm, wo es die erste Zahl zum Malnehmen findet: in Zeile D, Spalte 3. Das $-Zeichen vor der 3 sorgt dafür, dass das Programm beim Übertragen der Rechenvorschrift die Zahl 3 festhält und nicht automatisch hochzählt wie in Teil b.
- „E3" zeigt dem Programm, wo es die zweite Zahl zum Malnehmen findet: in Zeile E, Spalte 3.

d) Nun „greifst" du die rechte untere Ecke der Zelle F3 und ziehst die Maus mit gedrückter Taste nach unten. In jeder Zelle erscheint dann der berechnete Weg. ▸ 9 Dabei wird in der Rechenvorschrift aus E3 automatisch E4, E5 … Zwischen E und 3 steht nämlich kein $-Zeichen.

D	E	F	G
v in m/s	t in s	s in m	
5,0177	1		
	2		
	3		
	4		
	5		
	6		
	7	Zellen kopieren	
	8	Datenreihe ausfüllen	
	9	Nur Formate ausfüllen	
	10		

7

D	E	F
v in m/s	t in s	s in m
5,0177	1	=D$3*E3
	2	

8

D	E	F
v in m/s	t in s	s in m
5,0177	1	5,0177
	2	10,0354
	3	15,0531
	4	20,0708
	5	25,0885
	6	30,1062
	7	35,1239
	8	40,1416
	9	45,1593
	10	50,177

9

Arbeitsaufträge richtig verstehen

Im Unterricht und in Klassenarbeiten bearbeitest du immer wieder Aufgaben. Dann ist es wichtig, genau zu wissen, was mit den Aufgabenstellungen oder Arbeitsanweisungen gemeint ist. Das Lösen der Aufgaben wird dann viel leichter.

Das ist gemeint:	Tipp
Nenne / Gib an Hier sollst du etwas stichwortartig auflisten oder aufzählen.	Lange Listen werden durch Aufzählungsstriche übersichtlicher.
Beschreibe Gib einen Sachverhalt oder Zusammenhang geordnet und in eigenen Worten wieder.	Schreibe im Präsens. Formuliere ganze Sätze.
Erkläre Mache einen Ablauf oder Sachverhalt verständlich, indem du auf Zusammenhänge und Gesetzmäßigkeiten eingehst.	„Wenn ..., dann ...“ „Je ..., desto ...“ „Um ... zu ...“
Erläutere Mache einen Sachverhalt durch Beispiele oder weitere Informationen verständlich.	Ein gutes Beispiel ist besser als viele nicht ganz passende Beispiele.
Begründe Führe einen Sachverhalt oder Zusammenhang auf Gesetzmäßigkeiten und Ursachen zurück.	„Weil ...“ „Wegen ...“ „..., deshalb ...“
Bewerte / Nimm Stellung Formuliere deine Meinung zu einem Sachverhalt. Begründe deine Aussagen mit Fachwissen.	Vergiss die Argumente nicht. Du kannst auch Argumente dafür und dagegen nennen und sie gegeneinander abwägen.
Vergleiche Arbeite Gemeinsamkeiten und Unterschiede heraus.	Eine Tabelle hilft dir, Gemeinsamkeiten und Unterschiede anschaulich gegenüberzustellen.
Zeichne/Skizziere Hier sollst du etwas durch eine übersichtliche Zeichnung veranschaulichen.	Beschränke dich bei der Zeichnung auf das Wesentliche.
Recherchiere Suche Informationen aus verschiedenen Quellen zusammen.	Lies im Lehrbuch, in Fachbüchern oder im Internet nach. Manchmal musst du Fachleute befragen.

Generell gilt:

- Lies die Aufgaben in Ruhe bis zu Ende durch.
- Verwende bei der Antwort, wenn möglich, Fachbegriffe.

Register

F

G

H

I

J

K

L

M

N

O

P

R

S

T

U

Bildnachweis

Cover

stock.adobe.com/Soonthorn

Collage

Cornelsen/Rainer Götze (Grafik), Cornelsen/Oliver Meibert (Foto): 200/1 + 3, **stock.adobe.com**/KB3/Sören Lange: 134/5

Fotos

Adobe: Adobe Systems: 14/Handy, Adobe Systems: 165/8, 9Air: 132/3 Sattel, Alex GEDEIKO/aleksphotografer: 69/6, Alexey Kuznetsov: 28/o.l., alexsokolov: 145/o.r., am13photo: 204/2, Anatoly: 97/5, Andre Erdmann/DrohnenflugHannover: 122/5, Andrey Kiselev: 29/A, Anna&Elizabeth photography: 134/3, Animaflora PicsStock: 100/3, ARochau/Alexander Rochau: 125/9, arska n: 209/5c, artfocus: 205/7, artiemedvedev: 95/8, assetseller: 10/3, Bart: 11/A, bergamont: 58/4, BillionPhotos.com: 13/8, Bjoern Wylezich: 73/7, blende11.photo: 70/Thermometer, blende40: 204/3, bluedesign: 91/2, bluehand: 70/3, C. Schiller: 183/9, claireliz: 198/3 o.r., cobra: 94/2, dashu83: 34/1, denisismagilov: 49/m.r., Didi Lavchieva: 122/4, digitalstock: 208/7, Dmitriy: 29/B, Don Landwehrle: 96/1, E.O.: 113/u.l., ellisia: 167/8, embeki: 65/6, emer: 101/A, emuck: 181/u., euthymia: 211/4 Alufolie, EuToch: 112/Radio, filmbildfabrik: 95/2, focus finder: 168/1, fotomek: 84/2, Franck Camhi/snaptitude: 9, GAP artwork: 165/4, giromin: 70/Videokamera, goir: 141/m.r., Gorodenkoff: 90/o.l., grafikplusfoto: 30/1, guitou60: 14/Traktor, H. Brauer: 169/8 Feder, Jacob Lund: 43/7, Janni: 22/1, JenkoAtaman: 224, johnmerlin: 10/4, Jorge Anastacio: 209/5d, Juergen: 112/H.Hertz, Juulijs: 113/H. Becquerel, Juulijs: 158/4, KAMIL URBAN: 95/7, Kara: 124/o.l., Kelly Headrick: 135/u., Kovalenko I: 153/4, Kovalenko I: 4/o.l., Leonard Zhukovsky: 48/2, LightingKreative: 27/5, lorhem, mitifo/Michael Jäger: 205/6, M. Schuppich: 206/1, Maksim Shmeljov: 94/4, manfredxy: 13/7, Manuel Schönfeld: 95/1, Maria Letizia Avato: 207/5, Mattoff: 112/u.l., maxximmm: 208/6, mayakova: 157, Menyhert: 197/9, mikevanschoonderwalt: 128/1 l., Mirror-images: 13/5, mitifoto/Michael Jäger: 51/4, mrgarry: 211/5, MURAT ERHAN OKCU/muratart: 8, myibean/BEAN: 94/3, nakedking: 173/7, Natasha: 58/o.l., Nikolai Sorokin: 123/C, nmann77: 79/7, ohsuriya: 79/6, P.S.DES!GN: 84/1, ParinApril: 156, Patrick Bay Damsted: 185/5, Patrick Daxenbichler: 122/3, Pawel Pajor Photography: 17/7, Peter Hermes Furian: 35/6, peterschreiber.media: 158/3, photo/lu: 182/1, Photobeps: 12/1, photowahn: 25/4, pix4U: 90/3, ponta1414: 113/u.l., PRILL Mediendesign: 198/2 r., Rasulov: 205/8, richardlyons: 138/1, Riko Best: 96/4, Robert Kneschke: 12/m.r., romaset: 148/1, rufous: 3/o.r., Sailorr: 3/o.l., samunella: 99/4, Sawat: 95/4, Scanrail: 49/o.r., schulzfoto: 95/3, Sergey Ryzhov: 180/1, Sergii Figurnyi: 21/8, Shot/Pixel: 5/o.r., siiixth: 70/Handy, sindret: 201/7, Soft Light: 162/1, Stefan Rampfel/rammi76: 92/1, stockphoto-graf: 178/u., studio.com (Olga Yastremska and Leonid Yastremskiy)/Africa Studio: 94/5, studio/Prostock: 120/, style67: 45/6, Sulamith Sallmann: 179/6, Tatiana Shepeleva: 142/1, TebNad: 106/1, Thomas: 53/7, ThomasLENNE: 19, Tonfilmer.de: 22/1, Torbz: 109/o.r., Tricky Shark: 94/1, ty: 137/o.r., ueuaphoto: 189/4, ufotopixl10: 147/Warnzeichen, Ulia Koltyrina: 15/6, uwimages: 14/1, uzkiland: 97/8, vectorfusionart: 112/Microwelle, VisualEyze/mauritius images: 48/5, Voloshyn Roman: 122/o.l., WavebreakMediaMicro: 13/6, Wayhome Studio: 171/1, weerapat1003: 68/2, wellphoto: 100/2, wi6995: 72/Kabel, Wigandt: 190/, Wire_man: 89/, womue: 198/2 l., Zarya Maxim: 121/, zhu difeng: 95/9, 放射能測定 (Messung der Radioaktivität): 108/1, 184/u.r.

akg-images GmbH: Science Photo Library: 104/1, Science Photo Library: 130/1, SCIENCE SOURCE: 176/3, IAM: 158/2, James King-Holmes/SPL: 102/1, Matthias Lüdecke: 167/9, Schütze/Rodemann: 53/10, Science Source: 136/1, Science Source: 98/2, World History Archive: 92/3

Bridgeman Images: NASA/Novapix: 44/2, SZ Photo /Sammlung Megele: 98/3, Universal History Archive/UIG: 58/5

Bundesamt für Strahlenschutz: 100/Karte, 118/3

Cornelsen: Christo Libuda: 96/3, 139/6, 179/9, 196/1 li., 182/m.r., Dr. Bardo Diehl: 200/2, Elke Göbel: 181/4, 186/1–5, 177/4, Ralf Greiner-Well: 98/1, Heinz Mahler: 209/5a, Jochim Lichtenberger: 163/8, Markus Gaa: 166/1, 126/2, 142/4, 203/5, 162/m.r., 54/m.r., 55/o.r., 49/u.l., 40/1, Matthias Roßner, Rabenau: 127/3+4, 19, Oliver Meibert: 200/5, 61/8, Stefanie Pfeifer: 142/3, inhouse/Thomas Gattermann: 178/Grün Rotes Muster, rotes Muster, gelbes Muster, blaues Muster, weißes Muster, 179/8 Muster, 188, Thomas Gattermann: 208/3, Volker Döring: 118/1, 165/6, 131/7, 196/1 r., 198/3 o.l., 3 o.m., 3 u.l., 3 u.r., 209/5b, 138/m.r., 207/o.r., 114/, Volker Minkus: 102/m.r.

Depositphotos: Alex Golke: 68/3, Christianne Eder: 161/9, Christina Vaughan: 34/3, Ilya Yashkin: 37/9, Laurentiu Iordache: 147/o.r. Foto, Maxim Petrichuk: 36/1, Oprea Nicolae: 112/J.C. Maxwell, Petr Sobolev: 75/6, Ratz Attila: 70/o.l., Valentin Valkov: 191/, Viacheslav Iakobchuk: 99/5, 49/m.l.

dpa Picture-Alliance: 46, Angelika Warmuth: 54/5, B3439_epd-Bild_Helmut_Simon/epd: 111/7, Dominique Leppin: 84/3, dpa Bilderdienste: 139/11, fStop/Caspar Benson: 40/2, Hajo Dietz: 53/9, ITAR-TASS: 52/2, Leemag/Selva/maxppp: 117/6, dpa-infografik: 192/2, Tetra/Bildagentur-online: 181/7, ts3/ZUMApress: 52/6, Uli Deck: 85/6, dpa-Zentralbild/Arno Burgi: 154/3

ESRIN – Publicis Sapient/ESA: ATG medialab: 88, Novespace/CNES/DLR/ESA: 44/1

flyte.se: 58/2

Fotolia: IKO: 174/1

Imago Stock & People GmbH: blickwinkel: 187/9, Frank Brexel: 194, Gustavo Alabiso: 160/3, JOKER: 147/8, Kyodo News: 134/2, Nature Picture Library: 152/153/Hintergrund, panthermedia/xkanzilyoux: 97/7, Rainer Weisflog: 85/5, Sven Lambert: 192/o.l., The Print Collector/Heritage Images/Science Photo Library: 176/1, United Archives International: 28/4, Westend61: 76/1, ZUMA Press: 48/4

interfoto e.k.: F. Hiersche: 52/5, imagebroker/Judith Thomandl: 111/5, HERMANN HISTORICA GmbH: 116/2, Science & Society: 116/1, TV-Yesterday: 11/C

Konstantin Tschovikov: 26/1

mauritius images GmbH: Alamy Stock Photos: Bernd Mellmann: 10/2, colaimages 117/5, Derrick Alderman: 116/3, durk gardenier: 139/8, franky242: 128/1 r., H. Mark Weidman Photography: 25/6, Image Quest Marine: 189/3, Marcus Hofmann: 158/o.l., sciencephotos: 106/4, Sergey Mironov: 5/o.l., Starring Lab: 174/3, VWPics/Jon G. Fuller: 48/3, YAY Media AS: 42/2, Yon Marsh 161/o.r., WorldPhotos: 105/5, ZUMA Press: 100/4, Bruno Kickner:

172/1, BSIP/B. BOISSONNET: 110/4, Egmont Strigl: 203/6, 206/2, EyeEm: 32/1, Fotoagentur WESTEND61: 198/1, Hans Blossey: 52/1, Hartmut Schmidt: 67/5, Ikon Images/Kevin Hauff: 159/u.r., imageBROKER/Matthias Graben: 146/1, Juan Carlos Muñoz/age: 51/6, John Pulsipher: 28/3, Kurt Paulus: 109/5, Loop Images: 141/6, Novarc Images: 50/1, 160/1, Science Photo Library: 62/1, KTSDESIGN: 166/m.r., Science Faction: 104/o.m., Science Source: 176/o.m. Kerze, 197/7, James L. Amos: 116/117/Hintergrund, Ted Kinsman: 199/8, Stefan Schneider: 52/3, Stephan Schulz: 67/6, Tomas Abad/ imageBROKER: 38/1

NASA: GSFC/SDO 48/1, JPL 37/7

ORAU: 11/4 + 7

Science Photo Library: MIKKEL JUUL JENSEN: 153/5

Shutterstock GmbH: 70/Karte, 3D Vector: 72/Fragezeichen, Africa Studio: 122/6, aimy27feb: 59/7, Ajit S N: 144/1, Alberto Masnovo: 49/u.r., Albo003: 11/B, Aleksandr Yu: 99/7, Alexander Kirch: 85/4, AlexVid: 123/A, Andrei Kuzmik: 70/Kamera, Andrei_M: 118/2, Andrew Angelov: 96/2, Andrey Yurlov: 134/o.l., Anelo: 171/3, Antonio Guillem: 74/1, Aquarius Studio: 90/5, Avigator Fortuner: 152/3, BaLL LunLa: 154/1, BAZA Production: 171/2, BESTWEB: 60/1, Bokeh Art Photo: 185/8, Borisoff: 186/187/Hintergrund, Breedfoto: 52/4, canbedone: 59/3, carlos castilla: 134/4, CatwalkPhotos: 113/u.m., Cherry-Merry: 135/6, CREATISTA: 29/C, Darren Tierney: 173/8, Davdeka: 164/1, designelements: 203/8 gelber Schuh, DJ Mattaar: 152/2, Elenamiv: 173/6, enciktepstudio: 130/3, eveleen: 180/m.r., Fabio Principe: 90/4, FrameStockFootages: 91/8, frantic00: 10/1, Garsya: 70/Kompass, Gemenacom: 26/4, Georgios Kollidas: 101/Marie Curie, Goran Bogicevic: 171/o.r., hedgehog111: 112/u.r., Iamnao: 135/1, irrational: 101/C, itsmejust: 113/u.m., Ivan Smuk: 91/6, javi_indy: 134/6, jijomathaidesigners: 112/Icon Haus, John A Davis: 28/2, Jose Ignacio Soto: 54/1, karen roach: 24/3, Laboko: 72/Becher, Lee Yiu Tung: 43/4, Lukasz Z: 152/1, lyalya_go: 90/2, Maksim Toome: 25/5 gelber Wagen, 5 schwarzer Wagen, Mari Fotografia: 149/5, Martina_L: 149/4, metamorworks: 113/Frau/UV, Microgen: 23/6, MikeDotta: 4/o.r., MilanB: 59/2, mingman: 64/o.l., MiniStocker: 26/2, Morozov Anatoly: 170/1, Morphart Creation: 176/o.m., Naeblys: 113/u.r., nanantachoke: 59/1, Neutron Design: 199/7, New Africa: 17/5, Nimazi: 122/2, NinaM: 47, NoonVirachada: 141/o.r., Olga Gurevna: 149/6, Pan Xunbin: 101/B, pathdoc: 132/3 Frau, paw: 197/10, pedrosala: 51/5, Peteri: 101/Warnzeichen, petrmalinak: 85/Hintergrund, Phakorn Kasikij: 160/m.r., Picsfive: 203/8 roter Schuh, PranStockerRoom: 197/8, Puwadol Jaturawutthichai: 90/6, Racheal Grazias: 42/43/Hintergrund, Racheal Grazias: 43/6, RealVector: 70/Microphon, Rob kemp: 70/Hygrometer, Roberto Lo Savio: 135/7, Rostislav Glinsky: 43/5, Ruslan Ivantsov: 178/o.l. Fernseher, SeDmi: 70/Radio, Serg64: 70/Fernseher, Sergiy Kuzmin: 147/6, sippakorn: 18/1, tanatat: 179/8 Hand mit Lupe, Tata Donets: 111/6, Tatiana Shepeleva: 142/1, Timofeeff: 113/W.C. Röntgen, Twin Design: 70/Computer, Tyler Olson: 99/6, Umberto Shtanzman: 211/4 Handy, valzan: 123/B, Veselin Gramatikov: 80/1, WAYHOME studio: 171/4, zhao jiankang: 66/1, 132/3 Trommel, Wecker, oliveromg: 178/o.l. Menschen

Stefan Burzin: 44/3 + 4

StockFood GmbH: CHRU TOURS-GARO, PHANIE: 131/5, Degginger, E.R.: 177/7, DR GORAN BREDBERG: 145/5 + 7, Giphotostock: 170/2, Kightley, Russell: 165/5, Kinsman, Ted: 27/6, LOOK AT SCIENCE/Vincent Moncorge: 51/7, Sanford, John: 175/6, Science Source/Charles D. Winters: 177/3, Science Photo Library/Terry, Sheila: 171/5, VOISIN, PHANIE: 154/2

Trianel GmbH: 153/6

Volkwagen AG: 58/3

Illustrationen

Cornelsen/Rainer Götze: 10/5, 12/3 + 4, 14/3 + Formel, 15/4 + 5, 16, 17/6, 18/m.r., 19/4, 20, 21/7, 22/3 + m.r, 23/4 + 5, 24/1 + 2, 25/7, 26/m.l. + u.l., 27/Grafiken, 30/Grafiken, 31/7 – 11, 32/m.r + 3, 33, 34/m.r., 35/4 + 5, 36/Grafiken, 37/6 + 8, 38/3 + m.r., 39, 41, 42/3, 45/5, 50/2 + 3, 53/8, 54/3 + 4, 55/7, 56/1 + 2, 57, 59/u.r. + 8, 60/2 + 3 + u.r., 61/5 + 6 + 7 + 9, 62/3 + m.r., 63, 64/2 + 4, 65/o.r., 66/2 + 3, 67/4, 68/1 + 4, 69/5, 71, 72/3 + 4 + m.r., 73/6 + o.r., 74/ 3 + m.r., 75/4 + 5, 75/4 + 5, 76/3 – 5 + m.r., 77, 78, 79/5 + o.r., 80/2 + 3, 81, 82, 83, 86, 87, 92/2, 93, 95/6, 97/6, 102/3 + 4 , 103/5 – 8, 104/3 + m.r., 105/o.r., 106/3 + m.r., 107, 108/3 + m.r., 109/4, 110/1 + 3 + m.r., 115, 123/r., 124/ 1 – 4, 125/7 + 8, 126/1, 127/u.r + u.l. + u.m, 128/3 + m.r., 129, 130/2, 131/6 + o.r., 132/1 + 2, 133, 136/2, 137/4 + Tabellen, 138/3 + 5, 139/9 + 10 + 12, 140, 142/2, 143/8 + o.r., 144/2, 145/4 + 6, 146/2 – 4, 148/2 + 3, 149/7, 150/1 – 3, 151, 153/7, 155, 159/1B + 1C, 161/5 – 8, 162/3 - 6, 163/7, 164/3, 165/7, 166/3 + 4, 167/5 - 7, 168/2 – 4, 169/5 – 7 + Gitter, 170/3, 172/3 + 4 + m.r, 173/o.r., 174/2 + 4, 175/ 5a + 5b + u.r., 176/m.r., 177/6, 178/2 + 4, 179/7, 180/3, 181/6, 182/3 + 4, 183/ o.r., 184/1 - 3, 185/6 + 7o. + 7u., 187/7 + 8, 189/5 + 6, 193, 195, 196/Illustrationen, 198/4, 199/5 + 6, 200/4, 201/6 + 8, 202, 203/7 + 9, 204/1 + 4, 205/5, 206/3, 207/6a + 6b + 7 + 8, 208/1 + 2l. + 2r. + 4 + 5, 209/8 + 9, 210, 211/6 + 8, 212, 219, 222, 223

Cornelsen/Walther-Maria Scheid: 143/6 +7 + 9 + 10 + 11 + 12, 150/7

MeGA 14: 103/6